do plantio
à colheita

Sérgio Yoshimitsu Motoike
Thomas Hilger

ORGANIZADORES

MACAÚBA

oficina de textos

© Copyright 2024 Oficina de Textos

Grafia atualizada conforme o Acordo Ortográfico da Língua Portuguesa de 1990, em vigor no Brasil desde 2009.

CONSELHO EDITORIAL Aluízio Borém; Arthur Pinto Chaves; Cylon Gonçalves da Silva; Doris C. C. K. Kowaltowski; José Galizia Tundisi; Luis Enrique Sánchez; Paulo Helene; Rosely Ferreira dos Santos; Teresa Gallotti Florenzano

CAPA, PROJETO GRÁFICO Malu Vallim
DIAGRAMAÇÃO Thiago Cordeiro
PREPARAÇÃO DE FIGURAS Thiago Cordeiro
PREPARAÇÃO DE TEXTOS Anna Beatriz Fernandes
REVISÃO DE TEXTOS Natália Pinheiro Soares
IMPRESSÃO E ACABAMENTO Mundial gráfica

Dados Internacionais de Catalogação na Publicação (CIP)
(Câmara Brasileira do Livro, SP, Brasil)

Macaúba / organizadores Sergio Yoshimitsu Motoike, Thomas Hilger. -- 1. ed. -- São Paulo : Oficina de Textos, 2024.
Vários autores.

Bibliografia.
ISBN 978-85-7975-384-8

1. Biomas - Brasil 2. Botânica 3. Macaúba - Cultivo I. Motoike, Sergio Yoshimitsu. II. Hilger, Thomas.

24-227516   CDD-633.851

Índices para catálogo sistemático:
1. Macaúba : Cultivo : Agricultura 633.851
Aline Graziele Benitez - Bibliotecária - CRB-1/3129

Todos os direitos reservados à **Oficina de Textos**
Rua Cubatão, 798
CEP 04013-003 São Paulo Brasil
tel. (11) 3085-7933
www.ofitexto.com.br e-mail: atendimento@ofitexto.com.br

SOBRE OS AUTORES

Adalvan Daniel Martins
Engenheiro-Agrônomo, D.S. em Fitotecnia. Departamento de Agronomia, Universidade Federal de Viçosa.

Allana Grecco Guedes
Engenheira-Agrônoma e Mestre em Entomologia. Departamento de Entomologia, Universidade Federal de Viçosa.

Anderson Barbosa Evaristo
Engenheiro-Agrônomo, D.S. em Fitotecnia. Instituto de Ciências Agrárias, Universidade Federal dos Vales Jequitinhonha e Mucuri.

Cesar Heraclides Behling Miranda
Engenheiro-Agrônomo, Ph.D. em Biologia e Bioquímica do Solo e Pesquisador da Embrapa Agroenergia.

Damaris Rosa de Freitas
Engenheira-Agrônoma. Departamento de Entomologia, Universidade Federal de Viçosa.

Diego Ismael Rocha
Engenheiro-Agrônomo, Ph.D. em Biologia Vegetal. Departamento de Agronomia, Universidade Federal de Viçosa.

Eder Lanes
Biólogo, D.S. em Genética e Melhoramento. Departamento de Agronomia, Universidade Federal de Viçosa.

Eduardo Ferreira de Paula Longo
Engenheiro-Agrônomo, Gerente de Desenvolvimento Agronômico da Acelen Renewables.

Elisa Bicalho
Bióloga, D.S. em Fitotecnia. Departamento de Biologia, Universidade Federal de Lavras.

Emiliano Henriques
Engenheiro-Agrônomo. Departamento de Agronomia, Universidade Federal de Viçosa.

Francisco de Assis Lopes
Engenheiro-Agrônomo, M.S. Departamento de Agronomia, Universidade Federal de Viçosa.

Gilberto Chohaku Sediyama
Engenheiro-Agrônomo, D.S. em Engenharia Agrícola. Departamento de Engenharia Agrícola, Universidade Federal de Viçosa.

Gutierres Nelson Silva
Engenheiro-Agrônomo, D.S. em Fitotecnia. Departamento de Agronomia, Universidade Federal de Viçosa.

Heitor Eduardo Ferreira Campos Morato Filpi
Engenheiro Florestal, M.S. em Meteorologia Aplicada. Departamento de Engenharia Agrícola, Universidade Federal de Viçosa.

Hewlley Maria Acioli Imbuzeiro
Meteorologista, D.S. em Meteorologia Agrícola. Departamento de Engenharia Agrícola, Universidade Federal de Viçosa.

José Antônio Saraiva Grossi
Engenheiro-Agrônomo, Ph.D. em Horticultura. Departamento de Agronomia, Universidade Federal de Viçosa.

Júlio César Lima Neves
Engenheiro-Agrônomo, D.S. em Produção Vegetal. Departamento de Solos, Universidade Federal de Viçosa.

Júnia Maria Clemente
Engenheira-Agrônoma, D.S. em Fitotecnia. Departamento de Agronomia, Universidade Federal de Viçosa.

Kacilda Naomi Kuki
Bióloga, D.S. em Botânica. Departamento de Agronomia, Universidade Federal de Viçosa.

Leonardo Duarte Pimentel
Engenheiro-Agrônomo, Ph.D. Departamento de Agronomia, Universidade Federal de Viçosa.

Leticia Caroline da Silva Sant'Ana
Engenheira-Agrônoma. Departamento de Agronomia, Universidade Federal de Viçosa.

Lucilene Silva de Oliveira
Engenheira-Agrônoma, Ph.D. em Fisiologia Vegetal. Departamento de Agronomia, Universidade Federal de Viçosa.

Manuela Cavalcante
Bióloga, D.S. em Genética e Melhoramento. Departamento de Agronomia, Universidade Federal de Viçosa.

Marcelo Coutinho Picanço
Engenheiro-Agrônomo, D.S. em Fitotecnia. Departamento de Entomologia, Universidade Federal de Viçosa.

Maria Antonia Machado Barbosa
Engenheira-Agrônoma, D.S. em Fitotecnia. Universidade Estadual de Minas.

Osdneia Pereira Lopes
Engenheira-Agrônoma, D.S. em Fitotecnia. Faculdades Integradas do Norte de Minas (FUNORTE).

Otto Herbert Schuhmacher Dietrich
Engenheiro-Agrônomo, D.S. em Fitotecnia. Instituto Federal de Educação, Ciência e Tecnologia do Espírito Santo.

Ricardo Salles Tinôco
Engenheiro-Agrônomo, D.S. em Agronomia (Entomologia Agrícola). Acelen Renováveis.

Samuel de Melo Goulart
Engenheiro-Agrônomo, D.S. em Fitotecnia. Departamento de Agronomia, Universidade Federal de Viçosa.

Sandro Lucio Silva Moreira
Agroecólogo, D.S. em Meteorologia Aplicada. Departamento de Engenharia Agrícola, Universidade Federal de Viçosa.

Sebastian Giraldo Montoya
Engenheiro-Agrônomo, D.S. em Fitotecnia. Departamento de Agronomia, Universidade Federal de Viçosa.

Sérgio Yoshimitsu Motoike
Engenheiro-Agrônomo, Ph.D. em Recursos Naturais e Ciência Ambiental. Departamento de Agronomia, Universidade Federal de Viçosa.

Sheyla Oliveira da Costa
Engenheira-Agrônoma, Coordenadora de Desenvolvimento Agronômico da Acelen Renewables.

Simone Palma Favaro
Engenheira-Agrônoma, Ph.D. em Ciência dos Alimentos e Pesquisadora da Embrapa Agroenergia.

Vanessa de Queiroz
Engenheira-Agrônoma, M.S. Departamento de Agronomia, Universidade Federal de Viçosa.

Victor Hugo Benezoli
Engenheiro Ambiental, M.S. em Meteorologia Aplicada. Departamento de Engenharia Agrícola, Universidade Federal de Viçosa.

Thomas Hilger
Cientista sênior. Dr. em Agricultural Sciences. Institute of Agricultural Sciences in the Tropics (Hans-Ruthenberg-Institute), University of Hohenheim.

APRESENTAÇÃO

Na vastidão dos biomas brasileiros, uma palmeira nativa se destaca não apenas por sua imponência e beleza, mas também por seu potencial transformador: a macaúba (*Acrocomia* spp.). Versátil e com frutos abundantes, a macaúba tem despertado o interesse de pesquisadores, agricultores e ambientalistas como uma alternativa de cultivo promissora, capaz de conciliar produtividade, sustentabilidade e múltiplos usos.

Este livro sobre a cultura da macaúba surge em um momento crucial, no qual a busca por alternativas agrícolas sustentáveis e economicamente viáveis se torna cada vez mais premente. Por meio de uma abordagem interdisciplinar, no intuito de reunir o conhecimento científico acumulado até o momento, a obra explora os diversos aspectos que fazem da macaúba uma espécie singular e estratégica para o desenvolvimento agrícola sustentável.

Ao longo das próximas páginas, o leitor mergulhará na botânica fascinante da macaúba, explorando sua diversidade genética, biologia peculiar e capacidade de adaptação a diferentes ambientes. Os autores discutem a imensa pluralidade representada nos maciços de macaúba espalhados pelos biomas brasileiros e a importância desses recursos genéticos, que evoluíram ao longo de milênios, e destacam a necessidade de preservação e uso sustentável da espécie.

Amplamente dispersa pelo território brasileiro, a macaúba foi utilizada durante milênios pelos povos pré-colombianos, que dela aprenderam a extrair e utilizar múltiplos produtos e funcionalidades. Os óleos da polpa e da amêndoa são especialmente nobres, ricos em ácidos graxos aplicáveis às indústrias alimentícia, cosmética, farmacêutica, química e energética. Além de componentes importantes da nossa dieta, os óleos vegetais com propriedades especiais são ingredientes renováveis de baixo custo que agregam valor a uma grande diversidade de produtos industrializados.

Com a crise climática, que pressiona praticamente todos os setores da economia na direção da descarbonização, e com o aumento da demanda por fontes renováveis de energia e produtos sustentáveis, a macaúba emerge como uma alternativa extremamente promissora. Além dos óleos para múltiplos usos, ela fornece biomassa para energia e outros subprodutos valiosos. Sua capacidade de adaptação a diferentes condições climáticas e solos a torna uma opção atraente para sistemas agroflorestais, sistemas integrados de lavoura, pecuária e floresta, além da recuperação de áreas degradadas.

Ao explorar o potencial econômico e ambiental da macaúba, abrimos caminho para uma agricultura mais sustentável e resiliente, capaz de conciliar o desenvolvimento econômico com a preservação dos recursos naturais. Compreender a ecofisiologia, biologia reprodutiva, genética e manejo integrado de pragas nessa cultura é fundamental para explorar seu potencial em cultivos sustentáveis. Amigável a uma lógica de produção sistêmica e multifuncional, a macaúba pode conviver harmoniosamente com outras culturas e espécies florestais, promovendo a biodiversidade e contribuindo para a sustentabilidade dos ecossistemas.

Este livro mergulha em um universo de conhecimento e possibilidades, no qual a macaúba se revela não apenas uma planta promissora, mas uma fonte de oportunidades para o desenvolvimento socioeconômico e a conservação ambiental. Por meio da análise minuciosa das características morfológicas, diversidade genética, resiliência ambiental e potencial econômico da macaúba, o livro proporciona *insights* valiosos para pesquisadores, agricultores e demais interessados no cultivo e aproveitamento sustentável dessa planta.

Convido o leitor a explorar o rico conteúdo deste livro e a se envolver ativamente com a fascinante cultura da macaúba. Nas páginas que seguem, encontrarão uma fonte abrangente de informações, pesquisas e práticas inovadoras relacionadas a essa palmeira tão especial. Ao mergulhar neste livro, tenho certeza de que os leitores serão inspirados pela riqueza da biodiversidade da macaúba, pelas técnicas avançadas de cultivo, pelos estudos de melhoramento genético e por seu potencial econômico e sustentável.

Os leitores serão levados a refletir sobre as oportunidades que a cultura da macaúba oferece, não apenas em termos de produção agrícola, mas também em relação à conservação ambiental, ao desenvolvimento sustentável e à inovação tecnológica. Que este livro seja um convite para que muitos se tornem agentes de mudança e defensores ativos dessa cultura tão promissora. Que a leitura destas páginas desperte a curiosidade, o entusiasmo e o desejo de envolvimento cada vez mais profundo com a cultura da macaúba e suas possibilidades.

Finalmente, parabenizo calorosamente os editores, autores e colaboradores que se dedicaram à produção deste livro. A profundidade e abrangência dos temas abordados refletem o comprometimento e a *expertise* de cada um dos envolvidos, que generosamente compartilharam seus conhecimentos e experiências para enriquecer esta obra. Seu trabalho diligente se reflete em cada página, oferecendo uma fonte de informações valiosas e atualizadas para todos os interessados no tema.

Que este livro não seja apenas uma referência acadêmica, mas também um catalisador para ações concretas e inovadoras em prol do cultivo sustentável da macaúba. Espero que inspire a comunidade científica, agricultores, ambientalistas e formuladores de políticas a colaborar e investir em um futuro em que a macaúba seja um símbolo de integração entre a economia e a nossa rica biodiversidade. Ao abraçar o potencial dessa palmeira extraordinária, podemos juntos construir um caminho para uma agricultura mais resiliente e próspera, garantindo benefícios duradouros para as gerações presentes e futuras.

Maurício Antônio Lopes
Ex-Presidente e Pesquisador da Embrapa

SUMÁRIO

1 BOTÂNICA **13**
    1.1 Classificação taxonômica 14
    1.2 Características morfológicas 19
    1.3 Crescimento e desenvolvimento da planta 24
    1.4 Ecofisiologia da macaúba 30
    1.5 Considerações finais 38
         Referências bibliográficas 39

2 ORIGEM, DISPERSÃO, HISTÓRIA E ESTADO DA ARTE DA DOMESTICAÇÃO **44**
    2.1 Origem 44
    2.2 Dispersão do gênero *Acrocomia* 44
    2.3 História Antiga 45
    2.4 História recente 50
    2.5 Pesquisa e desenvolvimento da cultura 55
    2.6 Estado da arte – situação atual da cadeia produtiva 61
         Referências bibliográficas 63

3 CLIMA **70**
    3.1 Clima e solo das regiões de ocorrência da *Acrocomia* spp. 71
    3.2 Áreas potenciais para o cultivo de macaúba em função da ocorrência natural . 79
    3.3 Mudanças climáticas – perspectivas para a macaúba 80
    3.4 Fixação de carbono pela macaúba 82
         Referências bibliográficas 82

4 MELHORAMENTO GENÉTICO DA MACAÚBA **85**
    4.1 Pré-melhoramento 86
    4.2 Melhoramento genético 99
         Referências bibliográficas 107

5 PROPAGAÇÃO SEMINÍFERA E VEGETATIVA DE MACAÚBA **112**
    5.1 Propagação seminífera 112
    5.2 Propagação vegetativa 120
    5.3 Considerações finais 122
         Referências bibliográficas 124

6 SISTEMA DE PRODUÇÃO DE MUDAS E PADRÕES DE QUALIDADE **127**
    6.1 Padrão de qualidade de sementes 128
    6.2 Pré-viveiro: padrão de qualidade de pré-mudas 129
    6.3 Viveiro: padrão de qualidade de mudas 133
    6.4 Recomendações técnicas para produção de mudas (pré-viveiro e viveiro) 137

	6.5	Considerações finais ... 140
		Referências bibliográficas ... 140
7	**NUTRIÇÃO MINERAL, CALAGEM E ADUBAÇÃO DA MACAÚBA: SEGUNDA APROXIMAÇÃO ... 142**	
	7.1	Exigências nutricionais ... 143
	7.2	Acúmulo de biomassa e conteúdo de nutrientes ... 148
	7.3	Diagnóstico do estado nutricional ... 155
	7.4	Solos ... 161
	7.5	Calagem e adubação da macaúba ... 166
	7.6	Considerações finais ... 174
		Referências bibliográficas ... 175
8	**IMPLANTAÇÃO E MANEJO DA CULTURA ... 178**	
	8.1	Implantação da cultura ... 180
	8.2	Manejo da lavoura ... 192
		Referências bibliográficas ... 198
9	**MANEJO INTEGRADO DE PRAGAS EM CULTIVOS DE MACAÚBA ... 199**	
	9.1	Identificação das pragas em cultivos de macaúba ... 199
	9.2	Bioecologia das pragas ... 205
	9.3	Sistemas de tomada de decisão para controle de pragas ... 217
	9.4	Métodos de controle de pragas ... 218
	9.5	Considerações finais ... 224
		Agradecimentos ... 224
		Referências bibliográficas ... 224
10	**COLHEITA E PÓS-COLHEITA ... 227**	
	10.1	Crescimento e maturação ... 227
	10.2	Colheita ... 230
	10.3	Manejo pós-colheita ... 235
	10.4	Considerações finais ... 243
		Referências bibliográficas ... 243
11	**COMPOSIÇÃO DO FRUTO DA MACAÚBA, RENDIMENTOS INDUSTRIAIS E PROCESSAMENTOS ... 247**	
	11.1	Biometria dos frutos da macaúba ... 248
	11.2	Composição química dos frutos da macaúba ... 249
	11.3	Caracterização da polpa ... 251
	11.4	Caracterização da amêndoa ... 255
	11.5	Composição de farinha de polpa e amêndoa de macaúba ... 259
	11.6	Composição em ácidos graxos do óleo de polpa e amêndoa da macaúba ... 259
	11.7	Parâmetros de identidade e qualidade dos óleos de polpa e amêndoa da macaúba ... 264
	11.8	Composição das cascas e do endocarpo do fruto da macaúba ... 269
	11.9	Processamento de frutos para farinha e polpa congelada ... 270
	11.10	Processamento de frutos para obtenção de óleos ... 273
	11.11	Rendimentos industriais ... 280
		Referências bibliográficas ... 281

1
BOTÂNICA

Kacilda Naomi Kuki, Eder Lanhes, Sebastian Giraldo Montoya,
Lucilene Silva de Oliveira, Diego Ismael Rocha, Sérgio Yoshimitsu Motoike

A macaúba pertence ao gênero *Acrocomia*. Endêmicas da região neotropical, espécies desse gênero são amplamente distribuídas no continente americano, ocorrendo desde a porção norte do Estado da Flórida, na América do Norte, até a porção norte da Argentina, na América do Sul (Plath *et al.*, 2016).

Espécie de característica perenifólia, heliófila e pioneira, a macaúba é capaz de formar extensas populações oligárquicas, ocupando principalmente áreas antropizadas em diferentes biomas do continente (Fig. 1.1). Assim como outras plantas desse gênero, em geral a macaúba é arbórea, robusta e de porte alto, porém existem espécimes anãs, de porte baixo, que ocorrem principalmente em regiões de Cerrado na América do Sul (Lorenzi *et al.*, 2010; Henderson; Galeano; Bernal, 1995).

Fig. 1.1 População nativa de macaúba em Minas Gerais. A macaúba ocupa grandes extensões de áreas antropizadas no Estado, especialmente pastagens, mas também terras de lavoura e áreas urbanas na região metropolitana de Belo Horizonte

1.1 Classificação taxonômica

Do ponto de vista taxonômico, a *Acrocomia* spp. é classificada da seguinte forma (Tropicos, [2019]):

    Classe: Equisetopsida C. Agardh
        Subclasse: Magnoliidae Novák ex Takht
            Superordem: Lilianae Takht.
                Ordem: Arecales Bromhead
                    Família: Arecaceae Bercht. & J. Presl
                        Gênero: *Acrocomia*
                              Espécie: *Acrocomia* spp.

Dependendo da região de ocorrência, a *Acrocomia* spp. é conhecida popularmente como: bacaiuva, bocaiuva, bacaiuveira, barriguda, chiclete-de-baiano, coco-baboso, coco-babão, coco-de-catarro, coco-de-espinho, coco-xodó, coyol, grou-grou, macaúba, macacauba, macaibeira, macaiuveira, macajuba, macaíba, macaíba-mirim, macaúba-mirim, macaúva, macoya, macaiuva, mbokajá, mocajá, mocujá, mocajuba, mucajá, mucaia, mucaiá, mucajaba, imbocaiá, palmeira-mucajá ou umbocaiuva (FAO, 1986; Teixeira, 1996; Quattrocchi, 2000; Lorenzi, Matos, 2002; Kermath; Bennett; Pulsipher, 2014).

O número de espécies catalogadas que pertencem ao gênero *Acrocomia* é tão grande quanto o de seus nomes populares. No total, 45 espécies aparecem catalogadas nas listas do Missouri Botanical Garden (MOBOT) e do Royal Botanic Gardens (Kew, Londres, Inglaterra). No entanto, nem todas são reconhecidas como espécies, sendo em sua maioria consideradas sinonímias de *A. aculeata* (Tropicos, [2019]; POWO, [2019]; Flora do Brasil, [2019]; Palmweb, [2019]). Tal fato decorre da variabilidade fenotípica exibida pela *A. aculeata*, que induz taxonomistas a classificar diferentes ecótipos como novas espécies, gerando um grande número de sinonímias.

1.1.1 Sinonímias

A primeira descrição da espécie *A. aculeata* ocorreu em 1763, tendo como basinômio *Cocos aculeatus* Jacq. Em 1824, a espécie foi transferida por Martius (Mart.) para o gênero *Acrocomia*, passando a ser designada como *Acrocomia sclerocarpa* Mart. Em 1845, Loddiges (Lodd.) considerou *C. aculeatus* e *A. sclerocarpa* sinonímias, nomeando-as *Acrocomia aculeata* (Jacq.) Lodd. ex Mart. (Tropicos, [2019]).

A partir do século XIX, diversos trabalhos descrevendo novas espécies do gênero *Acrocomia* foram publicados, sobretudo em países da América Central. No entanto, apesar de as supostas espécies apresentarem-se como distintas e endêmicas em suas respectivas regiões de ocorrência, muitas delas não passavam de sinonímias de A. aculeata. Nesse período, Bailey (1941) chegou a reconhecer 25 espécies do gênero Acrocomia.

Henderson, Galeano e Bernal (1995) consideraram apenas duas espécies no gênero Acrocomia: A. hassleri (Barb. Rodr.) W. J. Hahn. e A. aculeata, definindo as demais como sinonímias de alguma das duas. A. aculeata é uma espécie distribuída amplamente na América Tropical, enquanto A. hassleri é uma espécie endêmica no Paraguai e no Brasil. No território brasileiro, a A. hassleri é mais comumente observada entre a vegetação do Cerrado nos Estados das Regiões Centro-Oeste (Goiás, Mato Grosso e Mato Grosso do Sul), Sul (Paraná), Sudeste (Minas Gerais e São Paulo) e Nordeste (Bahia) (Juncá; Funch; Rocha, 2005; Leitman et al., 2015; Caxambú et al., 2015). A diferença marcante entre as duas espécies é o porte das plantas: A. aculeata é arbórea de porte médio a grande, podendo atingir até 15 m de altura (Fig. 1.2A), enquanto A. hassleri é uma planta de porte pequeno, raramente ultrapassando 0,50 m (Fig. 1.2B).

Na década passada, Lorenzi et al. (2010) descreveram seis espécies do gênero Acrocomia ocorrendo no Brasil: A. aculeata, A. emensis (Toledo) Lorenzi, A. glaucescens Lorenzi, A. hassleri, A. intumescens Drude e A. totai Mart. Recentemente, uma nova espécie do gênero, A. corumbaensis S. A. Vianna, foi descrita por Vianna (2017) no País.

Atualmente, as principais organizações na área de botânica reconhecem oito ou nove espécies do gênero Acrocomia (Quadro 1.1). Não obstante, ainda não há consenso quanto à classificação taxonômica e à nomenclatura de Acrocomia spp. (Lanes et al., 2015; Lima et al., 2018).

Apesar das diferenças fenotípicas inequívocas apresentadas pelos indivíduos, elas não parecem suficientes para determinar a especiação e a classificação

Fig. 1.2 Espécies do genêro *Acrocomia* aceitas por Henderson, Galeano e Bernal (1995): (A) *Acrocomia aculeata* e (B) *Acrocomia hassleri*
Fonte: Caxambú et al. (2015).

Quadro 1.1 Lista de espécies do gênero *Acrocomia* aceitas por diferentes organizações do Brasil e do mundo

Flora do Brasil ([2019])	Tropicos ([2019])
1. *Acrocomia aculeata* (Jacq.) Lodd. ex Mart.	1. *Acrocomia aculeata* (Jacq.) Lodd. ex Mart.
2. *Acrocomia corumbaensis* S. A. Vianna	2. *Acrocomia armentalis* (Morales) L. H. Bailey & E. Z. Bailey
3. *Acrocomia crispa* C. F. Baker ex Becc.	3. *Acrocomia barriga* H. Cuadros
4. *Acrocomia emensis* (Toledo) Lorenzi	4. *Acrocomia corumbaensis* S. A. Vianna
5. *Acrocomia glaucescens* Lorenzi	5. *Acrocomia crispa* (Kunth) C. F. Baker ex Becc.
6. *Acrocomia hassleri* (Barb. Rodr.) W. J. Hahn	6. *Acrocomia emensis* (Toledo) Lorenzi
7. *Acrocomia intumescens* Drude	7. *Acrocomia glaucescens* Lorenzi
8. *Acrocomia media* O. F. Cook	8. *Acrocomia globosa* Lodd. ex Mart.
9. *Acrocomia totai* Mart.	9. *Acrocomia hassleri* (Barb. Rodr.) W. J. Hahn
POWO ([2019])	**Palmweb ([2019])**
1. *Acrocomia aculeata* (Jacq.) Lodd. ex R. Keith	1. *Acrocomia aculeata* (Jacq.) Lodd. ex Mart.
2. *Acrocomia corumbaensis* S. A. Vianna	2. *Acrocomia crispa* C. F. Baker ex Becc.
3. *Acrocomia crispa* C. F. Baker ex Becc.	3. *Acrocomia emensis* (Toledo) Lorenzi
4. *Acrocomia emensis* (Toledo) Lorenzi	4. *Acrocomia glaucescens* Lorenzi
5. *Acrocomia glaucescens* Lorenzi	5. *Acrocomia hassleri* (Barb. Rodr.) W. J. Hahn
6. *Acrocomia hassleri* (Barb. Rodr.) W. J. Hahn	6. *Acrocomia intumescens* Drude
7. *Acrocomia intumescens* Drude	7. *Acrocomia media* O. F. Cook
8. *Acrocomia media* O.F. Cook	8. *Acrocomia totai* Mart.
9. *Acrocomia totai* Mart.	9. *Acrocomia aculeata* (Jacq.) Lodd. ex Mart.

dos grupos divergentes como uma nova espécie. Observações realizadas no Banco de Germoplasma de Macaúba (BAG-Macaúba) da Universidade Federal de Viçosa (UFV) corroboram as conclusões de Henderson, Galeano e Bernal (1995). Por exemplo, a morfologia típica do caule de A. *intumescens* (estipe barrigudo) aparece entre espécimes da coleção de A. *totai* coletados em Mato Grosso do Sul. Outra nota importante é que não foram identificadas barreiras morfológicas, fisiológicas ou ecológicas que impeçam o acasalamento entre A. *aculeata*, A. *intumescens* e A. *totai*. até o momento. Essas supostas espécies apresentam sobreposição das floradas quando plantadas no mesmo ambiente, e o lançamento das espatas e sua abertura são sincronizados com os eventos climáticos, sobretudo com a precipitação. O aroma exalado pelas inflorescências dessas plantas é típico da A. *aculeata*, e elas compartilham os mesmos insetos polinizadores. Em conclusão, híbridos entre A. *aculeata*, A. *totai* e A. *intumescens* foram obtidos com sucesso por cruzamento dirigido realizado no BAG-Macaúba.

No contexto apresentado, enquanto as questões taxonômicas não forem definitivamente esclarecidas, será adotada nesse livro a classificação taxonômica proposta por Henderson, Galeano e Bernal (1995), que reconhece A. *aculeata* e *A. hassleri* como as únicas espécies do gênero *Acrocomia*. Assim, os diversos espécimes de *Acrocomia* spp. serão tratados como sinonímias de *A. aculeata* ou *A. hassleri*, passando a receber a denominação de ecótipos.

1.1.2 Ecótipos

A *Acrocomia aculeata* é distribuída amplamente no território brasileiro, ocorrendo em diversos Estados do Norte, Nordeste, Centro-Oeste, Sudeste e Sul do Brasil. Nessas regiões, que apresentam diferentes condições edafoclimáticas, a *A. aculeata* desenvolveu estratégias de sobrevivência que foram fixadas ao longo do tempo em seu genótipo, formando diversos ecótipos de características distintas. Do conjunto de ecótipos presentes no País, três se destacam pela predominância e ampla distribuição: *sclerocarpa*, *totai* e *intumescens*.

Ecótipo *sclerocarpa*

O ecótipo *sclerocarpa*, conhecido popularmente como macaúba (Fig. 1.3A,B), é o mais amplamente distribuído no Brasil, ocorrendo em quase todos os Estados do Sudeste e em parte do Centro-Oeste, Nordeste e Norte. De porte grande, difere dos ecótipos *totai* e *intumescens* por apresentar folha de bainha persistente que recobre todo o estipe e adere à planta mesmo após a senescência foliar (Fig. 1.3A,B). Com comprimento médio da folha de 3,0 m, pode ser facilmente cultivado em espaçamento de 5,0 m × 5,0 m em quincôncio, o que gera um *stand* de 461 plantas por hectare. Esse ecótipo inicia a produção a partir dos quatro anos de idade, e suas plantas podem alcançar mais de 15 m de altura quando adultas. Seu fruto é o que apresenta o maior peso médio entre os indivíduos da espécie, com aproximadamente 34 g (peso seco), ou seja, o dobro do peso dos frutos dos demais ecótipos (Fig. 1.4). É também o que tem maior proporção de polpa em relação ao peso do fruto (41%) e maior concentração de óleo na polpa, podendo corresponder a mais de 60% da massa seca da polpa (Costa *et al.*, 2018). Grandes populações nativas de *sclerocarpa* são até hoje encontradas em Minas Gerais, distribuindo-se por todo o Estado, tendo sido exploradas de forma extrativista no passado para a produção de óleo para sabão.

Ecótipo *totai*

O ecótipo *totai*, conhecido popularmente como bocaiuva (Fig. 1.3C,D), é a menor planta entre os três ecótipos predominantes no Brasil. Populações nativas são encontradas no oeste do Estado de São Paulo e no norte do Paraná, Mato Grosso do Sul e Mato Grosso. No Paraguai, o *totai* é historicamente uma importante fonte de renda para as populações rurais, que a exploram de forma extrativista desde o século passado. O mais marcante do *totai* é sua folha curta, de aproximadamente 2,5 m de comprimento, com folíolos estreitos e delicados. Essa característica dá à

Fig. 1.3 Plantas de três ecótipos de *Acrocomia aculeata* em sua fase juvenil e adulta: (A,B) ecótipo *sclerocarpa* com folhas de bainha indeiscente (a bainha da folha permanece aderida ao caule após a senescência da folha); (C,D) ecótipo *totai*, de porte menor e folhas deiscentes; e (E,F) ecótipo *intumescens* apresentando intumescência na parte superior do caule e folhas deiscentes

planta um aspecto compacto que facilita seu cultivo em espaçamentos menores, em torno de 4,0 m × 4,0 m em quincôncio, o que gera *stands* altos de plantio de 720 plantas por hectare. A folha do *totai* é deiscente, destacando-se naturalmente de um ponto de abscisão que separa a bainha da folha do caule, após a senescência foliar. Essa característica é interessante do ponto de vista agronômico, uma vez que a planta não necessita de poda de folhas. O *totai* é um ecótipo precoce, iniciando a produção de fruto a partir dos três anos de idade. Seu fruto pesa cerca de 17 g (peso seco), a metade do peso do fruto do *sclerocarpa* (Fig. 1.4). Proporcionalmente, o endocarpo corresponde à maior parte do fruto, o epicarpo é fino e delicado e o mesocarpo apresenta menor quantidade de óleo (em torno de 25% da massa seca) quando comparado ao fruto do *sclerocarpa* (Ciconini et al., 2013).

Ecótipo *intumescens*

O ecótipo *intumescens*, conhecido popularmente como macaíba (Fig. 1.3E,F), é uma palmeira de porte grande. Endêmica no nordeste do Brasil, essa planta é geralmente encontrada na Mata Atlântica, na região costeira do Nordeste brasileiro e na zona de encontro da Caatinga com o Cerrado e a Mata Atlântica, na Chapada do Araripe, entre as divisas dos Estados de Pernambuco, Ceará e Piauí. A característica marcante desse ecótipo é o estipe tumescente, do qual surgiu o basinômio *Acrocomia intumescens* e a designação popular de palmeira barriguda (Fig. 1.5B). As folhas são longas, com cerca de 3,0 m de comprimento, e se assemelham às da *sclerocarpa*, porém são deiscentes como as folhas do *totai*, que se desprendem do caule após a senescência. Essa palmeira inicia a produção entre o quinto e o sexto ano de vida. De epicarpo espesso, o fruto pesa em média 17 g (peso seco), e é o que apresenta o menor rendimento de polpa comparado aos demais ecótipos (Fig. 1.4). O fruto do *intumescens* é comercializado nas feiras das cidades do Nordeste brasileiro e consumido *in natura* ou na forma de musses, bolos, sucos etc. Não são encontrados relatos de sua utilização em larga escala, como ocorre com os ecótipos *sclerocarpa* e *totai*.

1.2 Características morfológicas

1.2.1 Caule

O caule da A. aculeata é um estipe cilíndrico e ereto, com aproximadamente 0,25 m a 0,50 m de diâmetro, e pode atingir 15 m de altura em plantas adultas. De característica solitária, não perfilha nem forma touceiras. Tal como sugere o termo "aculeata", o estipe é geralmente recoberto por inúmeros espinhos

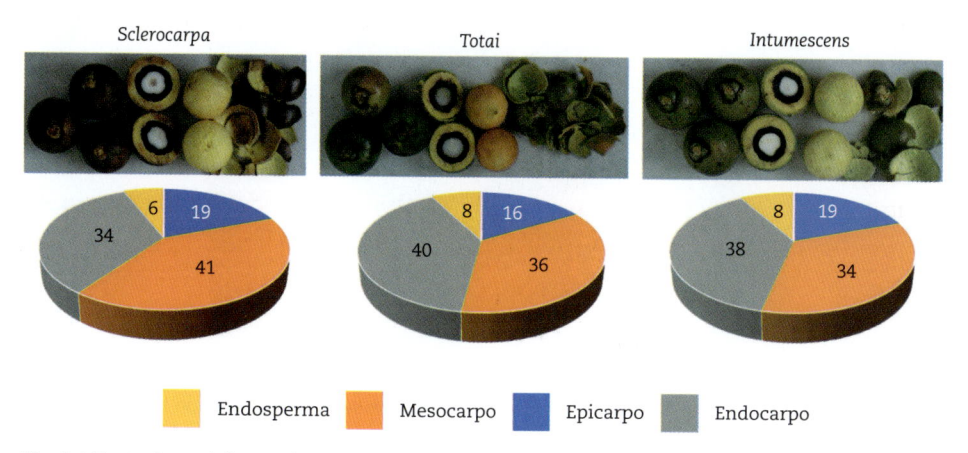

Fig. 1.4 Fruto dos ecótipos *sclerocarpa*, *totai* e *intumescens* e as respectivas proporções das partes que o compõem, com base na matéria seca do epicarpo, mesocarpo, endocarpo e endosperma

escuros e pontiagudos, algumas vezes com mais de 0,15 m de comprimento, que se concentram no entrenó (Von Lisingen; Cervi, 2009). O número e o tamanho dos espinhos variam em função do genótipo, mas também podem ser encontrados na natureza genótipos sem espinhos (Fig. 1.5).

1.2.2 Folha

As folhas são plumadas, com comprimento médio variando de 2,5 m a 3,0 m, e possuem uma média de 234-370 folíolos de 0,5 m a 0,6 m de comprimento e 20 mm a 27 mm de largura, podendo ou não apresentar espinhos na região central e dispostos alternadamente nas laterais e na parte superior da ráquis (Fig. 1.6). Em alguns ecótipos, a bainha recoberta de espinhos é persistente e adere ao estipe por vários anos (Fig. 1.5A). Em outros, é deiscente e se desprega do estipe com a senescência foliar (Fig. 1.5B,C). Uma característica marcante da espécie é a ordenação das folhas em diferentes planos (Fig. 1.6A), o que cria um formato de coroa na copa da planta, justificando o termo "Acrocomia", que deriva do grego àkron (topo) e kome (cabeleira) (Novaes, 1952; Henderson; Galeano; Bernal, 1995; Gutiérrez-Vásquez; Peralta, 2001; Nucci et al., 2008; Von Lisingen; Cervi, 2009; Lorenzi et al., 2010).

Fig. 1.5 Morfologia do estipe da *Acrocomia aculeata*: (A) estipe de planta do ecótipo *sclerocarpa* com bainhas indeiscentes aderidas ao caule; (B) típico estipe de plantas dos ecótipos *totai* e *intumescens* com bainha de folha deiscente e muitos espinhos; e (C) estipe de planta do ecótipo *totai* com bainha de folha deiscente e sem a presença de espinhos

Fig. 1.6 Folha da *Acrocomia aculeata:* (A) disposição das folhas na copa da planta em um formato de coroa; (B) folha com inúmeros espinhos na ráquis; e (C,D) disposição e distribuição dos folíolos na ráquis em diferentes planos, criando um aspecto de pluma na folha

A coroa das plantas de macaúba é composta de, em média, quatorze a dezesseis folhas verdes dispostas em espiral. O ângulo de divergência entre duas folhas consecutivas é de aproximadamente 137,5°, padrão comumente encontrado na natureza e também conhecido como proporção áurea (Fig. 1.7A). As sequências das folhas são conectadas por diferentes espirais identificadas visualmente a partir das cicatrizes e/ou bainhas das folhas retidas no estipe, e também a partir das folhas da copa (Fig. 1.7B). A espiralidade pode ter sentido horário (*h*) ou anti-horário (*ah*), e o número de espirais em cada sentido determina o par parastício (*h, ah*) da espécie. No caso da macaúba, as plantas apresentam arranjamento (3, 5), números consecutivos da sequência de Fibonacci (Fig. 1.7B-D). Considerando a folha 1 como a primeira folha expandida imediatamente após a flecha, a primeira espiral conectará as folhas 1, 4, 7, 10, 13, 16 etc. A segunda espiral terá as folhas 2, 5, 8, 11, 14 etc., enquanto a terceira espiral compreenderá as folhas 3, 6, 9, 12, 15, e assim por diante. Nesse exemplo, as três espirais giram no sentido horário (Fig. 1.7C).

1.2.3 Sistema radicular

O sistema radicular da *Acrocomia* é fasciculado, profundo e desenvolvido. Possui raízes primárias grossas e numerosas, principalmente na base do tronco (Fig. 1.8A), responsáveis pela fixação da planta no solo, e raízes secundárias, das quais se originam as terciárias e as quaternárias (Fig. 1.8B), cuja principal função é a absorção de água e nutrientes. A raiz da *A. aculeata* está em constante renovação. De tempos em tempos ela morre, dando lugar a novas raízes adventícias, que são emitidas pelo estipe em substituição às antigas (Fig. 1.8C).

1.2.4 Inflorescência

A inflorescência da *A. aculeata* é uma espádice de 0,50 m a 0,80 m de comprimento, de característica pendente (Fig. 1.9A,B). Configura-se em um eixo principal, a

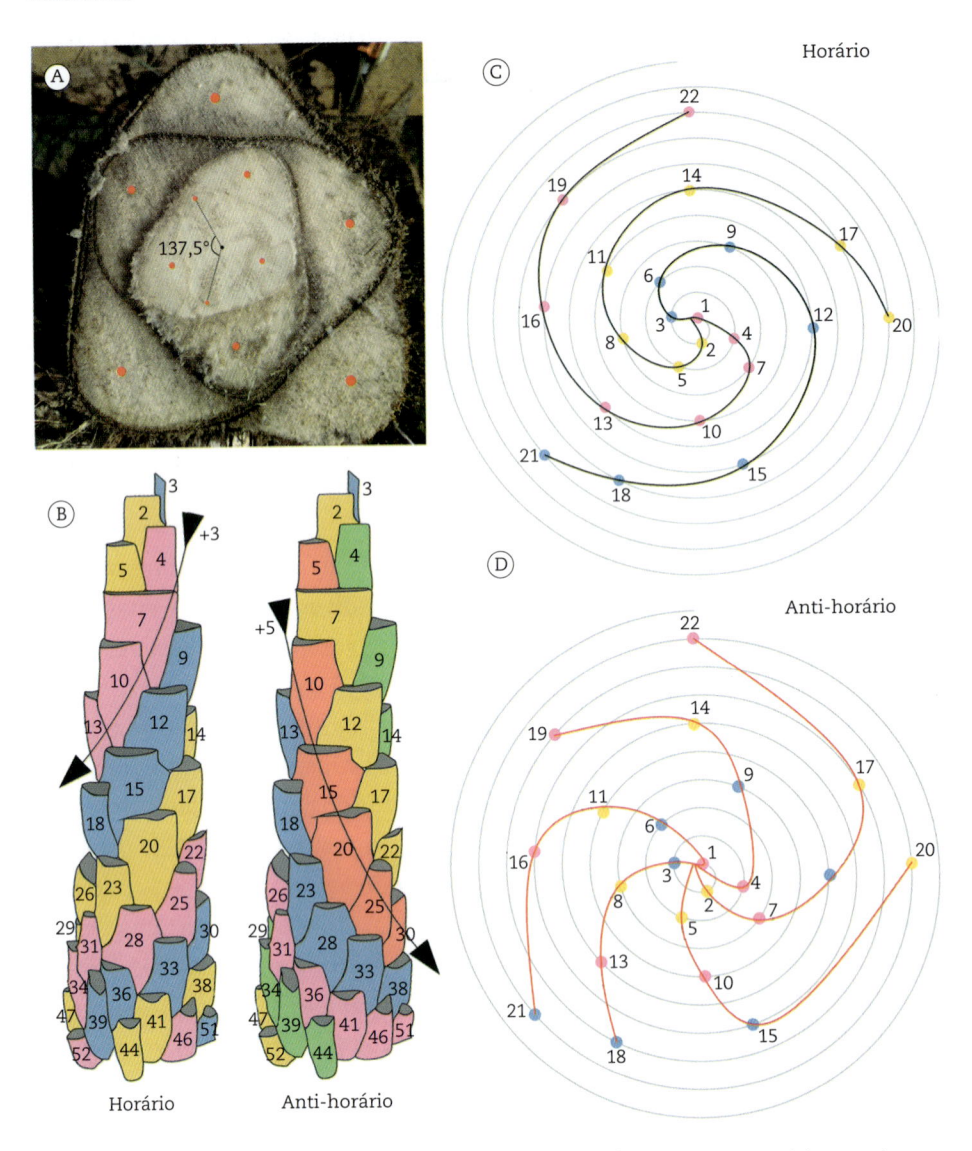

Fig. 1.7 Filotaxia de planta dextrogira de *Acrocomia aculeata*. (A) Seção transversal da copa de uma planta de macaúba, evidenciando a disposição espiralada das folhas (pontos vermelhos). (B) Disposição das brácteas foliares e o número de espirais observadas no sentido horário (3) e anti-horário (5). Cada espiral está representada por uma cor distinta. (C,D) Diagramas com as folhas (números) conectadas por cada espiral nos sentidos (C) horário e (D) anti-horário

ráquis, e vários eixos de segunda ordem, as ráquilas, de coloração amarelada (Fig. 1.9B). A espádice cresce protegida por uma bráctea rígida e recoberta por tricomas denominada espata, de comprimento variando entre 0,75 m e 2,0 m. As flores apresentam coloração amarelo-clara e são unissexuais; flores masculinas e femininas aparecem numa mesma ráquila (Fig. 1.9C).

As inflorescências possuem, em média, 250 ráquilas, que podem ser simples ou bifurcadas (Fig. 1.9C,D), com comprimento variável de 0,10 m a 0,36 m. Nelas,

Fig. 1.8 Sistema radicular fasciculado da *Acrocomia aculeata:* (A) profundidade do sistema radicular; (B) raízes primárias, secundárias, terciárias e quaternárias; e (C) raízes velhas em decomposição (seta branca) e raízes novas sendo emitidas pelo estipe, logo abaixo do coleto da planta (seta amarela)

Fig. 1.9 Inflorescência de *Acrocomia aculeata*: (A) inflorescência fechada protegida pela bráctea rígida recoberta por tricomas; (B) inflorescência aberta mostrando espádice com eixo central (ráquis) e vários eixos de segunda ordem (ráquilas); (C) ráquila com flores pistiladas organizadas na região proximal e flores estaminadas na região distal; e (D) ráquila bifurcada encontrada em alguns ecótipos de *A. aculeata*

as flores pistiladas, que podem ou não estar organizadas em tríades (flor pistilada ladeada por duas estaminadas), ocupam a porção basal. Da porção mediana a apical, encontram-se numerosas flores estaminadas (Fig. 1.9C). Cada ráquila possui de três a seis flores pistiladas e, em média, 300 flores estaminadas. Portanto, na inflorescência há, em média, 750 flores pistiladas e 75.000 flores estaminadas.

As flores pistiladas têm forma globosa, são sésseis, trímeras, gamossépalas e gamopétalas. O perianto é persistente, e o estilete é terminal, com estigma carnoso e trífido (Fig. 1.10). O ovário é súpero, tricarpelar, sincárpico e com um único óvulo em cada lóculo.

Já as flores estaminadas são tubiformes, trímeras, sésseis, gamossépalas e gamopétalas. Possuem seis estames livres, com anteras dorsifixas e deiscência longitudinal (Fig. 1.10E), cada flor apresentando um pistilódio trífido. Em média, essas flores chegam a 8,0 mm de comprimento e 4,1 mm de diâmetro, e oferecem como recurso aos visitantes florais uma enorme quantidade de pólen.

1.2.5 Fruto

Os frutos da *Acrocomia* são globosos, drupáceos e reunidos em cachos volumosos (Fig. 1.11). O tamanho do fruto varia em função do ecótipo, com uma média entre 32 mm e 43 mm de diâmetro. Quando maduros, apresentam coloração de verde a marrom-escuro, com exocarpo coriáceo e quebradiço. O mesocarpo carnoso, rico em óleo, tem textura fibrosa e mucilaginosa e geralmente é amarelo, mas pode variar do verde ao laranja-escuro (abóbora). O endocarpo é rígido e lignificado e protege de uma a três sementes constituídas de endosperma sólido, rico em gordura, proteína, fibra e um embrião claviforme (Bondar, 1964; Scariot; Lleras; Hay, 1995; Lorenzi *et al*., 2004; Bora; Rocha, 2004; Hiane *et al*., 2006; Motoike; Kuki, 2009; Von Lisingen; Cervi, 2009; Ciconini *et al*., 2013).

1.3 Crescimento e desenvolvimento da planta

1.3.1 Fase juvenil

Logo após a germinação, a *A. aculeata* investe em crescimento geotrópico positivo, aprofundando de forma oblíqua o seu meristema no solo, graças à formação do chamado "saxofone", uma estrutura subterrânea curvada e tuberosa (Fig. 1.12). O saxofone se origina a partir da diferenciação do pecíolo cotiledonar do embrião, aproximadamente 60 dias após a germinação (Souza; Ribeiro; Simões, 2017), e serve de estrutura de reserva de água e nutrientes para a planta, conferindo proteção contra o fogo, a seca e a herbivoria.

Nesse primeiro estágio de crescimento, o desenvolvimento da parte aérea da planta é lento: nos primeiros 90 dias após o início da germinação (Fig. 1.12B), a planta raramente emite mais que uma única folha cotiledonar. Além disso, todo o processo de crescimento e desenvolvimento é dependente das reservas da semente. Observações em viveiro de mudas indicam que a perda da semente por herbivoria nessa fase do desenvolvimento da planta pode comprometer o crescimento das mudas, paralisando-o por completo.

Em condições normais, a semente da *A. aculeata* permanece aderida à planta por no mínimo 150 dias após a germinação. Até essa idade, a planta emite em

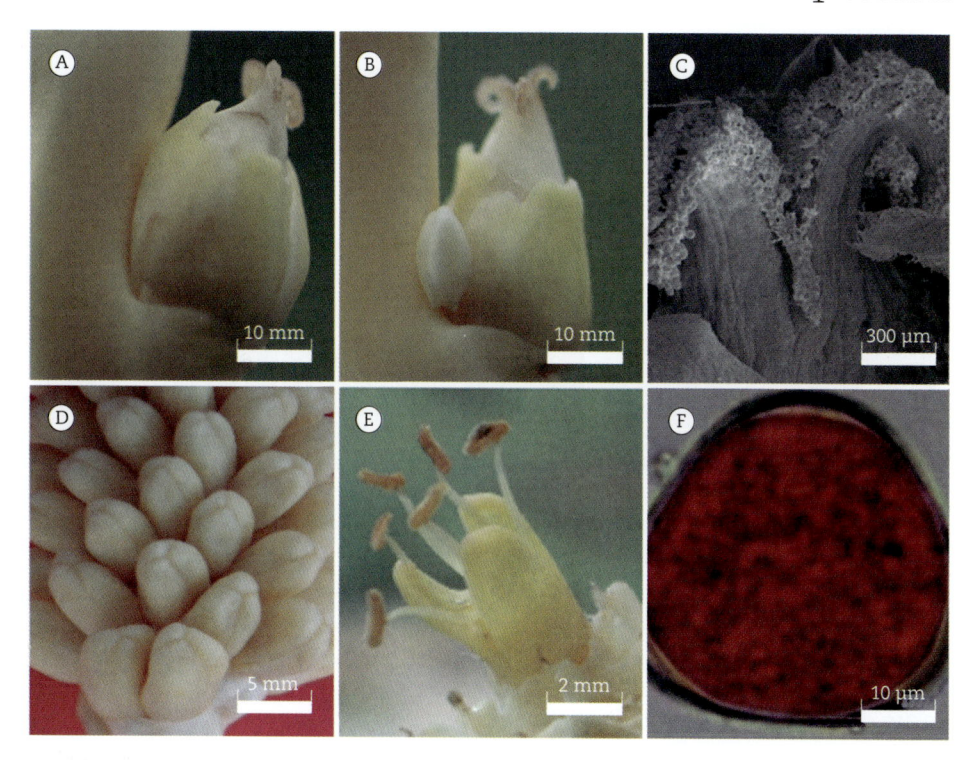

Fig. 1.10 Flores pistiladas e estaminadas de *Acrocomia aculeata*: (A) flor pistilada; (B) flor pistilada ladeada por flor estaminada; (C) porção ventral do estigma; (D) conjunto de flores estaminadas na pré-antese; (E) flor estaminada em plena exposição de estames; e (F) grão de pólen viável, corado com carmim acético
Fonte: Brito (2013).

Fig. 1.11 Infrutescência de *A. aculeata*: (A) cacho de frutos; (B) ráquila com frutificação; (C) fruto descascado; (D) corte transversal do fruto mostrando polpa amarela, endocarpo preto e rígido e endosperma branco; e (E,F) semente, amêndoa ou palmiste. O fruto pode apresentar entre uma e três sementes

Fig. 1.12 Crescimento inicial da planta e morfologia do sistema subterrâneo: (A) semente pré-germinada (40 dias); (B) plântula com 90 dias, iniciando a formação do saxofone; (C) planta com 240 dias, exibindo a primeira folha definitiva palmada; (D) saxofone aos 540 dias, com 0,60 m de comprimento; (E) saxofone aos 900 dias – à direita encontra-se a região tuberosa e, à esquerda, a posição do meristema da planta; e (F) planta adulta com distribuição radial das raízes

torno de cinco folhas cotiledonares e não responde à adubação, demonstrando que a transição da fase heterotrófica da macaúba (dependente de reservas do endosperma) para a fase autotrófica (autônoma) ocorre de forma lenta e gradual (Pimentel et al., 2016). O lançamento da primeira folha definitiva ocorre somente após 180 dias da germinação. Aos 240 dias (Fig. 1.12C), quando é geralmente levada do viveiro ao campo, a planta mede em torno de 0,50 m a 0,85 m de altura e acumula em média 35,0 g de matéria seca na parte aérea, 30,0 g no bulbo e 17,0 g no sistema radicular (Lopes, 2017).

Após o plantio no campo, a A. aculeata cresce linearmente ao ritmo de 0,75 m ano^{-1}, alcançando em média 2,8 m de altura aos quatro anos de idade (Fig. 1.13). O número de folhas emitidas por ano aumenta lentamente com a idade da planta: em média seis, sete, oito e dez folhas por planta no primeiro, no segundo, no terceiro e no quarto ano de vida, respectivamente (Souza, 2013). O saxofone continua a crescer, chegando a até 0,60 m de profundidade aos 18 meses de idade, emitindo inúmeras raízes primárias adventícias (Fig. 1.12D). Essas raízes formam uma densa rede responsável pela sustentação e absorção de água e nutrientes que, até os quatro anos de vida, se concentram nos primeiros 60 cm de profundidade, distribuídos no lado da projeção do saxofone (Fig. 1.12E) a um raio médio de 2,71 m de distância do estipe (Moreira et al., 2019).

A projeção do estipe acima da superfície do solo ocorre somente após os três anos de idade da planta (Fig. 1.13D). Até então, permanece subterrâneo, ganhando corpo e crescendo em diâmetro. Entre o quinto e o sexto ano, o crescimento em altura da planta se acelera, alcançando 1,32 m ano^{-1}, e o número de folhas emitidas aumenta de 12 para 20 planta^{-1} ano^{-1} (Santos, 2015). Nessa ocasião, o saxofone lentamente começa a perder sua função, porém persiste até ser totalmente absorvido pelo estipe aos nove anos de idade. A distribuição do sistema radicular no solo passa a ser mais uniforme e radial (Fig. 1.13F), ocupando um raio de cerca de 3,12 m ao redor do estipe, concentrando-se no primeiro 1,00 m de profundidade (Moreira *et al.*, 2019).

1.3.2 Fase reprodutiva

Em geral, a fase juvenil da A. *aculeata* dura de três a cinco anos, quando a planta atinge a fase reprodutiva (Fig. 1.13E). Há exceções: alguns genótipos, sobretudo os originários do norte de Minas Gerais, permanecem juvenis por mais de sete anos, privilegiando o crescimento em altura. O número de espatas emitidas varia de ano a ano, mais comumente entre 4 a 8 ano^{-1}, mas pode chegar a mais de 14.

Normalmente, os primeiros cachos emitidos são pequenos e com número reduzido de frutos. O tamanho dos cachos vai aumentando gradualmente com a maturidade da planta, que deve ser atingida aos sete anos de idade, quando são emitidas em torno de 20,37 folhas planta^{-1} ano^{-1} (Dietrich, 2017). Em sua avaliação da partição de matéria seca em plantas nativas adultas na região de Acaiaca (MG), Santos (2015) contou em média 22 folhas verdes por planta de A. *aculeata*.

Apesar disso, pouco se conhece sobre os mecanismos de indução floral e de desenvolvimento das inflorescências em A. *aculeata*.

Fig. 1.13 Crescimento e desenvolvimento pós-plantio: (A) muda recém-plantada no campo; (B) planta aos 323 dias após o plantio no campo; (C) planta com aproximadamente três anos de idade, com o início da projeção do estipe acima da superfície do solo; (D) planta com aproximadamente três anos e meio, quando o estipe se torna aparente; e (E) planta com aproximadamente quatro anos de idade, atingindo a maturidade reprodutiva

Florescimento

As inflorescências da A. *aculeata* se desenvolvem a partir dos primórdios florais das axilas foliares da planta (Fig. 1.14A) e crescem espremidas entre o estipe e a bainha da folha (Fig. 1.13B). As espatas aparecem em meio às folhas no período do florescimento (Fig. 1.14C), que tende a coincidir com o início da estação chuvosa (Scariot; Lleras; Hay, 1991, 1995; Rodrigues *et al.*, 2008; Brito, 2013; Berton, 2013), e seu desenvolvimento dura em média 40 dias, desde a emissão até a abertura natural, processo que pode ser dividido em cinco fases (Fig. 1.14):

- **Fase I:** espata recém-emitida, pouco aparente e completamente ereta, com angulação entre 0 e 5° em relação ao eixo principal da planta.
- **Fase II:** espata maior que 15 cm até seu desenvolvimento pleno em comprimento, com angulação entre 5° e 45° em relação ao eixo principal da planta.
- **Fase III:** espata com desenvolvimento pleno em comprimento, com angulação entre 46° e 90° em relação ao eixo principal da planta.
- **Fase IV:** espata com desenvolvimento pleno em comprimento, com angulação maior que 90° em relação ao eixo principal da planta.
- **Fase V:** abertura da espata e antese das flores masculinas.

Ressalta-se que a abertura das espatas também pode ocorrer de forma precoce, antes de atingirem a angulação de 90° em relação ao eixo principal da planta.

Em geral, essas cinco fases de desenvolvimento podem ser identificadas em campo.

Fenologia

O começo das fenofases reprodutivas (floração e frutificação) da macaúba varia entre as diferentes regiões, pois costuma ocorrer no início da estação chuvosa de cada localidade. No Distrito Federal, região do Brasil central, a floração de A. *aculeata* ocorre de agosto a dezembro (Scariot; Lleras; Hay, 1991, 1995); no sul do Mato Grosso (município Barão de Melgaço), de novembro a fevereiro (Lorenzi, 2006); no leste do Estado de São Paulo (Serra da Mantiqueira), de agosto a fevereiro (Berton, 2013); na região leste de Minas Gerais (Zona da Mata), de novembro a fevereiro (Brito, 2013); e no norte de Minas Gerais (zona de transição entre Cerrado e Caatinga), de outubro a dezembro (Rodrigues *et al.*, 2008).

Entre os fatores climáticos, a pluviosidade é determinante para desencadear a floração (Brito, 2013). Salis e Mattos (2009) verificaram diferenças entre o início do florescimento de um ano para outro, em consequência do atraso das chuvas, no Estado do Mato Grosso, região do Pantanal da Nhecolândia. No primeiro ano de avaliação, os autores registraram florescimento entre outubro e janeiro e, no segundo ano, entre dezembro e março.

Fig. 1.14 Crescimento e desenvolvimento da inflorescência. (A) Inflorescência no estágio inicial de desenvolvimento na axila foliar, próximo ao meristema apical da planta (indicado pela seta). (B) Espata em lançamento (indicado pela seta – fase I). (C) Planta exibindo espatas nas diferentes fases de desenvolvimento (I-IV). Note as espatas pendentes (IV), que indicam a proximidade da abertura. (D) Espatas abertas expondo a espádice de cor amarela (fase V)

A abertura da espata e a exposição da inflorescência ocorrem através de uma fenda ventral mediana, acompanhadas pela liberação de odor forte. A baixa temperatura do ar atmosférico influencia diretamente a abertura da bráctea e, por consequência, a exposição da inflorescência e a emissão do odor. A abertura ocorre quase sempre no período de queda da temperatura do ar, ao anoitecer ou no início da manhã, entre 19h (70% das inflorescências) e 6h (30%), podendo, entretanto, variar de acordo com as condições climáticas. Em dias com temperaturas mais amenas, as inflorescências demoram mais tempo para se abrir (Scariot; Lleras; Hay, 1991; Brito, 2013).

Crescimento e desenvolvimento do fruto

O fruto de A. *aculeata* é supra-anual (Montoya *et al.*, 2016): seu crescimento e desenvolvimento apresentam duração média de 62 semanas. Nas primeiras semanas, os frutos são cobertos densamente por tricomas de coloração marrom (Fig. 1.15D). Esse indumento é perdido de forma gradual entre a 10ª e a 12ª semana após a antese (SAA), expondo a casca de coloração verde-clara e textura coriácea e serosa (Fig. 1.15E).

Durante as primeiras quatro semanas após a antese (SAA), o fruto da A. *aculeata* é suscetível a abortamento e queda (Fig. 1.15A,B). Em alguns anos, a queda é tão intensa que pode atingir o cacho inteiro ou mesmo vários cachos de uma planta, reduzindo drasticamente a produção de frutos (Fig. 1.15B). Ainda

Fig. 1.15 Crescimento e desenvolvimento do cacho de *Acrocomia aculeata*: (A) cacho de frutos a duas SAA – nota-se a perda de frutos no cacho por abortamento; (B) frutos abortados dos cachos no solo; (C) cacho de frutos a cinco SAA, idade em que os frutos remanescentes não são mais suscetíveis ao abortamento; (D) detalhe de um fruto abortado, a duas SAA; e (E) cacho de fruto sem abortamento, a dez SAA

não há uma definição das causas que levam ao abortamento, mas algumas hipóteses têm sido lançadas, como deficiência na polinização por ausência ou ineficiência dos agentes polinizadores, ou causas de ordem fisiológica induzidas por déficit hídrico, deficiência nutricional, incompatibilidade genética etc. A cinco SAA, nota-se o rápido crescimento dos frutos, que se tornam arredondados e menos suscetíveis a abortamento e queda.

A partir da 15ª SAA, o fruto adquire tonalidade marrom e a casca passa a apresentar textura rígida e quebradiça. Nesse mesmo período, o fruto atinge o diâmetro máximo. O desenvolvimento de suas partes constituintes ocorre de maneira centrípeta. As estruturas de proteção, o exocarpo e o endocarpo, são formadas em primeira instância. Após a completa formação do endocarpo, inicia-se a maturação das estruturas de reserva, o mesocarpo e o endosperma (Fig. 1.16).

1.4 Ecofisiologia da macaúba

Espécie pioneira antrópica ou secundária inicial, a *A. aculeata* mostra grande tolerância às adversidades naturais do ambiente. Essa resiliência reflete-se em seu desempenho fisiológico, particularmente no processo de trocas gasosas. Pesquisas acerca da influência dos fatores ambientais na fisiologia da espécie são fundamentais para o entendimento de sua dinâmica ecológica e desempenho agrícola, uma vez que a produtividade final do vegetal está intimamente vinculada à sua eficiência fotossintética.

Fig. 1.16 Documentação fotográfica do crescimento e desenvolvimento do fruto de *Acrocomia aculeata*. Nota-se que, a 10 SAA, há diferenciação nítida entre as várias partes do fruto (epicarpo, mesocarpo, endocarpo e endosperma). O endosperma passa a mudar de consistência a partir da 15ª SAA e se torna totalmente sólido na 25ª SAA. A deposição de lignina no endosperma inicia-se a 19 SAA, completando-se a 45 SAA. Na 59ª SAA, o mesocarpo muda de cor, tornando-se amarelo, o que anuncia o amadurecimento. A maturação completa ocorre a 62 SAA, com a abscisão do fruto

1.4.1 Aspectos gerais das trocas gasosas
Fotossíntese na copa

O dossel da *A. aculeata* é composto de folhas pinadas em distribuição espiralada e concentradas na extremidade distal do estipe (Henderson; Galeano; Bernal, 1995; Lorenzi *et al.*, 2010). Nessa filotaxia, a cronologia das folhas coincide com a posição que ocupam na copa: as mais novas no ápice e as senescentes na base. Considera-se a primeira folha funcional aquela que primeiro foi expandida abaixo da folha-flecha.

A fotossíntese na palmeira apresenta uma variação entre 25 µmol CO_2 m^{-2} s^{-1} na primeira e 10 µmol CO_2 m^{-2} s^{-1} na sétima folha (Fig. 1.17A). Os demais parâmetros de trocas gasosas apresentam o mesmo padrão, isto é, se reduzem ao longo da copa em função da posição e idade da folha (Pires *et al.*, 2013b). Apesar da maior taxa fotossintética líquida (A) e condutância estomática (g_s) da primeira folha expandida, esta também apresenta maiores valores de relação carbono interno e ambiental (*Ci/Ca*) e de taxa transpiratória (E) quando comparada com as demais folhas (Fig. 1.17A-D), o que a caracteriza como dreno. Sequencialmente, a segunda e terceira folhas apresentam valores equivalentes para as variáveis A, g_s e E, porém menor *Ci/Ca*, evidenciando sua maturidade fisiológica. O mosaico fotossintético do dossel da *A. aculeata*, com taxas superiores a 10 µmol CO_2 m^{-2} s^{-1}, revela a capacidade da planta de assimilar grandes quantidades de carbono atmosférico, o que provavelmente contribui para seu crescimento arbóreo vigoroso e produção massiva de frutos.

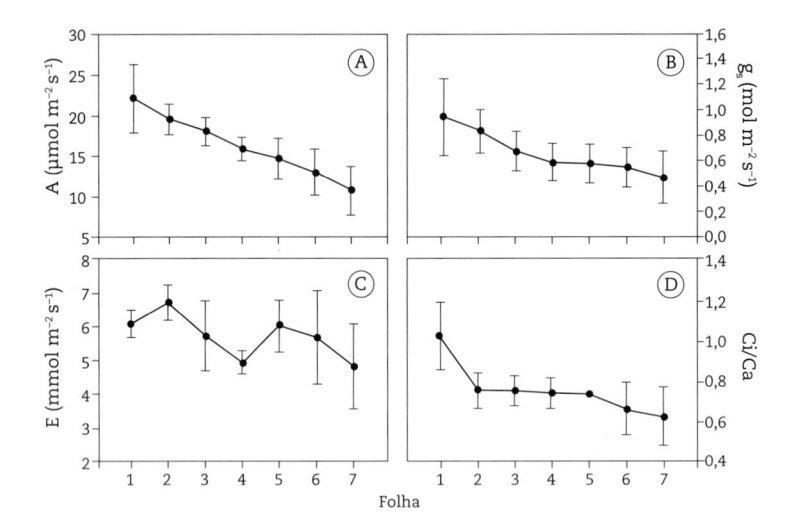

Fig. 1.17 Trocas gasosas em plantas juvenis de *A. aculeata* (três anos) em função do ranqueamento das folhas na copa: (A) fotossíntese, *A*; (B) condutância estomática, g_s; (C) transpiração, *E*; e (D) relação carbono interno e ambiental (*Ci/Ca*). A numeração de 1 a 7 representa a posição da folha expandida na copa: da mais próxima à mais afastada da folha-flecha, isto é, da mais nova à mais velha, respectivamente

Fotossíntese ao longo do dia

Registros da fotossíntese em plantas juvenis indicam uma prevalência de altas taxas fotossintéticas entre 8h e 11h, e fato similar foi observado na condutância estomática e na taxa transpiratória (Fig. 1.18). Os baixos valores da relação *Ci/Ca*, parâmetro indicativo da atividade bioquímica da fotossíntese, durante o período de maior insolação (das 9h às 15h) levam a crer que essa palmeira possui aparato enzimático de carboxilação tolerante a altas temperaturas. De fato, a fotossíntese mostra uma relação positiva com o aumento da temperatura foliar, não decrescendo em temperaturas acima de 25 °C (Fig. 1.19) (Pires *et al.*, 2013b). Essa característica corrobora a rusticidade da palmeira que, como espécie secundária inicial, deve possuir tal atributo para prevalecer à alta incidência de radiação solar. Do ponto de visto agronômico, a aptidão a suportar altas temperaturas e radiação solar proporciona um maior espectro para a escolha de áreas de cultivo, não limitando essa palmeira heliófila às regiões de clima ameno (Resende *et al.*, 2020).

1.4.2 Eficiência fotossintética e incremento da radiação

A resposta fotossintética da palmeira em função do incremento de luz adequa-se ao modelo hiperbólico não retangular (Fig. 1.20) (Pires *et al.*, 2013b). A manutenção da taxa assimilatória próxima ao valor máximo observado ($A_{máx,obs}$ = 23,22 µmol m^{-2} s^{-1}) após o ponto de saturação luminoso (PSL), e mesmo quando são oferecidos altos

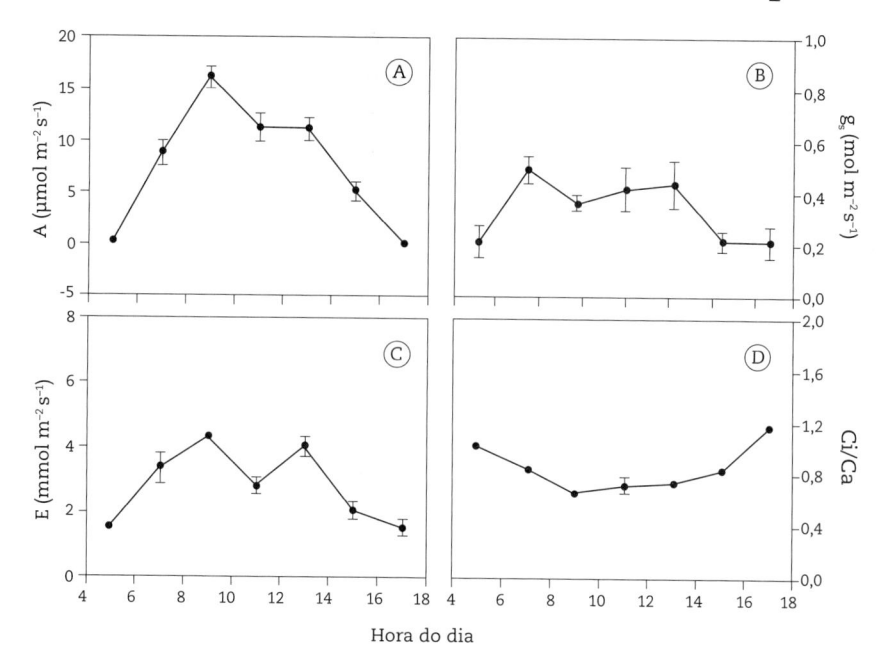

Fig. 1.18 Variáveis de trocas gasosas obtidas ao longo do dia em plantas juvenis de *A. aculeata* (três anos) cultivadas em campo: (A) fotossíntese, A; (B) condutância estomática, g_s; (C) transpiração, E; e (D) relação carbono interno e carbono ambiental (Ci/Ca)

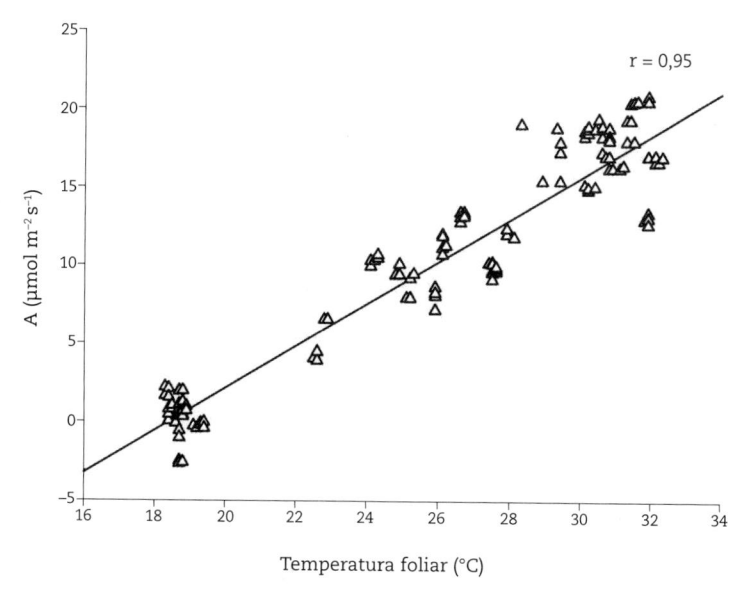

Fig. 1.19 Regressão linear ajustada a partir de valores da fotossíntese (A) em função da temperatura da folha em plantas juvenis de *A. aculeata* (três anos). Valores obtidos entre 7h e 12h. r = coeficiente de correlação

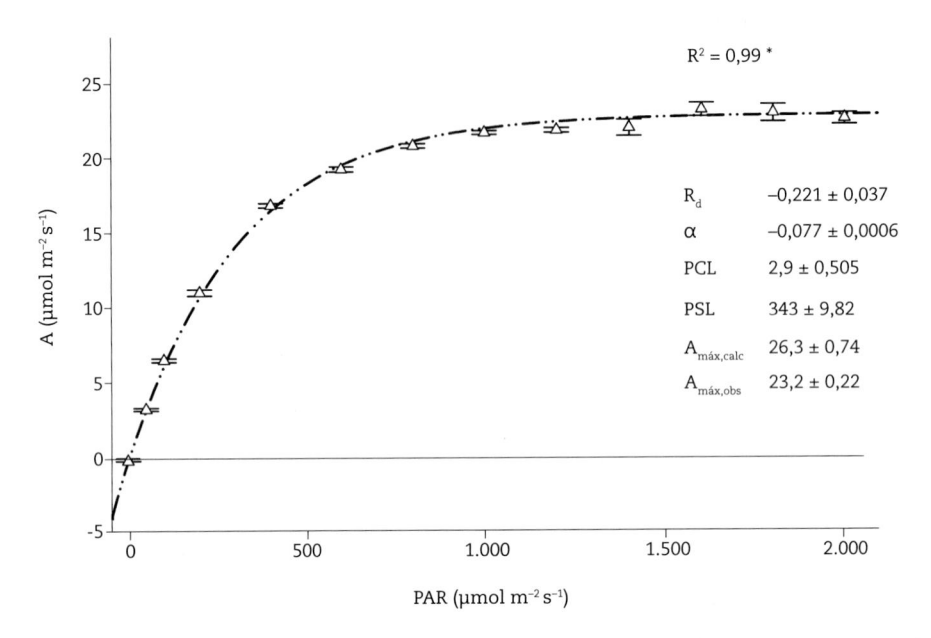

Fig. 1.20 Resposta da fotossíntese em função do incremento da radiação fotossinteticamente ativa (PAR, em µmol m^{-2} s^{-1}), obtida em plantas juvenis de *A. aculeata* (três anos) cultivadas em campo. Parâmetros estimados derivados da equação não retangular hiperbólica: respiração no escuro (R_d, em µmol m^{-2} s^{-1}); rendimento quântico aparente (α, em mol/mol); ponto de compensação luminoso (PCL, em µmol m^{-2} s^{-1}); fotossíntese máxima calculada ($A_{máx,calc}$, em µmol m^{-2} s^{-1}); fotossíntese máxima observada ($A_{máx,obs}$, em µmol m^{-2} s^{-1}); ponto de saturação luminoso (PSL, em µmol m^{-2} s^{-1}); coeficiente de determinação (R^2)

níveis de radiação fotossinteticamente ativa (PAR), demonstra estabilidade da maquinaria fotossintética e, em especial, do processo fotoquímico. De fato, os valores da fotossíntese máxima calculada ($A_{máx,cal}$ = 26,30 µmol m^{-2} s^{-1}), de $A_{máx,obs}$ e do rendimento quântico aparente (α = 0,0772 mol/mol) são considerados elevados, inclusive em relação a outras palmáceas arbóreas, como *Cocus nucifera*, *Elaeis guineensis* e *E. oleifera* (Gomes et al., 2006; Rivera-Méndez; Romero, 2017). Valores de α superiores a 0,07 mol/mol predominam em plantas de metabolismo fotossintético C4 que são menos suscetíveis a altas temperaturas e radiação excessiva (Skillman, 2008). Ademais, o baixo ponto de compensação luminoso (PCL) indica que o ganho líquido de carbono se inicia em níveis reduzidos de PAR ($\geq$ 3,0 µmol m^{-2} s^{-1}). Essa considerável eficiência de aproveitamento luminoso demonstrada pela palmeira é uma característica de grande relevância adaptativa e agronomicamente vantajosa, pois flexibiliza o manejo de seu cultivo.

Aspectos ecofisiológicos

A compreensão das respostas das plantas à disponibilidade de recursos naturais é relevante tanto para a domesticação como para o entendimento da distribuição natural da espécie (Volaire, 2018). Ajustes morfofisiológicos são estratégias que permitem a sobrevivência das plantas em situações de potencial estresse; por exemplo, regulagens das trocas gasosas na etapa fotoquímica da fotossíntese contribuem para o processo de aclimatação perante seca ou excesso de luminosidade (Dos Anjos et al., 2015; Gaburro et al., 2015; Fini et al., 2016; Sanches et al., 2016).

Respostas fotossintéticas à luminosidade

Mudas de A. aculeata cultivadas em condições de intensidade luminosa alta (1.030 µmol m^{-2} s^{-1}) e baixa (320 µmol m^{-2} s^{-1}) não apresentam alterações no rendimento quântico efetivo do fotossistema II (ϕFSII) e no *quenching* fotoquímico (q_L) quando expostas a níveis crescentes de PAR (Fig. 1.21A,B). Ou seja, mesmo crescendo sob limitada luminosidade, a palmeira mantém a eficiência de captura e de utilização da energia luminosa quando exposta a uma radiação maior que 1.000 µmol m^{-2} s^{-1}, da mesma forma que ocorre quando cresce sob alta oferta de radiação solar. Essa resposta das plantas sombreadas está

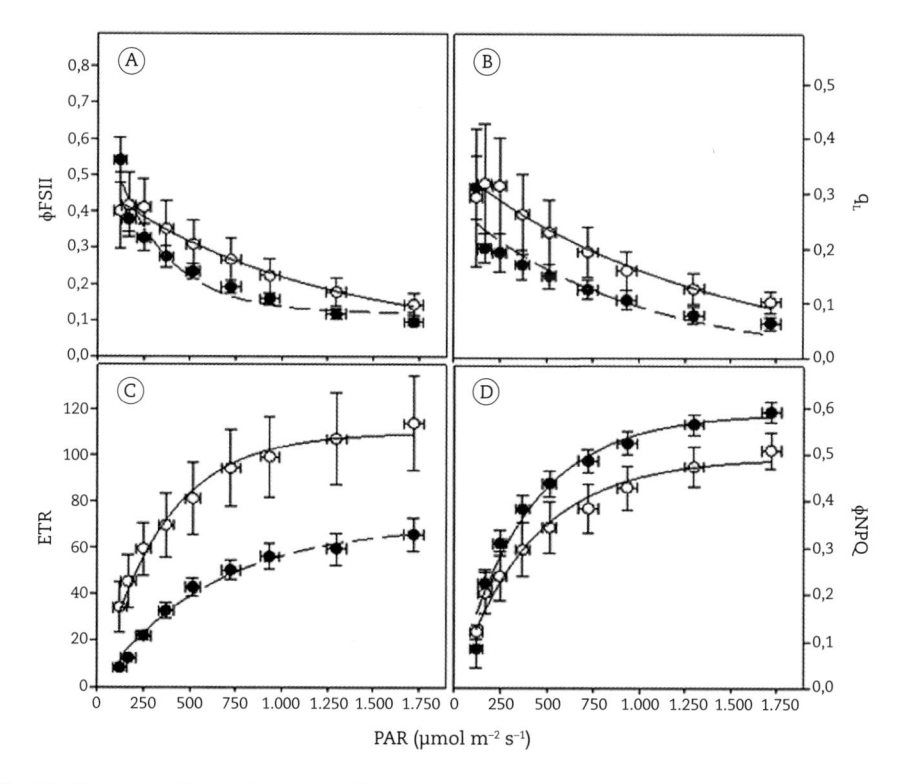

Fig. 1.21 Respostas dos parâmetros de fluorescência da clorofila *a* em mudas de A. *aculeata* submetidas ao incremento de luz (PAR): (A) ϕFSII: rendimento quântico efetivo do FSII; (B) q_L: *quenching* fotoquímico; (C) ETR: taxa relativa do transporte de elétrons; (D) ϕNPQ: rendimento quântico de dissipação regulada de energia não fotoquímica do FSII. Valores obtidos em plantas com nove meses e cultivadas em condições de luminosidade baixa (320 µmol fótons m^{-2} s^{-1}) e alta (1.030 µmol fótons m^{-2} s^{-1})

associada a mecanismos de dissipação do excesso de energia através de processos não fotoquímicos, como evidenciado pelos maiores valores do *quenching* não fotoquímico (ϕNPQ) (Fig. 1.21D). Esse mecanismo regulável permite minimizar a pressão de excitação sobre o fotossistema II (FSII) que, conjuntamente com a redução da taxa de transporte de elétrons (ETR), limita as chances de eventuais fotodanos (Dias, 2015). De fato, em condição de indução da fotoinibição por meio da exposição repentina ao excesso de radiação (3.000 µmol m^{-2} s^{-1}), mudas de *A. aculeata* aclimatadas a situações luminosas contrastantes apresentam decréscimos similares dos valores de ϕFSII e da eficiência fotoquímica máxima do FSII (Fv/Fm), com recuperação completa após 24 horas (Fig. 1.22). Esse fenômeno é típico da fotoinibição transitória ou dinâmica e denota a capacidade de pronto restabelecimento da maquinaria fotossintética da espécie, independente da luminosidade prévia à qual as plantas ficaram expostas (Dias *et al.*, 2018).

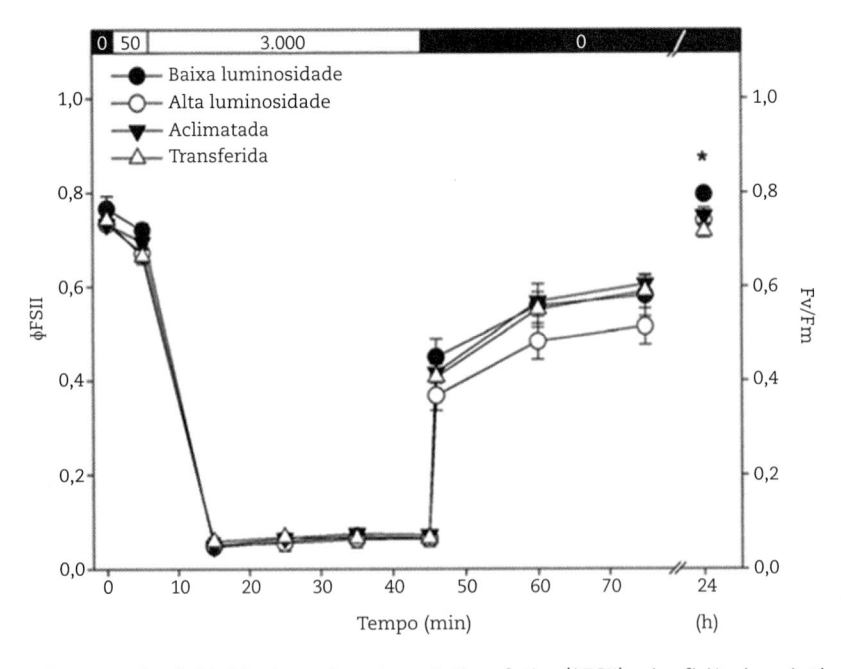

Fig. 1.22 Resposta fotoinibitória do rendimento quântico efetivo (ϕFSII) e da eficiência quântica máxima do FSII (*Fv/Fm*) de mudas de *A. aculeata* com nove meses e cultivadas em viveiro sob condições luminosas contrastantes

Respostas fotossintéticas à restrição hídrica

Quando exposta à escassez hídrica, a *A. aculeata* proveniente de qualquer origem ecogeográfica apresenta considerável queda da taxa assimilatória de carbono, decorrente, sobretudo, da resposta estomática (Fig. 1.23) (Pires, 2017). Apesar disso, os ajustes à seca também ocorrem no cloroplasto, durante a etapa fotoquímica.

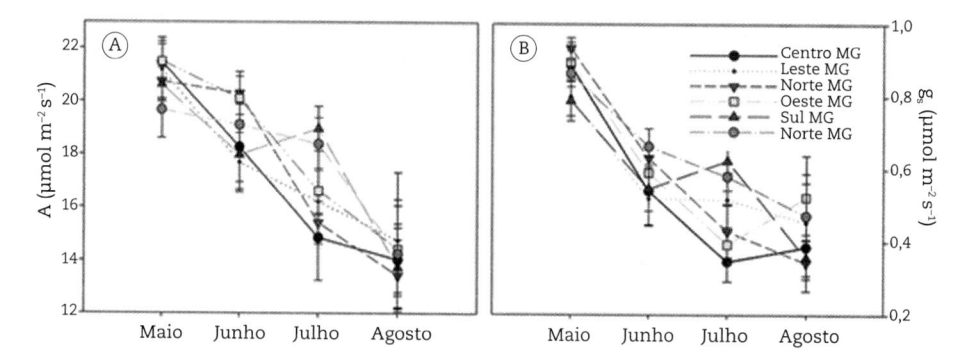

Fig. 1.23 (A) Taxa fotossintética (A) e (B) condutância estomática (g_s) de plantas juvenis de *A. aculeata* (três anos) oriundas de diferentes regiões do Brasil e cultivadas em campo. A avaliação ocorreu durante os quatro meses de progressão da estação seca no BAG-Macaúba, localizado em Araponga (MG)

A *Fv/Fm* de plantas cultivadas em campo, sob diferentes aberturas de dossel e, portanto, disponibilidades de luz, não difere entre as estações seca e chuvosa. A manutenção desses valores em níveis estáveis proteje o aparato fotossintético. Com efeito, durante o período de seca, a palmeira ajusta o ɸFSII e utiliza mecanismos de dissipação do excesso de energia, como o NPQ, o qual, juntamente com uma menor ETR, reduz possíveis fotodanos (Dias, 2015). Contudo, passado o período de estiagem, ocorre a retomada do metabolismo fotossintético, o que evidencia a plasticidade fisiológica da palmeira (Fig. 1.24).

Outros fatores intrínsecos corroboram a rusticidade da espécie no enfrentamento da seca. Em dois acessos genéticos, oriundos do Cerrado e da Mata Atlântica, ainda que a resposta fotossintética siga um padrão similar ao incremento de radiação, a queda na eficiência assimilatória em resposta à escassez hídrica é mais evidente nas plantas procedentes da floresta estacional semidecidual (Fig. 1.25). A variação genética na fotossíntese ocorre igualmente em culturas e espécies silvestres, sendo uma importante fonte para fenotipagem de rendimento produtivo (Flood; Harbinson; Aarts, 2011).

O desempenho distinto desses materiais está vinculado aos atributos fisiológicos selecionados pelas pressões impostas nos respectivos ambientes de origem, incluindo a intensidade e duração da seca (Pires *et al.*, 2013a). Quando submetidas à escassez hídrica, as plantas do Cerrado apresentam melhor estabilidade de membrana e maior conteúdo relativo de água em comparação com as palmeiras oriundas da Mata Atlântica, indicando a maior capacidade do material savânico de manter a hidratação dos tecidos (Fig. 1.26).

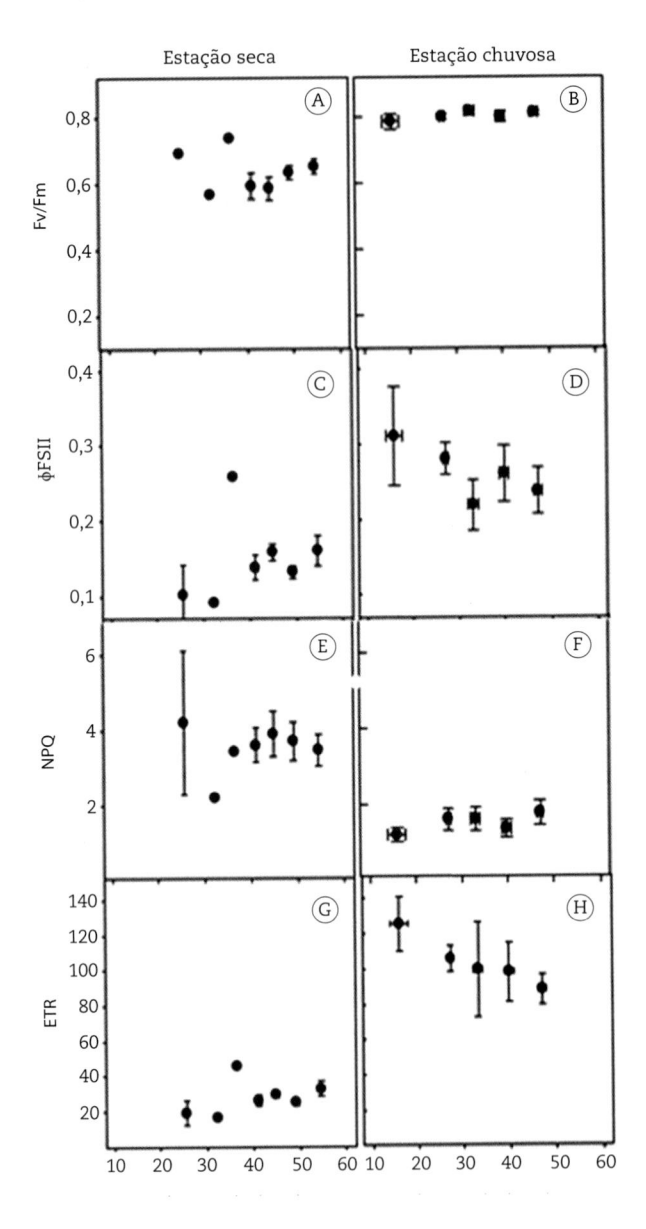

Fig. 1.24 Eficiência fotoquímica máxima do FSII (*Fv/Fm*), rendimento quântico efetivo (φFSII), coeficiente de extinção não fotoquímico (NPQ) e taxa relativa do transporte de elétrons (ETR) em mudas de *A. aculeata* (cerca de dois anos) cultivadas em campo, na estação seca (A, C, E e G) e chuvosa (B, D, F e H) de acordo com a abertura do dossel (%)

1.5 Considerações finais

A capacidade da *A. aculeata* de modular sua reposta fotossintética à oferta de água e luz, por meio de diferentes ajustes fisiológicos, contribui para o sucesso do seu estabelecimento no ambiente, seja durante o processo sucessional das formações semidecidual e savânica, seja em plantios solteiros ou consorciados. Contudo, a contribuição relativa dos mecanismos pode variar com a procedência da palmeira,

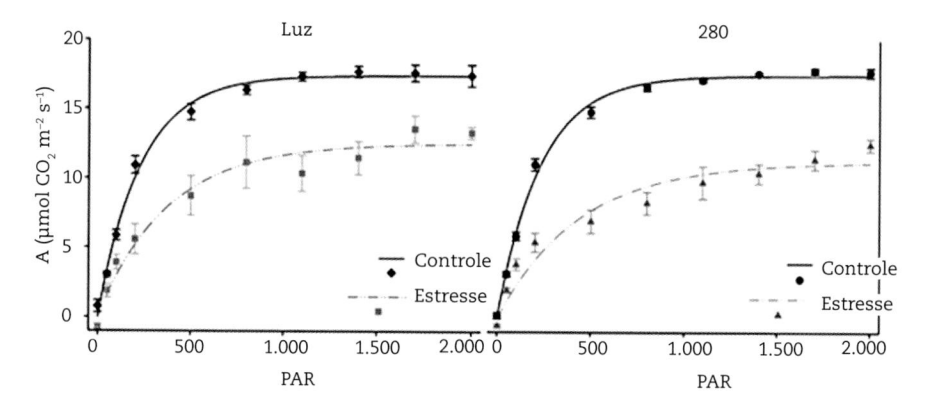

Fig. 1.25 Resposta da taxa fotossintética líquida (A) em função do aumento da radiação fotossinteticamente ativa (PAR, em μmol CO_2 m^{-2} s^{-1}) de plantas jovens de *A. aculeata* procedentes do Cerrado (acesso Luz) e da Mata Atlântica (acesso 280), em condições de oferta (controle) e escassez (estresse) de água

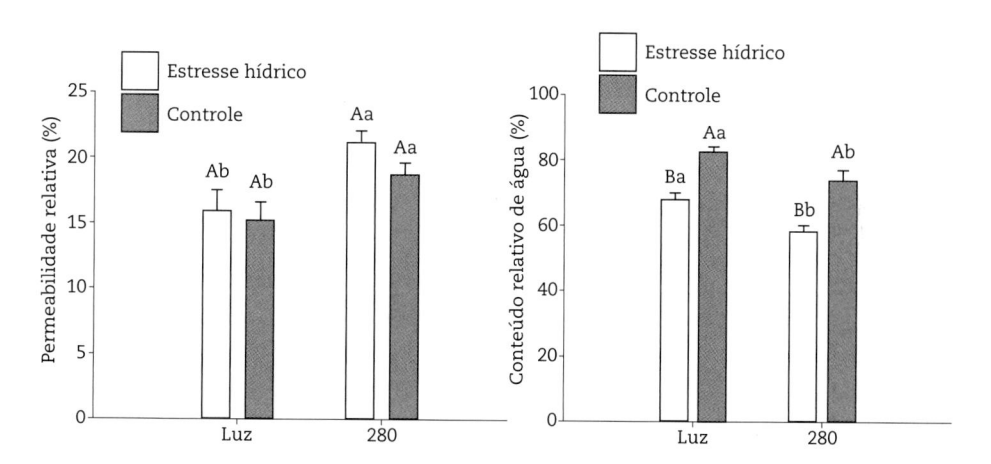

Fig. 1.26 Permeabilidade relativa de membrana, que denota a estabilidade das membranas celulares e o conteúdo relativo de água (RWC) em folhas de *A. aculeata* procedentes do Cerrado (acesso Luz) e da Mata Atlântica (acesso 280), em condições de oferta (controle) e escassez (estresse hídrico) de água, através da suspensão da irrigação por quatro semanas

indicando a participação de um componente genético na determinação da resposta. Assim, tanto a interação genótipo × ambiente como as características ecofisiológicas devem ser consideradas nos programas de melhoramento da espécie.

Referências bibliográficas

BAILEY, L. H. *Acrocomia*—preliminary paper. *Gentes Herbarum*, v. 4, p. 421-476, 1941.

BERTON, L. H. C. *Avaliação de populações naturais, estimativas de parâmetros genéticos e seleção de genótipos elite de macaúba (Acrocomia aculeata)*. 2013. Tese (Doutorado em Agricultura Tropical e Subtropical) – Instituto Agronômico de Campinas, Campinas, SP, 2013.

BONDAR, G. *Palmeiras do Brasil*. São Paulo: Instituto de Botânica, 1964.

BORA, P. S.; ROCHA, R. V. M. Macaíba palm: fatty and amino acids composition of fruits. *Ciencia y Tecnologia Alimentaria*, v. 4, p. 158-162, 2004.

BRITO, A. C. *Biologia reprodutiva de macaúba*: floração, polinizadores, frutificação e conservação de pólen. 2013. Tese (Doutorado em Genética e Melhoramento) – Universidade Federal de Viçosa, Viçosa, MG, 2013.

CAXAMBÚ, M. G.; GERALDINO, H. C. L.; DETTKE, G. A.; DA SILVA, A. R.; DOS SANTOS, E. N. Palmeiras (Arecaceae) nativas no município de Campo Mourão, Paraná, Brasil. *Rodriguésia*, v. 66, p. 259-270, 2015.

CICONINI, G.; FAVARO, S. P.; ROSCOE, R.; MIRANDA, C. H. B; TAPETI, C. F.; MIYAHIRA, M. A. M.; BEARARI, L.; GALVANI, F.; BORSATO, A. V.; COLNAGO, L. A.; NAKA, M. H. Biometry and oil contents of Acrocomia aculeata fruits from the Cerrados and Pantanal biomes in Mato Grosso do Sul, Brazil. *Industrial Crops and Products*, v. 45, p. 208-214, 2013.

COSTA, A. M.; MOTOIKE, S. Y.; CORRÊA, T. R.; SILVA, T. C.; COSER, S. M.; RESENDE, M. D. V.; TEÓFILO, R. F. Genetic parameters and selection of macaw palm (Acrocomia aculeata) accessions: an alternative crop for biofuels. *Crop Breeding and Applied Biotechnology*, v. 18, p. 259-266, 2018.

DIAS, A. N. *Capacidade de aclimatação à luz no estabelecimento inicial de macaúba (Acrocomia aculeata (Jacq.) Lood. Ex Mart.) em Condições de viveiro e em campo.* 2015. 72 f. Dissertação (Mestrado) – Universidade Federal de Viçosa, campus Florestal, 2015.

DIAS, A. N.; SIQUEIRA-SILVA, A. I.; SOUZA, J. P.; KUKI, K. N.; PEREIRA E. G. Acclimation responses of macaw palm seedlings to contrasting light environments. *Scientific Reports*, v. 8, n. 1, p. 1-13, 2018.

DIETRICH, O. H. S. *Época de amostragem foliar e efeito de doses de nitrogênio e potássio em plantas adultas de macaúba*. 2017. Dissertação (Mestrado em Fitotecnia) – Universidade Federal de Viçosa, Viçosa, MG, 2017.

DOS ANJOS, L. *et al.* Key leaf traits indicative of photosynthetic plasticity in tropical tree species. *Trees*, v. 29, p. 247-258, 2015.

FAO – FOOD AND AGRICULTURE ORGANIZATION. Food and fruit bearing forest species: examples from Latin America. *Forestry Paper*, v. 44/3, p. 308, 1986.

FINI, A.; LORETO, F.; TATTINI, M.; GIORDANO, C.; FERRINI, F.; BRUNETTI, C.; CENTRITTO, M. Mesophyll conductance plays a central role in leaf functioning of Oleaceae species exposed to contrasting sunlight irradiance. *Physiologia Plantarum*, v. 157, n. 1, p. 54-68, 2016.

FLOOD, P. J.; HARBINSON, J.; AARTS, M. G. M. Natural genetic variation in plant photosynthesis. *Trends in Plant Science*, v. 16, p. 32-335, 2011.

FLORA DO BRASIL. Jardim Botânico do Rio de Janeiro. [2019]. Disponível em: <http://floradobrasil.jbrj.gov.br/>. Acesso em: 16 ago. 2019.

GABURRO, T. A.; ZANETTI, L. V.; GAMA, V. N.; MILANEZ, C. R. D.; CUZZUOL, G. R. F. Physiological variables related to photosynthesis are more plastic than the morphological and biochemistry in non-pioneer tropical trees under contrasting irradiance. *Brazilian Journal of Botany*, v. 38, p. 39-49, 2015.

GOMES, F. P.; OLIVA, M. A.; MIELKE, M. S.; DE ALMEIDA, A. F.; LEITE, H. G. Photosynthetic irradiance-response in leaves of dwarf coconut palm (Cocos nucifera L.'nana', Arecaceae): comparison of three models. *Scientia Horticulturae*, v. 109, n. 1, p. 101-105, 2006.

GUTIÉRREZ-VÁSQUEZ, C. A.; PERALTA, R. *Palmas comunes de Pando, Santa Cruz de la Sierra, Bolivia*. 2001.

HENDERSON, A.; GALEANO, G.; BERNAL, R. *Field guide to the palms of the Americas*. New Jersey: Princeton University Press, 1995.

HIANE, P. A.; BALDASSO, P. A.; MARANGONI, S.; MACEDO, M. L. R. Chemical and nutritional evaluation of kernels of bocaiúva, Acrocomia aculeata (Jacq.) Lodd. *Ciência e Tecnologia de Alimentos*, v. 26, p. 683-689, 2006.

JUNCÁ, F. A.; FUNCH, L.; ROCHA, W. *Biodiversidade e conservação da Chapada Diamantina*. Brasília: Ministério do Meio Ambiente, 2005.

KERMATH, B. M.; BENNETT, B. C.; PULSIPHER, L. M. *Food Plants in the Americas*: a survey of the domesticated, cultivated, and wild plants used for human food in North, Central, and South America and the Caribbean. 2014. Disponível em: <http://www.academia.edu>. Acesso em: 13 out. 2015.

LANES, E. C. M.; MOTOIKE, S. Y.; KUKI, K. N.; NICK, C.; FREITAS, R. D. Molecular characterization and population structure of Acrocomia aculeata (Arecaceae) ex situ germplasm collection using microsatellites markers. *Heredity*, v. 106, p. 102-112, 2015.

LEITMAN, P.; SOARES, K.; HENDERSON, A.; NOBLICK, L.; MARTINS, R. C. Arecaceae. In: Lista de Espécies da Flora do Brasil. Jardim Botânico do Rio de Janeiro. 2015. Disponível em: <http://floradobrasil.jbrj.gov.br/jabot/floradobrasil/FB15664>. Acesso em: 18 set. 2015.

LIMA, N. E. de; CARVALHO, A. A.; MEEROW, A. W.; MANFRIN, M. H. A review of the palm genus Acrocomia: Neotropical green gold. *Organisms Diversity & Evolution*, v. 18, p. 151-161, 2018.

LOPES, F. de A. *Desenvolvimento de mudas de macaúba em função do tamanho do recipiente e idade da muda na fase de viveiro*. 2017. Dissertação (Mestrado em Fitotecnia) – Universidade Federal de Viçosa, Viçosa, MG, 2017.

LORENZI, G. M. A. C. *Acrocomia aculeata (Lodd.) ex Mart. – Arecaceae: bases para o extrativismo sustentável*. 2006. Tese (Doutorado em Agronomia) – Universidade Federal do Paraná. Curitiba, PR, 2006.

LORENZI, H.; MATOS, F. J. A. *Plantas medicinais do Brasil*: nativas e exóticas. Nova Odessa: Instituto Plantarum, 2002.

LORENZI, H.; NOBLICK, L.; KAHN, F.; FERREIRA, E. *Flora Brasileira*: Arecaceae (Palmeiras). Nova Odessa: Instituto Plantarum, 2010.

LORENZI, H.; SOUZA, H. M.; COSTA, J. T. M.; CERQUEIRA, L. S. C.; FERREIRA, E. *Palmeiras brasileiras e exóticas cultivadas*. Nova Odessa: Instituto Plantarum, 2004.

MONTOYA, S. G.; MOTOIKE, S. Y.; KUKI, K. N.; COUTO, A. D. Fruit development, growth, and stored reserves in macauba palm (Acrocomia aculeata), an alternative bioenergy crop. *Planta*, v. 244, p. 927-938, 2016.

MOREIRA, S. L. S.; IMBUZEIRO, H. M. A.; DIETRICH, O. H. S.; HENRIQUES, E.; FLORESA, M. E. P.; PIMENTEL, L. D.; FERNANDES, R. B. A. Root distribution of cultivated macauba trees. *Industrial Crops and Products*, v. 137, p. 646-651, 2019.

MOTOIKE, S. Y.; KUKI, K. N. The potential of macaw palm (Acrocomia aculeata) as source of biodiesel in Brazil. *IRECHE*, v. 1, p. 632-635, 2009.

NOVAES, R. F. *Contribuição para o estudo do coco macaúba*. 1952. Tese (Doutorado em Ciências Agrárias) – Escola Superior de Agricultura Luiz de Queiroz, Piracicaba, SP, 1952.

NUCCI, S. M.; AZEVEDO-FILHO, J. A.; COLOMBO, C. A.; PRIOLLI, R. H. G.; COELHO, R. M.; MATA, T. L.; ZUCCHI, M. I. Development and characterization of microsatellites markers from the macaw. *Molecular Ecology Resources*, v. 8, p. 224-226, 2008.

PALMWEB. Palms of the World Online. [2019]. Disponível em: <www.palmweb.org>. Acesso em: 14 ago. 2019.

PIMENTEL, L. D.; BRUCKNER, C. H.; MANFIO, C. E.; MOTOIKE, S. Y.; MARTINEZ, H. E. P. Substrate, lime, phosphorus and topdress fertilization in macaw palm seedling production. *Revista Árvore*, v. 40, p. 235-244. 2016.

PIRES, T. P. *Diversidade genética, fisiológica e anatômica em populações de macaúba provenientes de diferentes biomas*. 2017. 111 f. Tese (Doutorado) – Universidade Federal de Viçosa, *campus* Viçosa, 2017.

PIRES, T. P.; MOTOIKE, S. Y.; KUKI, K. N.; SOUZA, E. S.; LOPES, F. A. Eficiência do uso da luz em acessos de macaúba de diferentes origens submetidos à restrição hídrica. In: I Congresso Brasileiro de Macaúba: consolidação da cadeia produtiva. 19-21 de novembro de 2013, Patos de Minas, MG, Brasil. Anais... 2013a.

PIRES, T. P.; SOUZA, E. S.; KUKI, K. N.; MOTOIKE, S. Y. Ecophysiological traits of the macaw palm: A contribution towards the domestication of a novel oil crop. *Industrial Crops and Products*, v. 44, p. 200-210, 2013b.

PLATH, M.; MOSER, C.; BAILIS, R.; BRANDT, P.; HIRSCH, H.; KLEIN, A. M.; WALMSLEY, D.; VON WEHRDEN, H. A novel bioenergy feedstock in Latin America? Cultivation potential of Acrocomia aculeata under current and future climate conditions. *Biomass and Bioenergy*, v. 91, p. 186-195, 2016.

POWO – PLANTS OF THE WORLD ONLINE. Royal Botanic Garden, Kew, [2019]. Disponível em: <http://www.e-monocot.org>. Acesso em: 14 ago. 2019.

QUATTROCCHI, U. *CRC World Dictionary of Plant Names*: common names, scientific names, eponyms, synonyms, and etymology. 1. ed. Boca Raton: CRC Press, 2000.

RESENDE, R. T.; KUKI, K. N.; CORREA, T. R.; ZAIDAN, U. R.; MOTA, P. H. S.; TELLES, L. A. A.; GONZALES, D. G.; MOTOIKE, S. Y.; RESENDE, M, D, V.; LEITE, H. G.; LORENZON, A. S. Data-based agroecological zoning of Acrocomia aculeata: GIS modeling and ecophysiological aspects into a Brazilian representative occurrence area. *Industrial Crops and Products*, v. 154, p. 1-10, 2020.

RIVERA-MÉNDEZ, Y. D.; ROMERO, H. M. Fitting of photosynthetic response curves to photosynthetically active radiation in oil palm. *Agronomía Colombiana*, v. 35, n. 3, p. 323-32, 2017.

RODRIGUES, P. M. S.; NUNES, Y. R. F.; BORGES, G. R. A.; RODRIGUES, D. A.; VELOSO, M. D. M. Fenologia reprodutiva e vegetativa da *Acrocomia aculeata* (Jacq.) Lodd. Ex Mart. (Arecaceae). In: XI Simpósio nacional de cerrado, II Simpósio Internacional Savanas Tropicais, Brasília. Anais... Planaltina: Embrapa, CPAC, 2008.

SALIS, S. M.; MATTOS, P. P. *Floração e frutificação da Bocaiúva (Acrocomia aculeata) e do Carandá (Copernicia alba) no Pantanal*. Comunicado Técnico 78. Corumbá, MS: Embrapa, 2009.

SANCHES, M. C.; MARZINEK, J.; BRAGIOLA, N. G.; TERRA NASCIMENTO, A. R. Morpho-physiological responses in Cedrela fissilis Vell. submitted to changes in natural light conditions: implications for biomass accumulation. *Trees Structure. Function*, p. 1-13, 2016.

SANTOS, R. C. dos. *Aspectos nutricionais e resposta da macaúba a adubação com nitrogênio e potássio*. 2015. Tese (Doutorado em Fitotecnia) – Universidade Federal de Viçosa, Viçosa, MG, 2015.

SCARIOT, A.; LLERAS, E.; HAY, J. D. Flowering and fruiting phenologies of the palm Acrocomia aculeata: patterns and consequences. *Biotropica*, v. 27, p. 168-173, 1995.

SCARIOT, A.; LLERAS, E.; HAY, J. D. Reproductive biology of the palm Acrocomia aculeata in Central Brazil. *Biotropica*, v. 23, p. 12-22, 1991.

SKILLMAN, J. B. Quantum yield variation across the three pathways of photosynthesis: not yet out of the dark. *Journal of Experimental Botany*, v. 59, n. 7, p. 1647-1661, 2008.

SOUZA, E. dos S. *Respostas ecofisiológicas e produtivas de plantas juvenis de macaúba em consórcio com braquiária*. 2013. Tese (Doutorado em Fitotecnia) – Universidade Federal de Viçosa, Viçosa, MG, 2013.

SOUZA, J. N.; RIBEIRO, L. M.; SIMÕES, M. O. M. Ontogenesis and functions of saxophone stem in Acrocomia aculeata (Arecaceae). *Annals of Botany*, v. 119, p. 353-365, 2017.

TEIXEIRA, E. Acrocomia aculeata. *In*: TASSARO, H. *Frutas no Brasil*. São Paulo: Empresa das Artes, 1996.

TROPICOS. *Missouri Botanical Garden*. [2019]. Disponível em: <http://www.tropicos.org>. Acesso em: 14 ago. 2019.

VIANNA, S. A. A new species of Acrocomia (Arecaceae) from Central Brazil. *Phytotaxa*, v. 314, p. 45-54, 2017.

VOLAIRE, F. A unified framework of plant adaptive strategies to drought: Crossing scales and disciplines. *Global Change Biology*, v. 7, p. 2929-2938, 2018.

VON LISINGEN, L.; CERVI, A. C. Acrocomia aculeata (Jacq.) Lodd ex Mart., nova ocorrência para a flora do Estado do Paraná. *Acta Biológica Paranaense*, v. 38, p. 187-192, 2009.

2

Origem, dispersão, história e estado da arte da domesticação

Eder Lanes, Simone Palma Favaro, Kacilda Naomi Kuki, Sergio Yoshimitsu Motoike

2.1 Origem

O centro de origem da *Acrocomia aculeata* ainda não foi claramente definido, porém supõe-se que esteja localizado na América do Sul (Morcote-Ríos; Bernal, 2001; Clement, 1999), em algum ponto da Floresta Equatorial da Amazônia ou do Cerrado, conforme indicado pela presença de espécies endêmicas, como a *Acrocomia hassleri*, restrita ao Cerrado do Centro-Oeste brasileiro e do Paraguai. A hipótese mais provável o localiza na região leste da Amazônia, onde se encontra o sítio arqueológico mais antigo do gênero *Acrocomia*, com registro de 11.200 anos antes do presente (AP).

2.2 Dispersão do gênero *Acrocomia*

Segundo Morcote-Ríos e Bernal (2001), o gênero *Acrocomia* teria migrado a partir de alguma região seca da América do Sul em direção à América Central, como indicado pelos vestígios arqueológicos. Os indícios apontam que essa região seca possa ser o bioma Cerrado, ou seja, as savanas tropicais da América do Sul. Isso porque a *A. aculeata* nunca é encontrada em "floresta madura" ou em florestas que se encontram num estágio tardio de sucessão (Smith, 2015). Além disso, a vegetação de savana (ambiente típico da espécie) é, de acordo com Cole (1960, 1986), mais antiga do que as florestas tropicais. Sendo assim, é provável que a dispersão dessa palmeira tenha ocorrido simultaneamente à expansão das savanas sul-americanas (Silva; Bates, 2002; Smith, 2015), com fortes evidências sugerindo que o ponto de origem tenha sido o Cerrado de Monte Alegre (PA). Porém, apenas uma integração de dados moleculares e fenotípicos poderá auxiliar no entendimento do processo de origem, dispersão e domesticação da espécie, tal como realizado para a pupunha (*Bactris gasipaes* Kunth) por Galluzzi *et al.* (2015).

O processo migratório da espécie em direção ao norte pode ter se iniciado graças à presença de dois corredores na Amazônia durante os ciclos climáticos secos do período Quaternário (Silva; Bates, 2002; Smith, 2015). Esses corredores seriam uma rota de conexão entre a savana da Região Norte, formada por Llanos, Roraima, Paru, Monte Alegre, Amapá e Marajó, e a savana da Região Sul, que engloba atualmente a região do Brasil Central, zonas de transição entre Floresta Amazônica e Cerrado, nordeste do Paraguai e leste da Bolívia. Conforme apresentado por Silva e Bates (2002), fortes indícios corroboram a hipótese de que o Corredor Costeiro conectaria as savanas norte e sul através de manchas de Cerrado presentes perto da costa atlântica na região de Monte Alegre, da Ilha de Marajó e do Estado do Amapá. Outro provável corredor seria o Corredor Andino, que conectaria a savana sul diretamente com Llanos e Roraima através das encostas dos Andes. Há ainda a hipótese de um terceiro corredor, conhecido como Corredor da Amazônia Central, que conectaria a savana sul diretamente com algumas manchas de savanas ao norte da Amazônia, passando por um cinturão de baixa precipitação da região central amazônica (Fig. 2.1); é, no entanto, menos provável que ele tenha existido.

2.3 História Antiga

Os dados arqueológicos sugerem que cerca de 9% das palmáceas conhecidas das Américas, incluindo a *A. aculeata*, tiveram seu uso generalizado entre 9.000-5.000 anos AP, dada a frequência e diversidade de achados desse intervalo. Dos quatro sítios arqueológicos mais antigos do genêro *Acrocomia*, dois localizam-se na América Central: no Panamá, com registro de 8.040 anos AP, e no México, de 6.750 anos AP. Contudo, é na América do Sul que estão os sítios arqueológicos mais antigos de todos: na Colômbia, de 9.530 anos AP, e no Brasil, de 11.200 anos AP (Morcote-Ríos; Bernal, 2001).

2.3.1 *Acrocomia* na América Central

Segundo Lentz (1990), a *Acrocomia* foi introduzida, dispersa e utilizada por povos indígenas pré-colombianos na América Central, do Panamá até o México, sendo a civilização maia a principal responsável pela introdução da palmeira em várias partes da Mesoamérica. Porém, a dispersão do gênero no continente pode ter sido favorecida inicialmente por episódios de desastres naturais, como incêndios florestais ou tempestades, que erradicaram árvores de grande porte. Posteriormente, com a chegada dos primeiros nativos pré-históricos, novas áreas de perturbação foram adicionadas, o que favoreceu a dispersão dessa palmeira resistente ao fogo (Lentz, 1990; Smith, 2015).

Durante o trajeto migratório desses povos pré-históricos, o fruto da *A. aculeata* era evidentemente uma boa opção de alimento, já que o mesocarpo

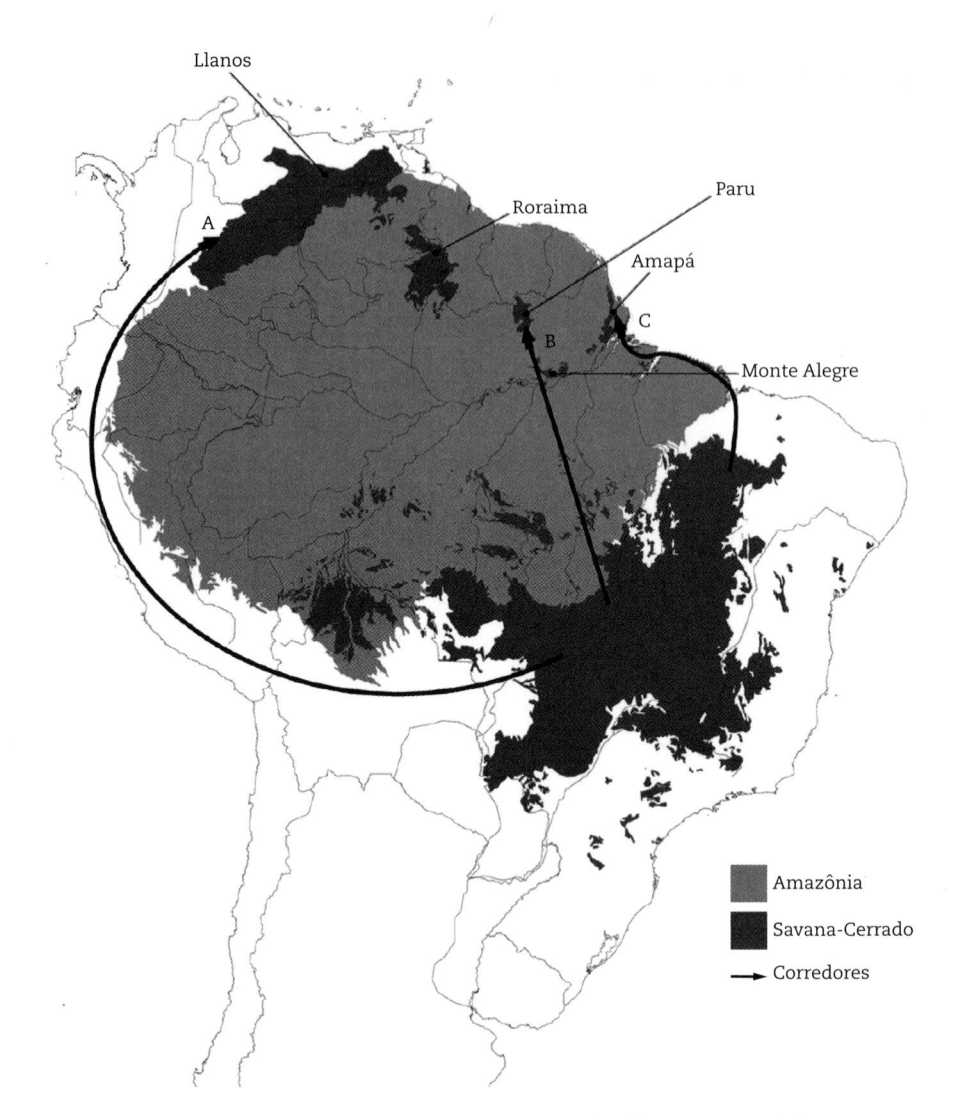

Fig. 2.1 Corredores que têm sido postulados como conectores dos blocos norte e sul das savanas tropicais da América do Sul: (A) Corredor Andino; (B) Corredor da Amazônia Central; e (C) Corredor Costeiro
Fonte: Silva e Bates (2002).

carnoso oleoso seria consumido primeiro e, mais tarde, a semente. Contudo, o descarte da semente pode ter sido o destino mais provável, pois a quebra do endocarpo rígido não era uma tarefa fácil (Morcote-Ríos; Bernal, 2001; Lentz, 1990). Os restos arqueológicos também sugerem que, desde o início do processo de domesticação das primeiras plantas (principalmente gramíneas, cucurbitáceas e leguminosas) pelos nativos pré-colombianos mesoamericanos, palmáceas selvagens como a *Acrocomia* já representavam uma importante fonte de alimento (Cooke; Herrera, 2004). Morcote-Ríos e Bernal (2001) relataram que a *A. aculeata* reúne peculiaridades em relação a outras palmáceas, que apontam que sua dispersão tenha sido influenciada por seres humanos desde a época indicada pelos vestígios arqueológicos, como:

i. mesocarpo abundante que pode ser consumido diretamente, sem um longo e demorado processo de extração do óleo;
ii. frágil epicarpo que, além de oferecer uma boa proteção para o mesocarpo, pode ser facilmente arrancado quando necessário;
iii. frutos que não fermentam rapidamente, permitindo o seu consumo durante um período de várias semanas.

A *Acrocomia* era uma das espécies economicamente importantes para a civilização maia (Turner; Miksicek, 1984). A relevância dada à espécie fica evidente pelos vestígios da planta em vários sítios arqueológicos desses nativos pré-colombianos (Lentz, 1989, 1990; Lentz *et al.*, 2014). Os maias Teenek valorizavam tanto os frutos da *Acrocomia* que permitiam que essas palmeiras crescessem nos campos agrícolas (Lentz, 1990).

O destaque dado aos frutos da *Acrocomia* devia-se ao fato de constituírem fonte de alimento e bebida em épocas de escassez (Lentz, 1990). Os fragmentos de endocarpo recuperados indicam que o fruto era fonte de subsistência para a antiga aldeia maia de Joya de Cerén em El Salvador (Slotten, 2015), para os maias Yucatec da Península de Yucatán no México (Lentz, 1990), e para os maias de Tikal da região central de Petén na Guatemala, considerada o berço da civilização (Lentz *et al.*, 2014). Vestígios de pólen da *Acrocomia aculeata* sugerem que os maias de Copán utilizaram a espécie para práticas agroflorestais, enquanto as flores ou inflorescências eram usadas na decoração dos templos em rituais, de acordo com McNeil (2012). Segundo esse autor, além do fruto, a seiva, as inflorescências jovens, a semente e o óleo da *Acrocomia* ainda hoje são consumidos no Vale do Copán, nas Honduras. Vestígios arqueológicos da espécie também foram documentados em Cuba, Belize e na República Dominicana (Morcote-Ríos; Bernal, 2001).

A *Acrocomia* pode muito bem ter sido alvo de seleção em épocas pré-históricas (Lentz, 1990; Casas *et al.*, 2007). Estudos arqueológicos e etnobotânicos indicam que, tanto no passado como no presente, povos mesoamericanos praticavam a seleção através do manejo *in situ* de diferentes espécies vegetais (Casas *et al.*, 1997, 2007). De acordo com Colunga-Garcia-Marín e Zizumbo-Villarreal (2004), a *Acrocomia* (sinonímia *Acrocomia mexicana*) pode ter sido alvo de seleção ou de algum grau de manipulação agrícola pelos maias há pelo menos 3.400 anos AP. Nos sítios arqueológicos da Província de Chiriqui, região ocidental do Panamá, os vestígios datados de 6.000 anos AP indicam que a espécie (sinonímia *Acrocomia vinifera*) foi alvo de seleção humana com o intuito de aumentar o tamanho dos frutos, conforme observado por Smith Jr. (1977). Segundo o autor, quando a seleção artificial influencia uma cultura agrícola, a intervenção humana tende a preservar frutos de tamanhos maiores por simples preferência.

Já no Istmo do Panamá (ou Istmo Centro-Americano), uma estreita porção de terra entre o mar do Caribe e o Oceano Pacífico que liga a América do Norte e a América do Sul, há indícios de que a *Acrocomia* foi difundida como uma espécie doméstica *alóctone* (Cooke, 2005), ou seja, que se origina em um lugar e é transportada para outro ambiente – esse tipo de organismo também é chamado de "invasor", por não ter suas origens no lugar onde existe (Grisi, 2007). Os restos da *A. vinifera* também estão presentes em vários sítios arqueológicos da região central do Pacífico da Costa Rica. Nessa região, segundo Ulloa e Jiménez (1996), o extrativismo dos frutos da *Acrocomia* pode ter auxiliado no desenvolvimento de pedras com pequenas depressões circulares usadas no processamento do fruto, ou mesmo de outras ferramentas e/ou utensílios agrícolas.

2.3.2 *Acrocomia* na América do Sul

Na América do Sul, diversos sítios arqueológicos apresentam vestígios de uso ou consumo de produtos oriundos do gênero *Acrocomia* (Fig. 2.2). O resto de endocarpo carbonizado mais antigo do gênero foi localizado no sítio arqueológico da Caverna da Pedra Pintada, no município de Monte Alegre (PA), na mesorregião do Baixo Amazonas. Segundo Roosevelt *et al.* (1996), os achados dessa caverna contribuem para modificar as hipóteses vigentes sobre a ocupação pré-histórica da Amazônia, pois, além de indicar a presença do homem *paleoíndio* – termo usado em arqueologia americana para designar os primeiros habitantes do continente, desde as primeiras ocupações até o final do Pleistoceno, há cerca de 10.000-12.000 anos AP –, sugere que eles tinham uma economia diversificada baseada na exploração de diferentes recursos por meio da caça, pesca e coleta já no final do período do Pleistoceno. Nesse período, as palmáceas já teriam grande importância na subsistência, pelo menos em determinadas épocas do ano. Ainda de acordo com Roosevelt *et al.* (1996), os vestígios de diferentes espécies vegetais adaptadas a ambientes perturbados indicam que a floresta foi alterada pelos paleoíndios por meio do corte da madeira e de queimadas. Embora os autores não tenham mencionado a *Acrocomia*, verifica-se que as condições eram propícias para a dispersão da espécie, considerando sua forte interação com áreas antropizadas.

A *Acrocomia* também foi utilizada na dieta dos povos pré-históricos sul-americanos. Na região do Baixo Amazonas, identificaram-se vestígios de endocarpos das espécies *A. hassleri* e *A. aculeata* no sítio arqueológico Teso dos Bichos, localizado na Ilha do Marajó (PA, foz do Rio Amazonas), ambas com registros de até 1.550 anos AP (Morcote-Ríos; Bernal, 2001; Roosevelt, 2013). Algumas observações, como evidências em peças de cerâmica e desgaste da arcada dentária dos nativos da Ilha do Marajó ("marajoaras"), sugerem que os frutos frescos de

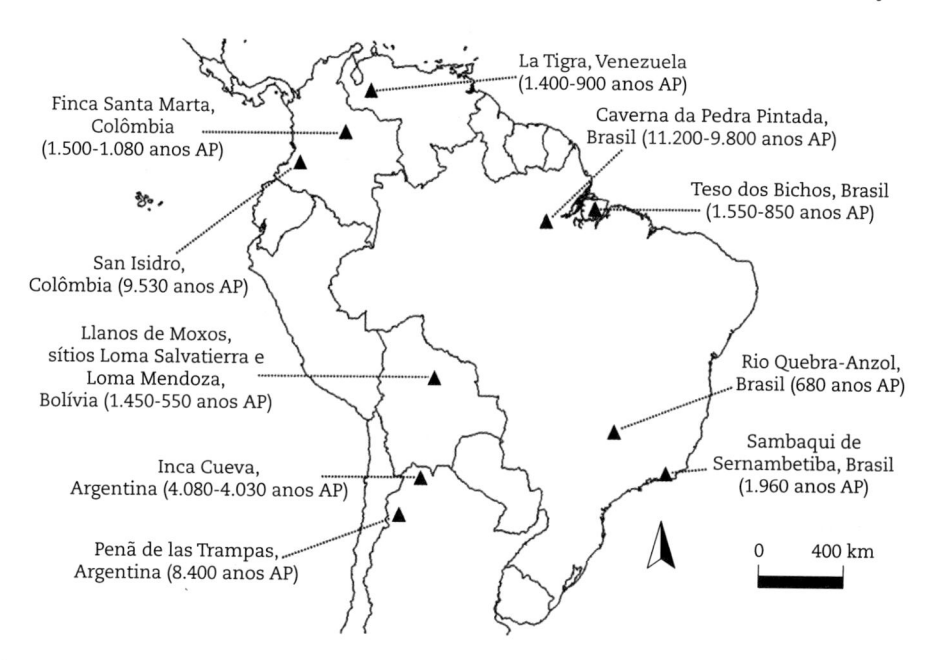

Fig. 2.2 Mapa da América do Sul com a localização dos sítios arqueológicos onde foram encontrados vestígios do gênero *Acrocomia*

Fonte: Spencer, Redmond e Rinaldi (1994), Morcote-Ríos e Bernal (2001), Rodríguez e Aschero (2005), Bruno (2010), Dickau *et al.* (2012) e Iriarte e Dickau (2012).

diversas palmeiras, um alimento duro e abrasivo, eram consumidos diretamente e/ou usados como fonte de produção de amido (Roosevelt, 1991; Schaan, 2010).

O consumo dos frutos da *Acrocomia* estende-se aos nativos pré-históricos do Sudeste do Brasil, como indicado pelos vestígios do gênero encontrados no sítio arqueológico Sambaqui de Sernambetiba, no Rio de Janeiro (datado de 1.960 AP), e no sítio arqueológico do Rio Quebra-Anzol, em Minas Gerais (datado de 680 AP), tendo este último sido inundado para a construção da Usina Hidrelétrica da cidade de Nova Ponte no início da década de 1990. Atualmente, a região está inserida no Projeto Quebra-Anzol, que abrange estudos arqueológicos das regiões do Triângulo Mineiro e do Alto Paranaíba (Alves, 2013; Morcote-Ríos; Bernal, 2001). Sítios arqueológicos presentes na região sul e norte da Puna argentina apresentam vestígios de cordas fabricadas com folhas da *Acrocomia* (sinonímia *Acrocomia chunta*) datadas de 8.440-4.030 AP, indicando que elas foram utilizadas em atividades domésticas e como parte da mobília funerária (Rodríguez; Aschero, 2005).

Na Amazônia também não se descarta a possibilidade da seleção a favor de fenótipos desejáveis do gênero *Acrocomia* pelos caçadores-coletores indígenas. Evidências arqueológicas (restos de plantas carbonizadas) sobre a *Terra Preta de Índio* (TPI, *Amazonian dark earth*) indicam o cultivo e a domesticação de diferentes espécies de plantas, incluindo a *Acrocomia aculeata* na região do Baixo Amazonas

(Roosevelt, 2013) e Amazônia Central (Lins et al., 2015). Além disso, a *Acrocomia* é frequentemente associada com a Terra Preta de Índio em diversos locais da Amazônia brasileira (Heckenberger et al., 2007; Smith, 2015). Nota-se que esse nome faz referência a solos antropogênicos férteis e com sedimentos bastante escuros presentes em muitas áreas da bacia amazônica, que são os antigos locais de moradia dos indígenas pré-colombianos. Seu processo de formação está consistentemente associado a fragmentos de artefatos cerâmicos e líticos, restos de fauna e flora e padrões distintos da vegetação, sendo também designados como Terra Preta Arqueológica (Kämpf; Kern, 2005; Kern et al., 2009; Glaser; Birk, 2012).

A possibilidade da intervenção humana sobre as populações da *Acrocomia* foi considerada por Clement (1999), que classificou a *A. aculeata* como uma espécie "incipientemente domesticada", ou seja, uma população que foi modificada ou ao menos promovida pela intervenção e seleção humana, mas cujo fenótipo médio ainda está dentro do intervalo de variação encontrado na população selvagem para os caracteres sujeitos à seleção. A variância desse fenótipo pode ser menor do que a da população silvestre, porém a seleção já começou a reduzir a variabilidade genética. Sua provável origem seria no leste da Amazônia (região que inclui a cidade de Monte Alegre, PA). De acordo com Casas et al. (1996, 1997, 2006, 2007), a seleção artificial *in situ* praticada durante o manejo dos diferentes sistemas silviculturais por povos pré-históricos conduziu à domesticação incipiente de inúmeras espécies silvestres e, consequentemente, à seleção a favor de fenótipos úteis desejáveis.

2.4 História recente

Recentemente, a *A. aculeata* tem sido explorada em diversas regiões do continente americano. Na América Central, é conhecida pela produção do vinho de *coyol*, uma bebida alcoólica obtida a partir da fermentação da seiva extraída do estipe da palmeira (Balic, 1990). Mas é na América do Sul o local de maior registro de atividades de exploração da *A. aculeata*. Diferente da América Central, na América do Sul a exploração da *A. aculeata* foi focada no fruto da palmeira para a produção de óleos vegetais, destacando-se o Paraguai como o maior centro produtor e exportador de óleo de *A. aculeata* do século XX.

2.4.1 Exploração da *Acrocomia aculeata* no Paraguai

No Paraguai, a *A. aculeata*, conhecida localmente como coco ou mbokajá, representa um negócio bem estabelecido há mais de 70 anos. Segundo Markley (1956), mais de 27 mil toneladas de óleo de palmiste e 5 mil toneladas de óleo de polpa foram produzidas entre os anos de 1940 e 1953, sendo uma parte significativa dessa produção exportada para diversos países do mundo nesse período. A produção de óleo provinha dos frutos coletados das extensas áreas de coqueiros nativos das regiões central e norte do país (Markley, 1956; Spinosa; Arístides; Mendaro, 1952; Peterson, 1945). A importância da A. *aculeata* para o Paraguai era tamanha que, na década de 1960, a produção de óleo dessa espécie representava mais de 60% da produção total de óleos vegetais do país (McDonald, 2007). No entanto, essa exploração, que perdurou até o final do século passado, lentamente entrou em decadência, restando hoje não mais que dez indústrias processadoras em atividade, que extraem cerca de 5 mil toneladas de óleo de palmiste por ano (Poetsch et al., 2012).

A necessidade de domesticação da A. *aculeata* para ser explorada de forma organizada em um contexto agrícola e industrial moderno foi salientada por Bertoni (1941), que considerava o plantio racional da A. *aculeata* um fator de grande importância para a economia agrícola e industrial do Paraguai. A ideia foi reiterada por Markley (1956) e por Martin (1976), ao relatarem o estado da arte da exploração da A. *aculeata* no Paraguai. No entanto, pouco se fez nesse sentido.

O modelo de exploração no Paraguai é até hoje baseado no extrativismo de maciços nativos, tendo como elos da cadeia produtiva os coletores de fruto, os compradores e as indústrias esmagadoras. Esse modelo de exploração não garante qualidade e é de baixo rendimento. A matéria-prima chega com qualidade bastante comprometida na indústria, e sua deterioração continua nesse ambiente pela falta de condições adequadas de armazenamento (Fig. 2.3A). Nesse processo, apenas o óleo de palmiste, que representa em torno de 10% do total de óleo contido nos frutos, é aproveitado (Fig. 2.3B). O óleo de polpa, a maior parte do óleo da A. *aculeata*, não tem qualidade adequada para ser comercializado como óleo comestível ou para biocombustíveis, devido à deterioração sofrida durante a colheita, o transporte e o armazenamento, prestando-se somente à produção de sabões de baixa qualidade (Fig. 2.3C).

Por outro lado, um aspecto bastante positivo na experiência paraguaia é a utilização do endocarpo e das cascas como combustível para as caldeiras na própria indústria extratora dos óleos (Fig. 2.3E,F). As empresas relatam autossuficiência de energia e mesmo excedente de resíduos que poderiam ser aplicados a outros fins ou comercializados diretamente para outros setores industriais (Fig. 2.3D).

Por fim, a indústria paraguaia está buscando a renovação e tentando reverter o quadro de declínio experimentado na última década, por meio de modelos mais competitivos e sustentáveis, baseados no cultivo sistemático da A. *aculeata*. Como exemplo, a Fig. 2.4 apresenta um plantio de A. *aculeata* consorciado com murta (*Murraya paniculata*), cujas folhas são comercializadas para ornamentos. Trabalhos cooperativos entre instituições de pesquisa públicas e privadas, como a parceria entre a Universidade de Hohenheim (Alemanha), a Universidade

Fig. 2.3 Processamento de frutos de *A. aculeata* em uma indústria extrativista no Paraguai: (A) baixa qualidade e condições inadequadas de armazenamento do coco; (B) óleo de palmiste; (C) óleo de polpa escuro, de baixa qualidade e alta acidez obtido pela empresa; (D) excedente de endocarpo produzido no processamento do coco; (E) endocarpo utilizado para a produção de energia na fábrica; (F) caldeira sendo alimentada com resíduo do processamento do coco

Católica do Paraguai e a empresa Agroenergías SRL, e entre a Universidade Nacional do Paraguai e a Embrapa, têm sido estabelecidos.

2.4.2 Exploração extrativista da *Acrocomia aculeata* no Brasil

A exploração extrativista da *A. aculeata* como fonte de óleo não é novidade no Brasil e remonta provavelmente ao século XIX. Diversas unidades de extração de óleo, além de rotas de escoamento e comercialização, já eram relatadas no País na década de 1930, indicando que já havia uma certa organização em torno da exploração da macaúba, sobretudo nos Estados de Minas Gerais e São Paulo. Em sua maioria, eram usinas de pequeno porte, mas também grandes empresas chegaram a processar a macaúba, como as Indústrias Reunidas Matarazzo, em São Paulo. Segundo Wandeck (1985), havia 17 indústrias processadoras de coco macaúba em Minas Gerais no século passado. O principal destino do óleo era a produção de sabões, mas também se atendia ao mercado de alimentos, de combustíveis líquidos e sólidos e até mesmo de iluminação (Pinto, 1932).

Registros antigos na literatura brasileira sobre *A. aculeata* testemunham que, no passado, grandes maciços nativos de *A. aculeata* eram encontrados em São Paulo

Fig. 2.4 Plantio piloto de *A. aculeata* no Paraguai: (A) plantio solteiro; (B) plantio consorciado com *Murraya paniculata*, planta ornamental de folhagem; (C) planta com alta produção em área cultivada

e Minas Gerais. No entanto, em São Paulo essas reservas da palmeira foram praticamente extintas, dando lugar aos plantios sistemáticos de café (Novaes, 1952).

Em Minas Gerais, a tradição do extrativismo da *A. aculeata* foi se perdendo ao longo do tempo com a migração do homem do campo para as cidades e com a entrada de outras fontes oleaginosas, a exemplo da soja e da palma de óleo na década de 1970. Das indústrias de processamento do coco macaúba pouco sobrou além de ruínas, como as ruínas da Saboaria Santa Luzia, que podem ser vistas até hoje na cidade de Jaboticatubas (MG). É importante salientar que a derrocada da indústria da *A. aculeata* não teve ligação com a qualidade do óleo que a espécie produz, mas sim com a forma "incompetente" (Markley, 1952) na qual a exploração era praticada na época, baseada no extrativismo de baixo rendimento e qualidade.

Atualmente, há ainda pequenas comunidades rurais no Brasil que obtêm parte de sua renda da exploração da *A. aculeata*, pela venda direta tanto do fruto fresco quanto de seus derivados, como os óleos de polpa e palmiste, farinha de polpa e coprodutos como o endocarpo lenhoso.

Em Minas Gerais, a Cooperativa de Agricultores Familiares e Agroextrativista Ambiental do Vale do Riachão (Cooper Riachão) processa frutos de *A. aculeata* coletados de maciços naturais dos municípios de Montes Claros,

Mirabela, Brasília de Minas e Coração de Jesus. A cooperativa utiliza o óleo de *A. aculeata* para a produção de diversos produtos, como sabões, detergentes, xampu, hidratante capilar etc. (Fig. 2.5C-G). O óleo de palmiste é também comercializado para fins alimentícios. As tortas residuais da extração do óleo de polpa e palmiste são comercializadas para alimentação de animais domésticos e o endocarpo, que tem poder calorífico superior ao do eucalipto (Silva; Barrichelo; Brito, 1986), é transformado em carvão vegetal. Um novo mercado se abriu em 2014 para a venda de óleo para a fabricação de biodiesel para a empresa Fertibon Indústrias Ltda., localizada no Estado de São Paulo. Com o encerramento das atividades da Fertibon em 2016, a Cooper Riachão passou a comercializar óleo

Fig. 2.5 Extrativismo de *A. aculeata* no Brasil e produtos da cadeia produtiva do coco macaúba: (A) extrativismo do coco macaúba em maciço natural de Minas Gerais; (B) produção artesanal de farinha de bocaiuva pela comunidade Antônio Maria Coelho (Corumbá, MS); (C) detergente de macaúba produzido na Unidade de Beneficiamento do Coco Macaúba (UBCM) da Cooper Riachão (Mirabela, MG); (D) xampu de macaúba produzido pela UBCM; (E) sabão em barras produzido a partir do óleo de polpa de macaúba pela UBCM; (F) sabão em barras produzido a partir do óleo de palmiste de macaúba pela UBCM; e (G) hidratante capilar e corporal produzido a partir do óleo de palmiste de macaúba pela UBCM
Fonte: (A) Cocal do Brasil.

de polpa para a Petrobras Biocombustíveis (PBio). Os produtores da cooperativa são classificados como agricultores familiares, e a aquisição de matéria-prima oriunda da agricultura familiar é incentivada dentro do Programa Nacional de Produção e Uso de Biodiesel através da política do Selo Combustível Social. Para atender à demanda crescente de óleo e às exigências de qualidade do mercado, essa comunidade busca, com apoio da Companhia de Desenvolvimento dos Vales do São Francisco e do Parnaíba (Codevasf), o desenvolvimento de cultivos racionais da espécie na região.

Na região do Pantanal, borda oeste do Brasil e fronteira com o Paraguai e Bolívia, a exploração extrativista da A. *aculeata*, conhecida localmente como bocaiuva, está centrada na produção de polpa congelada e farinha da polpa, que é utilizada como ingrediente para a produção de sorvetes, mingaus e produtos de panificação (Fig. 2.5B). A comunidade da localidade de Antônio Maria Coelho, por exemplo, no município de Corumbá, em Mato Grosso do Sul (Feiden *et al.*, 2016), com apoio de agências não governamentais e governamentais, busca se organizar para oferecer a farinha para o Sistema Nacional de Aquisição de Produtos para Alimentação Escolar, que prevê o fornecimento de pelo menos 30% do total de alimentos consumidos com base na produção regional.

Ainda no Mato Grosso do Sul, a Fazenda Campanário, localizada no município de Aquidauana, montou uma estrutura de processamento para produção de farinha, extração do óleo de amêndoa e aproveitamento do endocarpo. Nesse mesmo Estado, na fazenda Paraíso, município de Dourados, implantou-se uma coleção de A. *aculeata* nativa da região em um plantio sistematizado de 60 ha, além de uma linha de processamento que parte da secagem dos frutos, do despolpamento e da prensagem mecânica para extração do óleo.

Foram registradas coleta extrativista e venda de frutos de A. *aculeata* em quantidades expressivas também no Nordeste brasileiro (Pires, 2018). No Estado do Ceará, na região conhecida como Chapada do Araripe, algumas localidades foram apontadas como fornecedoras de mais de 70 t ano^{-1} de frutos frescos, que são comercializados em feiras e comércios das cidades da Região Nordeste do Brasil.

2.5 Pesquisa e desenvolvimento da cultura

No Brasil, estudos sobre composição do fruto, qualidade de óleo, caracterização de coproduto e potencial como fonte energética, botânica etc. já eram realizados desde a década de 1920 (Pinto, 1932; Rocha, 1946; Novaes, 1952; Poliakoff, 1961). Também já eram motivo de discussão formas de incentivo à cultura e a necessidade de desenvolvimento tecnológico para o processamento e o cultivo racional, apesar da abundante disponibilidade de maciços àquela época (Pinto, 1932).

Até a década de 1930, a gordura de porco representava a principal fonte de óleo e gordura para alimento humano no Brasil, até que a redução da produção dessa gordura e o aumento de preço levaram à necessidade de disponibilizar outras fontes. Em algumas regiões de Minas Gerais, o uso corriqueiro do óleo de palmiste de macaúba como manteiga vegetal pelas populações de menor poder aquisitivo fez com que ele recebesse a alcunha de "toucinho de pobre" (Pinto, 1932). Por esse motivo, Cunha-Bayma (1947) recomendou a exploração mais efetiva da macaúba para a produção de óleo de palmiste como substituto da banha de porco.

No entanto, a separação dos óleos de palmiste e da polpa representava um grande desafio no século passado, uma vez que se quebrava o fruto inteiro e, por prensagem, obtinha-se uma mistura de óleos. Como já eram conhecidas as diferentes propriedades de cada óleo, buscavam-se equipamentos capazes de fazer a despolpa e a quebra do endocarpo, para em seguida obter os óleos separadamente. A primeira despolpadora para esse fim foi importada da Alemanha, e sua concepção era baseada na despolpa de frutos de palmeiras em geral (Pinto, 1932). Novaes (1952) descreveu pela primeira vez o funcionamento de uma indústria de óleo de macaúba, com o conceito de processamento estratificado da polpa e do palmiste. Tratava-se da Usina Paulista de Óleos Vegetais Ltda., que funcionava na região de Mogi Mirim (SP).

No final da década de 1970, a pesquisa com *Acrocomia* atingiu um novo patamar no Brasil. Nesse período, com apoio nacional e internacional, foram realizadas coletas de amostras e a instalação de um Banco Ativo de Germoplasma (BAG) no Instituto Nacional de Pesquisas da Amazônia (INPA). A coleção *in vivo* de *A. aculeata* estabelecida em 1977 no INPA continha acessos de cem populações, ocupando uma área de 9 ha (Clement; Lleras; Van Leeuwen, 2005). Tais estudos foram motivados na época pela preocupação com a erosão genética de espécies locais ou tradicionais, que eram substituídas de forma maciça por espécies melhoradas geneticamente, como soja, trigo, milho etc. (Van Leeuwen; Lleras; Clement, 2005; Pinheiro; Baldez; Maia, 2010). A crise do petróleo da década de 1970 foi outro fator relevante para impulsionar a pesquisa com *A. aculeata*. Nesse período, o governo brasileiro criou o Pró-óleo (Plano de Produção de Óleos Vegetais para Fins Energéticos), que tinha como objetivo promover a adição de até 30% de óleo vegetal no óleo diesel, com a perspectiva de substituição total a longo prazo (Pinheiro; Baldez; Maia, 2010).

Os estudos mais significativos realizados na época envolviam produtividade e qualidade de frutos de plantas nativas de *A. aculeata* no Estado de Minas Gerais e foram liderados pelo pesquisador Hebert Martins da Fundação Centro Tecnológico de Minas Gerais (Cetec). Hebert Martins estimou um potencial de produção aproximado de até 5.000 kg ha^{-1} ano^{-1} de óleo em plantios racionais de *A. aculeata*, com base em extrapolações de medições realizadas em plantas individuais (70 kg a 80 kg de frutos/árvore ano^{-1}). O autor ainda ressaltava o fato de que a produtividade poderia vir a ser incrementada pela execução de um manejo adequado, redução do espaçamento entre plantas, e implementação de programas de melhoramento genético (Cetec, 1983). Na década de 1980, Wandeck e Justo (1982), Rettore e Martins (1983) e Lleras e Coradin (1984) previram um potencial produtivo ainda mais elevado da A. *aculeata*, com estimativas de produtividade entre 6.000 e 6.200 kg ha^{-1} ano^{-1} de óleo.

Essa década também foi marcada por outro significativo e extenso projeto, intitulado "Desenvolvimento da Pesquisa Agropecuária e Difusão de Tecnologia na Região Centro-Sul do Brasil", financiado pelo Banco Interamericano de Desenvolvimento (BID) e a Empresa Brasileira de Pesquisa Agropecuária (Embrapa) (Lleras; Coradin; Scariot, 1986). Nesse projeto, a A. *aculeata* foi escolhida como uma espécie piloto para a determinação de estratégias apropriadas para amostragem e coleta de recursos genéticos de espécies perenes tropicais e subtropicais, bem como o desenvolvimento de um modelo viável de domesticação com ênfase em palmeiras (Lleras; Coradin; Scariot, 1989). O trabalho trouxe avanços principalmente no âmbito da biologia reprodutiva e fenologia (Scariot; Lleras; Hay, 1991, 1995) e da caracterização da diversidade do gênero *Acrocomia* (Lleras; Coradin; Scariot, 1986). Também resultou na instalação de um banco ativo de germoplasma em Minas Gerais, que acabou sendo abandonado posteriormente.

O estabelecimento da cadeia de macaúba no Brasil contou com o interesse e a participação do setor industrial desde as primeiras iniciativas, como já relatado. Na fase inaugurada nos anos 1980, o terceiro setor continuou a acompanhar o trabalho, como o Grupo Ultra (setor de combustíveis), que apoiou o projeto da USAID, e a publicação de Wandeck (1985) da Gessy Lever (setor de higiene pessoal, domissanitários e alimentos), atualmente denominada Unilever. Com a queda nos preços do petróleo na década de 1990, o interesse por novas oleaginosas arrefeceu novamente no Brasil.

Assim, os avanços no conhecimento científico da macaúba e as articulações institucionais públicas e privadas não foram suficientes para conduzir ao processo de domesticação e à criação de uma cadeia produtiva organizada em larga escala da macaúba, fato também observado em outras espécies de palmeiras em estudo na época (Van Leeuwen; Lleras; Clement, 2005). Além do cenário macroeconômico, que não incentivou a continuidade da pesquisa, falhas nos programas de P&D também foram fatores para o insucesso dos projetos de domesticação, segundo Clement, Lleras e Van Leeuwen (2005) e Van Leeuwen, Lleras e Clement (2005). Os autores afirmam que os projetos foram mal formulados, descontínuos e desconexos da cadeia produtiva. Citam como exemplo a coleta de germoplasma realizada sem a devida priorização de características agronômicas, a adoção de lista de descritores com pouca aplicação prática e, enfim, a descontinuidade dos financiamentos, que não permitiu a conclusão dos trabalhos de caracterização e a manutenção das coleções *ex situ*, levando eventualmente à perda do BAG de *A. aculeata* do INPA (Van Leeuwen; Lleras; Clement, 2005).

Com a falta de apoio financeiro e o fim do otimismo ocasionado pelo fracasso da P&D dos anos 1980, o interesse pela espécie ficou adormecido por mais de 20 anos. Passado esse período, gerou-se uma nova onda de entusiasmo com a espécie, devido ao lançamento do Programa Nacional de Produção e Uso do Biodiesel (PNPB) em 2004.

Diferente dos anos 1980, os projetos de pesquisa conduzidos atualmente têm sido realizados com maior participação de empreendedores e empresas privadas interessadas no cultivo e exploração da espécie, o que tem contribuído para tornar os projetos em andamento mais objetivos e assertivos. Embora ainda não existam populações melhoradas ou variedades clonais para o cultivo da *A. aculeata*, é inegável o grande avanço de conhecimento sobre a espécie gerado nos últimos anos pelas instituições de pesquisa, destacando-se a técnica de superação da dormência de sementes de macaúba concebida por Sá Júnior et al. (2009), um importante marco para a domesticação da espécie (Fig. 2.6). O desenvolvimento dessa técnica possibilitou a produção de mudas da espécie em escala, considerada até então o maior empecilho para o cultivo da macaúba, lançando

Fig. 2.6 Processo de superação de dormência e produção de sementes pré-germinadas de macaúba (*Acrocomia aculeata*) desenvolvido pela UFV. O processo envolve sete passos, que incluem colheita no ponto adequado do fruto, secagem, extração da semente, quebra de dormência e germinação em ambiente controlado

definitivamente a A. *aculeata* como uma das mais promissoras culturas oleaginosas em desenvolvimento. A partir desse evento, o número de publicações com A. *aculeata* mais que quintuplicou, saindo da casa de centenas para milhares de referências no Google.

Os trabalhos conduzidos na UFV culminaram no estabelecimento da Rede Macaúba de Pesquisa (REMAPE, 2015), que conta com a participação de profissionais de diferentes áreas do conhecimento, incluindo a agronômica, farmacêutica, alimentícia, de engenharias e econômica. Essa equipe multidisciplinar tem interagido com outros grupos de pesquisa do Brasil e de outros países, visando o desenvolvimento de conhecimento básico e aplicado para a cultura da macaúba.

Esse grupo de pesquisa tem desenvolvido trabalhos fundamentais para a elaboração de pacotes tecnológicos para o cultivo racional e exploração sustentável da A. *aculeata*. Deve-se salientar as pesquisas com nutrição mineral (Pimentel et al., 2016), propagação de plantas (Sá Júnior et al., 2009; Granja et al., 2018), botânica (Montoya et al., 2016; Pires et al., 2013), pós-colheita (Evaristo et al., 2016), genética e melhoramento (Mengistu et al., 2015; Lanes et al., 2015, 2016), bem como a instalação de uma coleção da diversidade genética (BAG) da A. *aculeata* na Fazenda Experimental de Araponga para o melhoramento genético da espécie (Fig. 2.7).

A Embrapa nas suas diversas unidades (Embrapa Cerrados, Embrapa Agroenergia, Embrapa Pantanal, Embrapa Tecnologia de Alimentos e Embrapa Instrumentação Analítica) tem conduzido trabalhos que englobam desde a diversidade fenotípicas e genotípicas (Ciconini et al., 2013; Conceição et al., 2015), melhoramento (Conceição et al., 2015), sistemas de produção (Pimentel et al., 2018), processamento e qualidade do óleo (Nunes et al., 2015; Favaro et al., 2018), e uso na alimentação humana (Nunes et al., 2018) até a utilização de coprodutos com alto valor agregado (Sampaio; Cardoso; Valadares, 2016). Um BAG também é mantido pela Embrapa Cerrados no município de Planaltina (DF) e conta com 450 plantas cultivadas.

Diversas outras instituições têm realizado trabalhos de ciência, tecnologia e inovação com A. *aculeata*. Pode-se citar as seguintes instituições brasileiras: Universidade Federal de Mato Grosso do Sul (UFMS) – caracterização dos frutos e uso alimentício (Hiane; Ramos; Macedo, 2005; Hiane et al., 2006); Universidade Federal de Minas Gerais (UFMG) – usos industriais dos óleos (Pereira et al., 2018; Valério; Celayeta; Cren, 2019); Instituto Agronômico de Campinas (IAC) – genética e avaliação de populações nativas (Vianna et al., 2017; Bazzo et al., 2018); Universidade Federal do Paraná (UFPR) – usos gerais e etnobotânica (Lorenzi, 2006); Universidade Federal da Grande Dourados (UFGD) – processamento e diversidade fenotípica (Sanjinez-Argandoña; Chuba, 2011; Chuba et al., 2019); Universidade Federal de Lavras (UFLA) – uso de biodiesel de macaúba em

Fig. 2.7 Registros do BAG-Macaúba da UFV mostrando a imensa variabilidade existente na coleção

máquinas agrícolas (Volpato; Neto; Alonso, 2018); Instituto de Tecnologia de Alimentos de Campinas (ITAL) – processamento (Ferrari; Azevedo Filho, 2012); Universidade Estadual de Maringá (UEM) – moléculas bioativas e qualidade de óleo (Souza et al., 2017, 2018); e Universidade Estadual de Montes Claros (Unimontes) – fisiologia da semente (Ribeiro et al., 2015).

O interesse pela A. *aculeata* tem alcançado também instituições internacionais. Como exemplo, pode-se citar a parceria estabelecida entre o World Agroforestry Centre (ICRAF), membro do Consortium of International Agricultural Research Centers (CGIAR), e a Embrapa Agroenergia para avaliar o desempenho de A. *aculeata* em regiões semiáridas do Nordeste brasileiro, visando a integração da produção de energia e alimentos como promotores da melhoria da qualidade de vida em regiões de aptidão marginal para a agricultura. Observa-se também a presença crescente de instituições do continente europeu que atuam em colaboração com as nacionais ou mesmo como protagonistas, como a Universidade de Hohenheim na caracterização de óleos (Lieb *et al.*, 2019) e a Universidade de Leuphana em cultivo e meio ambiente (Plath *et al.*, 2016), ambas na Alemanha.

2.6 ESTADO DA ARTE – SITUAÇÃO ATUAL DA CADEIA PRODUTIVA

2.6.1 Cultivo racional da *A. aculeata*

O cultivo racional da *A. aculeata* iniciou-se em 2009, com a primeira iniciativa de plantio em larga escala realizada pela empresa Entaban Ecoenergéticas do Brasil Ltda., formada pela união da Agropecuária Serra das Flores (capital brasileiro) com a Entaban International Trading SL (capital espanhol). Localizada na chamada Zona da Mata do Estado de Minas Gerais, município de Lima Duarte, a empresa produziu 1,5 milhão de mudas de *A. aculeata* e possui em torno de 300 ha já plantados.

O potencial para a recuperação de áreas de pastagens degradadas com o cultivo de *A. aculeata* tem sido demonstrado nos locais de cultivo da Entaban (Fig. 2.8). O Brasil possui cerca de 30 milhões de hectares de áreas de pastagens em algum estágio de degradação, com baixíssima produtividade de alimentos para os animais. Portanto, o cultivo de *A. aculeata* em áreas já antropizadas representa um enorme potencial em extensão de área sem implicar mudança no uso da terra.

A Acrotech Sementes e Reflorestamento Ltda., localizada no município de Viçosa (MG), é a empresa responsável por possibilitar o cultivo em larga escala da *A. aculeata*, pois a base da sua formação foi o processo de germinação das

Fig. 2.8 Área de pastagem degradada sendo recuperada com o cultivo de *A. aculeata* na propriedade da Entaban Ecoenergéticas do Brasil Ltda., município de Lima Duarte (MG)

sementes dessa espécie. No momento, a Acrotech é a única empresa com um campo de produção de sementes registrado no Ministério da Agricultura e Pecuária (MAPA) e tem buscado selecionar, a partir de maciços naturais, plantas com melhor desempenho. Dados da empresa indicam potencial de produção superior a 100 t ha^{-1} de biomassa de frutos. Essas projeções são bastante superiores às médias de 25 t ha^{-1} descritas a princípio para A. aculeata. Trabalhos de avaliação de maciços naturais realizados pela Embrapa Cerrados corroboram os dados da Acrotech e apontam para a possibilidade de seleção de plantas com alta produção de frutos e alto teor de óleos (Conceição et al., 2015).

Atualmente, a Acrotech tem um braço agrícola chamado Soleá Brasil Óleos Vegetais Ltda., que se dedica à implantação de módulos de produção de A. aculeata. Segundo a empresa, 600 ha de A. aculeata foram implantados no município de João Pinheiro (MG) entre 2015 e 2018 (Fig. 2.9). Junto a esse módulo agrícola, a empresa planeja a instalação de uma planta piloto com capacidade de processamento de 5 t dia^{-1} de frutos. O projeto tem sido muito bem recebido pela comunidade local, que enfrenta dificuldades com o cultivo de eucalipto devido às oscilações de preço no mercado internacional do aço.

Já a INOCAS (Soluções em Meio Ambiente S.A.), criada em 2015, é uma empresa de capital alemão que se instalou na região de Patos de Minas (MG) com

Fig. 2.9 Viveiro e área cultivada da Acrotech-Soleá

o objetivo de produzir óleo de A. *aculeata* de forma sustentável. Essa empresa visa plantar 2.000 ha de A. *aculeata* em sistema agropastoril em parceria com agricultores familiares na região do Vale do Paranaíba, no Estado de Minas Gerais. Segundo informações da empresa, 100 ha foram plantados em 2018 e mais 300 ha estavam em vias de implantação em 2019.

Finalmente, em 2022, a Acelem Renováveis, empresa da Mubadala Capital, subsidiária de gestão de ativos do fundo Mubadala Investment Company baseado nos Emirados Árabes Unidos, anunciou um investimento de 2,5 bilhões de dólares para produção de combustíveis renováveis, combustível sustentável de aviação (SAF) e diesel renovável, a partir da macaúba, o que revela a clara visão otimista do desenvolvimento da cadeia produtiva de A. *aculeata* no Brasil.

Referências bibliográficas

ALVES, M. A. A arqueologia no extremo oeste de Minas Gerais. *Revista Espinhaço*, v. 2, p. 96-117, 2013.

BALIC, M. J. Production of coyol wine from *Acrocomia mexicana* (Arecaceae) in Honduras. *Economic Botany*, v. 44, p. 84-93, 1990.

BAZZO, B. R.; CARVALHO, L.; CARAZZOLLE, M. F.; PEREIRA, G. A. G.; COLOMBO, C. A. Development of novel EST-SSR markers in the macaúba palm (*Acrocomia aculeata*) using transcriptome sequencing and cross-species transferability in Arecaceae species. *BMC Plant Biology*, v. 18, p. 276, 2018.

BERTONI, G. T. El mbocayá o coco del Paraguay (Acocomia totai Mart.). *Revista de Agricultura*, v. 1, p. 36-50, 1941.

BRUNO, M. C. Carbonized plant remains from Loma Salvatierra, Department of Beni, Bolivia. *Zeitschrift für Archäologie Außereuropäischer Kulturen*, v. 3, p. 151-206, 2010.

CASAS, A.; CABALLERO, J.; MAPES, C.; ZÁRATE, S. Manejo de la vegetación, domesticación de plantas y origen de la agricultura en Mesoamérica. *Boletín de la Sociedad Botánica de México*, v. 61, p. 31-47, 1997.

CASAS, A.; CRUSE, J.; MORALES, E.; OTERO-ARNAIZ, A.; VALIENTE-BANUET, A. Maintenance of phenotypic and genotypic diversity of Stenocereus stellatus (Cactaceae) by indigenous peoples in Central Mexico. *Biodiversity and Conservation*, v. 15, p. 879-898, 2006.

CASAS, A.; OTERO-ARNAIZ, A.; PÉREZ-NEGRÓN, E.; VALIENTE-BANUET, A. *In situ* management and domestication of plants in Mesoamerica. *Annals of Botany*, v. 100, p. 1101-1115, 2007.

CASAS, A.; VÁZQUEZ, M. C.; VIVEROS, J. L.; CABALLERO, J. Plant management among the Nahua and the Mixtec from the Balsas River basin, Mexico: an ethnobotanical approach to the study of plant domestication. *Human Ecology*, v. 24, p. 455-478, 1996.

CETEC – CENTRO TECNOLÓGICO DE MINAS GERAIS. *Produção de combustíveis líquidos a partir de óleos vegetais*: estudos das oleaginosas nativas de Minas Gerais. Relatório Final do Convenio STI-MIC/CETEC, Belo Horizonte-MG, 1983.

CHUBA, C. A. M.; SILVA, R. E. P.; SANTOS, A. C.; SANJINEZ-ARGANDOÑA, E. J. Development of a Device to pulping fruits of bocaiuva (Acrocomia aculeate sp.): intended for the communities that practice sustainable agriculture or strativism. *Journal of Agricultural Science*, v. 11, p. 397-407, 2019.

CICONINI, G.; FAVARO, S. P.; ROSCOE, R.; MIRANDA, C. H. B.; TAPETI, C. F.; MIYAHIRA, M. A. M.; BEARARI, L.; GALVANI, F.; BORSATO, A. V.; COLNAGO, L. A.; NAKA, M.

H. Biometry and oil contents of Acrocomia aculeata fruits from the Cerrados and Pantanal biomes in Mato Grosso do Sul, Brazil. *Industrial Crops and Products*, v. 45, p. 208-214, 2013.

CLEMENT, C. R. 1492 and the loss of Amazonian crop genetic resources: the relation between domestication and human population decline. *Economic Botany*, v. 53, p. 188-202, 1999.

CLEMENT, C. R.; LLERAS, E.; VAN LEEUWEN, J. O potencial das palmeiras tropicais no Brasil: acertos e fracassos das últimas décadas. *Agrociências*, v. 9, p. 67-71, 2005.

COCAL DO BRASIL. Ação social. [2011]. Disponível em: <http://www.cocalbrasil.com.br/000_0994.JPG>. Acesso em: 08 ago. 2007.

COLE, M. M. Cerrado, Caatinga and Pantanal: the distribution and origin of the savanna vegetation of Brazil. *The Geographical Journal*, v. 126, p. 168-179, 1960.

COLE, M. M. *The savannas*: biogeography and geobotany. London: Academic Press, 1986.

COLUNGA-GARCIA-MARÍN, P.; ZIZUMBO-VILLARREAL, D. Domestication of plants in Maya lowlands. *Economic Botany*, v. 58, p. S101-S110, 2004.

CONCEIÇÃO, L. D. H. C. S.; ANTONIASSI, R.; JUNQUEIRA, N. T. V.; BRAGA, M. F.; FARIA-MACHADO, A. F.; ROGERIO, J. B.; DUARTE, I. D.; BIZZO, H. R. Genetic diversity of macauba from natural populations of Brazil. *BMC Research Notes*, v. 8, p. 406, 2015.

COOKE, R. G.; HERRERA, L. A. S. Panama prehispánico. In: CALVO, A. C. (ed.). *Historia general de Panamá*: las sociedades imaginarias. Panamá: Comité General del Centenario, 2004. p. 3-46.

COOKE, R. Prehistory of native Americans on the Central American land bridge: colonization, dispersal, and divergence. *Journal of Archaeological Research*, v. 13, p. 129-187, 2005.

CUNHA-BAYMA, A. Babaçu, dendê e macaúba perante a falta de gorduras. *Revista de Agricultura*, v. 22, p. 67-69, 1947.

DICKAU, R.; BRUNO, M. C.; IRIARTE, J.; PRÜMERS, H.; BETANCOURT, J. C.; HOLST, I.; MAYLE, F. E. Diversity of cultivars and other plant resources used at habitation sites in the Llanos de Mojos, Beni, Bolivia: evidence from macrobotanical remains, starch grains, and phytoliths. *Journal of Archaeological Science*, v. 39, p. 357-370, 2012.

EVARISTO, A. B.; GROSSI, J. A. S.; PIMENTEL, L. D.; GOULART, S. M.; MARTINS, A. D.; SANTOS, V. L.; MOTOIKE, S. Y. Harvest and post-harvest conditions influencing macauba (Acrocomia aculeata) oil quality attributes. *Industrial Crops and Products*, v. 85, p. 63-73, 2016.

FAVARO, S. P.; CARDOSO, A. N.; SCHULTZ, E. L.; CONCEIÇÃO, L. D. H. C. S.; LEAL, W. G. O.; PIGHINELLI, A. L. M. T.; SILVA, B. R.; CRUZ, R. G. S. *Armazenamento e processamento da macaúba*: contribuições para manutenção da qualidade e aumento do rendimento de óleo da polpa. Boletim de Pesquisa e Desenvolvimento. Brasília, DF: Embrapa Agroenergia, 2018.

FEIDEN, A.; CAMPOLIN, A. I.; CURADO, F. F.; MONACO, I.; FONSECA, T.; BORSATO, A. V.; GALVANI, F.; FAVARO, S. P. Comunidade Antônio Maria Coelho: territorialidade e resistência pelo uso da bocaiuva no pantanal de mato grosso do sul. In: DIAS, T.; EIDT, J. S.; UDRY, C. (ed.). *Diálogos de saberes*: relatos da Embrapa. Brasília, DF: Embrapa, 2016.

FERRARI, R. A.; AZEVEDO FILHO, J. A. Macauba as promising substrate for crude oil and biodiesel production. *Journal of Agricultural Science and Technology*, v. 2, p. 1119-1126, 2012.

GALLUZZI, G.; DUFOUR, D.; THOMAS, E.; van ZONNEVELD, M.; SALAMANCA, A. F. E.; TORO, A. G.; RIVERA, A.; DUQUE, H. S.; BARON, H. S.; GALLEGO, G.; SCHELDE-

MAN, X.; MEJIA, A. G. An integrated hypothesis on the domestication of Bactris gasipaes. *PLoS ONE*, v. 10, n. 12, e0144644, 2015.

GLASER, B.; BIRK, J. J. State of the scientific knowledge on properties and genesis of anthropogenic dark earths in Central Amazonia (terra preta de índio). *Geochimica et Cosmochimica Acta*, v. 82, p. 39-51, 2012.

GRANJA, M. M. C.; MOTOIKE, S. Y.; ANDRADE, A. P. S.; CORREA, T. R.; PICOLI, E. A. T.; KUKI, K. N. Explant origin and culture media factors drive the somatic embryogenesis response in Acrocomia aculeata (Jacq.) Lodd. ex Mart., an emerging oil crop in the tropics. *Industrial Crops and Products*, v. 117, p. 1-12, 2018.

GRISI, B. M. *Glossário de ecologia e ciências ambientais*. 3. ed. João Pessoa: UFPB, 2007.

HECKENBERGER, M. J.; RUSSELL, J. C.; TONEY, J. R.; SCHMIDT, M. The legacy of cultural landscapes in the Brazilian Amazon: implications for biodiversity. *Philosophical Transactions of the Royal Society B*, v. 362, p. 197-208, 2007.

HIANE, P. A.; BALDASSO, P. A.; MARANGONI, S.; MACEDO, M. L. R. Chemical and nutritional evaluation of kernels of bocaiuva, Acrocomia aculeata (Jacacq.) Lodd. *Ciência e Tecnologia de Alimentos*, v. 26, p. 683-689, 2006.

HIANE, P. A.; RAMOS, M. I. L.; MACEDO, M. I. R. Bocaiúva, Acrocomia aculeata (Jacq.) Lodd. pulp and kernel oils: characterization and fatty acid composition. *Brazilian Journal of Food and Technology*, v. 8, p. 256-259, 2005.

IRIARTE, J.; DICKAU, R. Las culturas del maíz: arqueobotánica de las sociedades hidráulicas de las tierras bajas sudamericanas. *Amazônica*, v. 4, p. 30-58, 2012.

KÄMPF, N.; KERN, D. C. O solo como registro da ocupação humana pré-histórica na Amazônia. *Trópicos em Ciência do Solo*, v. 4, p. 277-320, 2005.

KERN, D. C.; KÄMPF, N.; WOODS, W. I.; DENEVAN, W. M.; COSTA, M. L.; FRAZÃO, F. J. L.; SOMBROEK, W. Evolução do conhecimento em terra preta de índio. In: TEIXEIRA, W. G.; KERN, D. C.; MADARI, B.; LIMA, H. N.; WOODS, W. I. (ed.). *As terras pretas de índio da Amazônia: sua caracterização e uso deste conhecimento na criação de novas áreas*. Manaus: Embrapa Amazônia Ocidental, 2009. p. 77-81.

LANES, E. C. M.; MOTOIKE, S. Y., KUKI, K. N.; NICK, C.; FREITAS, R. D. Molecular characterization and population structure of Acrocomia aculeata (Arecaceae) *ex situ* germplasm collection using microsatellites markers. *Journal of Heredity*, v. 106, p. 102-112, 2015.

LANES, E. C. M.; MOTOIKE, S. Y.; KUKI, K. N.; RESENDE, M. D. V.; CAIXETA, E. T. Mating system and genetic composition of the macaw palm (Acrocomia aculeata): implications for breeding and genetic conservation programs. *Journal of Heredity*, v. 107, p. 527-536, 2016.

LENTZ, D. L. Acrocomia mexicana: palm of the ancient Mesoamericans. *Journal of Ethnobiology*, v. 10, p. 183-194, 1990.

LENTZ, D. L. Botanical remains from the El Cajon area: insights into a prehistoric dietary pattern. In: HIRTH, K. G.; PINTO, G. L.; HASEMANN, G. (ed.). *Archaeological research in the El Cajon region - prehistoric cultural ecology*. Pittsburgh: University of Pittsburgh, 1989. p. 187-206.

LENTZ, D. L.; DUNNING, N. P.; SCARBOROUGH, V. L.; MAGEE, K.; THOMPSON, K. M.; WEAVER, E.; CARR, C.; TERRY, R. E.; ISLEBE, G.; TANKERSLEY, K. B.; SIERRA, L. G.; JONES, J. G.; BUTTLES, P.; VALDEZ, F.; HERNANDEZ, C. R. Farms, forests and the edge of sustainability at the ancient Maya city of Tikal. *Proceedings of the National Academy of Sciences*, v. 111, p. 18513-18518, 2014.

LIEB, V. M.; SCHEX, R.; ESQUIVEL, P.; JIMENEZ, V. M.; SCHMARRF, H. G.; CARLE, R.; STEINGASS, C. B. Fatty acids and triacylglycerols in the mesocarp and kernel oils of maturing Costa Rican Acrocomia aculeata fruits. *NFS Journal*, v. 14-15, p. 6-13, 2019.

LINS, J.; LIMA, H. P.; BACCARO, F. B.; KINUPP, V. F.; SHEPARD JR., G. H.; CLEMENT, C. R. Pre-Columbian floristic legacies in modern homegardens of central Amazonia. PLoS ONE, v. 10, e0127067, 2015.

LLERAS, E. *Amostragem de germoplasma, domesticação e definição de áreas de alta diversidade de espécies perenes tropicais e subtropicais*. Brasília, DF: IICA, 1989. (Série Publicações Miscelâneas A4/BR).

LLERAS, E.; CORADIN, L. La palma macauba (Acrocomia aculeata) como fuente potencial de aceite combustible. *In: Palmeros poco utilizadas de América Tropical*. FAO of the U.N./CATIE. San José: Imprenta Lil, 1984. p. 102-122.

LLERAS, E.; CORADIN, L.; SCARIOT, A. Development of germplasm sampling strategies for the Macaúba (Acrocomia aculeata) and Mbocaya (A. total) palms and related Acrocomia species. US-AID Grant PDC 5542-G-SS-5034-00. First progress report, 1986.

LORENZI, G. M. A. C. *Acrocomia aculeata (Lodd.) ex Mart. – Arecaceae: bases para o extrativismo sustentável*. 2006. Tese (Doutorado em Agronomia) – Universidade Federal do Paraná, Curitiba, PR, 2006.

MARKLEY, K. S. El aceite de coco. STICA nº 114, Ministerio de Agricultura y Ganadería, Asunción, 1952.

MARKLEY, K. S. Mbocayá or Paraguay cocopalm: an important source of oil. *Economic Botany*, v. 10, p. 3-32, 1956.

MARTIN, G. *Estudio agroeconómico del Acrocomia totai (Mart.) (M'bocaya) en Paraguay*. Institut de Recherches Vourles Huiles et Oleagineux, 1976.

MCDONALD, M. *Revisión de la situación actual de mbokaja (Acrocomia totai) en Paraguay*. Informe Final. Agencia del Gobierno de los Estados Unidos para el Desarrollo Internacional – USAID, 2007. Disponível em: <http://www.geam.org.py/v3/blog/revision-de-la-situacion-actual-del-mbocaya-acrocomia-totai-en-paraguay/>. Acesso em: 15 abr. 2016.

MCNEIL, C. L. Deforestation, agroforestry, and sustainable land management practices among the classic period Maya. *Quaternary International*, v. 249, p. 19-30, 2012.

MENGISTU, F. G.; MOTOIKE, S. Y.; CAIXETA, E. T.; CRUZ, C. D.; KUKI, K. N. Cross-species amplification and characterization of new microsatellite markers for the macaw palm, Acrocomia aculeata (Arecaceae). *Plant Genetic Resources*, v. 13, p. 1-10, 2015.

MONTOYA, S. G.; MOTOIKE, S. Y.; KUKI, K. N.; COUTO, A. D. Fruit development, growth, and stored reserves in macauba palm (Acrocomia aculeata), an alternative bioenergy crop. *Planta*, v. 244, p. 927-938, 2016.

MORCOTE-RÍOS, G.; BERNAL, R. Remains of palms (Palmae) at archaeological sites in the new world: A Review. *Botanical Review*, v. 67, p. 309-350, 2001.

NOVAES, R. F. *Contribuição para o estudo do coco macaúba*. 1952. Tese (Doutorado em Ciências Agrárias) – Escola Superior de Agricultura Luiz de Queiroz, Piracicaba, SP, 1952.

NUNES, A. A.; BUCCINI, D. F.; JAQUES, J. A. S.; PORTUGAL, L. C.; GUIMARÃES, R. C. A.; FAVARO, S. P.; CALDAS, R. A.; CARVALHO, C. M. E. Effect of Acrocomia aculeata kernel oil on adiposity in type 2 diabetic rats. *Plant Foods for Human Nutrition*, v. 73, p. 61-67, 2018.

NUNES, A. A.; FAVARO, S. P.; GALVANI, F.; MIRANDA, C. H. B. Good practices of harvest and processing provide high quality macauba pulp oil. *European Journal of Lipid Science and Technology*, v. 117, p. 2036-2037, 2015.

PEREIRA, M. R. do N.; SALVIANO, A. B.; MEDEIROS, T. P. V.; SANTOS, M. R. D.; CIBAKA, T. E.; ANDRADE, M. H. C.; OLIVEIRA, P. A.; LAGO, R. M. Ca(OH)$_2$ nanoplates supported on activated carbon for the neutralization/removal of free fatty acids during biodiesel production. *FUEL*, v. 221, p. 469-475, 2018.

PETERSON, L. E. Aceite de coco en el Paraguay. STICA n° 3, Ministerio de Agricultura y Ganadería, Asunción, 1945.

PIMENTEL, L. D.; BRUCKNER, C. H.; MANFIO, C. E.; MOTOIKE, S. Y.; MARTINEZ, H. E. P. Substrate, lime, phosphorus and topdress fertilization in macaw palm seedling production. *Revista Árvore*, v. 40, p. 235-244, 2016.

PIMENTEL, L. D.; DIETRICH, O. H. S.; PRATES, G. C.; FAVARO, S. P. *Produção de mudas de macaúba diretamente em viveiro*: efeito de recipientes e substratos no desenvolvimento de mudas de macaúba. Boletim de Pesquisa e Desenvolvimento. Brasília, DF: Embrapa Agroenergia, 2018. Disponível em: <http://www.embrapa.br/agroenergia/publicacoes>. Acesso em: 10 jul. 2019.

PINHEIRO, B. F. S.; BALDEZ, I. S.; MAIA, S. G. Biodiesel: uma nova fonte de energia obtida pela reciclagem de óleos residuais. *Revista de divulgação do Projeto Universidade Petrobras e IF Fluminense*, v. 1, p. 417-426, 2010.

PINTO, C. A. S. Côco macaúba. *Boletim de Agricultura, Zootecnia e Veterinária*, v. 5, p. 60-69, 1932.

PIRES, P. C. L. *Análise de competitividade do sistema agroindustrial da macaúba (Acrocomia aculeata) nas regiões do Norte de Minas Gerais e Sul do Ceará, Brasil*. 2018. Dissertação (Mestrado) – Universidade Federal Fluminense, 2018.

PIRES, T. P.; SOUZA, E. S.; KUKI, K. N.; MOTOIKE, S. Y. Ecophysiological traits of the macaw palm: a contribution towards the domestication of a novel oil crop. *Industrial Crops and Products*, v. 44, p. 200-210, 2013.

PLATH, M.; MOSER, C.; BAILIS, R.; BRANDT, P.; HIRSCH, H.; KLEIN, A. M.; WALMSLEY, D.; VON WEHRDEN, H. A novel bioenergy feedstock in Latin America? Cultivation potential of Acrocomia aculeata under current and future climate conditions. *Biomass and Bioenergy*, v. 91, p. 186-195, 2016.

POETSCH, J.; HAUPENTHAL, D.; LEWANDOWSKI, I.; OBERLÄNDER, D.; HILGER, T. Acrocomia aculeata a sustainable oil crop. *Rural*, v. 21, p. 41-44, 2012. Disponível em: <https://www.rural21.com>. Acesso em: 02 jun. 2020.

POLIAKOFF, J. Le macauba, Acrocomia sclerocarpa. Son intérêt dans l'économie sud-américaine des corps gras. *Oleagineux*, v. 16, p. 37-40, 1961.

REMAPE – REDE MACAÚBA DE PESQUISA. 2015. Disponível em: <http://www.macauba.ufv.br/>. Acesso em: 15 abr. 2016.

RETTORE, R. P.; MARTINS, H. *Produção de combustíveis líquidos a partir de óleos vegetais*: estudo das oleaginosas nativas de Minas Gerais. Projeto da Fundação Centro Tecnológico de Minas Gerais – CETEC, Belo Horizonte-MG, 1983.

RIBEIRO, L. M.; GARCIA, Q. S.; MÜLLER, M.; MUNNÉ-BOSCH, S. Tissue-specific hormonal profiling during dormancy release in macaw palm seeds. *Physiologia Plantarum*, v. 153, p. 627-642, 2015.

ROCHA, O. O côco macaúba. *Revista de Agricultura*, v. 21, p. 349-358, 1946.

RODRÍGUEZ, M. F.; ASCHERO, C. A. Acrocomia chunta (Arecaceae) raw material for cord making in the Argentinean Puna. *Journal of Archaelogical Science*, v. 32, p. 1534-1542, 2005.

ROOSEVELT, A. C.; COSTA, M. L.; MACHADO, C. L.; MICHAB, M.; MERCIER, N.; VALLADAS, H.; FEATHERS, J.; BARNETT, W.; SILVEIRA, M. I.; HENDERSON, A.; SILVA, J.; CHERNOFF, B.; REESE, D.; HOLMAN, J.; TOTH, N.; SEHIEK, K. Paleoindian cave dwellers in the Amazon: the peopling of the Americas. *Science*, v. 272, p. 373-384, 1996.

ROOSEVELT, A. C. *Moundbuilders of the Amazon*: geophysical archaeology on Marajó island, Brazil. San Diego, CA: Academic Press, 1991.

ROOSEVELT, A. C. The Amazon and the anthropocene: 13,000 years of human influence in a tropical rainforest. *Anthropocene*, v. 4, p. 69-87, 2013.

SÁ JÚNIOR, A. Q. de, LOPES, F. de A.; CARVALHO, M.; OLIVEIRA, M. A. da R.; MOTOIKE, S. Y. *Processo de germinação e produção de sementes pré-germinadas de palmeiras do gênero Acrocomia*. 2009. Disponível em <https://www.gov.br/inpi/pt-br > Acesso em: 17 jun. 2020.

SAMPAIO, E. J. R. E. S.; CARDOSO, A. N.; VALADARES, L. F. Compósitos de borracha natural e endocarpo de macaúba: efeito sobre a coloração e propriedades mecânicas. p. 167-173. In: III Encontro de Pesquisa e Inovação da Embrapa Agroenergia, *Anais*... Editora da Embrapa, Brasília, DF, 2016.

SANJINEZ-ARGANDOÑA, E. J.; CHUBA, C. A. M. Caracterização biométrica, física e química de frutos da palmeira bocaiuva Acrocomia aculeata (Jacq) Lodd. *Revista Brasileira de Fruticultura*, v. 33, p. 1023-1028, 2011.

SCARIOT, A.; LLERAS, E.; HAY, J. D. Flowering and fruiting phenologies of the palm Acrocomia aculeata: patterns and consequences. *Biotropica*, v. 27, p. 168-173, 1995.

SCARIOT, A.; LLERAS, E.; HAY, J. D. Reproductive biology of the palm Acrocomia aculeata in Central Brazil. *Biotropica*, v. 23, p. 12-22, 1991.

SCHAAN, D. P. Long-term human induced impacts on Marajó island landscapes, Amazon estuary. *Diversity*, v. 2, p. 182-206, 2010.

SILVA, J. C.; BARRICHELO, L. E. G.; BRITO J. O. Endocarpos de babaçu e de macaúba comparados a madeira de *Eucalyptus grandis* para a produção de carvão vegetal. *IPEF*, n. 34, p. 31-34, 1986.

SILVA, J. M. C.; BATES, J. M. Biogeographic patterns and conservation in the South American Cerrado: a tropical savanna hotspot. *BioScience*, v. 52, p. 225-233, 2002.

SLOTTEN, V. M. *Paleoethnobotanical remains and land use associated with the sacbe at the ancient Maya village of Joya de Cerén*. 2015. Dissertação (Mestrado em Artes) – University of Cincinnati, Cincinnati – OH, 2015.

SMITH JR., C. E. Recent evidence in support of the tropical origin of New World crops. In: SIEGLER, D. S. (ed.). *Crop Resources*. New York and London: Academic Press, 1977.

SMITH, N. *Palms and people in the Amazon - Geobotany studies*: basics, methods and case studies. Springer, 2015.

SOUZA, G. K.; DIÓRIO, A.; JOHANN, G.; GOMES, M. C. S.; POMINI, A. M.; ARROYO, P. A.; PEREIRA, N. C. Assessment of the physicochemical properties and oxidative stability of kernel fruit oil from the Acrocomia totai palm tree. *Journal of the American Oil Chemists' Society*, v. 96, p. 51-61, 2018.

SOUZA, G. K.; SCHUQUEL, I. T. A.; MOURA, V. M.; BELLOTO, A. C.; CHIAVELLI, L. U. R.; RUIZ, A. L. T. G.; SHIOZAWA, L.; CARVALHO, J. E. de; GARCIA, F. P.; KAPLUM, V.; RODRIGUES, J. H. da S.; SCARIOT, D. B.; DELVECCHIO, R.; FERREIRA, E. M.; SANTANA, R. E.; SOARES, C. A. G.; NAKAMURA, C. V.; SANTIN, S. M. O.; POMINI, A. M. X-ray structure of o-methyl-acrocol and anti-cancer, anti-parasitic, anti-bacterial and anti-zika virus evaluations of the Brazilian palm tree Acrocomia totai. *Industrial Crops and Products*, v. 109, p. 483-492, 2017.

SPENCER, C. S.; REDMOND, E. M.; RINALDI, M. Drained fields at la Tigra, Venezuelan Llanos: a regional perspective. *Latin American Antiquity*, v. 5, p. 119-143, 1994.

SPINOSA, S.; ARÍSTIDES, B.; MENDARO, E. *La exploitación de cocoteros en el Paraguay*. Asunción: Ministerio de Agricultura y Ganaderia, 1952.

TURNER, B. L.; MIKSICEK, C. H. Economic plant species associated with prehistoric agriculture in the Maya lowlands. *Economic Botany*, v. 38, p. 179-193, 1984.

ULLOA, F. C.; JIMÉNEZ, I. Q. The archaeology of the central pacific coast of Costa Rica. In: LANGE, F. W. (ed.). *Paths to Central American prehistory*. Niwot: University Press of Colorado, 1996. p. 93-118.

VALÉRIO, P. P.; CELAYETA, J. M. F.; CREN, E. C. Quality parameters of mechanically extracted edible macauba oils (Acrocomia aculeata) for potential food and alternative industrial feedstock application. *European Jounal of Lipid Science and Technology*, v. 121, 1800329. 2019.

VAN LEEUWEN, J.; LLERAS, E.; CLEMENT, C. R. Field genebanks may impede instead of promote crop development: lessons of failed genebanks of "promising" Brazilian palms. *Agrociencia*, v. 9, p. 61-66, 2005.

VIANNA, S. A.; BERTON, L. H. C.; POTT, A.; CARMELLO, G. S. M.; COLOMBO, C. A. Biometric characterization of fruits and morphoanatomy of the mesocarp of Acrocomia species (Arecaceae). *International Journal of Biology*, v. 9, p. 78-92, 2017.

VOLPATO, C. E. S.; NETO, P. C.; ALONSO, D. J. C. Power and torque curves of an agricultural tractor diesel engine fueled with macaw palm oil biodiesel. In: Annual International Meeting of American Society of Agricultural and Biological Engineers. Detroit, Michigan, 2018.

WANDECK, F. A.; JUSTO, P. G. A macaúba, fonte energética e insumo industrial: sua significação econômica no Brasil. In: Simpósio sobre o Cerrado, Savana, EMBRAPA-CPAC, Brasília-DF, 1982. p. 541-577.

WANDECK, F. A. *Oleaginosas nativas*: aproveitamento para fins energéticos e industriais. Brasil: Gessy Lever, 1985.

3

Clima

*Hewlley Maria Acioli Imbuzeiro, Gilberto Chohaku Sediyama, Sandro Lucio Silva Moreira,
Heitor Eduardo Ferreira Campos Morato Filpi, Victor Hugo Benezoli*

Em Meteorologia, o termo "tempo" faz referência às atuais condições dos elementos meteorológicos em uma determinada região: temperatura do ar, precipitação atmosférica, umidade do ar, fotoperíodo, cobertura de nuvens e vento. Ao longo de um único dia, em um mesmo local ou em locais diferentes, pode haver diferentes condições de tempo: um dia que se inicia com uma manhã fria e nublada pode mudar para uma tarde quente e ensolarada, ou, enquanto há frio e neve em uma região, em outra faz calor e chuva. Ou seja, o tempo possui variação tanto temporal quanto espacial. Já "clima" é a média do tempo em um intervalo de pelo menos 30 anos. Enquanto as mudanças no tempo podem ocorrer em minutos, as mudanças no clima geralmente são de escala temporal de dezenas, centenas e até mesmo milhares de anos.

Para as plantas, as condições de precipitação, temperatura do ar, fotoperíodo, umidade do ar, radiação solar e vento, por exemplo, influenciam processos fisiológicos importantes, como fotossíntese, transporte de nutrientes e atividade das raízes (Larcher, 2004). Variações sazonais no clima também regulam estádios fenológicos, como florescimento e frutificação, que são essenciais para a dinâmica das populações e sobrevivência das espécies. Outro fator relevante para as plantas são as oscilações de curto prazo de eventos climáticos extremos, como secas, enchentes, ventos fortes, ondas de calor e geadas. A ocorrência de eventos climáticos extremos pode favorecer espécies mais resilientes e causar alterações na composição florística de uma comunidade vegetal.

Dessa forma, os padrões climáticos, como também os de solo, influenciam diretamente a ocorrência das espécies no globo terrestre, que consequentemente caracterizam a distribuição dos ecossistemas no planeta. Por isso, o conhecimento do clima é indispensável para subsidiar o planejamento de atividades agrícolas e silviculturais, seja para definir as espécies a serem cultivadas, seja para determinar as melhores épocas de plantio em cada região.

3 CLIMA

3.1 CLIMA E SOLO DAS REGIÕES DE OCORRÊNCIA DA *ACROCOMIA* SPP.

Diferente das culturas mais tradicionais do País, a macaúba é uma espécie nativa da flora brasileira que ainda está em processo de domesticação. Por ser uma espécie explorada predominantemente de forma extrativista, não há informações suficientes para definir as condições climáticas ideais para o seu cultivo. Nesse contexto, considerando que as necessidades ecofisiológicas de uma espécie vegetal estão muito relacionadas à sua distribuição geográfica, a caracterização dos tipos de ambientes em que a macaúba ocorre na natureza representa um passo fundamental para inferir as condições de clima e solo propícias ao seu desenvolvimento.

A macaúba é uma palmeira ocorrente em formações savânicas como o Cerrado e florestas abertas da América Tropical, distribuída desde o norte da Flórida, nos Estados Unidos, passando pela América Central, até o sul da América do Sul (Ciconini et al., 2013). No Brasil, pode ser encontrada de forma dispersa nas Regiões Sudeste e Centro-Oeste, com maciços naturais mais expressivos nos Estados de Minas Gerais, Goiás, Mato Grosso e Mato Grosso do Sul, onde predominam condições climáticas características do bioma Cerrado (Motoike et al., 2013). A Fig. 3.1 apresenta a distribuição geográfica da macaúba (*Acrocomia* spp.) de acordo com a plataforma Global Biodiversity Information Facility (GBIF), que reúne a maior base de dados de herbários nacionais e internacionais.

3.1.1 Temperatura e altitude

De acordo com a plataforma GBIF, a macaúba (*Acrocomia* spp.) ocorre predominantemente em regiões onde a temperatura do ar média anual varia de 20 °C a 28 °C (Fig. 3.2). Motoike et al. (2013) encontraram resultados similares e sugerem que, na natureza, a macaúba se desenvolve em áreas cuja temperatura média anual é superior a 18 °C. Entretanto, apesar de seus pontos de ocorrência se concentrarem em regiões mais quentes, alguns registros comprovam que indivíduos de macaúba também podem ser encontrados em ambiente mais frios, com temperatura média anual de até 14,8 °C.

Segundo Goldel, Kissling e Svenning (2015), a temperatura atua como um dos principais fatores reguladores da distribuição geográfica de palmáceas no globo terrestre. Como as palmáceas apresentam mecanismo fotossintético C3, temperaturas muito elevadas podem resultar em perda de eficiência fotoquímica (Taiz; Zeiger, 2013). No entanto, estudos destacando a ecofisiologia da macaúba indicam que a espécie possui alta eficiência quântica, o que garante a manutenção da sua taxa fotossintética líquida mesmo sob irradiância elevada. Pires et al. (2013) verificaram que temperaturas de até 34 °C não reduziram a assimilação líquida de CO_2 em plantas de macaúba, sugerindo que a espécie apresenta mecanismos que ajudam a dissipar o excesso de calor.

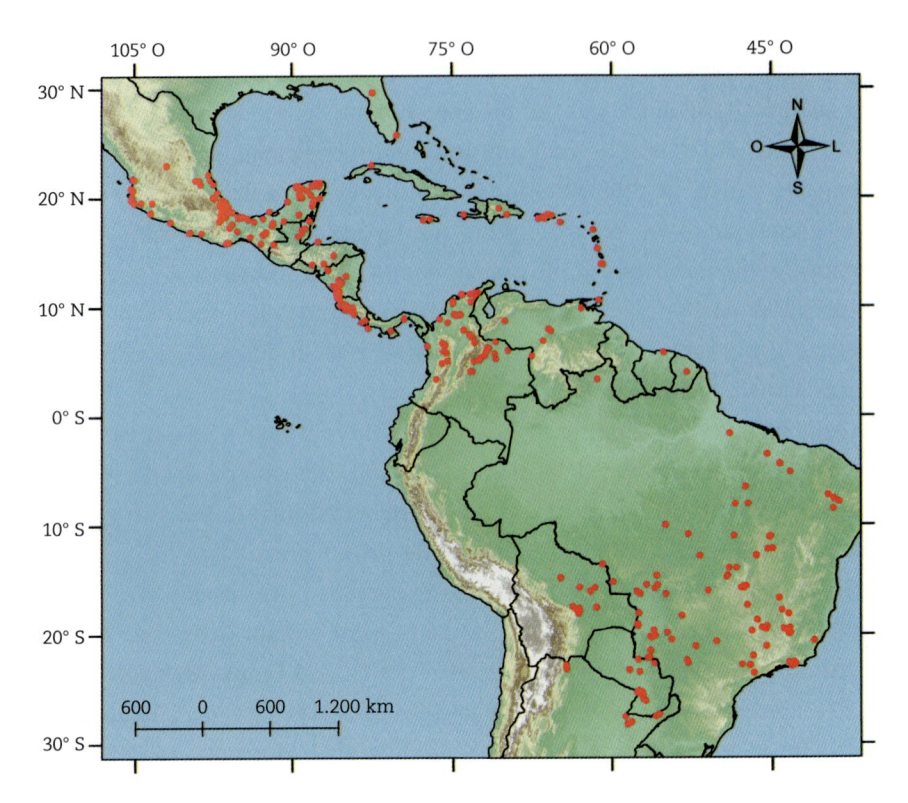

Fig. 3.1 Mapa de ocorrência da macaúba (*Acrocomia* spp.) no continente americano. Os pontos em vermelho representam os locais onde a espécie foi encontrada
Fonte: GBIF (www.gbif.org).

Assim como a temperatura, a altitude também interfere nos padrões de distribuição espacial de espécies vegetais. Variações na altitude, por exemplo, modificam os níveis de O_2 e CO_2, que são gases essenciais aos processos fitofisiológicos das plantas. Por ser um dos fatores que atuam na dinâmica de fluxo de massa e energia para a atmosfera, a altitude influencia diretamente o regime climático de uma região (Tourne *et al.*, 2015). Em relação a esse parâmetro, os registros de ocorrência disponibilizados pela plataforma GBIF demonstram que a macaúba ocorre em áreas de até 800 m acima do nível do mar. Apesar disso, Motta *et al.* (2002) ressaltam que, em Minas Gerais, a espécie pode ser encontrada em altitudes acima de 900 m.

3.1.2 Precipitação

A precipitação pluviométrica é um fenômeno físico ocasionado pela ascensão e posterior condensação do vapor d'água na troposfera, e também é caracterizada como uma variável de entrada no ciclo hidrológico. Plantios de macaúba que não apresentam sistemas de irrigação dependem de eventos de chuva para

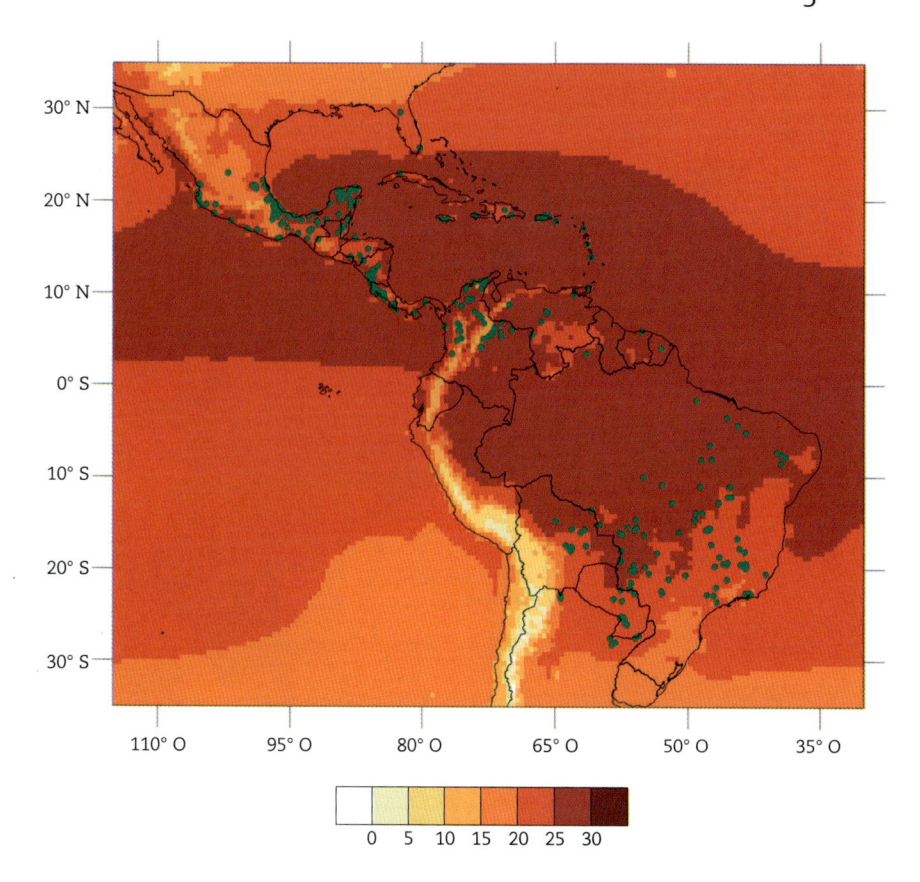

Fig. 3.2 Registros de ocorrência de macaúba (*Acrocomia* spp.) em contraste com a temperatura do ar média (°C) para o período de 1981 a 2010

garantir o suprimento hídrico necessário ao desenvolvimento das plantas (agricultura de sequeiro). A disponibilidade de água no solo é fundamental para o metabolismo vegetal e está diretamente associada à quantidade e distribuição de chuvas ao longo do ano.

Conforme ilustra a Fig. 3.3, a distribuição geográfica da macaúba abrange majoritariamente regiões em que a precipitação pluviométrica total anual é de 786 mm a 2.690 mm. Apesar de seus pontos de ocorrência estarem localizados em áreas de precipitação pluviométrica superior a 786 mm, a macaúba também pode ser encontrada em áreas com precipitação inferior a 600 mm, o que evidencia sua capacidade de sobreviver em condições adversas, de baixa disponibilidade hídrica. Segundo Esquivel-Muelbert et al. (2017), a distribuição de uma determinada espécie vegetal ao longo de um gradiente climático de umidade pode ser um forte indicador da sua vulnerabilidade ou tolerância à seca.

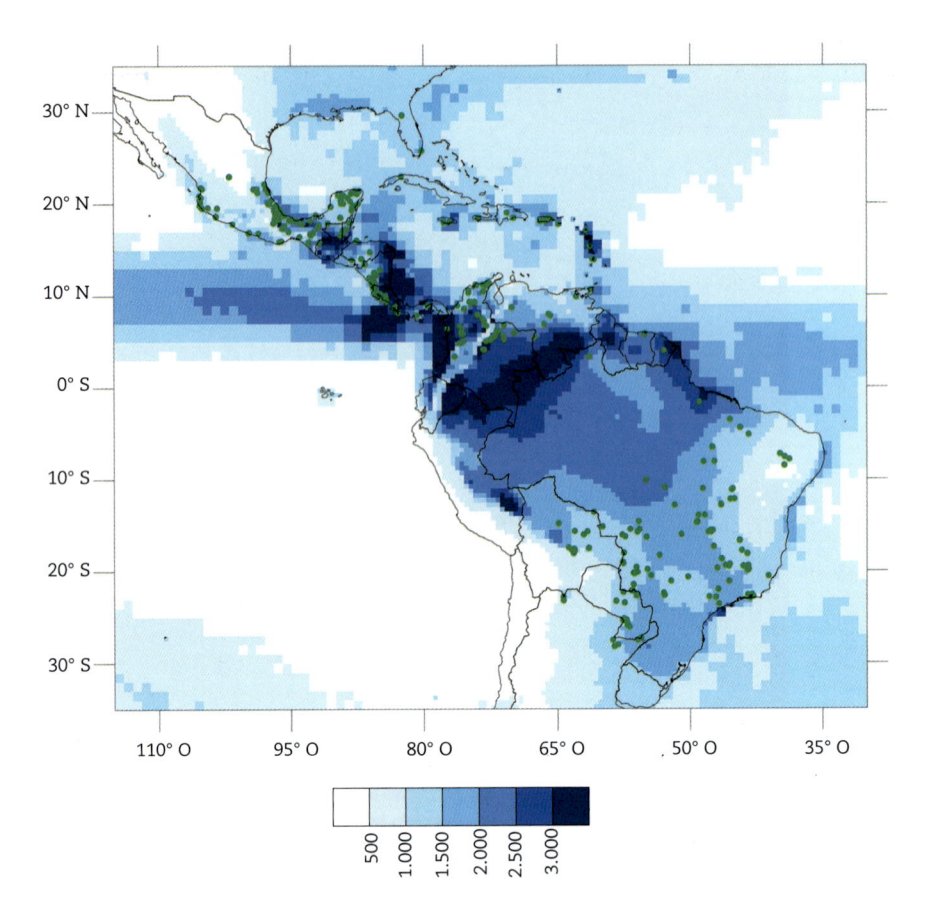

Fig. 3.3 Registros de ocorrência de macaúba (*Acrocomia* spp.) em contraste com a precipitação anual média (mm) para o período de 1981 a 2010

3.1.3 Radiação solar e fotoperiodismo
Radiação solar

A radiação solar é a energia radiante emitida pelo Sol na forma de ondas eletromagnéticas. As plantas são capazes de converter a energia do espectro de radiação solar na faixa de 400 nm a 700 nm, denominada radiação fotossinteticamente ativa (RFA), em energia química através da fotossíntese, e de armazená-la na forma de carboidratos para utilizá-la posteriormente em seus processos metabólicos. A RFA corresponde em média a 48,7% da energia solar incidente na superfície terrestre. De acordo com Zhu, Long e Ort (2010), a RFA incidente pode ser particionada em: 4,9% em radiação refletida ou transmitida pelo dossel da planta; 6,6% em ineficiência fotoquímica; 11,2% no limite termodinâmico em termos de separação de cargas para o trabalho fotossintético; e, em plantas C3, 13,4% em biossíntese de carboidratos, 6,1% em fotorrespiração e 1,9% na respiração. Resumidamente, esses valores indicam que plantas C3 possuem eficiência máxima de conversão da energia solar em biomassa em torno de 4,6% a 30 °C.

A macaúba, por ser uma planta heliófila, ocorre em regiões com alta incidência de irradiação solar. De acordo com os dados da plataforma GBIF, 90% dos pontos de ocorrência estão localizados em regiões com irradiação solar entre 195 W m^{-2} e 240 W m^{-2} (Fig. 3.4). Entretanto, devido à sua alta capacidade de aclimatação, a macaúba pode ocorrer em regiões com incidência de radiação solar mais baixa (Dias et al., 2018). Na plataforma GBIF, existem ocorrências registradas em locais com até 165 W m^{-2}, próximo à costa colombiana.

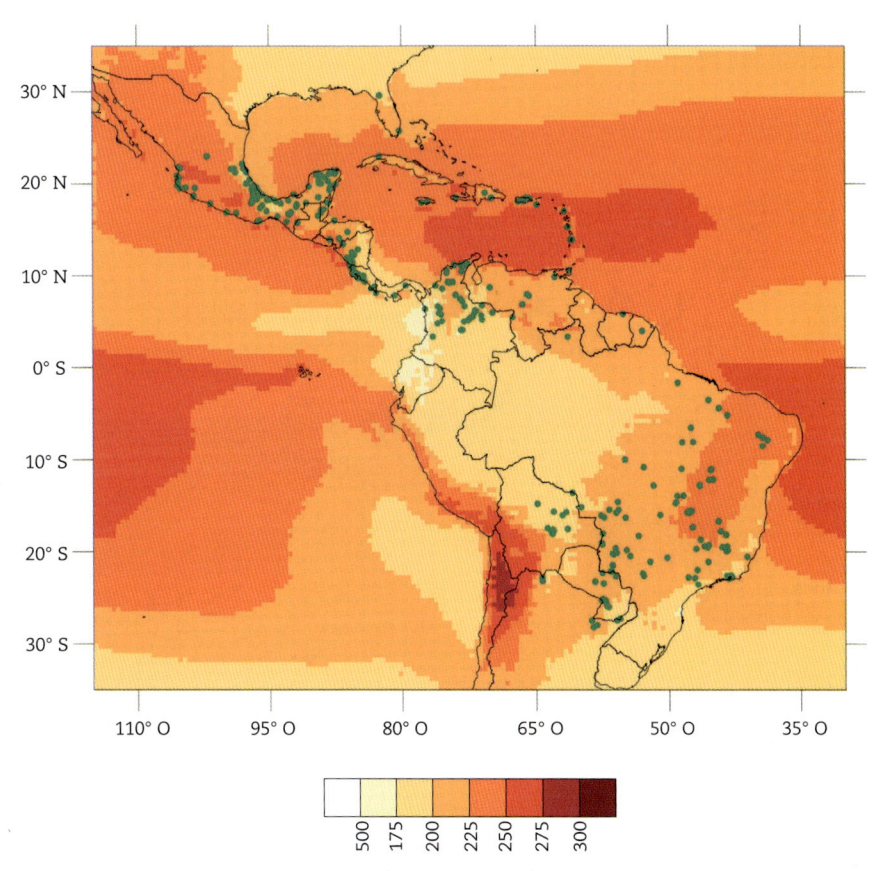

Fig. 3.4 Registros de ocorrência de macaúba (*Acrocomia* spp.) em contraste com a radiação solar (W m^{-2}) média para o período de 1981 a 2010

Fotoperiodismo

O fotoperiodismo representa a quantidade de horas entre o nascer e o pôr do Sol, varia de acordo com a latitude e a época do ano e é fator relevante para que alguns organismos possam captar a sazonalidade das estações do ano (Thomas; Vince-Prue, 1997). No âmbito agronômico, o fotoperiodismo influencia as respostas das plantas à duração do dia em termos de crescimento e desenvolvimento, ocasionando, por exemplo, a formação de flores, frutos, sementes, bulbos e tubérculos, a dormência, o desenvolvimento radicular, a abscisão e queda de folhas, a forma e posicionamento das folhas etc.

A macaúba, por se tratar de uma espécie tropical, vive em ambientes com fotoperíodo que varia de 10 a 14 horas, o que compreende a faixa entre 30° N e 30° S (Fig. 3.5). Entretanto, deve-se destacar que, de acordo com os dados da plataforma GBIF, o fotoperíodo parece não ser o principal limitante à ocorrência de macaúba. Para uma mesma faixa de latitude e, consequentemente, de fotoperíodo, existem regiões em que a planta pode ou não ocorrer, como na região equatorial, entre 10° N e 10° S e entre 25° e 30°, tanto no Hemisfério Norte quanto no Hemisfério Sul. Nessas regiões, a radiação solar aparenta ter mais influência na ocorrência da planta.

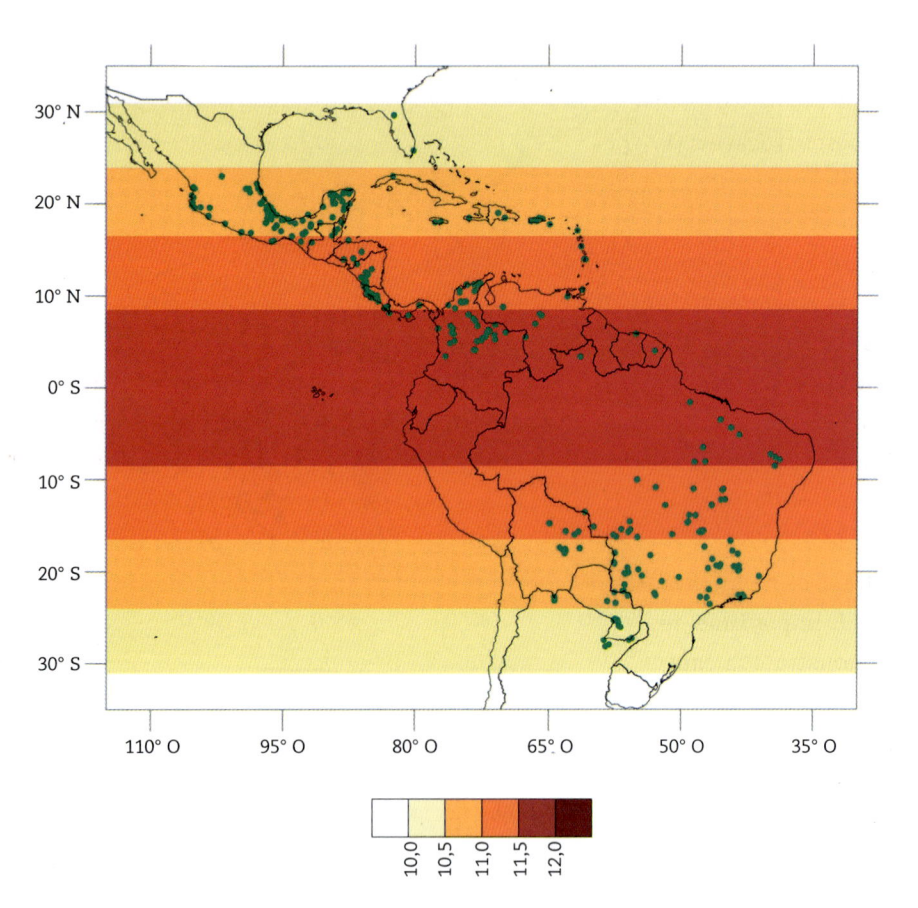

Fig. 3.5 Registros de ocorrência de macaúba (*Acrocomia* spp.) em contraste com o fotoperíodo (horas) do dia com menor duração no ano
Fonte: GBIF (www.gbif.org).

3.1.4 Solos das áreas de ocorrência da macaúba

A descrição das classes de solos referentes à distribuição geográfica da macaúba (*Acrocomia* spp.) foi realizada a partir da sobreposição de seus pontos de ocorrência no Global Soil Map, gerado pela FAO em parceria com a Unesco, na escala 1:5.000.000.

A macaúba está presente nos mais variados biomas e classes de solo do continente americano, o que demonstra sua capacidade de adaptação em diversas condições edafoclimáticas. Na natureza, a espécie não se restringe a condições de solos específicas e sobrevive em solos eutróficos e distróficos, solos profundos e pouco profundos, de textura argilosa a arenosa.

No Brasil, a palmeira ocorre principalmente sobre Latossolos (37,5%), Luvissolos (22,9%), Neossolos (14,6%) e Argissolos (12,5%) e, com menor frequência, também sobre Gleissolos e Planossolos. No México, país com ampla distribuição da palmeira, existe uma predominância de ocorrência da macaúba em Vertissolos (25,3%), Cambissolos (22,9%) e Andossolos (16,1%). Esta última classe não está descrita no Sistema Brasileiro de Classificação de Solos. Os Andossolos são solos geralmente originários da deposição de materiais vulcânicos recentes, apresentando alta capacidade de retenção de água, boa drenagem e baixa concentração de bases trocáveis (Wada, 1985). Na Colômbia, a macaúba ocorre sobre Neossolos flúvicos (25,0%), Cambissolos (18,7%), Argissolos (18,7%) e Nitossolos (12,5%), mas também sobre Neossolos litólicos, Luvissolos, Latossolos e Organossolos em porcentagens menores.

Em países da América Central, a *Acrocomia* spp. é encontrada em diversas classes de solos; na Nicarágua, a palmeira ocorre principalmente em Cambissolos e Andossolos, em Belize, sobre Cambissolos e Gleissolos; e na Costa Rica, em Nitossolos, Cambissolos e Luvissolos. Já em Porto Rico, a macaúba ocorre mais sobre Cambissolos, Neossolos flúvicos, Argissolos e Vertissolos. Em países da América do Sul, além do Brasil e Colômbia, a palmeira ocorre sobre Neossolos flúvicos, Argissolos, Planossolos e Luvissolos no Paraguai e sobre Neossolos, Planossolos e Nitossolos na Argentina.

É importante ressaltar que a ampla distribuição geográfica da macaúba demonstra sua capacidade de sobreviver em diferentes condições físicas e de fertilidade do solo. No entanto, no que se refere ao crescimento e produtividade, seu comportamento sob essas diferentes condições pode variar.

3.1.5 Limitações hídricas para ocorrência da macaúba

A água é um elemento essencial para o desenvolvimento das plantas. Inúmeros processos fisiológicos, como o transporte de nutrientes e assimilados fotossintéticos, o arrefecimento das folhas, a manutenção do turgor celular e a própria fotossíntese, dependem da água para acontecer. A maior parte das plantas, incluindo a macaúba, obtém a água que utiliza a partir do solo, através do seu sistema radicular.

Nem toda água presente no solo está disponível para as plantas utilizarem. A quantidade de água disponível no solo para as plantas (ADP) depende de características físicas daquele solo, como a capacidade de armazenamento de água no solo (CAD), e do balanço de água na superfície da terra, que, por sua vez, depende da precipitação e da evapotranspiração. Assim, a quantidade de água disponível para as plantas é definida como:

$$ADP = ADPt - 1 + P + I - R - D - ET \qquad (3.1)$$

em que (ADPt – 1) é a quantidade de água disponível no solo no tempo (t – 1), I é a irrigação, R é o escoamento superficial, D é a drenagem lateral subterrânea e ET é a evapotranspiração.

A quantidade de água disponível no solo varia principalmente em função da precipitação e da evapotranspiração. Para os períodos em que o volume de precipitação é maior que a evapotranspiração, a quantidade de água no solo aumenta até atingir a CAD e, por consequência, todo excesso de precipitação é convertido em escoamento superficial. Entretanto, quando a evapotranspiração é superior à quantidade de chuva, o volume de água fica abaixo da CAD e o solo entra em déficit hídrico.

Para avaliar as limitações hídricas no cultivo da macaúba, é necessário conhecer tanto as características físicas quanto o clima da região de ocorrência das plantas. Entretanto, devido à escassez de dados sobre as propriedades físicas do solo em larga escala, considera-se que a CAD é infinita e toda precipitação é convertida em evapotranspiração, conforme metodologia proposta por Malhi *et al.* (2009). Assim, o déficit hídrico inicia-se somente a partir do momento em que a evapotranspiração supera a precipitação. O cálculo do déficit hídrico climatológico (DHC) deve começar sempre no mês seguinte àquele com maior volume de precipitação, para garantir que não haja déficit no início do cálculo. O máximo déficit hídrico acumulado (MDHA) é obtido a partir do valor máximo de DHC cumulativo.

A climatologia mensal de precipitação e de evapotranspiração de referência (ET_0) foi calculada a partir da base de dados de Xavier, King e Scanlon (2016), construída por meio da interpolação de dados provenientes de estações meteorológicas e pluviométricas instaladas no Brasil. Já os dados de ocorrência espontânea de macaúba no Brasil foram obtidos pela rede *speciesLink*, que agrega dados de diversas fontes.

No Brasil, a macaúba ocorre em diversas faixas de precipitação anual e de MDHA em latitudes acima de 25° S (Fig. 3.6). Mais da metade dos registros encontram-se na porção central do Brasil, com precipitação anual entre 1.000 mm e 2.000 mm e MDHA entre –250 mm e –750 mm, porém também existem registros de macaúba em regiões mais extremas, com precipitação anual inferior a 500 mm e com MDHA próximo a –1.400 mm, localizadas no Semiárido nordestino. Essa resistência à limitação hídrica possibilita que a macaúba esteja presente em quase todos os biomas brasileiros, com exceção dos Pampas, possivelmente em virtude das baixas temperaturas que o bioma apresenta. A macaúba pode ser

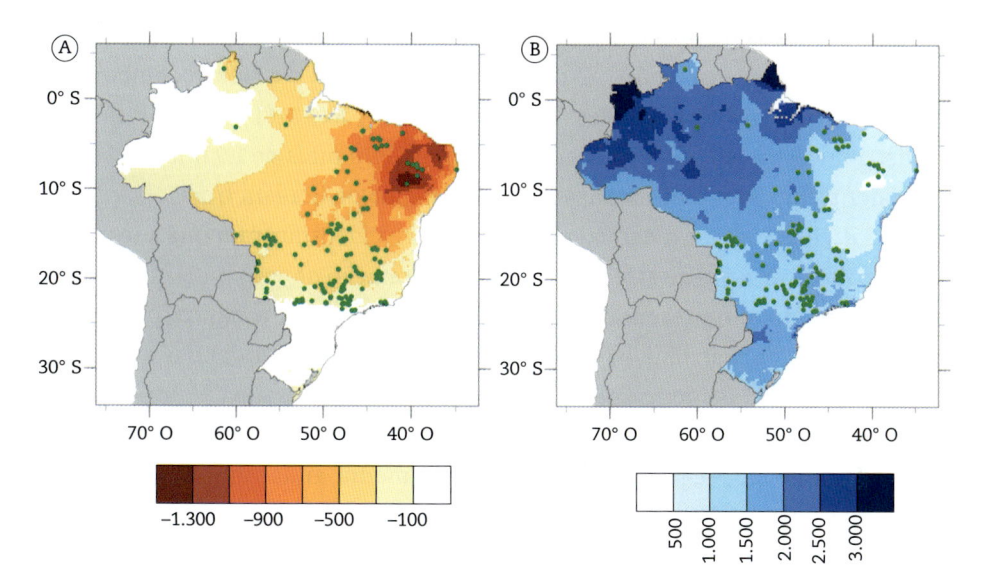

Fig. 3.6 Distribuição espontânea de macaúba no Brasil em função de (A) máximo déficit hídrico acumulado (MDHA) e (B) precipitação anual climatológica, ambos em mm

encontrada em ambientes que variam desde o clima árido, como a Caatinga, até o úmido, como a transição entre a Floresta Amazônica e o Cerrado.

A tolerância da macaúba ao déficit hídrico já foi explorada em alguns trabalhos. Barleto (2011) demonstrou, em um estudo conduzido no Cerrado, que a macaúba apresenta um forte controle estomático, prevenindo a perda excessiva de água através da transpiração durante a estação seca e elevando o uso eficiente da água (relação entre a assimilação de CO_2 e a transpiração). Oliveira et al. (2016) encontraram resultado semelhante ao estudar a tolerância da macaúba à seca na região do Semiárido nordestino, mostrando que a queda na transpiração é maior que a queda na assimilação de CO_2 no período seco.

3.2 ÁREAS POTENCIAIS PARA O CULTIVO DE MACAÚBA EM FUNÇÃO DA OCORRÊNCIA NATURAL

A delimitação das regiões aptas para o cultivo da macaúba constitui uma etapa essencial para que sua cadeia produtiva tenha competitividade e sustentabilidade a longo prazo. Nessa fase, o zoneamento agroecológico é o instrumento técnico-científico mais indicado para auxiliar o agricultor e/ou o empresário durante a escolha dos locais adequados para implantação do cultivo. O zoneamento agroecológico possibilita dividir uma área em regiões homogêneas, levando em conta as condições ambientais associadas às necessidades ecofisiológicas da espécie ou cultura de interesse. Para cada espécie vegetal, existe um ambiente ecológico ótimo, em que todas as funções são harmonicamente ajustadas para o seu desenvolvimento.

Estudos baseados em modelos de distribuição de espécies indicam que a América Latina apresenta áreas extensas consideradas favoráveis à sobrevivência da macaúba (A. *aculeata*), com destaque para o Brasil e o México, ambos com forte potencial para o cultivo dessa espécie (Plath *et al.*, 2016). No Brasil, as áreas de distribuição potencial da macaúba compreendem mais de 1,9 milhão de km^2, e a maior parte delas está localizada fora da região de floresta tropical, segundo Plath *et al.* (2016). Nesse mesmo estudo, os autores identificaram que a temperatura média do ar no semestre mais frio, a precipitação do mês mais chuvoso e a precipitação anual representam variáveis climáticas determinantes para explicar os padrões de distribuição espacial da macaúba.

Outro estudo de zoneamento para a cultura da macaúba (A. *aculeata*) foi realizado por Falasca, Ulberich e Pitta-Alvarez (2017) para o território da Argentina. Nesse estudo, regiões com precipitação média anual inferior a 500 mm foram classificadas como inadequadas para o cultivo, enquanto regiões de precipitação média anual entre 500 mm e 1.000 mm foram classificadas como adequadas, e regiões com precipitação média anual acima de 1.000 mm como ótimas ou muito adequadas. Em relação aos aspectos térmicos, as regiões com temperatura do ar média anual abaixo de 20 °C e mínima média anual inferior a 14 °C foram consideradas muito frias para o desenvolvimento de uma palmeira tropical, sendo, portanto, classificadas como áreas inadequadas para o cultivo da espécie. Por outro lado, regiões de temperatura do ar média anual de 20 °C a 25 °C foram classificadas como adequadas e, acima de 25° C, como ótimas ou muito adequadas. Nesse estudo, as regiões de maior aptidão para o cultivo da macaúba se concentram na porção norte e nordeste do país (Falasca; Ulberich; Pitta-Alvarez, 2017).

3.3 Mudanças climáticas – perspectivas para a macaúba

As mudanças naturais no clima da Terra sempre ocorreram, porém acontecem de forma gradual, ao longo de dezenas de milhares a milhões de anos (Hardy, 2003). Por milênios, o clima da Terra permaneceu pouco alterado. Os primeiros seres humanos prosperaram, vivendo com abundância de plantas e animais, entre os quais muitos foram domesticados para atender às necessidades do homem. A principal fonte de energia para cozinhar os alimentos e aquecer as habitações era a queima da madeira. Podemos dizer que, por muito tempo, as atividades humanas tiveram apenas impactos locais. Já em meados de 1750, a população mundial havia crescido para em torno de 795 milhões de pessoas que utilizavam os combustíveis fósseis (carvão mineral, petróleo e gás natural) como a principal fonte de energia. Diferente da madeira, o carbono presente nos combustíveis fósseis foi lentamente formado pelo processo de decomposição de restos de plantas e animais, milhões de anos antes, que foram estocados na crosta terrestre.

A concentração de CO_2 aumentou cerca de 42% desde o período pré-industrial (NOAA, 2018), primeiramente pelas emissões por queima de combustíveis fósseis, seguidas pelas mudanças do uso do solo (IPCC, 2014). Entre 1750 e 2011, as emissões de CO_2 provenientes de queima de combustíveis fósseis e produção de cimento lançaram na atmosfera cerca de 375 Gt C, enquanto o desmatamento e outras mudanças no uso do solo contribuíram com a emissão de 180 Gt C. Esse resultado mostra que o efeito cumulativo das emissões antropogênicas é da ordem de 555 Gt C. Dessas emissões, 240 Gt C estão acumulados na atmosfera, 155 Gt C nos oceanos e 160 Gt C vêm sendo estocados nos ecossistemas terrestres.

Segundo as Nações Unidas, até 2050 a população mundial aumentará em cerca de 26%, acarretando uma demanda alimentícia ainda maior, que deverá ser suprida. No entanto, levando em conta o acúmulo de CO_2 no ecossistema, que já incidiu no aumento de extremos climáticos como secas, enchentes, ventos fortes e veranicos, passa a ser exigida uma grande variabilidade na produção agrícola e energética mundial. Frente a isso, o aumento na produção de alimentos para a população em crescimento, antes executado por meio da expansão de terras cultivadas sobre ecossistemas naturais, agora deve respeitar o uso racional de recursos como água, terra, fertilizantes e pesticidas. Além disso, para mitigar as emissões de CO_2 na atmosfera, também as novas fontes de energia devem ser renováveis.

No âmbito do impacto das mudanças climáticas na macaúba, o estudo de Plath et al. (2016), utilizando a modelagem de nicho ecológico (*Maxent model*) e o cenário de mudança climática A2A do Painel Intergovernamental de Mudanças Climáticas (IPCC), indicou a redução substancial das áreas com potencial para cultivo da macaúba, sugerindo prováveis riscos para os investimentos de longo prazo (2080) e o desenvolvimento sustentável da nova cultura. Esse cenário, conhecido como *business as usual*, considera a manutenção dos padrões de emissão dos gases de efeito estufa (GEEs) observados nas últimas décadas. O resultado desse estudo prevê uma redução na atual área com potencial para a macaúba de cerca de 65% no Brasil, 58,9% no México e 89,8% na Venezuela em 2080.

Esse é o único estudo que envolve os cenários de mudanças climáticas do IPCC e o impacto na área potencial da macaúba, logo, apesar do pioneirismo e relevância, seus resultados não devem ser considerados como uma verdade absoluta. Essa ressalva não se restringe apenas ao estudo descrito; vale para todos os estudos que utilizam modelos como ferramentas preditivas, pois estes são abstrações da realidade e representam processos pouco conhecidos, de forma que possuem limitações inerentes, o que gera incertezas em seus resultados. Entretanto, apesar dessas questões, esse método é o mais utilizado atualmente para compreender as mudanças climáticas e seus impactos nos ecossistemas terrestre e aquático e nas culturas agrícolas.

3.4 Fixação de carbono pela macaúba

A alocação de carbono desempenha um papel fundamental no ciclo do carbono em ecossistemas naturais e agroecossistemas, distribuindo os produtos da fotossíntese entre os órgãos da planta envolvidos na aquisição de recursos para seu crescimento, manutenção e reprodução. No geral, as plantas possuem recursos limitados para suprir as demandas para seu pleno crescimento e desenvolvimento, e precisam adotar estratégias eficientes para alocar esses recursos. As mudanças na alocação de carbono afetam o crescimento individual das plantas e também sua biogeoquímica, pela influência na qualidade e na taxa de decomposição da liteira, no sequestro de carbono e nitrogênio e nas trocas de energia, água e carbono entre a vegetação e a atmosfera.

Trabalhos recentes têm comprovado o potencial da palmeira macaúba em estocar carbono em sua biomassa, abrindo a possibilidade para futuras negociações de créditos de carbono no mercado internacional, além de ser uma estratégia em face das mudanças climáticas globais. Macaúbas em áreas de ocorrência natural são capazes de estocar de 19,51 t C ha^{-1} (Ferreira *et al.*, 2013) a 33,85 t C ha^{-1} (Toledo, 2010). Em áreas cultivadas, esse estoque pode ser ainda mais significativo: em estudo recente realizado na Universidade Federal de Viçosa foi encontrado valor de 61,6 t C ha^{-1} numa área de macaúba em fase de produção. Esse valor, quando convertido para unidade de créditos de carbono, corresponde a 226,17 t CO_2 eq ha^{-1} (Moreira, 2019), superior ao estoque de carbono encontrado em muitas outras culturas cultivadas comercialmente, o que coloca a macaúba como uma espécie potencial para utilização em plantios, visando a minimização das emissões de gases do efeito estufa, além de possibilitar a obtenção de renda com as vendas dos créditos de carbono.

Referências bibliográficas

BARLETO, E. A. *Respostas Ecofisiológicas de Acrocomia aculeata (Jacquin) Loddies ex Martius ao déficit hídrico sazonal e à disponibilidade de nutrientes*. Brasília-DF: Universidade de Brasília, 2011.

CICONINI, G. et al. Biometry and oil contents of *Acrocomia aculeata* fruits from the cerrados and pantanal biomes in Mato Grosso do Sul, Brazil. *Ind. Crops Prod*, v. 45, p. 208-214, 2013.

DIAS, A. N.; SIQUEIRA-SILVA, A. I.; SOUZA, J. P.; KUKI, K. N.; PEREIRA, E. G. Acclimation responses of macaw palm seedlings to contrasting light environments. *Scientific Reports*, v. 8, n. 1, p. 15300, 17 out. 2018.

ESQUIVEL-MUELBERT, A.; GALBRAITH, D.; DEXTER, K. G.; BAKER, T. R.; LEWIS, S. L.; MEIR, P.; ROWLAND, L.; COSTA, A. C. L. DA; NEPSTAD, D.; PHILLIPS, O. L. Biogeographic distributions of neotropical trees reflect their directly measured drought tolerances. *Scientific Reports*, v. 7, n. 1, p. 1-11, 2017.

FALASCA, S.; ULBERICH, A.; PITTA-ALVAREZ, S. Development of agroclimatic zoning model to delimit the potential growing areas for macaw palm (Acrocomia aculeata). *Theor. Appl. Climatol.*, v. 129, p. 1321-1333, 2017.

FERREIRA, E. A. B.; SÁ, M. A. C.; JUNIO-SANTOS, D. G.; MEIRELLES, M. L.; CARVALHO, A. M. Estimativa de sequestro de carbono numa população espontânea de palmeiras macaúba. *Anais do 8º Congresso Internacional de Bioenergia*. São Paulo – SP, 2013.

GBIF – GLOBAL BIODIVERSITY INFORMATION FACILITY. *GBIF occurrence download*. Disponível em: <http://www.gbif.org/index>. Acesso em: 20 jun. 2019.

GÖLDEL, B.; KISSLING, W. D.; SVENNING, J. C. Geographical variation and environmental correlates of functional trait distributions in palms (Arecaceae) across the New World. *Botanical Journal of the Linnean Society*, v. 179, n. 4, p. 602-617, 2015.

HARDY, J. T. *Climate Change*: Causes, Effects, and Solutions. New York: John Wiley and Sons, 2003.

IPCC – INTERGOVERNMENTAL PANEL ON CLIMATE CHANGE. *Climate Change 2014*: Impacts, Adaptation, and Vulnerability. Part B: Regional Aspects. Contribution of Working Group II to the Fifth Assessment Report of the Intergovernmental Panel on Climate Change. Barros, VR., CB. Field, D.J. Dokken, M.D. Mastrandrea, K.J. Mach, T.E. Bilir, M. Chatterjee, K.L. Ebi, Y.O. Estrada, R.C. Genova, B. Girma, E.S. Kissel, A.N. Levy, S. MacCracken, P.R. Mastrandrea, and L.L. White (ed.). Cambridge, United Kingdom and New York, NY, USA: Cambridge University Press, 2014. p. 688.

LARCHER, W. *Ecofisiologia vegetal*. São Carlos: RiMa, 2004. 531 p.

MALHI, Y.; ARAGAO, L. E. O. C.; GALBRAITH, D.; HUNTINGFORD, C.; FISHER, R.; ZELAZOWSKI, P.; SITCH, S.; MCSWEENEY, C.; MEIR, P. Exploring the likelihood and mechanism of a climate-change-induced dieback of the Amazon rainforest. *Proceedings of the National Academy of Sciences*, v. 106, n. 49, p. 20610-20615, 8 dez. 2009.

MOREIRA, S.L.S. *Acúmulo de biomassa e carbono em cultivo de macaúba (Acrocomia aculeata)*. 2019. 70 f. Tese (Doutorado em Meteorologia Aplicada) – Universidade Federal de Viçosa, 2019.

MOTOIKE, S. Y.; CARVALHO, M.; PIMENTEL, L. D.; KUKI, K. N.; PAES, J. M. V.; DIAS, H. C. T.; SATO, A. Y. *A cultura da macaúba*: implantação e manejo de cultivos racionais. 1. ed. Viçosa, MG: Editora UFV, 2013. 61. p.

MOTTA, P. E.; CURI, N.; OLIVEIRA-FILHO, A. T.; GOMES, J. B. V. Ocorrência da macaúba em Minas Gerais: relação com atributos climáticos, pedológicos e vegetacionais. *Pesquisa agropecuária brasileira*, v. 37, p. 1023-1031, 2002.

NOAA – NATIONAL OCEANIC AND ATMOSPHERIC ADMINISTRATION. The NOAA annual greenhouse gas index (AGGI), 2018.

OLIVEIRA, D.; MEDEIROS, M.; PEREIRA, S.; OLIVEIRA, M.; FROSI, G.; ARRUDA, E.; SANTOS, M. Ecophysiological leaf traits of native and exotic palm tree species under semi-arid conditions. *Bragantia*, v. 75, n. 2, p. 128-134, 26 fev. 2016.

PIRES, T. P.; SOUZA, E. S.; KUKI, K. N; MOTOIKE, S. Y. Ecophysiological traits of the macaw palm: A contribution towards the domestication of a novel oil crop. *Industrial Crops and Products*, v. 44, 2013.

PLATH, M.; MOSER, C.; BAILIS, R.; BRANDT, P.; HIRSCH, H.; KLEIN, A. M.; WALMSLEY, D.; WEHRDEN, H. A novel bioenergy feedstock in Latin America? Cultivation potential of *Acrocomia aculeata* under current and future climate conditions. *Biomass and Bioenergy*, v. 91, p. 186-195, 2016.

TAIZ, L.; ZEIGER, E. *Fisiologia vegetal*. 5. ed. Porto Alegre: Artmed, 2013. 918 p.

THOMAS, B.; VINCE-PRUE, D. *Photoperiodism in Plants*. 2. ed. Warwick, UK: Elsevier, 1997.

TOLEDO, D. P. *Avaliação técnica, econômica e ambiental de macaúba e de pinhão-manso como alternativa de agregação de renda na cadeia produtiva de biodiesel*. 2010. 105 f. Dissertação (Mestrado em Ciências Florestais) – Universidade Federal de Viçosa, 2010.

TOURNE, D. C. M; MARTORANO, L. G; BRIENZA, J. S; DIAS, C. T. S; LISBOA, A. L. S; SARTORIO, S. D; VETORAZZI, C. A. Potential topoclimatic zones as support for forest plantation in the Amazon: Advances and challenges to grow-ing Paricá (Schizolobium amazonicum). *Environment Development*, v. 18, p. 26-35, 2015.

WADA, K. The Distinctive Properties oh Andosols. In: STEWART, B. A. (ed.). *Advances in Soil Science*. v. 2. New York: Springer, 1985.

XAVIER, A. C.; KING, C. W.; SCANLON, B. R. Daily gridded meteorological variables in Brazil (1980-2013). *International Journal of Climatology*, v. 36, n. 6, p. 2644-2659, maio 2016.

ZHU, X. G.; LONG, S. P.; ORT, D. R. Improving photosynthetic efficiency for greater Yield. *Annual Review of Plant Biology*, Palo Alto, v. 61, p. 235-261, 2010.

4

Melhoramento genético da macaúba

Eder Lanes, Kacilda Naomi Kuki, Sérgio Yoshimitsu Motoike

A família Arecaceae compreende 2.585 espécies de palmeiras distribuídas em 188 gêneros (Palmweb, [2020]), entre os quais estão as plantas mais carismáticas e mais valiosas economicamente do mundo. Nessa família, três espécies se destacam pelo nível de domesticação alcançado e pela importância para o homem: a palma de óleo (*Elaeis guineensis*), o coqueiro (*Cocos nucifera*) e a tamareira (*Phoenix dactylifera*). A palma de óleo, por exemplo, em menos de cem anos de trabalho sistemático de melhoramento genético se tornou a maior produtora de óleos e gorduras vegetais do mundo, com sua produção de CPO (*crude palm oil*, ou óleo de palma cru) e PKO (*palm kernel oil*, ou óleo de palmiste) representando cerca de 39% de todo o óleo e gordura vegetal produzidos e consumidos no mundo (Statista, 2022). No entanto, a maior parte das espécies da família Arecaceae permanece em estágio incipiente de domesticação, mesmo apresentando grande potencial econômico.

Esse é o caso da palmeira macaúba (*Acrocomia aculeata*), cujo potencial oleífero e interesse humano para exploração agrícola são notórios (Cap. 2), mas que não progrediu como espécie domesticada. É consenso entre estudiosos dessa espécie que ela foi objeto de seleção artificial praticada sem consciência pelo homem primitivo, que propagava os fenótipos úteis e desejáveis ao coletar e transportar os frutos de melhor qualidade para sua alimentação e selecionava os indivíduos de interesse ao aplicar as práticas silviculturais (Casas *et al.*, 1996, 1997, 2006, 2007). Contudo, a macaúba conserva até hoje o *status* de espécie incipientemente domesticada (Clemente *et al.*, 1999), ou seja, o fenótipo médio dessa espécie ainda mantém a mesma variação encontrada nas populações selvagens, não tendo evoluído ao longo do tempo.

A domesticação é definida na literatura como um processo coevolutivo e mutualístico, em que seres humanos assumem o controle sobre a reprodução e o cuidado de plantas e animais, para garantir suprimentos de interesse de forma mais previsível, em contrapartida oferecendo aos domesticados o sucesso reprodutivo. Nesse contexto, o melhoramento genético é uma das principais ferramentas da domesticação, aplicada a toda espécie cultivada pelo homem moderno, a fim de adaptá-la aos seus interesses.

O melhoramento genético de uma espécie é dividido em duas fases: pré-melhoramento e melhoramento propriamente dito. O pré-melhoramento envolve atividades exploratórias, como estudos da biologia reprodutiva, coleta de germoplasma, implantação de banco de germoplasma e caracterização e conhecimento da diversidade existente na espécie. Essas informações são a base para o início do melhoramento genético. Já o melhoramento genético propriamente dito consiste na seleção intencional, racional e planejada aplicada às populações de determinada espécie, com o objetivo de causar mudança em suas frequências alélicas, tornando-as distintas de seus ancestrais selvagens e mais adaptadas ao ambiente de cultivo e aos interesses do homem. Dessa forma, o melhoramento genético, em sua forma mais simples, consiste em selecionar as melhores plantas em uma determinada população, cultivá-las até a obtenção de sementes e depois usar essas sementes para estabelecer gerações melhoradas da espécie, buscando desenvolver, a cada novo ciclo do melhoramento, gerações de plantas superiores.

4.1 Pré-melhoramento

Desde a década de 1980, quando a pesquisa com A. aculeata ganhou maior expressão, muitos conhecimentos foram gerados a respeito de sua biologia. Essas informações são de grande importância para subsidiar o melhoramento genético da macaúba, que será retratado a seguir.

4.1.1 Citogenética

A *Acrocomia aculeata* é uma espécie diploide com um genoma de 2.841 megabases (Mb) distribuídas em 15 pares de cromossomos (2n = 30). Porém, há uma divergência na literatura com relação ao seu conteúdo de DNA (2C-value). Segundo Abreu et al. (2011), essa diferença provavelmente decorre da grande variabilidade morfológica da espécie presente nas diversas regiões ecogeográficas do território brasileiro.

4.1.2 Biologia floral

De acordo com os estudos de Scariot, Lleras e Hay (1991) e Brito (2013), a A. *aculeata* é uma espécie monoica de flores unissexuadas de marcada protoginia, em que as flores estaminadas (flores masculinas) entram em antese somente 12 h após a exposição das flores pistiladas (flores femininas), podendo a antese das flores estaminadas ser adiantada ou retardada em decorrência da variação da temperatura do ambiente (Brito, 2013). Após a abertura da espata e a exposição da inflorescência, as flores pistiladas apresentam-se receptivas por aproximadamente 15 horas. As flores receptivas são caracterizadas por apresentarem estigmas de cor rosa (Fig. 4.1A,B). Com o passar das horas, eles se tornam escuros em função da oxidação, perdendo gradativamente a receptividade (Fig. 4.1C) até se tornarem totalmente não receptíveis após 24 horas da abertura da espata (Brito, 2013). Por outro lado, as flores estaminadas liberam pólen por cinco dias em média após a antese, mais tarde ocorrendo a abscisão.

Embora a protoginia seja um mecanismo de favorecimento da polinização cruzada (xenogamia), a presença de várias inflorescências em um único indivíduo em antese aleatória permite a autofecundação (geitonogamia intra e inter-ráquila) (Scariot; Lleras; Hay, 1991; Brito, 2013).

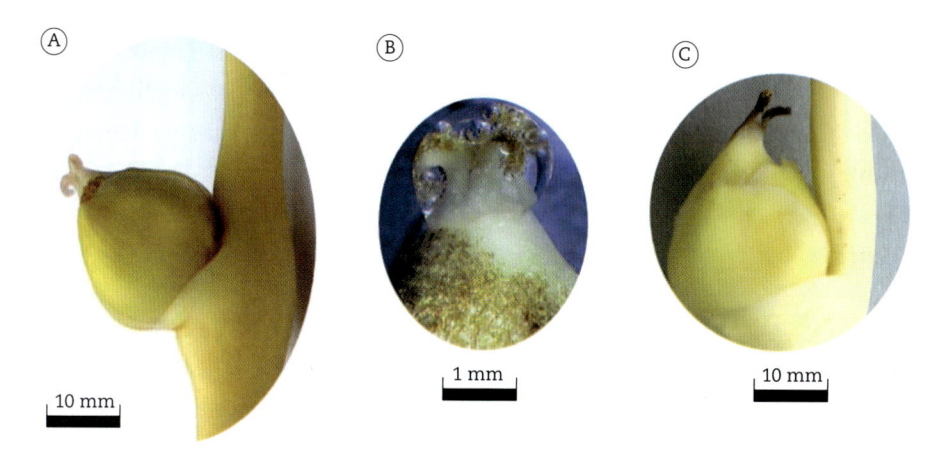

Fig. 4.1 Característica da flor pistilada de macaúba receptiva e não receptiva: (A) flor receptiva caracterizada por apresentar estigma de cor rosa; (B) estigma de cor rosa apresentando reação positiva ao teste de receptividade realizado com peróxido de hidrogênio (note borbulhamento sobre a área estigmática); e (C) flor pistilada não receptiva, caracterizada por apresentar estigma oxidado de cor escura
Fonte: Brito (2013).

Viabilidade polínica

O pólen recém-colhido de A. aculeata apresenta elevada viabilidade, geralmente acima de 90%. Estudos colorimétricos e germinativos realizados por Brito (2013) confirmaram essa característica. Nessa pesquisa, a autora encontrou 95% dos grãos de pólen com integridade cromossômica (teste com carmim acético 1%), 96% com integridade do protoplasma e da parede celular (teste com corante de Alexander), 93% com reservas nutricionais (teste com lugol) e 83% com atividade da desidrogenase (teste com 2,3,5-cloreto de trifeniltetrazólio, TTC), indicando a presença da respiração. Já em teste de germinação in vitro, obteve uma taxa média de 91% de germinação.

Brito (2013) estudou também a possibilidade de armazenamento dos grãos de pólen de A. *aculeata* para viabilizar o cruzamento entre indivíduos tardios e precoces nos programas de melhoramento genético. Em seu estudo, concluiu que o pólen da macaúba pode ser armazenado em temperaturas de 4 °C por pelo menos 180 dias com viabilidade acima de 25%. Esse fato foi confirmado por Nascimento (2015), que observou a possibilidade de conservação de polén de alguns acessos por até 360 dias.

Agentes polinizadores

A polinização das flores de A. *aculeata* ocorre por entomocoria (insetos) e por anemocoria (vento), sendo esta última secundária em relação à primeira. De acordo com Scariot, Lleras e Hay (1991), a combinação dessas duas formas de polinização com um sistema reprodutivo flexível (cruzado e autopolinização) representa uma boa estratégia para colonização de novas áreas ou mesmo para persistir em um hábitat, como vem sendo evidenciado pela ampla dispersão da espécie nos neotrópicos (Plath *et al.*, 2016).

Os insetos visitantes mais frequentes da inflorescência de A. *aculeata* pertencem à ordem Coleoptera, e as espécies variam em função da região em que se encontra a planta. Em populações naturais do Distrito Federal (bioma Cerrado), Scariot, Lleras e Hay (1991) relataram as espécies *Andranthobius* sp. (Curculionidae), *Mystrops* cf *mexicana* (Nitidulidae) e *Cyclocephala forsteri* (Scarabaeidae). Brito (2013) observou, em seu levantamento no município de Acaiaca, na região da Zona da Mata de Minas Gerais (bioma Mata Atlântica), as espécies *Andranthobius* aff. *Bondari* (Curculionidae), *Phyllotrox tatianae* (Curculionidae), *Mystrops dalmasi* (Nitidulidae) e *Mystrops debilis* (Nitidulidae) como os principais polinizadores efetivos da espécie (Quadro 4.1 e Fig. 4.2). Segundo a autora, essas espécies permanecem ao longo do dia sobre uma mesma inflorescência, desde o momento de sua abertura durante a noite, usando as flores como sítio de acasalamento, desenvolvimento, fonte alimentar (pólen) e refúgio. Outros besouros, como *Dialomia* sp. e *Mystrops costaricensis*, e as espécies das ordens Diptera, Hymenoptera e Tysanoptera, foram observados visitando a flor ocasionalmente (Quadro 4.1 e Fig. 4.2).

Sistema reprodutivo

Em estudos de polinização controlada em populações naturais de A. *aculeata*, Scariot, Lleras e Hay (1991) e Brito (2013) verificaram que a polinização cruzada é responsável por muito do sistema reprodutivo da espécie, sendo fortemente xenogâmica e fracamente autogâmica (Tab. 4.1). Os percentuais de frutificação dos experimentos de polinização cruzada (xenogamia) variaram de 52% a 62%.

Contudo, a espécie apresentou uma baixa taxa de produção de frutos sob condições naturais (≤ 12,5%). A autofecundação e a geitonogamia responderam por uma porcentagem da produção de frutos igual ou abaixo de 20% das flores femininas polinizadas manualmente.

Quadro 4.1 Composição e frequência dos visitantes florais de *Acrocomia aculeata* em Minas Gerais, Brasil

Família	Espécies/morfo	Flor ♀	Flor ♂	Contata o estigma	Presença de pólen no corpo	Categoria
		Ordem Coleoptera				
Curculionidae	*Abdranthobius* aff. *bondari* Hustache 1940**	++	+	S	S	Pe
Curculionidae	*Phyllotrox tatianae* Bondar 1941**	++	++	S	S	Pe
Curculionidae	*Dialomia* sp.**	+	+	S	S	Po
Nitidulidae	*Mystrops costaricensis* Gillogly 1972**	+	+	S	S	Po
Nitidulidae	*Mystrops dalmasi* Grouvelle 1902**	+++	+++	S	S	Pe
Nitidulidae	*Mystrops debilis* Erichson 1843**	+++	+++	S	S	Pe
		Ordem Diptera				
Drosophilidae	*Drosophila* sp.*	+	+	S	S	Po
Phoridae	*Pericyclocera* sp.*	+	+	S	S	Po
		Ordem Hymenoptera				
Apidae	*Apis mellifera* Linnaeus 1758*	++	+	S	S	Po
Apidae	*Trigona spinipes* Fabricius 1793*	+	+	S	S	Po
		Ordem Thysanoptera				
Thripidae	Morfo 1	+		S	NS	Pi

Legenda: +++ = muito frequente (acima de 20); ++ = frequente (entre 5 e 20); + = raro (abaixo de 5). S = presente; N = ausente; NS = não observado; Pe = polinizador efetivo; Po = polinizador ocasional; Pi = provável pilhador.
* Diurnos; ** Noturnos.

Fonte: Brito (2013).

Fig. 4.2 Visitantes florais de A. aculeta em Acaiaca, MG: (A) polinizadores em inflorescências; (B) Hymenoptera: Apis mellifera; (C) Coleoptera: Dialomia sp.; (D) Phyllotrox tatianae; (E) Andranthobius aff. bondari; (F) Mystrops debilis; (G) Mystrops dalmasi; (H) Mystrops costaricensis; (I) pólen no corpo de M. costaricensis; (J) Diptera: Drosophila sp.; (K) Thysanoptera: Thripidae. (B,C) = 1 cm; (J) = 1 mm; (E) = 300 µm; (D,F,G,H) = 200 µm; (K) = 100 µm; e (I) = 30 µm
Fonte: Brito (2013).

Esses estudos indicaram uma plasticidade reprodutiva da espécie A. aculeata, com predominância da xenogamia e com ocorrência da autogamia e geitonogamia, ficando caracterizado que a principal barreira efetiva contra a autopolinização em uma mesma inflorescência (intrarráquila) é a dicogamia protogínica. No entanto, há indícios que sugerem a presença de uma segunda barreira impedindo a geitonogamia inter- e intrarráquila, caracterizada como sistema de autoincompatibilidade.

Autoincompatibilidade

Autoincompatibilidade é a incapacidade de uma planta hermafrodita fértil formar zigoto quando polinizada por seu próprio pólen ou pelo pólen de indivíduos geneticamente relacionados, isto é, endogâmicos (Nettancourt, 1977;

McCubbin; Kao, 2000). O fenômeno da rejeição é um mecanismo fisiológico herdado e expresso na flor, que envolve o reconhecimento de produtos genéticos idênticos no pólen e no estigma. A rejeição leva ao fracasso dos grãos de pólen da mesma planta ou de plantas geneticamente relacionadas de aderir ou germinar no estigma, ou ao fracasso dos tubos polínicos de penetrar ou crescer através do estigma (Schifino-Wittmann; Dall'Agnol, 2002).

Tab. 4.1 Resultados de estudos de polinização controlada em *Acrocomia aculeata* realizados em populações naturais

Experimentos de polinização	Frutificação (%)	
	Scariot, Lleras e Hay (1991)	Brito (2013)
Polinização cruzada (xenogamia)	61,5	51,9
Geitonogamia intrarráquila (autofecundação)	16,1	19,4
Geitonogamia interráquila	7,4	20
Polinização aberta (controle)	10,1	12,5
Apomixia	2,5	6,25
Índice de autoincompatibilidade (ISI)[1]	0,26	0,37
Classificação do índice de autoincompatibilidade (ISI)[2]		
Bawa (1974), Bullock (1985) e Oliveira e Gibbs (2000)	AC	AC
Lloyd e Schoen (1992)	AI	AI
Ferrer *et al.* (2009)	PAI	PAI
Zapata e Arroyo (1978) e Khanduri *et al.* (2013)	PAI	PAI
Eficácia reprodutiva (ER)[3]	0,16	0,24

Abreviações: AC = autocompatível; AI = autoincompatível; PAI = parcialmente autoincompatível.
[1] Índice de autoincompatibilidade (ISI): estimado pela razão entre o percentual de frutos resultantes de autofecundação manual e o percentual de frutos produzidos por polinização cruzada manual (xenogamia).
[2] Classificação do ISI: trata-se das categorias de classificação do índice de autoincompatibilidade disponíveis na literatura, em que são citados:
(i) Bawa (1974), Bullock (1985) e Oliveira e Gibbs (2000), com duas categorias de classificação: autoincompatível (ISI ≤ 0,25) e autocompatível (ISI > 0,25).
(ii) Lloyd e Schoen (1992), com duas categorias de classificação: autoincompatível (ISI ≤ 0,75) e autocompatível (ISI > 0,75).
(iii) Ferrer et al. (2009), com quatro categorias de classificação: fortemente autoincompatível (ISI = 0), autoincompatível (0 < ISI ≤ 0,149), parcialmente autoincompatível (0,15 ≤ ISI ≤ 0,49) e autocompatível (ISI ≥ 0,50).
(iv) Zapata e Arroyo (1978) e Khanduri et al. (2013), com quatro categorias de classificação: completamente autoincompatível (ISI = 0), fortemente autoincompatível (ISI ≤ 0,20), parcialmente autoincompatível (0,20 < ISI < 1) e autocompatível (ISI ≥ 1).
[3] Eficácia reprodutiva (ER): estimada pela razão entre o percentual de frutos formados por polinização aberta ou espontânea (controle) e o percentual de frutos formados por polinização cruzada manual (xenogamia).

Fonte: adaptado de Scariot, Lleras e Hay (1991) e Brito (2013).

Em espécies arbóreas neotropicais alógamas, a existência de barreiras genéticas que impedem a autofecundação é frequente (Bawa; Perry; Beach, 1985). Sistemas clássicos de autoincompatibilidade pré-zigótica, como homomórfica esporofítica, homomórfica gametofítica e heteromórfica, são muito bem descritos na literatura. Com base no índice de autoincompatibilidade (ISI), estimado pela razão entre o percentual de frutos resultantes de autofecundação assistida e o percentual de frutos produzidos por polinização cruzada assistida (xenogamia), essas espécies podem ser classificadas em três categorias: autocompatível, autoincompatível e parcialmente autoincompatível.

Índices de autoincompatibilidade (ISI) gerados a partir dos dados de polinização controlada de Scariot, Lleras e Hay (1991) e Brito (2013) não trazem resultados conclusivos quanto à existência ou não do fenômeno da autoincompatibilidade em *A. aculeata* (Tab. 4.1). Isso porque o ISI = 0,37 calculado de Brito (2013) e o ISI = 0,26 calculado de Scariot, Lleras e Hay (1991) podem ser classificados em três diferentes categorias a depender de outros autores: autocompatível (Bawa, 1974; Bullock, 1985; Oliveira; Gibbs, 2000), autoincompatível (Lloyd; Schoen, 1992) e parcialmente autoincompatível (Zapata; Arroyo, 1978; Ferrer *et al.*, 2009; Khanduri *et al.*, 2013).

Entretanto, resultados de estudos realizados com marcadores moleculares por Lanes *et al.* (2015) sobre o sistema de reprodução da *A. aculeata* indicam que a espécie é parcialmente autoincompatível e predominantemente de fecundação cruzada (tm = 0,986), ou seja, é uma planta alógama (Tab. 4.2). Esse dado contraria as afirmações de que a *A. aculeata* é uma espécie com sistema misto de reprodução e autocompatível (Scariot; Lleras; Hay, 1991; Nucci *et al.*, 2008; Abreu *et al.*, 2012).

Observações de campo corroboram os resultados obtidos por Lanes *et al.* (2015). Autopolinização (geitonogamia) assistida em espatas prematuras, forçando sua abertura, tem resultado em alto pegamento de frutos, comparado ao pegamento quase nulo da autopolinização assistida em espatas abertas espontaneamente (Silva, 2019). Autopolinização em flores imaturas é uma prática corriqueira no melhoramento genético, para a superação da autoincompatibilidade e para a obtenção de homozigotos em espécies autoincompatíveis. Esse processo é baseado no fato de incompatibilidade de pólen e pistilo apenas ser totalmente determinada na flor madura, enquanto em flores imaturas, em desenvolvimento dentro das espatas fechadas, o fator que determina a incompatibilidade ainda não se formou no pistilo, permitindo a autofecundação (Nettancourt, 2001).

Diante das evidências apresentadas, pode-se concluir que, embora ineficiente, existe autoincompatibilidade parcial operante no sistema de reprodução de *A. aculeata*. Essas evidências também levam a crer que o sistema de autoincompatibilidade em *A. aculeata* seja do tipo heteromórfica esporofítica, ou seja, a autoincompatibilidade é determinada pelo genótipo materno.

Tab. 4.2 Estimativas de parâmetros do sistema de reprodução de *Acrocomia aculeata* com base em marcadores microssatélites

Sistema de reprodução	Estimativa	IC 95%
Taxa de cruzamento multiloco	0,986	0,961-1,000
Taxa de cruzamento uniloco	0,603	0,534-0,672
Taxa de autofecundação	0,014	0,000-0,039
Taxa de cruzamento entre parentes	0,383	0,312-0,454
Correlação de autofecundação	0,046	0,011-0,081
Correlação multiloco de paternidade	1,773	1,168-3,677
Endogamia e estrutura genética		
Coeficiente de endogamia nas árvores maternas	0,309	0,240-0,378
Coeficiente de endogamia nas progênies	0,154	0,000-0,298
Endogamia nas progênies por autofecundação	0,009	0,000-0,024
Endogamia nas progênies por cruzamento entre parentes	0,145	0,000-0,274
Coeficiente de endogamia em equilíbrio de Wright	0,007	0,000-0,020
Proporção (%) de irmãos de autofecundação	0,020	0,000-0,156
Proporção (%) de meios-irmãos	42,388	14,396-67,169
Proporção (%) de irmãos completos	54,832	25,091-85,604
Proporção (%) de irmãos de autofecundação e de cruzamento	2,761	0,000-7,584
Coancestria média dentro de progênies	0,256	0,218-0,304
Coeficiente de coancestria (estimador de J. Nason)	0,229	0,136-0,324
Tamanho efetivo de variância	1,937	1,646-2,294
Número de árvores matrizes para a coleta de semente	77	65-91
Frequência alélica retida	0,02	0,004-0,036
Tamanho amostral		
Número de árvores matrizes	19	
Número médio de progênie por árvore matriz	8,3	

IC: intervalo de confiança calculado por 1.000 bootstraps.
Fonte: Lanes *et al.* (2015).

Eficácia reprodutiva

O índice de eficácia reprodutiva (ER) proposto por Zapata e Arroyo (1978) estima a eficiência do processo de fecundação natural em relação à fecundação obtida em condições de máxima polinização (polinização assistida artificial), de modo a refletir a eficiência dos polinizadores. A aplicação do índice ER aos dados experimentais de Scariot, Lleras e Hay (1991) e Brito (2013) indicou a baixa eficácia reprodutiva das populações naturais de A. *aculeata* estudadas por esses autores (Tab. 4.1). Os valores de ER calculados para as populações da Zona da Mata de Minas Gerais (ER = 0,24) e para a região do Brasil Central (ER = 0,16) são inferiores à média das espécies alógamas hermafroditas autocompatíveis (ER = 0,66) e hermafroditas autoincompatíveis (ER = 0,36) de floresta decídua secundária tropical (Zapata; Arroyo, 1978). Esses valores também são inferiores à média das espécies lenhosas do Cerrado (ER = 0,51) do Brasil Central (Oliveira; Gibbs, 2000).

Apesar de os índices ER indicarem uma provável ineficiência do processo de polinização em A. *aculeata*, ela não pode ser atribuída a baixas taxas de visitação por supostos polinizadores, uma vez que insetos são vistos em grande número nas inflorescências de macaúba em antese. No entanto, é preciso reconhecer que ainda faltam estudos sobre o comportamento desses insetos durante a visitação para alcançar uma conclusão sobre sua eficácia como polinizadores.

Endogamia

A endogamia é um evento recorrente dentro das populações naturais de A. *aculeata* (Abreu et al., 2012; Lanes et al., 2015) e talvez seja a razão mais provável para explicar a baixa eficácia reprodutiva da espécie em condições naturais. Sutherland e Delph (1984), comparando 316 espécies, verificaram que a média de formação de frutos em espécies autoincompatíveis era 50% inferior em comparação às espécies autocompatíveis. Logo, a autoincompatibilidade pode estar operante nessas populações, desfavorecendo cruzamentos entre indivíduos geneticamente relacionados.

A endogamia nas populações nativas de A. *aculeata* ocorre pelo cruzamento entre indivíduos aparentados, enquanto as taxas de autofecundações ($s = 1,4\%$) representam pouco mais de 1%, podendo chegar a no máximo 4%, considerando o intervalo de confiança (IC) (Tab 4.2). Um dos fatores que favorecem a endogamia nas populações nativas é a dispersão de frutos primordialmente barocórica, o que restringe o distanciamento da planta materna e, consequentemente, favorece a formação da estrutura espacial intrapopulacional. Além disso, Lanes et al. (2015) identificaram uma elevada taxa de cruzamentos biparentais ($r_{p(m)} = 0,564$), indicando que uma grande proporção das progênies era gerada pelo mesmo parental materno e paterno, o que sugere que a polinização cruzada não é aleatória. Dessa forma, a cada ciclo reprodutivo a maior fração das progênies selvagens de A. *aculeata* da Região Sudeste do Brasil é composta predominantemente por irmãos completos (54,83%) e meios-irmãos (42,39%), conforme ilustrado na Fig. 4.3.

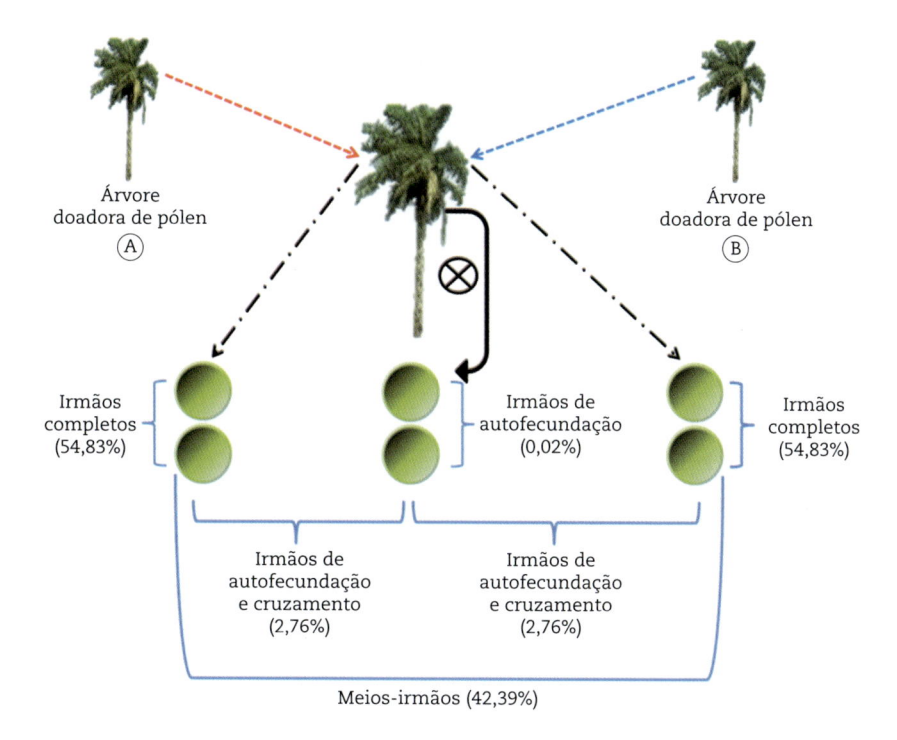

Fig. 4.3 Progênie (ou descendência) da espécie *A. aculeata* originada de uma mesma árvore materna ou árvore matriz (os descendentes são referidos como família materna). O esquema revela que a descendência de uma única árvore matriz pode ser composta por misturas de diferentes graus de parentescos a cada ciclo reprodutivo. Observa-se também a proporção de progênies geradas a nível populacional (conjunto de famílias maternas selvagens) do Sudeste do Brasil
Fonte: adaptado de Lanes *et al.* (2015).

Depressão por endogamia

A depressão decorrente da endogamia no estágio inicial do ciclo de vida é característica de espécies alógamas e sua causa está associada a alelos recessivos altamente deletérios (Husband; Schemske, 1996; Mustajärvi; Siikamäki; Åkerberg, 2005; Thiele *et al.*, 2010). Lanes *et al.* (2015) e Simiqueli *et al.* (2018) consideram o possível efeito da depressão por endogamia em eventos pós-zigóticos, o que também explicaria a reduzida eficácia reprodutiva das populações nativas. Esse fenômeno é observado com frequência em espécies de floresta tropical úmida e de cerrado, sendo denominado autoincompatibilidade tardia (LSI) ou autoincompatibilidade ovariana (Bawa; Perry; Beach, 1985; Seavey; Bawa, 1986; Oliveira; Gibbs, 2000), em que frutos provenientes de flores autofecundadas ou de cruzamento entre plantas geneticamente relacionadas não atingem a fase de maturação.

A endogamia é um aspecto que deve ser cuidadosamente observado no estabelecimento das áreas de plantio de macaúba, especialmente nesse estágio inicial do desenvolvimento da cultura, pois tem implicações diretas na produtividade das plantações a serem estabelecidas. Simiqueli et al. (2018) observaram forte depressão por endogamia em seus estudos, sendo a depressão média para parâmetros de produção como número de frutos por planta, massa dos frutos e produção de óleo superiores a 100%.

4.1.3 Diversidade genética

A diversidade genética é a base para a adaptação e sobrevivência das espécies na natureza e também para o seu melhoramento genético. Em A. *aculeata*, diversos estudos moleculares realizados nos últimos dez anos indicaram a existência de ampla diversidade genética, entre as populações em suas relações umas com as outras e entre cada população tomada individualmente (Oliveira et al., 2012; Abreu et al., 2012; Lanes, 2014; Lanes et al., 2016; Mengistu et al., 2016; Araújo et al., 2017; Coelho et al., 2018; Diaz et al., 2020; Lima; Meerow; Manfrin, 2020). As pesquisas encontraram em populações de A. *aculeata* alto polimorfismo, com número médio de alelos por loco nas populações estudadas variando entre 3,28 e 9,4. A heterozigosidade média observada varia de 0 a 1, quando teria sido esperada a variação de 0 a 0,828.

Evidências de alta diversidade genética, agrupamento e estruturação de grupos com base em vários traços morfoagronômicos também foram observadas em diversas populações de A. *aculeata* por Ferreira de Sá et al. (2020), Coser et al. (2016), Conceição et al. (2015), Domiciano et al. (2015), Dos Reis et al. (2017, 2019) e Manfio et al. (2011). A acentuada variabilidade das características morfológicas é expressa no porte da planta, espessura e tipo de caule, formato e tamanho dos folíolos e folhas, distribuição das folhas na copa, tamanho e número de espinhos, comprimento e largura da ráquis, cor da inflorescência, formato de cachos, parâmetros biométricos do fruto e características físico-químicas do óleo da polpa e amêndoa (Berton, 2013; Rueda, 2014; Ciconini et al., 2013; Conceição et al., 2015).

A grande variabilidade se deve a aspectos intrínsecos da espécie, como alogamia, resiliência e elevada plasticidade fenotípica, e é uma das características mais marcantes da espécie, evidenciada não apenas pela grande diversidade morfológica, mas também pelo fato de sua dispersão ocorrer em quase todo o continente sul-americano, o que lhe permite adaptar-se a uma grande variedade de solo e clima.

Lanes et al. (2015) identificaram o Estado de Minas Gerais como o centro da diversidade genética da A. *aculeata*, com base em *pools* de genes detectados e parâmetros populacionais, como número de riqueza de alelos, polimorfismo e heterozigosidade entre as populações e entre os indivíduos que compõem cada população. As informações levantadas sugerem que os genótipos localizados em Minas Gerais são fontes promissoras de alelos agronomicamente úteis para iniciar um programa de melhoramento genético, pois, além da ampla base genética, os acessos desse Estado são os que apresentam as melhores estimativas de produtividade de fruto e rendimento de óleo (Ciconini et al., 2013; Conceição et al., 2015; Lanes et al., 2015), oferecendo aos melhoristas a oportunidade de selecionar genótipos de características agronômicas superiores, que podem ser utilizados diretamente como uma variedade ou como genitores em programas de melhoramento genético.

4.1.4 Bancos de germoplasma de *Acrocomia aculeata* no Brasil

Bancos de germoplasma (ou bancos de alelos) são unidades conservadoras de genótipos representativos da variabilidade genética de uma determinada espécie. Constituem um dos mais valiosos patrimônios de empresas e instituições dedicadas ao melhoramento de plantas. O banco de germoplasma tem o objetivo de conservar as diversas formas alélicas de um gene que possam ser úteis para o melhoramento genético. Nesse sentido, a conservação de recursos genéticos *ex situ*, ou seja, a conservação fora do seu local nativo, tem sido a primeira etapa para dar suporte a um programa de melhoramento e de conservação genética de uma espécie.

No Brasil, entre as diferentes metodologias empregadas na conservação *ex situ*, a manutenção de acessos *in vivo* ou a campo tem sido a principal estratégia. Em geral, a conservação *in vivo* é utilizada em plantas perenes, como no caso de palmeiras, porém essa modalidade de conservação *ex situ* requer um conhecimento prévio sobre a biologia reprodutiva e fisiologia da semente da espécie-alvo (Dantas; Luz, 2015). Atualmente, as três principais instituições de pesquisa que mantêm coleções *in vivo* da espécie A. *aculeata* no Brasil são a Universidade Federal de Viçosa (UFV), a Embrapa Cerrados e o Instituto Agronômico de Campinas (IAC).

O Banco Ativo de Germoplasma de Macaúba (BAG-Macaúba) da Rede Macaúba de Pesquisa da Universidade Federal de Viçosa (REMAPE/UFV) é o primeiro repositório oficial registrado pelo Conselho de Gestão do Patrimônio Genético Brasileiro (registro n° 084 2013/CGEN/MMA) e destaca-se como a maior coleção *ex situ* de acessos de A. *aculeata* do planeta. Implantada em 2009 na Fazenda Experimental de Araponga (MG), a coleção possui atualmente mais de 300 famílias maternas, aproximadamente 1.500 acessos, representativos de quase todas as regiões brasileiras. O conjunto de acessos da coleção viva do BAG-Macaúba possui uma ampla variabilidade fenotípica e constitui um importante recurso para os esforços de melhoramento genético e domesticação da espécie (Manfio, 2010; Manfio et al., 2012).

O Banco de Germoplasma de Macaúba da Embrapa Cerrados (BAGMC) foi implementado em dezembro de 2008 e conta atualmente com mais de cem acessos. As plantas foram coletadas em populações nativas de diferentes regiões do

Distrito Federal, Goiás, São Paulo, Minas Gerais e Pará (Conceição et al., 2010). As atividades atuais envolvem principalmente a caracterização e avaliação da coleção in vivo, para identificar os genótipos mais promissores, visando dar suporte aos trabalhos de melhoramento genético com a A. aculeata (Valim, 2015).

O Instituto Agronômico de Campinas (IAC) instalou seu Banco Ativo de Germoplasma de Macaúba em abril de 2013, no Polo Regional Leste Paulista (APTA) na cidade de Monte Alegre do Sul (SP). O banco (com área de 1 hectare) conta atualmente com um total de 63 genótipos superiores que foram selecionados a partir de uma prévia avaliação de 24 populações nativas dos Estados de São Paulo e Minas Gerais entre os anos de 2009/10 e 2010/11 (Berton, 2013; Berton et al., 2013).

4.1.5 Polinização controlada em macaúba

O primeiro estudo de polinização assistida em grande escala em macaúba foi realizado por Nascimento (2015), que utilizou a metodologia de isolamento das inflorescências e sua polinização controlada. O isolamento foi feito através do acondicionamento das inflorescências fechadas em sacos confeccionados em tecido failete branco (1,50 m × 1,20 m). As sacolas apresentavam uma abertura lateral de 40 cm de diâmetro recoberta por plástico transparente para facilitar o monitoramento da abertura das espatas florais. A polinização era realizada imediatamente após a abertura natural da espata, com 3 g de uma mistura de talco e pólen na proporção de 20% de pólen misturado ao talco. Para aplicação da mistura, foi utilizado um dispositivo aplicador montado para esse fim, composto por (i) uma bomba de ar, (ii) um frasco plástico de 250 mL (tipo PET) com a tampa adaptada com dois canos de cobres e (iii) duas mangueiras, de 30 cm e 15 cm de comprimento, com 5 mm de diâmetro (Fig. 4.4). Uma das mangueiras interligava a bomba de ar com um dos canos de cobre do frasco, enquanto a outra, ligada ao segundo cano de cobre, tinha a função de aspergir a mistura polinizadora.

Nascimento (2015) concluiu que o isolamento da espata adotado foi eficiente no controle da contaminação por outro pólen, barrando o acesso de insetos polinizadores à espata polinizada. Constatou também que a proporção de 20% de pólen é mais eficaz no pegamento de frutos, apresentando resultado cinco vezes superior ao observado na polinização aberta.

Em 2019, uma nova metodologia de polinização controlada em macaúba foi relatada por Silva (2019): a abertura precoce forçada da espata de macaúba em seu sentido longitudinal, quando este atinge o máximo de circunferência no ponto de seu maior diâmetro transversal. A polinização foi realizada no momento exato da abertura da inflorescência com a mistura de pólen e talco na proporção de 20% de pólen. O autor observou que, nesse estágio, as flores femininas da macaúba já se encontravam receptivas e a inflorescência ainda

Fig. 4.4 Metodologia de polinização controlada adaptada para *Acrocomia aculeata*: (A) limpeza da espata; (B) espata isolada; (C) dispositivo aplicador – (1) bomba de ar; (2) frasco plástico (tipo PET com tampa adaptada com cano de cobre); (3) mangueira com 5 mm de diâmetro; (4) diferentes misturas de pólen e talco; e (D) aplicação do pólen com talco. Escala: (C-4) = 2 cm
Fonte: Nascimento (2015).

não exalava o odor típico que atraia os insetos polinizadores. Os resultados do trabalho foram surpreendentes, mostrando uma alta taxa de pegamento dos frutos, superando o método descrito anteriormente. Desde então, os cruzamentos controlados de macaúba praticados na UFV têm sido realizados utilizando a metodologia aplicada por Silva (2019).

4.2 Melhoramento genético

O melhoramento genético de *A. aculeata* ainda é incipiente, limitado a poucos estudos de seleção massal aplicados a populações autóctones e estudos de metodologia de cruzamento para obtenção de híbridos entre diferentes ecótipos da espécie (Madeira, 2021; Silva, 2019; Costa et al., 2018; Coser et al., 2016).

Nesse primeiro momento de melhoramento genético da macaúba, a preocupação tem sido oferecer à indústria sementes com qualidade genética mínima para assegurar o sucesso dos empreendimentos, pois os plantios estabelecidos no Brasil atualmente têm sido realizados com sementes colhidas diretamente de populações nativas, sem uma seleção prévia de progenitores. Ainda que essa prática permita o estabelecimento de cultivos da espécie, ela não garante a alta produtividade esperada para a cultura. Assim, com o aumento gradual das áreas cultivadas de macaúba, a produção de sementes melhoradas da espécie em quantidade suficiente para atender à demanda se torna urgente.

Um programa de melhoramento genético compreende três etapas: a obtenção da variabilidade genética, a seleção das variantes desejáveis dentro da população variável e a estabilização da variante desejável e sua propagação na forma de um cultivar ou variedade. O que parece simples em teoria, em se tratando do melhoramento da macaúba, na prática se torna um processo complexo, que requer tempo e recursos para ser realizado. A dificuldade começa pelo caráter perene da espécie e, por consequência, a longa fase juvenil que ela apresenta. Essa fase dura pelo menos três anos, até que a fase reprodutiva seja alcançada. Assim, um único ciclo de seleção da macaúba levaria pelo menos uma década para ser concluído, e um ideótipo só seria alcançado após décadas de trabalho, com o envolvimento de várias gerações de melhoristas. Outras características que dificultam os trabalhos de cruzamento e avaliação da macaúba são a altura e o tamanho da planta, dado que, para que os cruzamentos sejam realizados, são necessários equipamentos especiais, como escadas e caminhões-cesto.

Portanto, antes de iniciar um programa de melhoramento, é preciso estabelecer um plano de melhoramento com objetivos de curto, médio e longo prazo bem definidos. Esse plano deve compreender o tipo varietal a ser alcançado e o método ou esquema de melhoramento a ser utilizado para alcançá-lo, sempre atentando para as limitações biológicas inerentes da espécie a ser melhorada, mas sem perder a perspectiva do prazo determinado pelos agentes econômicos, uma vez que o interesse pela espécie pode diminuir em função do surgimento de outras espécies concorrentes.

4.2.1 Objetivos do melhoramento genético

Os objetivos do programa de melhoramento genético da A. aculeata devem ser definidos a partir de uma análise da cadeia produtiva, da demanda de mercado e das necessidades dos produtores e das indústrias (alimentícia, cosmética, farmacêutica e de produção de biocombustíveis). Atualmente, o maior interesse pela macaúba tem sido o uso dos frutos dessa oleífera como matéria-prima para a produção de óleo, seja para a indústria de biocombustíveis, oleoquímica ou para alimentação humana. Outro interesse não menos importante é a produção de bioprodutos e biomateriais como fibras, proteínas, carotenoides, tocoferóis, adsorventes, ração animal, substrato para produção de enzimas e biocompostos obtidos do fruto (Vargas-Carpinteiro et al., 2021).

A alta produtividade de óleo é função dos componentes de produtividade de frutos, tais como o número de cachos produzidos por planta, a característica física do cacho (peso e comprimento do cacho, número de frutos por cacho), a característica física do fruto (peso e diâmetro do fruto e porcentagem de epicarpo, mesocarpo, amêndoa e endocarpo) e a característica de produção de óleo (teor de óleo no mesocarpo, na amêndoa e no cacho) (Manfio et al., 2011; Conceição et al., 2015).

Nesse primeiro momento, a seleção baseada na produtividade das plantas deve ser o foco do melhoramento genético, considerando que, dentro das populações plantadas de macaúba, observa-se grande variabilidade na produtividade das plantas e que parte significativa dos indivíduos apresenta produtividades muito baixas, reduzindo drasticamente a média das populações.

A macaúba é uma espécie monoica de flores unissexuadas de marcada protoginia, parcialmente autoincompatível e predominantemente de fecundação cruzada. A endogamia é um evento recorrente dentro das populações naturais de *A. aculeata*, e forte depressão por endogamia é relatada em estudos realizados na UFV. Dessa forma, a endogamia pode ser uma das razões para a baixa eficácia reprodutiva da espécie em populações naturais e deve ser cuidadosamente observada no desenvolvimento de cultivares de macaúba, especialmente no estágio inicial.

Além do aumento da produtividade, o melhoramento deve levar em consideração a precocidade das plantas. Indivíduos precoces iniciam sua vida produtiva com três anos, porém é comum observar indivíduos que a iniciam somente após oito anos, impactando negativamente o retorno dos investimentos.

A sazonalidade da produção determina o tempo de funcionamento e ociosidade da indústria processadora ao longo do ano. Atualmente, a produção da macaúba é concentrada em quatro meses de colheita, que variam de região para região. A extensão do período de produção do fruto é fundamental para a indústria processadora, pois determina seu tempo de funcionamento e ociosidade ao longo do ano, reduzindo a entressafra e o tempo ocioso. Entre populações de macaúba, sempre são observados indivíduos que apresentam descompasso em relação aos demais quanto à época de maturação de frutos. Alguns indivíduos possuem comportamento precoce, e outros comportamento tardio. A seleção e a recombinação desses indivíduos dentro de cada grupo permitem a abertura de novas populações, que podem gerar variedades de colheita precoce, de meia-estação e de colheita tardia, estendendo o período de safra e tornando a exploração mais sustentável do ponto de vista econômico.

Enfim, apesar de existirem muitos parâmetros de interesse para o melhoramento genético, é importante considerar que a seleção simultânea de várias características resulta em poucos ganhos genéticos para cada caráter, além de se tornar impraticável. Sendo assim, o recomendado é a seleção criteriosa de poucas características, de preferência aquelas correlacionadas positivamente com a produtividade e, nas etapas posteriores do melhoramento, a realização da incorporação das demais características de interesse (Manfio et al., 2011).

4.2.2 Etapa de obtenção da variabilidade genética

O processo é iniciado pela seleção de populações nativas de bom desempenho produtivo e, entre essas populações, a seleção de indivíduos-elite. As progênies obtidas das árvores-elite constituem o banco de germoplasma (BAG) e o pomar de sementes (Fig. 4.5). O banco de germoplasma é estabelecido em um delineamento estatístico apropriado, com n repetições, de acordo com a disponibilidade de sementes. Cada parcela no BAG é constituída por uma progênie de meios-irmãos, representada por um conjunto de plantas da progênie. O pomar de sementes, por sua vez, é a extensão do BAG, mas com maior número de plantas de cada progênie, que são estabelecidas no pomar de forma aleatória.

4.2.3 Etapa de seleção das variantes desejáveis dentro da população

Após o estabelecimento do BAG e do pomar de sementes, o melhorista seleciona as variantes desejáveis dentro dessa população. A seguir estão listadas as estratégias de seleção que podem ser adotadas.

Seleção recorrente intrapopulacional (SR)

A seleção recorrente intrapopulacional (SR) é um método de melhoramento cíclico em que a frequência de alelos desejáveis é aumentada gradativamente, por meio de repetidos ciclos de seleção, sem reduzir a variabilidade genética da população. O método foi adotado com sucesso em diversos programas de melhoramento da palma de óleo no mundo, especialmente no princípio do melhoramento da espécie (Corley; Tinker, 2003), e é considerado o mais indicado para a rápida obtenção de cultivares melhoradas em espécies alógamas perenes e de propagação seminífera. Isso garante, a curto prazo, a produção de sementes melhoradas de macaúba de alta *performance*.

Seleção no banco de germoplasma

A seleção no banco de germoplasma se baseia em parâmetros genéticos estimados e é realizada entre famílias, buscando selecionar as famílias de alto mérito e ampla variabilidade genética, para aumentar os ganhos com a seleção. Selecionadas as famílias, são escolhidos os indivíduos superiores dentro de cada família, elevando a média da população. Coser *et al.* (2016) estimaram um ganho superior a 100% com a seleção em características como precocidade da produção, número total de espatas e altura do primeiro cacho. Já o ganho em seleção para a produção de óleo por planta foi estimado entre 65% (Costa *et al.*, 2018) e 75% (Coser *et al.*, 2016) já no primeiro ciclo de seleção G1.

As plantas selecionadas são recombinadas para formar a nova geração do banco de germoplasma (BAG2) e as matrizes avançadas do pomar de sementes (G2). Os ciclos de seleção são repetidos quantas vezes for necessário, fixando de forma gradativa os alelos desejáveis na população melhorada (Fig. 4.5).

4 MELHORAMENTO GENÉTICO DA MACAÚBA

```
                    ┌──────────────────────────────┐
                    │ População natural de macaúba │
                    └──────────────────────────────┘
                          │                │
          ┌───────────────┴──┐       ┌─────┴────────────┐
Ciclo I   │ Seleção (+)      │       │ Seleção (–) e    │
          │ fenotípica       │       │ recombinação     │
          └──────────────────┘       └──────────────────┘
                │                            │
          ┌─────┴────┐              ┌────────┴─────┐     ┌──────────┐
          │  BAG1    │──────────────│  Pomar de    │────▶│ Semente  │
          └──────────┘              │  sementes 1  │     │   G1     │
                │                   └──────────────┘     └──────────┘
                ▼
          ┌──────────────────┐      ┌──────────────┐     ┌──────────┐
Ciclo II  │ Seleção (+) e    │─────▶│  Pomar de    │────▶│ Semente  │
          │ recombinação     │      │  sementes 2  │     │   G2     │
          └──────────────────┘      └──────────────┘     └──────────┘
                │                          │
          ┌─────┴────┐              ┌──────┴───────────┐
          │  BAG2    │              │ Seleção (–) e    │
          └──────────┘              │ recombinação     │
                │                   └──────────────────┘
                ▼
          ┌──────────────────┐      ┌──────────────┐     ┌──────────┐
Ciclo III │ Seleção (+) e    │─────▶│  Pomar de    │────▶│ Semente  │
          │ recombinação     │      │  sementes 3  │     │   G2     │
          └──────────────────┘      └──────────────┘     └──────────┘
                │                          │
          ┌─────┴────┐              ┌──────┴───────────┐
          │  BAG3    │              │ Seleção (–) e    │
          └──────────┘              │ recombinação     │
                                    └──────────────────┘
```

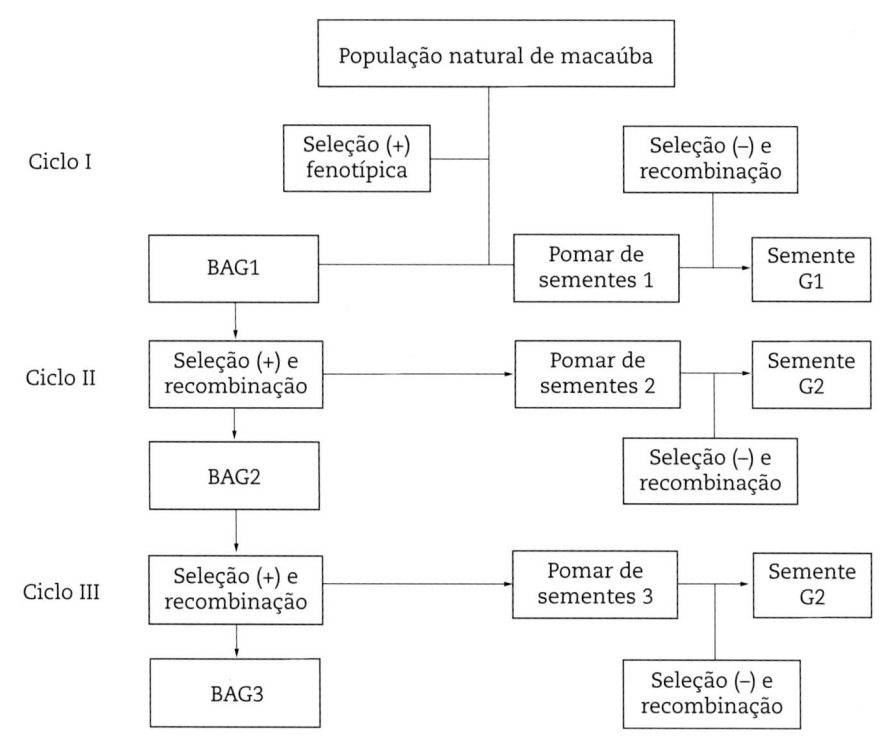

Fig. 4.5 Seleção recorrente aplicada ao melhoramento da macaúba. Constituição do banco de germoplasma (BAG1) e de um pomar de sementes, a partir do estabelecimento de progênies de indivíduos superiores encontrados em populações nativas. O pomar de sementes é submetido à seleção fenotípica negativa e as sementes melhoradas formadas da recombinação dos indivíduos selecionados produzem as sementes G1. Em paralelo, o banco de germoplasma (BAG1) é submetido à seleção genotípica positiva e os indivíduos selecionados são recombinados para formar a próxima geração do banco de germoplasma (BAG2) e o novo pomar de sementes (pomar de sementes 2). As plantas do novo pomar de sementes são submetidas à seleção fenotípica negativa e as sementes G2 são produzidas a partir da recombinação dos indivíduos selecionados. O processo é repetido a cada novo ciclo de seleção, aumentando a frequência dos alelos favoráveis e, portanto, melhorando a *performance* das populações

Seleção no pomar de sementes

A seleção aplicada no pomar é a seleção massal ou fenotípica negativa. Nela, os piores indivíduos são eliminados do pomar a fim de evitar a sua participação na produção de sementes. No entanto, a magnitude da seleção a ser aplicada deve levar em consideração não somente o ganho genético, mas também a demanda da empresa por sementes, pois uma seleção muito rigorosa, apesar de elevar a média da população selecionada no pomar, reduz o número de matrizes para a produção de sementes.

Seleção recorrente recíproca ou interpopulacional (SRR)

A seleção recorrente recíproca (SRR) é um método de melhoramento cíclico projetado para melhorar duas populações simultaneamente, buscando a heterose no cruzamento de duas populações de diferentes grupos heteróticos, usando a capacidade de combinação geral e específica.

Heterose ou vigor híbrido é um fenômeno pelo qual a progênie proveniente de um cruzamento de grupos diferentes de plantas apresenta incremento em vigor, produtividade, resistência e precocidade sobre a média de seus progenitores. Esse vigor híbrido pode ser obtido cruzando-se indivíduos divergentes, mas complementares. Por exemplo, uma planta de porte grande que produz poucos frutos, mas com alto teor de óleo, é cruzada com uma planta de porte pequeno com muitos frutos, mas com baixo teor de óleo. O híbrido desejável, nesse caso, seria uma planta de porte médio ou baixo produzindo muitos frutos com alto teor de óleo.

Em macaúba, a heterose é bastante evidente em cruzamentos realizados na UFV, envolvendo plantas do ecótipo *sclerocarpa* e *totai*. Os híbridos obtidos desse cruzamento foram mais vigorosos e precoces em relação ao início da produção e tiveram maior pegamento de frutos do que seus progenitores.

A seleção dos parentais inicia-se com a identificação das famílias ou indivíduos potenciais dentro de cada grupo de plantas com as características desejadas. Na seleção, deve-se considerar o conceito de complementaridade, em que linhas parentais com traços contrastantes, mas complementares, são selecionadas. Após a seleção, um teste de habilidade de combinação é realizado para avaliar o potencial dos genitores em produzir híbridos superiores, em que são cruzados diferentes pares de pais e avaliado o desempenho dos híbridos resultantes. Isso ajuda a identificar genitores com alta capacidade geral de combinação (CGC) ou capacidade específica de combinação (CEC), indicando sua aptidão a contribuir positivamente para o desempenho do híbrido. Com base nos resultados desse teste, selecionam-se os pais superiores que exibem características desejáveis de forma consistente e demonstram boa capacidade de combinação. Os pais selecionados são autofecundados para produzir populações endogâmicas, que, após seleção negativa, passarão a ser utilizados como parentais para a produção de sementes híbridas (Fig. 4.6). O ciclo é repetido várias vezes, produzindo uma nova geração de híbridos a cada interação.

4.2.4 Etapa de estabilização da variante desejável

Em espécies alógamas como a macaúba, os genitores envolvidos na reprodução não transferem os genótipos para seus descendentes. O genótipo dos descendentes é formado de maneira aleatória a cada geração, a partir da recombinação dos alelos que compõem o genótipo dos parentais. Em outras palavras, um indivíduo selecionado a partir do seu fenótipo dificilmente o repetirá em seus descendentes, pois ocorrerá uma grande segregação das características que compõem esse fenótipo. Assim, a estratégia de melhoramento adotado para as

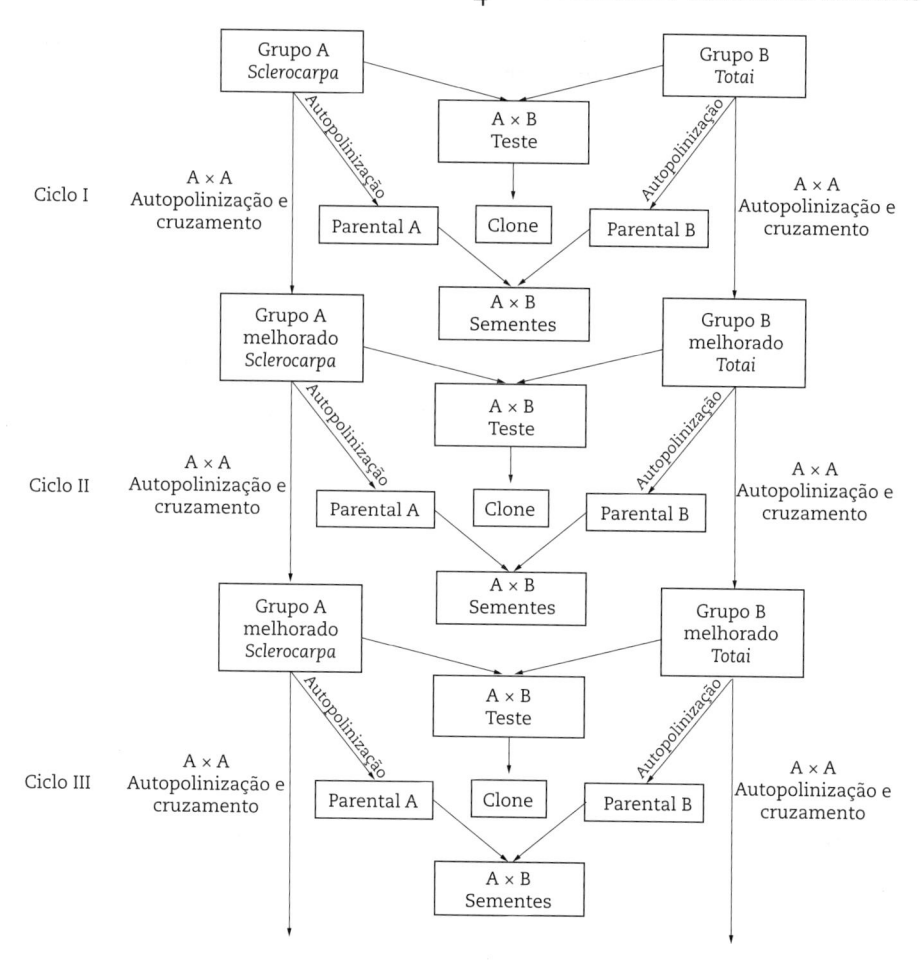

Fig. 4.6 Seleção recorrente recíproca (SRR) aplicada ao melhoramento da macaúba. O processo se inicia com a seleção das famílias de alto mérito e de indivíduos dentro dessas famílias para compor as populações-base para o melhoramento genético (*sclerocarpa* no grupo A e *totai* no grupo B). Então, é realizado o teste de capacidade de combinação, cruzando indivíduos dos diferentes grupos com características complementares para avaliar o potencial dos parentais para a produção de híbridos superiores. Os genitores das melhores combinações híbridas, obtidas por cruzamentos-teste entre as duas populações, são autofecundados e usados para a produção de sementes. Os melhores indivíduos dentro das duas populações são autofecundados e cruzados para formar a próxima geração. A partir de cada população melhorada, cruzamentos-teste são realizados e o ciclo é repetido. Os híbridos integrarão os ensaios experimentais, visando liberar clones comerciais, ou mesmo poderão ser lançados como variedades

plantas alógamas visa aumentar a frequência dos alelos favoráveis de interesse e, com isso, melhorar as *performances* das populações ou variedades.

Na SR, o número de alelos favoráveis aumenta e o número de alelos desfavoráveis diminui na população a cada ciclo de seleção realizado, tornando a população cada vez mais homogênea e produtiva. Entretanto, no caso da macaúba, o processo é lento, pois se trata de uma espécie perene de longo ciclo juvenil. O intervalo de tempo de um ciclo para o outro é estimado em no mínimo oito anos.

Na SRR, a fixação de genótipos é realizada através do método de híbridos. Nesse processo, combinam-se duas linhagens parentais contrastantes, mas complementares, para a produção de híbridos. As linhagens são submetidas a diversos ciclos de autofecundação para que alcancem o mínimo de pureza. O objetivo da endogamia é criar homozigose, se não em todos, no máximo possível de *loci* em um indivíduo. A cada ciclo de endogamia, o nível de homozigose aumenta à medida que a variabilidade genética diminui. O número de ciclos de endogamia necessários para alcançar a pureza na produção de linhagens endogâmicas depende de vários fatores, incluindo a variabilidade genética inicial da população, o nível de endogamia desejado e a pressão de seleção aplicada durante o processo de reprodução. Acredita-se que seriam necessários pelo menos seis ciclos de endogamia para atingir a uniformidade desejada para a macaúba.

4.2.5 Utilização da propagação clonal em macaúba

Em espécies alógamas, como a macaúba, a propagação clonal pode desempenhar um papel crucial na estabilização de um cultivar, replicando características desejáveis, reduzindo a deriva genética, preservando a integridade genética e permitindo uma rápida multiplicação. No entanto, no caso da macaúba, a clonagem é um processo alcançado somente em laboratório, a partir da micropropagação, pois essa espécie é desprovida de qualquer estrutura que permita a fácil propagação vegetativa. Mais informações sobre o processo da clonagem podem ser obtidas no Cap. 5 deste livro.

Recentemente, um processo de clonagem de matrizes adultas foi desenvolvido em parceria público-privada entre a Soleum e a UFV, com apoio financeiro do CNPq. No entanto, a taxa de sucesso da clonagem ainda é baixa para ser aplicada em grande escala. Sendo assim, o protocolo de clonagem continua em desenvolvimento na UFV. A possibilidade de aplicação da micropropagação na cultura da macaúba gera grandes expectativas, dado o potencial de abreviar várias décadas de melhoramento genético, levando em consideração que genótipos-elite de alta *performance* podem ser fixados por clonagem *in vitro*.

Amplificação de progênies de cruzamento-elite

Outra maneira pela qual a clonagem pode contribuir no melhoramento da macaúba é a amplificação do número de indivíduos obtidos em um cruzamento em que se espera alto desempenho de sua progênie. Nesse caso, indivíduos de alta CGC e CEC são cruzados para obter uma progênie-elite. Essa progênie apresenta alta expectativa de *performance*, mas o número de indivíduos obtidos é pequeno e insuficiente para estabelecer um plantio comercial. Diante disso, a micropropagação pode ser uma ferramenta útil para amplificar o número de indivíduos da progênie a partir da multiplicação de embriões zigóticos *in vitro* (Fig. 4.7).

Outro caminho possível é a clonagem dos parentais selecionados, com alto CGC e CEC. A clonagem permite a amplificação do número dessas matrizes, possibilitando a produção escalonada de sementes híbridas. Essa técnica tem sido aplicada para a produção de sementes híbridas semiclonais de dendê.

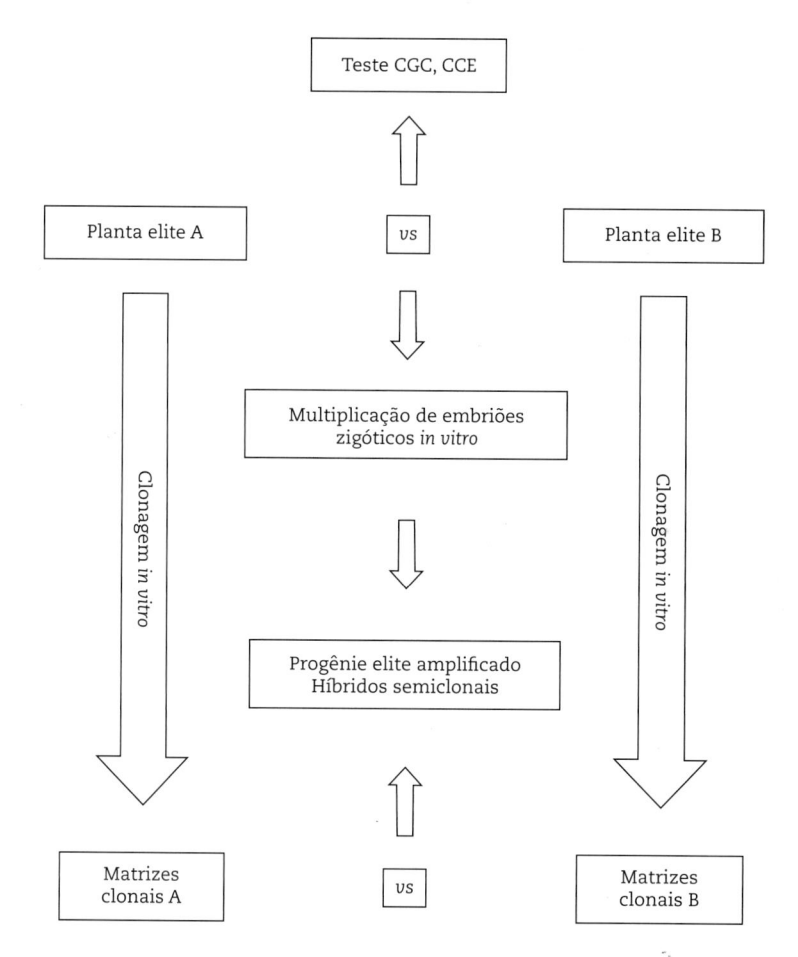

Fig. 4.7 Amplificação de progênies de cruzamentos-elite, comprovados por teste de capacidade de combinação geral (CGC) e específica (CCE). Pode ser realizada através da multiplicação de embriões zigóticos desses cruzamentos, a partir da indução da embriogênese somática *in vitro*. Indivíduos de alta CGC e CCE são cruzados, e os embriões obtidos desse cruzamento são submetidos à embriogênese somática e multiplicados em grande escala para produzir uma população comercial de macaúba. Outro caminho é a clonagem desses parentais, amplificando o número de matrizes, que serão cruzadas para a produção de sementes híbridas semiclonais

Referências bibliográficas

ABREU, A. G.; PRIOLLI, R. H. G.; AZEVEDO-FILHO, J. A.; NUCCI, S. M.; ZUCCHI, M. I.; COELHO, R. M.; COLOMBO, C. A. The genetic structure and mating system of *Acrocomia aculeata* (Arecaceae). *Genetics and Molecular Biology*, v. 35, p. 119-121, 2012.

ABREU, I. S.; CARVALHO, C. R.; CARVALHO, G. M. A.; MOTOIKE, S. Y. First karyotype, DNA C-value and AT/GC base composition of macaw palm (*Acrocomia aculeata*, Arecaceae) – a promising plant for biodiesel production. *Australian Journal of Botany*, v. 59, p. 149-155, 2011.

ARAÚJO, M. R. G.; DE MELO Jr., A. F.; MENEZES, E. V.; BRANDÃO, M. M.; COTA, L. G.; OLIVEIRA, D. A.; ROYO, V. A.; VIEIRA, F. A. Fine-scale spatial genetic structure and gene flow in *Acrocomia aculeata* (Arecaceae): Analysis in an overlapping generation. *Biochemical Systematics and Ecology*, v. 71, p. 147-154, 2017.

BAWA, K. S. Breeding systems of tree species of a lowland tropical community. *Evolution*, v. 28, p. 85-92, 1974.

BAWA, K. S.; PERRY, D. R.; BEACH, J. H. Reproductive biology of tropical lowland rain forest trees. I. Sexual systems and incompatibility mechanisms. *American Journal of Botany*, v. 72, p. 331-345, 1985.

BERTON, L. H. C. *Avaliação de populações naturais, estimativas de parâmetros genéticos e seleção de genótipos elite de macaúba (Acrocomia aculeata)*. 2013. Tese (Doutorado em Agricultura Tropical e Subtropical) – Instituto Agronômico de Campinas, Campinas, SP, 2013.

BERTON, L. H. C.; AZEVEDO FILHO, J. A.; SIQUEIRA, W. J.; COLOMBO, C. A. Seed germination and estimates of genetic parameters of promising macaw palm (*Acrocomia aculeata*) progenies for biofuel production. *Industrial Crops and Products*, v. 51, p. 258-266, 2013.

BRITO, A. C. *Biologia reprodutiva de macaúba: floração, polinizadores, frutificação e conservação de pólen*. 2013. Tese (Doutorado em Genética e Melhoramento) – Universidade Federal de Viçosa, Viçosa, MG, 2013.

BULLOCK, S. H. Breeding systems in the flora of a tropical deciduous forest in Mexico. *Biotropica*, v. 17, p. 287-301, 1985.

CASAS, A.; CABALLERO, J.; MAPES, C.; ZÁRATE, S. Manejo de la vegetación, domesticación de plantas y origen de la agricultura en Mesoamérica. *Boletín de la Sociedad Botánica de México*, v. 61, p. 31-47, 1997.

CASAS, A.; CRUSE, J.; MORALES, E.; OTERO-ARNAIZ, A.; VALIENTE-BANUET, A. Maintenance of phenotypic and genotypic diversity of *Stenocereus stellatus* (Cactaceae) by indigenous peoples in Central Mexico. *Biodiversity and Conservation*, v. 15, p. 879-898, 2006.

CASAS, A.; OTERO-ARNAIZ, A.; PÉREZ-NEGRÓN, E.; VALIENTE-BANUET, A. In situ management and domestication of plants in Mesoamerica. *Annals of Botany*, v. 100, p. 1101-15, 2007.

CASAS, A.; VAZQUEZ, M. C.; VIVEROS, J. L.; CABALLERO, J. Plant management among the Nahua and the Mixtec from the Balsas River Basin: and ethnobotanical approach to the study of plant domestication. *Human Ecology*, v. 24, p. 455-478, 1996.

CICONINI, G.; FAVARO, S. P.; ROSCOE, R.; MIRANDA, C. H. B.; TAPETI, C. F.; MIYAHIRA, M. A. M.; BEARARI, L.; GALVANI, F.; BORSATO, A. V.; COLNAGO, L. A.; NAKA, M. H. Biometry and oil contents of *Acrocomia aculeata* fruits from the Cerrados and Pantanal biomes in Mato Grosso do Sul, Brazil. *Industrial Crops and Products*, v. 45, p. 208-214, 2013.

COELHO, N. H. P.; TAMBARUSSI, E. V.; AGUIAR, B. I.; ROQUE, R. H.; PORTELA, R. M.; BRAGA, R. C.; SANSON, D.; SILVA, R. A. R.; FERRAZ, E. M.; MORENO, M. A.; KAGEYAMA, P. Y.; GANDARA, F. B. Understanding genetic diversity, spatial genetic structure, and mating system through microsatellite markers for the conservation and sustainable use of *Acrocomia aculeata* (Jacq.) Lodd. Ex Mart. *Conservation Genetics*, v. 19, p. 879-891, 2018.

CONCEIÇÃO, L. D. H. C. S.; ANTONIASSI, R.; JUNQUEIRA, N. T. V.; BRAGA, M. F.; FARIA-MACHADO, A. F.; ROGÉRIO, J. B.; DUARTE, I. D.; BIZZO, H. R. Genetic diversity of macauba from natural populations of Brazil. *BMC Research Notes*, v. 8, p. 406, 2015.

CONCEIÇÃO, L. D. H. C. S.; CARGNIN, A.; COSTA, C. J.; SILVA NETO, S. P.; JUNQUEIRA, N. T. V. Perfil do banco ativo de germoplasma de macaúba da Embrapa Cerrados. In: 4° Congresso da Rede Brasileira de Tecnologia de Biodiesel; 7° Congresso Brasileiro de Plantas Oleaginosas, Óleos, Gorduras e Biodiesel. Belo Horizonte, MG. Biodiesel: Inovação Tecnológica e Qualidade. Lavras: UFLA, 2010. v. 2, p. 629-630.

CORLEY, R. H. V.; TINKER, P. B. *The oil palm*. 4. ed. Oxford: Blackwell, 2003. 562 p.

COSER, S. M.; MOTOIKE, S. Y.; CORRÊA, T. R.; PIRES, T. P.; RESENDE, M. D. V. Breeding of Acrocomia aculeata using genetic diversity parameters and correlations to select accessions based on vegetative, phenological, and reproductive characteristics. *Genetics and Molecular Research*, v. 15, gmr15048820, 2016.

COSTA, A. M.; MOTOIKE, S. Y.; CORRÊA, T. R.; SILVA, T. C.; COSER, S. M.; RESENDE, M. D. V.; TEÓFILO, R. F. Genetic parameters and selection of macaw palm (Acrocomia aculeata) accessions: an alternative crop for biofuels. *Crop Breeding and Applied Biotechnology*, v. 18, p. 259-266, 2018.

DANTAS, J. L. L.; LUZ, E. M. A conservação de recursos fitogenéticos ex situ a campo. In: VEIGA, R. F. A.; QUEIRÓZ, M. A. (ed.). *Recursos fitogenéticos*: a base da agricultura sustentável no Brasil. 1. ed. Viçosa: UFV, 2015. v. 1, p. 254-258.

DÍAZ, B. G.; ZUCCHI, M. I.; PEREIRA, A. A.; ALMEIDA, C. P.; MORAES, A. C. L.; VIANNA, S. A.; AZEVEDO-FILHO, J.; COLOMBO, C. A. Genome-wide SNP analysis to assess the genetic population structure and diversity of Acrocomia species. *Plos One*, v. 16, e0241025, 2020.

DOMICIANO, G. P.; ALVES, A. A.; LAVIOLA, B. G.; CONCEIÇÃO, L. D. H. C. S. Parâmetros genéticos e diversidade em progênies de Macaúba com base em características morfológicas e fisiológicas. *Ciência Rural*, v. 45, p. 1599-1605, 2015.

DOS REIS, E. F.; PINTO, J. F. N.; DA ASSUNÇÃO, H. F.; DA COSTA NETTO, A. P.; DA SILVA, D. F. P. Characteristics of 137 macaw palm (Acrocomia aculeata) fruit accessions from Goias, Brazil. *Comunicata Scientiae*, v. 10 p. 117-124, 2019.

DOS REIS, E. F.; PINTO, J. F. N.; DA ASSUNÇÃO, H. F.; DA SILVA, D. F. P. Genetic diversity of macaúba fruits from 35 municipalities of the state of Goiás Brazil. *Pesquisa Agropecuária Brasileira*, v. 52, p. 277-282, 2017.

FERREIRA DE SÁ, S.; SANTOS, L. C. A.; CONCEIÇÃO, L. D. H. C. S.; BRAGA, M. F.; LAVIOLA, B. G.; CARDOSO, A. N.; SAYD, R. M.; JUNQUEIRA, N. T. V. Genetic diversity via REML-BLUP of ex situ conserved macauba [Acrocomia aculeata (Jacq.) Lodd. ex Mart.] ecotypes. *Genetic Resources and Crop Evolution*, v. 68, p. 3193-3204, 2020.

FERRER, M. M.; GOOD-AVILLA, S. V.; MONTANA, C.; DOMINGUEZ, C. A.; EGUIARTE, L. E. Effect of variation in self-incompatibility on pollen limitation and inbreeding depression in Flourensia cernua (Asteraceae) scrubs of contrasting density. *Annals of Botany*, v. 103, p. 1077-1089, 2009.

HUSBAND, B.; SCHEMSKE, D. Evolution of the magnitude and timing of inbreeding depression in plants. *Evolution*, v. 50, p. 50-74, 1996.

KHANDURI, V. P.; SHARMA, C. M.; KUMAR, K. S.; GHILDIYAL, S. K. Annual Variation in Flowering Phenology, Pollination, Mating System, and Pollen Yield in Two 26 Natural Populations of Schima wallichii (DC.) Korth. *The Scientific World Journal*, v. 2013, 350157, 2013.

LANES, E. C. M.; MOTOIKE, S. Y.; KUKI, K. N.; NICK, C.; FREITAS, R. D. Molecular characterization and population structure of Acrocomia aculeata (Arecaceae) ex situ germplasm collection using microsatellites markers. *Heredity*, v. 106, p. 102-112, 2015.

LANES, E. C. M.; MOTOIKE, S. Y.; KUKI, K. N.; RESENDE, M. D. V.; CAIXETA, E. T. Mating system and genetic composition of the macaw palm (Acrocomia aculeata) from the Brazilian southeast: Implications for breeding and genetic conservation. *Heredity*, v. 107, p. 527-536, 2016.

LANES, E. C. M. *Variabilidade molecular e sistema de reprodução de macaúba (Acrocomia aculeata)*. 2014. Tese (Doutorado em Genética e Melhoramento) – Universidade Federal de Viçosa, Viçosa, MG, 2014.

LIMA, N. E.; MEEROW, A. W.; MANFRIN, M. H. Genetic structure of two Acrocomia ecotypes (Arecaceae) across Brazilian savannas and seasonally dry forests. *Tree Genetics & Genomes*, v. 16, p. 56, 2020. Disponível em: <https://doi.org/10.1007/s11295-020-01446-y.>

LLOYD, D. G.; SCHOEN, D. J. Self-fertilization and cross-fertilization in plants. I. Functional dimensions. *International Journal of Plant Science*, v. 153, p. 358-369, 1992.

MADEIRA, D. D. C. *Diversidade e seleção de acessos de macaúba (Acrocomia aculeata) baseadas em atributos do óleo e de produtividade*. 2021. Tese (Doutorado em Genética e Melhoramento) – Universidade Federal de Viçosa, Viçosa, MG, 2021.

MANFIO, C. E. *Análise genética no melhoramento da macaúba*. 2010. Tese (Doutorado em Genética e Melhoramento) – Universidade Federal de Viçosa, Viçosa, MG, 2010.

MANFIO, C. E.; MOTOIKE, S. Y.; RESENDE, M. D. V.; SANTOS, C. E. M.; SATO, A. Y. Avaliação de progênies de macaúba na fase juvenil e estimativas de parâmetros genéticos e diversidade genética. *Pesquisa Florestal Brasileira*, v. 32, p. 63-69, 2012.

MANFIO, C. E.; RESENDE, M. D. V.; SANTOS, C. E. M.; MOTOIKE, S. Y.; LANZA, M. A.; PAES, J. M. V. Melhoramento genético da Macaúba. *Informe Agropecuário*, v. 32, p. 18-28, 2011.

MCCUBBIN, A. G.; KAO, T-H. Molecular recognition and response in pollen and pistil interactions. *Annual Review Cell Developmental Biology*, v. 16, p. 333-364, 2000.

MENGISTU, F. G.; MOTOIKE, S. Y.; CAIXETA, E. T.; CRUZ, C. D.; KUKI, K. N. Cross-species amplification and characterization of new microsatellite markers for the macaw palm, Acrocomia aculeata (Arecaceae). *Plant Genetic Resources*, v. 13, p. 1-10, 2016.

MUSTAJÄRVI, K.; SIIKAMÄKI, P.; ÅKERBERG, A. Inbreeding depression in perennial Lychnis viscaria (Caryophyllaceae): Effects of population mating history and nutrient availability. *American Journal of Botany*, v. 92, p. 1853-1861, 2005.

NASCIMENTO, H. R. *Viabilidade polínica e polinização controlada em macaúba (Acrocomia aculeata)*. 2015. Dissertação (Mestrado em Fitotecnia) – Universidade Federal de Viçosa, Viçosa, MG, 2015.

NETTANCOURT, D. *Incompatibility and Incongruity in Wild and Cultivated Plants*. 2. ed. New York: Springer-Verlag, 2001.

NETTANCOURT, D. *Incompatibility in angiosperms*. New York: Springer-Verlag, 1977.

NUCCI, S. M.; AZEVEDO-FILHO, J. A.; COLOMBO, C. A.; PRIOLLI, R. H. G.; COELHO, R. M.; MATA, T. L.; ZUCCHI, M. I. Development and characterization of microsatellites markers from the macaw. *Molecular Ecology Resources*, v. 8, p. 224-226, 2008.

OLIVEIRA, D. A.; MELO Jr., A. F.; BRANDÃO, M. M.; RODRIGUES, L. A.; MENEZES, E. V.; FERREIRA, P. R. B. Genetic diversity in populations of Acrocomia aculeata (Arecaceae) in the northern region of Minas Gerais, Brazil. *Genetics and Molecular Research*, v. 11, p. 531-538, 2012.

OLIVEIRA, P. E.; GIBBS, P. E. Reproductive biology of woody plants in a cerrado community of central Brazil. *Flora*, v. 195, p. 311-329, 2000.

PALMWEB. Palms of the World Online. [2020]. Disponível em: <www.palmweb.org>. Acesso em: 14 ago. 2020.

PLATH, M.; MOSER, C.; BAILIS, R.; BRANDT, P.; HIRSCH, H.; KLEIN, A. M.; WALMSLEY, D.; VON WEHRDEN, H. A novel bioenergy feedstock in Latin America? Cultivation potential of *Acrocomia aculeata* under current and future climate conditions. *Biomass and Bioenergy*, v. 91, p. 186-195, 2016.

RUEDA, R. A. P. *Avaliação de germoplasma para melhoramento e a conservação da macaúba*. 2014. Tese (Doutorado em Genética e Melhoramento) – Universidade Federal de Viçosa, Viçosa, MG, 2014.

SCARIOT, A.; LLERAS, E.; HAY, J. D. Reproductive biology of the palm *Acrocomia aculeata* in Central Brazil. *Biotropica*, v. 23, p. 12-22, 1991.

SCHIFINO-WITTMANN, M. T.; DALL'AGNOL, M. Auto-incompatibilidade em plantas. *Ciência Rural*, v. 32, p. 1083-1090, 2002.

SEAVEY, S. R.; BAWA, K. S. Late-acting self-incompatibility in angiosperms. *The Botanical Review*, v. 52, p. 195-219, 1986.

SILVA, T. C. *Cruzamentos dirigidos e caracterização de híbridos F1 de plantas de macaúba*. 2019. Tese (Doutorado em Genética e Melhoramento) – Universidade Federal de Viçosa, Viçosa, MG, 2019.

SIMIQUELI, G. F.; DE RESENDE, M. D. V.; MOTOIKE, S. Y.; HENRIQUES, E. Inbreeding depression as a cause of fruit abortion in structured populations of macaw palm (*Acrocomia aculeata*): Implications for breeding programs. *Industrial Crops and Products*, v. 112, p. 652-659, 2018.

STATISTA. *Production of major vegetable oils worldwide from 2012/13 to 2021/2022, by type*. 2022. Disponível em <https://www.statista.com/statistics/263933/production-of-vegetable-oils-worldwide-since-2000>. Acesso em: 12 set. 2022.

SUTHERLAND, S.; DELPH, L. On the importance of male fitness in plants. *Ecology*, v. 65, p. 1093-1104, 1984.

THIELE, J.; HANSEN, T.; SIEGISMUND, H. R.; HAUSER, T. P. Genetic variation of inbreeding depression among floral and fitness traits in Silene nutans. *Heredity*, v. 104, p. 52-60, 2010.

VALIM, H. M. *Variabilidade em progênies de macaúba com base em variáveis quantitativas relacionadas a aspectos agronômicos e características físicas dos frutos*. Monografia (Graduação em Agronomia) – Faculdade de Agronomia e Medicina Veterinária, Universidade de Brasília, Brasília-DF, 2015.

VARGAS-CARPINTERO, R.; HILGER, T.; MÖSSINGER, J.; SOUZA, R. F.; ARMAS, J. C. B.; TIEDE, K.; LEWANDOWSKI, I. *Acrocomia* spp.: neglected crop, ballyhooed multipurpose palm or fit for the bioeconomy? A review. *Agronomy for Sustainable Development*, v. 41, p. 75, 2021.

ZAPATA, T. R.; ARROYO, M. T. K. Plant reproductive ecology of a secondary deciduous tropical forest in Venezuela. *Biotropica*, v. 10, p. 221-23, 1978.

5

Propagação seminífera e vegetativa de macaúba

Elisa Bicalho, Manuela Cavalcante, Vanessa de Queiroz,
Diego Ismael Rocha e Sérgio Yoshimitsu Motoike

A propagação de palmeiras para fins agrícolas e ornamentais em geral é seminífera, a exemplo do coco (*Cocos nucifera*) e da palma de óleo (*Elaeis guineenses*), consideradas as mais importantes espécies da família Arecaceae. As poucas exceções são a tamareira (*Phoenix dactylifera*) e algumas palmeiras ornamentais, como *Rhapis* spp., que se propagam vegetativamente por divisão de touceira (Meerow; Broschat, 2017). Além disso, a micropropagação, que consiste na multiplicação *in vitro* a partir de uma única célula somática ou de um pequeno pedaço de tecido vegetal (explante), tem ganhado destaque na exploração agrícola de palmeiras, sobretudo em espécies de importância econômica, como a macaúba. Este capítulo retrata alguns desafios da propagação da macaúba (*Acrocomia aculeata*), tanto seminífera como vegetativa, apresentando os fatos históricos, o estado da arte e as perspectivas futuras da propagação dessa espécie.

5.1 Propagação seminífera

A macaúba é uma palmeira cujos muitos atributos têm sido explorados desde o século XVIII (Motoike; Nacif; Paes, 2011). Porém, apesar do grande potencial econômico da espécie, a exploração da macaúba ficou restrita ao extrativismo até o seculo XXI. Uma das razões pelas quais a espécie ainda não havia sido cultivada é sua difícil propagação, considerada até então um impedimento para o desenvolvimento de plantios da palmeira (Tabai, 1992). Foi somente a partir de 2007, com o desenvolvimento de tecnologia para a produção de sementes pré-germinadas de macaúba (Sá Junior et al., 2009), que a propagação seminífera, forma natural de propagação da espécie, pôde ser aplicada na produção em escala de mudas de macaúba, marcando o início de sua exploração agrícola.

5.1.1 Semente da macaúba

A semente da macaúba (Fig. 5.1) é uma estrutura cuja forma varia do cordiforme ao triangular, com peso de aproximadamente 1,0 g a 2,5 g. O tegumento é preenchido por endosperma abundante e embrião diminuto, e o espaço que resta é o pequeno lume central (Moura, 2007). Na natureza, a semente sempre está associada a um endocarpo esclereificado, cujo padrão de lignificação e orientação das esclereides em várias direções confere impermeabilidade e rigidez, abrigando a semente e conferindo-lhe proteção mecânica (Reis; Mercadante-Simões; Ribeiro, 2012). Assim, o diásporo (unidade de dispersão) da macaúba é composto por parte do fruto (endocarpo) e uma a três sementes abrigadas em seu interior, e é denominado pirênio (Fig. 5.1). Durante a germinação, a protrusão do pecíolo cotiledonar embrionário ocorre através dos poros germinativos, estruturas frágeis, compostas por células parenquimáticas inseridas no endocarpo (Fig. 5.1B).

Fig. 5.1 Diásporo da macaúba (*Acrocomia aculeata*). (A,B) O diásporo da macaúba, denominado pirênio, é composto por parte do fruto, o endocarpo (*en*), e protege de uma a três sementes (*se*) que se abrigam em seu interior. Durante a germinação, a protrusão do pecíolo cotiledonar embrionário ocorre por meio dos poros germinativos (*pg*). (C) A semente é uma estrutura cuja forma varia do cordiforme ao triangular, pesa aproximadamente 1,0 g a 2,5 g, e apresenta tegumento preenchido por endosperma abundante e embrião diminuto. O embrião da macaúba (*em*) está inserido no endosperma, na região proximal da semente, adjacente ao opérculo (*op*). (D) Embrião da macaúba, claviforme, brancacento, com aproximadamente 4 mm de comprimento. A região proximal (*rp*), em contato com o opérculo, é mais constrita e de cor amarela, e a região distal (*rd*), em contato com o endosperma, é mais dilatada e mais clara. (E) Na natureza, as plântulas recém-germinadas geralmente são aderidas ao pirênio (*p*)

O tegumento da semente é liso, delgado e permeável à água. É constituído por aproximadamente 20 camadas de células isodiamétricas de parede pouco espessa, é rico em compostos fenólicos, e apresenta coloração que varia do castanho ao marrom-escuro, proporcionada por um pigmento alaranjado presente em suas células (Moura; Ventrella; Motoike, 2010). Na parte interna do tegumento, o endosperma é abundante, brancacento, relativamente duro e oleoso (Fig. 5.1C). As paredes celulares do endosperma da macaúba são espessas e ricas em galactomananos, que conferem rigidez à semente (Bicalho *et al.*, 2016; Singh; Singh; Arya, 2018). Além das reservas de polissacarídeos que impregnam as paredes do endosperma, o protoplasma desse tecido é majoritariamente composto por corpos lipídicos e proteicos (Bicalho *et al.*, 2016; Moura; Ventrella; Motoike, 2010).

O embrião da macaúba está inserido no endosperma, na região proximal da semente, que possui cor amarela e é constrita e adjacente ao opérculo (Fig. 5.1C). Este é claviforme, brancacento e tem aproximadamente 4,0 mm de comprimento (Fig. 5.1D). Já a região distal, em contato com o endosperma, é mais dilatada e mais clara do que a proximal.

Na região proximal (Fig. 5.2A,B) encontra-se o meristema apical caulinar, revestido por primórdios foliares, curvo e oblíquo em relação ao eixo do cotilédone e abrigado numa cavidade interna do endosperma, com uma fenda ou abertura lateral. A região distal é constituída inteiramente por cotilédone bastante

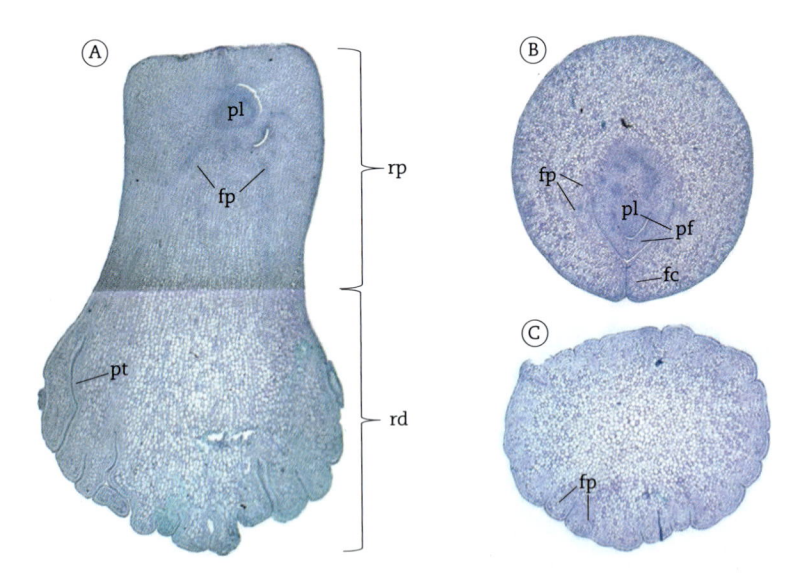

Fig. 5.2 Seções anatômicas do embrião zigótico de macaúba (*Acrocomia aculeata*). (A) Seção longitudinal mostrando a região proximal (*rp*), que possui uma cavidade contendo o meristema apical caulinar (*pl*), e a região distal (*rd*), que contém o cotilédone. A figura mostra as invaginações da protoderme (*pt*) na base da região distal e alguns feixes de procâmbio (*fp*) ao longo do embrião. (B) Seção transversal da região proximal demonstra a plúmula (*pl*) com os primórdios foliares (*pf*) formados, a fenda cotiledonar (*fc*) e o cordão de feixes procambiais (*fp*) ao redor da cavidade com a plúmula. (C) Seção transversal demonstrando os feixes de procâmbio (*fp*) distribuídos próximo às invaginações da protoderme
Fonte: Moura (2007).

desenvolvido, que possui muitas invaginações na protoderme, dando-lhe um aspecto ruminado (Fig. 5.2A). Feixes procambiais aparecem bem definidos ao longo de todo o embrião, tanto na região proximal quanto na região distal (Fig. 5.2A-C). As células do embrião possuem parede mais fina quando comparadas às células do endosperma. De modo geral, a composição do material de reserva do embrião da macaúba assemelha-se à encontrada no endosperma, com exceção dos polissacarídeos de reserva da parede celular, que são mais escassos, e da ausência de amido, que não foi detectado em testes histoquímicos (Bicalho et al., 2016; Moura; Ventrella; Motoike, 2010).

5.1.2 Germinação da semente

A macaúba é retratada na literatura como uma das espécies de palmeiras mais difíceis de serem germinadas (Pinheiro, 1986). Em geral, a germinação natural das sementes é lenta e desuniforme, podendo levar até quatro anos e raramente resultando em índices de germinação superiores a 7% (Tabai, 1992; Ribeiro et al., 2011). Isso se deve à dormência profunda, característica inerente das sementes de palmeiras do gênero *Acrocomia* (Bicalho et al., 2015; Ellis; Hong; Roberts, 1985).

Para estimular, antecipar e sincronizar a germinação das sementes de macaúba, tornando-a uniforme e previsível, é fundamental aplicar-lhes tratamentos de quebra de dormência. O primeiro método de superação de dormência de sementes do gênero *Acrocomia* foi desenvolvido na Universidade Federal de Viçosa por Sá Junior et al. (2009). O processo descrito pelos autores possibilitou a rápida e eficiente germinação de sementes de macaúba e a racionalização e regularização da produção de mudas, o que permitiu o cultivo da macaúba dentro e fora de seu ambiente natural.

O processo consiste em sete tratamentos, aplicados em sequência à semente: eliminação do endocarpo, primeira desinfestação, tratamento de embebição, segunda desinfestação, escarificação mecânica, tratamento com ácido giberélico e germinação da amêndoa em ambiente semiasséptico.

Eliminação do endocarpo

A eliminação do endocarpo do fruto é feita após secagem do pirênio em temperatura ambiente, protegido do Sol, até que ocorra a soltura da amêndoa no seu interior. Após a secagem, o endocarpo é partido com auxílio de um martelo ou torno mecânico e, posteriormente, remove-se dele a semente. A secagem é necessária porque, no interior do endocarpo, as sementes de macaúba aderem à parede enquanto o pirênio está úmido. À medida que o pirênio perde água, as sementes se soltam, permitindo a remoção sem que danos físicos ocorram.

A secagem do pirênio só é possível porque as sementes de macaúba são do tipo ortodoxas (Ribeiro et al., 2012), ou seja, sofrem desidratação durante a maturação tardia, enquanto ainda estão no corpo da planta-mãe. Como consequência, as sementes são tolerantes à secagem (Bewley et al., 2013; Ribeiro et al., 2012). De acordo com Ribeiro et al. (2012), a desidratação em até 3,8% de umidade não compromete o potencial de germinação da semente de macaúba.

Primeira desinfestação

Quando sementes expostas perdem a proteção do endocarpo, ficam particularmente suscetíveis a infestações de microrganismos (fungos, leveduras e bactérias) que podem interferir no processo da germinação. A primeira desinfestação tem a função de eliminar da superfície da semente esses microrganismos. O protocolo preconizado por Sá Junior et al. (2009) compreende a submersão das sementes em solução de 1,0% a 3,0% formaldeído + 0,01% Tween 20 durante 10 a 20 minutos sob agitação constante, seguida de lavagem em solução de 2,5% a 5,5% hipoclorito de sódio + 0,01% Tween 20 por mais 10 a 20 minutos. Esse tratamento é aplicado às sementes logo depois da eliminação do endocarpo. Após essa sequência de desinfestação, as sementes são enxaguadas em água três vezes e seguem para os tratamentos subsequentes.

Tratamento de embebição

O processo germinativo de sementes ortodoxas, como as da macaúba, inicia-se com a embebição, em que ocorre a entrada de água devido à diferença de potencial hídrico entre a semente e o meio, constituindo inicialmente um processo físico (Bewley et al., 2013). O tratamento de embebição preconizado por Sá Junior et al. (2009) consiste na submersão das sementes em solução aquosa de peróxido de hidrogênio (H_2O_2), em concentrações que podem variar de 0,03% a 0,3% e temperaturas de 30 °C a 40 °C.

Durante a reidratação da semente, é importante substituir a solução de embebição diariamente, uma vez que substâncias inibidoras da germinação são lixiviadas da semente e se acumulam na solução. O H_2O_2 tem a função de oxigenação do meio, evitando a fermentação e a morte do embrião, mas não se exclui sua ação na coordenação da germinação, agindo como molécula sinalizadora no início do processo, envolvendo alterações específicas nos níveis proteômicos, transcriptômicos e hormonais (Barba-Espín et al., 2011; Barba-Espín; Hernández; Diaz-Vivancos, 2012; Liu et al., 2010).

A germinação da semente de macaúba se enquadra no padrão trifásico típico de sementes ortodoxas, cujas três fases são bem distintas. A fase I é marcada por aumento crítico do peso fresco da semente e retomada da respiração e mecanismos de reparo de estruturas e macromoléculas para transcrição e tradução em novas proteínas, constituindo a preparação metabólica para a germinação stricto sensu (Finch-Savage; Leubner-Metzger, 2006). As sementes de macaúba tardam de oito a dez dias na fase I, até alcançarem o platô da embebição na fase II (Sá Junior et al., 2009).

Durante as fases I e II da germinação, a retomada do metabolismo gera naturalmente espécies reativas de oxigênio que sinalizam para o metabolismo ou ativação de dois fitormônios essenciais ao processo de germinação e dormência: a giberelina (GA) e o ácido abscísico (ABA) (Diaz-Vivancos; Barba-Espín; Hernández, 2013). A germinação ou a manutenção da dormência fisiológica é resultante do balanço entre GA e ABA. As GAs bioativas, naturalmente produzidas pelo embrião durante a retomada do metabolismo, induzem ao aumento de seu potencial de crescimento e ativam enzimas hidrolíticas de parede celular, que resultam no afrouxamento dos tecidos que recobrem o embrião, entre elas a endo-β-mananase. De maneira antagônica, o ABA inibe diretamente os papéis desempenhados pelo GA (Bewley et al., 2013) e induz a biossíntese de enzimas antioxidantes que removem as espécies reativas de oxigênio, reduzindo a sinalização por GA e tendo como consequência a inibição da germinação (Gomes; Garcia, 2013). Portanto, o aumento da razão GA/ABA é fundamental para a superação da dormência fisiológica e a germinação da semente.

Em sementes de macaúba, sabe-se que a dormência fisiológica é um mecanismo existente e conservado entre populações distintas (Berton et al., 2013). Foi evidenciado que os níveis de ABA em sementes recém-dispersas podem chegar a até 800 ng g^{-1} do peso seco de embriões, o que caracteriza um alto nível endógeno para um fitormônio. Ao longo da embebição, os níveis de ABA são reduzidos em torno de 50%, mas não são suficientes para promover a razão GA/ABA necessária para incitar a superação da dormência (Bicalho et al., 2015). Assim, as sementes de macaúba permanecem por tempo indeterminado na fase II, até que a razão GA/ABA favorável à superação da dormência seja alcançada e o início da germinação propriamente dita ocorra.

Segunda desinfestação

Como já mencionado, a hidratação da semente de macaúba a torna bastante suscetível à infecção por microrganismos, especialmente fungos, que causam grandes perdas na etapa subsequente de germinação. A segunda desinfestação é aplicada à semente hidratada com o objetivo de assegurar a sanidade das sementes nas etapas posteriores do protocolo de germinação, após a aplicação do tratamento de embebição. A desinfestação preconizada por Sá Junior et al. (2009) consiste na imersão da semente durante 5 a 10 minutos sob agitação em solução constituída de 1,0% a 3,0% formaldeído + 0,01% Tween 20, seguida de mais 5 a 10 minutos em solução de 3,0% a 5,0% de H_2O_2. Após a desinfestação, as amêndoas são enxaguadas três vezes em água estéril e seguem para o tratamento de escarificação.

Escarificação mecânica

Em sementes de macaúba, a germinação *stricto sensu* (fase III) é caracterizada pelo alongamento do pecíolo cotiledonar, que se torna visível após romper o opérculo. O opérculo de A. *aculeata* (Fig. 5.3A) consiste em uma estrutura rígida e espessa (Carvalho *et al*., 2015) que funciona como uma barreira mecânica à protrusão do embrião e, consequentemente, aumenta a intensidade da dormência da semente, em adição à dormência fisiológica de origem embrionária (Ribeiro *et al*., 2013; Carvalho *et al*., 2015).

A germinação das chamadas "sementes duras", cujo endosperma possui parede celular rica em mananos, como as da macaúba (Bicalho *et al*., 2016), costuma ser facilitada pela presença de uma camada de células de parede delgada no entorno do endosperma micropilar (Gong *et al*., 2005). Essa camada forma um cordão próximo ao embrião, que se rompe facilmente após o início do processo de embebição e permite a germinação. No entanto, essa estrutura não está presente em sementes de macaúba, dificultando a protrusão do pecíolo cotiledonar.

Fig. 5.3 Germinação de sementes de macaúba (*Acrocomia aculeata*). (A) Semente de macaúba com opérculo (*op*), estrutura adjacente que recobre o embrião. (B) Semente após o tratamento de escarificação. (C) Pecíolo cotiledonar do embrião em início de desenvolvimento, após a aplicação do tratamento com ácido giberélico (GA). (D) Semente de macaúba com o pecíolo cotiledonar (*pc*) alongado, configurando germinação do tipo remota. (E) Seção longitudinal de uma semente de macaúba em fase final de germinação. Nota-se que o haustório (HA) se expande, ocupando totalmente o lume durante a germinação. (F) Sementes de macaúba em processo de germinação em bandeja plástica, dispostas em camada única. (G) Semente pré-germinada de macaúba. A semente pré-germinada deve conter plúmula e radícula definidos
Fonte: (E) Bicalho (2011).

Pela presença de galactomananos nas células do endosperma micropilar (Bicalho et al., 2016), seria esperado que a germinação de sementes de macaúba fosse mediada pela atividade da enzima endo-β-mananase, que poderia enfraquecer essa estrutura e possibilitar a germinação do embrião. No entanto, Bicalho et al. (2016) e Mazzottini-dos-Santos, Ribeiro e Oliveira (2016) observaram que a atividade dessa enzima está restrita ao período pós-germinativo, não sendo ativada durante a protrusão do pecíolo cotiledonar. Logo, para quebrar a dormência física da semente de macaúba, Sá Junior et al. (2009) aplicaram a escarificação. O tratamento de escarificação preconizado pelos autores consiste na eliminação do opérculo que recobre o embrião zigótico com auxílio de uma lâmina, sem causar danos ao embrião (Fig. 5.3B). A remoção do opérculo ajudou efetivamente na superação da dormência (Fig. 5.3C), junto com a indução da síntese de GAs e citocininas (CKs) e as reduções nos níveis de ABA no pecíolo cotiledonar, permitindo a germinação da semente (Ribeiro et al., 2015).

Tratamento com regulador de crescimento

O tratamento com regulador de crescimento preconizado por Sá Junior et al. (2009) consiste na imersão das amêndoas escarificadas em solução composta de 50,0 mg L^{-1} a 200,0 mg L^{-1} de ácido giberélico (GA) e 0,03% de H_2O_2 por 24 a 48 horas, em ambiente com temperatura mantida entre 25 °C e 30 °C. A aplicação do GA exógeno tem o objetivo de modificar a relação GA/ABA do embrião para níveis que promovam a indução da superação da dormência, uma vez que, em sementes recém-germinadas, os níveis de GA sempre são superiores aos níveis de ABA (Bicalho et al., 2015).

Germinação da semente tratada em ambiente semiasséptico

Com a semente hidratada e o embrião exposto, a preocupação com a sanidade das sementes aumenta, uma vez que elas se tornam muito mais suscetíveis ao ataque de fungos e bactérias. A solução encontrada por Sá Junior et al. (2009) foi germinar as sementes tratadas em ambiente semiasséptico, dentro de recipientes fechados, em substrato esterilizado e umedecido com solução aquosa de H_2O_2 a 0,03% até 0,3%. As sementes são dispostas em camada única nesses recipientes (Fig. 5.3F), com a região escarificada voltada para cima ou para o lado. Esses recipientes são incubados em germinadores, com temperatura entre 25 °C e 35 °C e umidade relativa entre 90% e 98%, e frequentemente borrifados com solução aquosa de H_2O_2 a 0,03% para manter o substrato úmido. Nesse ambiente, a germinação das sementes ocorre entre 7 e 14 dias após o início da incubação.

O processo descrito permite a germinação de 60% a 80% das sementes tratadas de macaúba, ficando prontas para o plantio em viveiro aproximadamente 30 dias após o início do processo de germinação. O produto final desse processo, denominado por Sá Junior et al. (2009) de sementes pré-germinadas de macaúba, deve conter plúmula e radícula definidas (Fig. 5.3G).

5.2 Propagação vegetativa

Propagação vegetativa envolve a reprodução ou a multiplicação de plantas a partir de partes vegetativas. Isso é possível devido à plasticidade das células vegetais e à sua capacidade de adquirir competência e regenerar órgãos adventícios, o que permite a aplicação de métodos como estaquia, mergulhia e enxertia para a sua propagação. No entanto, esse não é o caso da macaúba, que é uma monocotiledônea de fuste único e desprovido de gemas axilares ao longo do estipe ou de qualquer estrutura especializada que permita a propagação vegetativa por métodos convencionais. Nesse cenário, a propagação vegetativa da macaúba tem sido alcançada somente a partir da aplicação de técnicas de cultura de tecidos vegetais.

A propagação vegetativa da macaúba constitui uma etapa fundamental da construção de sua cadeia produtiva por possibilitar a manutenção de clones, ou seja, a perpetuação e a multiplicação de genótipos de alto valor agronômico, o que é particularmente importante para a cultura da macaúba, considerando o alto grau de heterozigose dessa espécie. Espécies altamente heterozigotas requerem muitos ciclos de melhoramento para fixar as características desejáveis. Somando-se a isso, por se tratar de espécie perene com ciclo reprodutivo longo (Manfio et al., 2012), o melhoramento genético da macaúba pode levar décadas para atingir seu objetivo. Nesse contexto, a clonagem de matrizes-elite significaria um salto no processo de melhoramento da espécie, abreviando drasticamente o tempo necessário para alcançar os objetivos do melhoramento genético.

5.2.1 Embriogênese somática

A embriogênese somática é uma das ferramentas biotecnológicas usadas para possibilitar o processo de propagação clonal em larga escala (Moura et al., 2009). Essa técnica se baseia no princípio da totipotencialidade celular: a partir de um explante vegetal (célula ou qualquer fragmento de tecido ou órgão vivo) cultivado em ambiente asséptico e meio nutritivo sob condições controladas de temperatura e luminosidade, são obtidos embriões somáticos que, após a germinação, darão origem a novas plantas idênticas à planta matriz (Torres et al., 2000; Souza et al., 2006; Meira, 2015).

Os primeiros estudos de propagação in vitro de palmeiras foram realizados em *Cocos nucifera* há mais de cinco décadas (Cutter; Wilson, 1954). Em macaúba, estudos envolvendo a embriogênese somática via cultura de tecidos são mais recentes, publicados há pouco mais de uma década (Moura et al., 2009; Luis;

Scherwinski-Pereira, 2014; Granja et al., 2018; Andrade et al. 2024), e têm sido relatados como promissores para a propagação vegetativa da espécie. Moura et al. (2009) foram os pioneiros a relatar o processo, seguidos por Luis e Scherwinski-Pereira (2014). Esses autores utilizaram embriões zigóticos para estudar a embriogênese somática em macaúba. Isso, no entanto, representa apenas o ponto de partida para o desenvolvimento de protocolos de clonagem da espécie, pois clones comerciais devem ser obtidos de tecidos somáticos de matrizes-elites propriamente testadas e de desempenho agronômico comprovado, o que ainda não foi relatado.

Embriões zigóticos são ontogeneticamente mais jovens e, como consequência, mais responsivos à indução da embriogênese somática. Por isso, podem ser utilizados para estudar o processo de clonagem e desenvolver modelos de protocolos. Uma vez que estes são estabelecidos, é mais fácil obter o protocolo para as matrizes-elite, pois o comportamento da planta matriz no processo de clonagem pode ser predito a partir da resposta de seus descendentes, permitindo a formulação de meios de cultura mais adequados à clonagem (Granja et al., 2018).

Outro aspecto importante é que os protocolos de clonagem *in vitro* devem permitir o escalonamento da produção de mudas para aplicação comercial, o que requer o estabelecimento de linhagens embriogênicas de alta capacidade de multiplicação. Granja et al. (2018) obtiveram, em seu estudo com embriões zigóticos, linhagens embriogênicas de alta capacidade de multiplicação e alto grau de sincronização, possibilitando o controle de todas as etapas da embriogênese somática (multiplicação, regeneração e germinação) e, assim, conseguindo a produção cíclica de plântulas ao longo de mais de dois anos.

Folíolos imaturos são excelentes fontes de explantes para a iniciação da embriogênese somática em espécies da família Arecaceae, por estarem protegidos dentro do palmito da planta e, por consequência, possuírem baixos níveis de contaminação microbiana. Em estudos realizados por Andrade et al. (2024), pinas imaturas de macaúba mostraram-se responsivas à indução da embriogênese somática. Nesse estudo, os autores obtiveram linhagens embriogênicas comparáveis às obtidas por Granja et al. (2018), dando origem a inúmeras plantas. Já as pinas de plantas adultas não apresentaram resposta aos tratamentos de indução da embriogênese somática.

Recentemente, Meira et al. (2019) demonstraram as vias de desenvolvimento da embriogênese somática em macaúba a partir de explantes foliares de plantas adultas. Segundo os autores, o processo gerou centenas de embriões somáticos, sinalizando possível aplicação da propagação *in vitro* na produção clonal de mudas de macaúba.

Meios de cultura

Os vários meios de cultura utilizados no processo de embriogênese somática diferem essencialmente na concentração de macro e micronutrientes, vitaminas, compostos orgânicos, fonte de carbono e outras substâncias complexas, normalmente específicas para cada etapa do processo e para a espécie utilizada. As formulações de meio de cultura mais usadas para embriogênese somática em macaúba compreendem o meio MS de Murashige e Skoog (1962) (Luis; Scherwinski-Pereira, 2014; Granja et al., 2018) e o meio Y3 de Eeuwens (1976) (Moura et al., 2009; Granja et al., 2018; Meira et al., 2019; Andrade et al., 2024).

A indução de embriogênese somática está associada à utilização de auxinas e citocininas, principais reguladores de crescimento envolvidos no controle da divisão celular e diferenciação dos tecidos (Fehér; Pasternak; Dudits, 2003). Entre as auxinas mais utilizadas em macaúba, pode ser citado o 2,4-D (Luis; Scherwinski-Pereira, 2014; Meira et al., 2019, 2020). Porém, outras auxinas, como o Picloram e o Dicamba, também estão se mostrando eficientes (Moura et al., 2009; Luis, 2013; Luis; Scherwinski-Pereira, 2014; Padilha et al., 2015; Granja et al., 2018; Meira et al., 2019). O uso de citocininas no meio de indução de calos em macaúba não é muito comum, mas foram relatados resultados interessantes no trabalho de Granja et al. (2018) e Andrade et al. (2024), em que o 2iP permitiu a geração de linhagens embriogênicas quando combinado com Picloram ou Dicamba (Figs. 5.4 e 5.5).

5.3 Considerações finais

A macaúba é uma espécie perene com fase juvenil prolongada e longo ciclo reprodutivo, que se propaga exclusivamente por sementes. Logo, a produção de cultivares-elite por reprodução clássica pode levar várias décadas para acontecer. A técnica de clonagem, como embriogênese somática, acelera e aumenta a produção de plantas com qualidades desejáveis, o que encurta o tempo necessário para obter cultivares. Não obstante, deve ser levado em conta que fatores intrínsecos e extrínsecos podem influenciar o processo, como o genótipo, a fonte do explante, o tipo e concentração de reguladores de crescimento no meio etc.

Como observado, os resultados apresentados da obtenção contínua de linhagens embriogênicas, tanto em explantes de embriões zigóticos maduros quanto em folhas imaturas, e a subsequente regeneração de embriões somáticos e sua conversão em plântulas completas indicam os avanços do processo de clonagem para a espécie.

A seleção de genótipos superiores a ser clonados, com base nas características agronômicas e fisiológicas e na responsividade *in vitro*, pode otimizar os programas de melhoramento da cultura, uma vez que gera economia de recursos, tempo e espaço. A opção pela clonagem de plantas-elite irá permitir uma rápida propagação da espécie, gerando materiais com produção uniforme e abastecendo o mercado com o valioso produto da macaúba, o óleo, além de outros coprodutos.

Fig. 5.4 Produção de linhagens embriogênicas e mudas a partir de embriões zigóticos maduros de macaúba. (A) Linhagens embriogênicas em processo de multiplicação com Picloram. (B) Maturação e regeneração de embriões somáticos. (C) Germinação dos embriões somáticos em meio de germinação com GA3. A seta evidencia o haustório em contato com o meio de cultivo. (D) Detalhe do embrião somático na germinação com a formação do haustório e outros embriões somáticos em estádios iniciais da germinação. (E) Formação de plântulas completas (raiz e parte aérea) de embriões somáticos germinados de macaúba. (F) Variabilidade genética das plântulas formadas e aclimatização em casa de vegetação

Fig. 5.5 Obtenção e diferenciação de linhagens embriogênicas a partir de tecidos foliares adultos. (A) Linhagens embriogênicas após três ciclos de multiplicação em meio de cultura acrescido de Picloram e Putrescina. As setas indicam os embriões somáticos globulares compondo as linhagens. (B,C) Embriões somáticos regenerados após 60 dias de cultivo em meio MB suplementado com 2,4-D, Putrescina e carvão ativado. As setas indicam os embriões somáticos no estádio torpedo. (D) Plântulas obtidas a partir da germinação dos embriões somáticos em meio MB suplementado com ANA, Putrescina e carvão ativado. (E) Detalhe da plântula completa, com mais de uma haste. Escala: (A-C) = 2 mm; (D,E) = 1 cm

Referências bibliográficas

ANDRADE, A. P.; MOTOIKE, S. Y.; KUKI, K. N.; QUEIROZ, V.; MADEIRA, D. D. C.; GRANJA, M. M. C.; CRUZ, A. C. F.; PICOLI, E. A. T.; CORRÊA, T. R.; ROCHA, D. I. Explant age and genotype drive the somatic embryogenesis from leaf explants of Acrocomia aculeata (Jacq.) Lodd. ex Mart. (Arecaceae), an alternative palm crop for oil production. *Trees*, v. 38, p. 315-326, 2024.

BARBA-ESPÍN, G.; DIAZ-VIVANCOS, P.; JOB, D.; BELGHAZI, M.; JOB, C.; HERNÁNDEZ, J. A. Understanding the role of H2O2 during pea seed germination: a combined proteomic and hormone. *Plant, Cell and Environment*, v. 34, p. 1907-1919, 2011.

BARBA-ESPÍN, G.; HERNÁNDEZ, J. A.; DIAZ-VIVANCOS, P. Role of H_2O_2 in pea seed germination. *Plant Signaling & Behavior*, v. 7, p. 193-195, 2012.

BERTON, L. H. C.; AZEVEDO FILHO, J. A. de; SIQUEIRA, W. J.; COLOMBO, C. A. Seed germination and estimates of genetic parameters of promising macaw palm (Acrocomia aculeata) progenies for biofuel production. *Industrial Crops and Products*, v. 51, p. 258-266, 2013.

BEWLEY, J. D.; BRADFORD, K. J.; HILHORST, H. W.; NONOGAKI, H. *Seeds*. New York: Springer, 2013.

BICALHO, E. M. *Germinação e mobilização de reservas de sementes de macaúba (Acrocomia aculeata (Jacq.) Lodd. ex Martius)*. 2011. Dissertação (Mestrado em Fitotecnia) – Universidade Federal de Viçosa, Viçosa, MG, 2011.

BICALHO, E. M.; MOTOIKE, S. Y.; LIMA, E.; BORGES, E. E. D.; ATAÍDE, G. D. M.; GUIMARÃES, V. M. Enzyme activity and reserve mobilization during Macaw palm (Acrocomia aculeata) seed germination. *Acta Botanica Brasilica*, v. 30, n. 3, p. 438-444, 2016.

BICALHO, E. M.; PINTÓ-MARIJUAN, M.; MORALES, M.; MÜLLER, M.; MUNNÉ-BOSCH, S.; GARCIA, Q. S. Control of macaw palm seed germination by the gibberellin/abscisic acid balance. *Plant Biology*, v. 17, p. 990-996, 2015.

CARVALHO, V. S.; RIBEIRO, L. M.; LOPES, P. S. N.; AGOSTINHO, C. O.; MATIAS, L. J.; MERCADANTE-SIMÕES, M. O.; CORREIA, L. N. F. Dormancy is modulated by seed structures in palms of the Cerrado biome. *Australian Journal of Botany*, v. 63, p. 1, 2015.

CUTTER, V. M. J. R.; WILSON, K. S. Effect of coconut endosperm and other growth stimulants upon the development in vitro of embryos of Cocos nucifera. *Botanical Gazette*, v. 115, p. 234-240, 1954.

DIAZ-VIVANCOS, P.; BARBA-ESPÍN, G.; HERNÁNDEZ, J. A. Elucidating hormonal/ROS networks during seed germination: insights and perspectives. *Plant Cell Reports*, v. 32, p. 1491-1502, 2013.

EEUWENS, C. J. Mineral requirements for growth and callus initiation of tissue explants excised from mature coconut palms (Cocos nucifera) and cultured in vitro. *Physiologia Plantarum*, v. 36, p. 23-28, 1976.

ELLIS, R. H.; HONG, T. D.; ROBERTS, E. H. (ed.). *Handbook of seed technology for genebanks*, v. 2: compendium of specific germination information and test recommendations. International Board For Plant Genetic Resources. 1985. Disponível em: <https://www.bioversityinternational.org/fileadmin/user_upload/online_library/publications/pdfs/52.pdf>. Acesso em: 06 jun. 2020.

FEHÉR, A.; PASTERNAK, T. P.; DUDITS, D. Transition of somatic plant cells to an embryogenic state. *Plant Cell, Tissue and Organ Culture*, v. 74, p. 201-228, 2003.

FINCH-SAVAGE, W. E.; LEUBNER-METZGER, G. Seed dormancy and the control of germination. *New phytologist*, v. 171, p. 501-523, 2006.

GOMES, M.; GARCIA, Q. Reactive oxygen species and seed germination. *Biologia*, v. 68, p. 351-357, 2013.

GONG, X.; BASSEL, G. W.; WANG, A.; GREENWOOD, J. S.; BEWLEY, J. D. The emergence of embryos from hard seeds is related to the structure of the cell walls of the micropylar endosperm, and not to endo-β-mannanase activity. *Annals of Botany*, v. 96, p. 1165-1173, 2005.

GRANJA, M. M. C.; MOTOIKE, S. Y.; ANDRADE, A. P. S.; CORREA, T. R.; PICOLI, E. A. T.; KUKI, K. N. Explant origin and culture media factors drive the somatic embryogenesis response in Acrocomia aculeata (Jacq.) Lodd. ex Mart., an emerging oil crop in the tropics. *Industrial Crops and Products*, v. 117, p. 1-12, 2018.

LIU, Y.; YE, N.; LIU, R.; CHEN, M.; ZHANG, J. H_2O_2 mediates the regulation of ABA catabolism and GA biosynthesis in Arabidopsis seed dormancy and germination. *Journal of Experimental Botany*, v. 61, p. 2979-2990, 2010.

LUIS, Z. G. Estratégias para a embriogênese somática e conservação ex situ de germoplasma de macaúba [Acrocomia aculeata (Jacq.) Lodd. ex Mart.]. 2013. Tese (Doutorado em Botânica) – Universidade de Brasília, Brasília, DF, 2013.

LUIS, Z. G.; SCHERWINSKI-PEREIRA, J. E. An improved protocol for somatic embryogenesis and plant regeneration in macaw palm (Acrocomia aculeata) from mature zygotic embryos. *Plant Cell, Tissue and Organ Culture*, v. 118 p. 485-496, 2014.

MANFIO, C. E.; MOTOIKE, S. Y.; RESENDE, M. D. V.; SANTOS, C. E. M.; SATO, A. Y. Avaliação de progênies de macaúba na fase juvenil e estimativas de parâmetros genéticos e diversidade genética. *Pesquisa Florestal Brasileira*, v. 32, p. 63-69, 2012.

MAZZOTTINI-DOS-SANTOS, H. C.; RIBEIRO, L. M.; OLIVEIRA, D. M. T. Roles of the haustorium and endosperm during the development of seedlings of Acrocomia aculeata (Arecaceae): dynamics of reserve mobilization and accumulation. *Protoplasma*, v. 254, p. 1563-1578, 2016.

MEEROW, A. W.; BROSCHAT, T. K. *Palm Seed Germination*. Gainesville: UF/IFAS Extension, 2017. Disponível em: <https://edis.ifas.ufl.edu/pdffiles/EP/EP23800.pdf>. Acesso em: 17 jun. 2020.

MEIRA, F. S. *Embriogênese somática em macaúba (Acrocomia aculeata (Jacq.) Lodd. ex Mart.) a partir de tecidos foliares de plantas adultas*. 2015. Dissertação (Mestrado em Botânica) – Universidade de Brasília, Brasília, DF, 2015.

MEIRA, F. S.; LUIS, Z. G.; SILVA-CARDOSO, I. M. A.; SCHERWINSKI-PEREIRA, J. E. Developmental pathway of somatic embryogenesis from leaf tissues of macaw palm (Acrocomia aculeata) revealed by histological events. *Flora*, v. 250, p. 59-67, 2019.

MEIRA, F. S.; LUIS, Z. G.; SILVA-CARDOSO, I. M. A; SCHERWINSKI-PEREIRA, J. E. Somatic embryogenesis from leaf tissues of macaw palm [Acrocomia aculeata (Jacq.) Lodd. ex Mart.]. *Annais da Academia Brasileira de Ciência*, v. 92, e20180709, 2020.

MOTOIKE, S. Y.; NACIF, A. P.; PAES, J. M. V. Macaúba: história do nascimento de uma cultura. *Informe Agropecuário*, v. 32, p. 6, 2011.

MOURA, E. F. *Embriogênese somática em macaúba*: indução, regeneração e caracterização anatômica. 2007. Tese (Doutorado em Genética e Melhoramento) – Universidade Federal de Viçosa, Viçosa, MG, 2007.

MOURA, E. F.; MOTOIKE, S. Y.; VENTRELLA, M. C.; SÁ JÚNIOR, A. Q.; CARVALHO, M. Somatic embryogenesis in macaw palm (Acrocomia aculeata) from zygotic embryos. *Scientia Horticulturae*, v. 119, p. 447-454, 2009.

MOURA, E. F.; VENTRELLA, M. C.; MOTOIKE, S. Y. Anatomy, histochemistry and ultrastructure of seed and somatic embryo of Acrocomia aculeata (Arecaceae). *Scientia Agricola*, v. 67, p. 399-407, 2010.

MURASHIGE, T.; SKOOG, F. A. Revised medium for rapid growth and bio-assays with tabacco tissues cultures. *Physiologia Plantarum*, v. 15 p. 473-497, 1962.

PADILHA, J. H. D.; RIBAS, L. L. F.; AMANO, E.; QUOIRIN, M. Somatic embryogenesis in Acrocomia aculeata Jacq. (Lodd.) ex Mart using the thin cell layer technique. *Acta Botanica Brasilica*, v. 29, p. 516-523, 2015.

PINHEIRO, C. U. B. *Germinação de sementes de palmeiras*. Teresina, PI: Embrapa-UEPAE, 1986.

REIS, S. B.; MERCADANTE-SIMÕES, M. O.; RIBEIRO, L. M. Pericarp development in the macaw palm Acrocomia aculeata (Arecaceae). *Rodriguésia*, v. 63, p. 541-549, 2012.

RIBEIRO, L. M.; GARCIA, Q. S.; MÜLLER, M; MUNNÉ-BOSCH, S. Tissue-specific hormonal profiling during dormancy release in macaw palm seeds. *Physiologia Plantarum*, v. 153, p. 627-642, 2015.

RIBEIRO, L. M.; OLIVEIRA, T. G. S.; CARVALHO, V. S.; SILVA, P. O.; NEVES, S. C.; GARCIA, Q. S. The behaviour of macaw palm (Acrocomia aculeata) seeds during storage. *Seed Science and Technology*, v. 40, p. 344-353, 2012.

RIBEIRO, L. M.; SILVA, P. O.; ANDRADE, I. G.; GARCIA, Q. S. Interaction between embryo and adjacent tissues determines the dormancy in macaw palm seeds. *Seed Science and Technology*, v. 41, p. 345-356, 2013.

RIBEIRO, L. M.; SOUZA, P. P.; RODRIGUES JUNIOR, A. G.; OLIVEIRA, T. G. S.; GARCIA, Q. S. Overcoming dormancy in macaw palm diaspores, a tropical species with potential for use as bio-fuel. *Seed Science and Technology*, v. 39, p. 303-317, 2011.

SÁ JUNIOR, A. Q. de; LOPES, F. de A.; CARVALHO, M.; OLIVEIRA, M. A. da R.; MOTOIKE, S. Y. *Processo de germinação e produção de sementes pré-germinadas de palmeiras do gênero Acrocomia*. 2009. Disponível em: <https://www.gov.br/inpi/pt-br>. Acesso em: 17 jun. 2020.

SINGH, S.; SINGH, G.; ARYA, S. K. Mannans: An overview of properties and application in food products. *International Journal of Biological Macromolecules*, v. 119, p. 79-95, 2018.

SOUZA, F. V. D.; JUNGHANS, T. G.; SOUZA, A. S.; SANTOS-SEREJO, J. A.; COSTA, M. A. P. C. Micropropagação. 2006. In: SOUZA, A. S.; JUNGHANS, T. G. (ed.). *Introdução a micropropagação de plantas*. Bahia: Embrapa, 2006. p. 38-52.

TABAI, S. A. *Propagação da palmeira macaúba Acrocomia aculeata (Jacq.) Loddiges. através de métodos in vitro*. 1992. Dissertação (Mestrado em Ciências) – Universidade de São Paulo, Piracicaba, SP, 1992.

TORRES, A. C.; FERREIRA, A. T.; DE SÁ, F. G.; BUSO, J. A.; CALDAS, L. S.; NASCIMENTO, A. S.; BRIGIDO, M. M.; ROMANO, E. *Glossário de Biotecnologia Vegetal*. Brasília: Embrapa Hortaliças, 2000. 128 p.

6

SISTEMA DE PRODUÇÃO DE MUDAS E PADRÕES DE QUALIDADE

Leonardo Duarte Pimentel, Francisco de Assis Lopes, Eduardo Ferreira de Paula Longo, Sheyla Oliveira da Costa, Lucilene Silva de Oliveira e Diego Ismael Rocha

A demanda do mercado industrial por óleos vegetais e a expansão das fontes renováveis de energia aceleraram o desenvolvimento da cadeia agroindustrial de oleaginosas (Yang et al., 2018; Oliveira et al., 2021). No Brasil, a macaúba (*Acrocomia aculeata* (Jacq.) Lodd. ex Mart.) tem despertado interesse do setor de biocombustíveis e também de indústrias de alimentos, cosméticos e farmacêuticas, devido à sua elevada produção e à qualidade do óleo de seus frutos, tornando-se uma espécie potencial em programas de renovação de matrizes energéticas.

O plantio da macaúba é realizado com uso de mudas, cuja produção dura por volta de 10 a 12 meses. A produção comercial de mudas inicia-se com a semente pré-germinada (Fig. 6.1A) e envolve duas etapas: (i) pré-viveiro, que compreende a fase da semente pré-germinada até a formação do primeiro par de folhas lanceoladas (bipartidas) da muda (Fig. 6.1B); e (ii) viveiro, etapa que sucede o pré-viveiro e perdura até a emissão do segundo par de folhas pinadas (definitivas) (Fig. 6.1C) (Resende et al., 2019), o que ocorre quando a muda tem cerca de um ano de idade. Uma vez atingida essa etapa, as mudas estão prontas para plantio (Fig. 6.1D).

A produção das sementes pré-germinadas é feita por empresas especializadas, visto que requer rigoroso controle fitossanitário e genético, além de infraestrutura e mão de obra especializadas (Conceição et al., 2015). Nesse processo, as características da semente determinam a qualidade da muda. Além disso, no viveiro há fatores fitossanitários e ambientais que influenciam a sobrevivência e o desenvolvimento inicial das mudas, tornando necessária a determinação das características das plantas que melhor se adequam a essas variáveis para garantir a qualidade da muda e a viabilidade do plantio. Essas características, essenciais para o sucesso do plantio, compreendem os atributos que permitem que a muda sobreviva e se desenvolva após o plantio no campo e são denominadas "qualidade de muda" (Duryea, 1985). No presente capítulo, são apresentados os padrões de qualidade das sementes, pré-mudas e mudas de macaúba.

Fig. 6.1 Sistema comercial de produção de mudas de macaúba: (A) sementes pré-germinadas; (B) pré-viveiro: plântulas no ponto de transplantio (2 a 3 meses); (C) viveiro: mudas recém--transplantadas (4 meses); e (D) viveiro: mudas prontas para o plantio (12 meses)
Fonte: Viveiro Acrotech Sementes e Reflorestamento Ltda.

6.1 Padrão de qualidade de sementes

A qualidade da muda é determinada primeiro pela qualidade da semente, que deve ter identidade genética conhecida, sanidade e vigor. As sementes pré-germinadas de macaúba são obtidas em laboratórios especializados. Dada a elevada dormência apresentada pelas sementes da espécie (Motoike et al., 2013), os laboratórios costumam utilizar processos patenteados, nos quais geralmente há uma etapa de quebra da dormência física seguida de etapas físico-químicas que extraem e/ou degradam os compostos que atuam na dormência do embrião, conforme detalhado no Cap. 5. Como o embrião é "forçado" a germinar, é comum sementes defeituosas ou sem vigor germinarem (Fig. 6.2); contudo, elas normalmente não se desenvolvem bem e formam mudas de má qualidade, aumentando as perdas no pré-viveiro/viveiro. Na Fig. 6.2 são apresentados padrões comuns observados em lotes de sementes pré-germinadas de macaúba.

| Perfeita | Pequena | Defeituosa | Deformada |

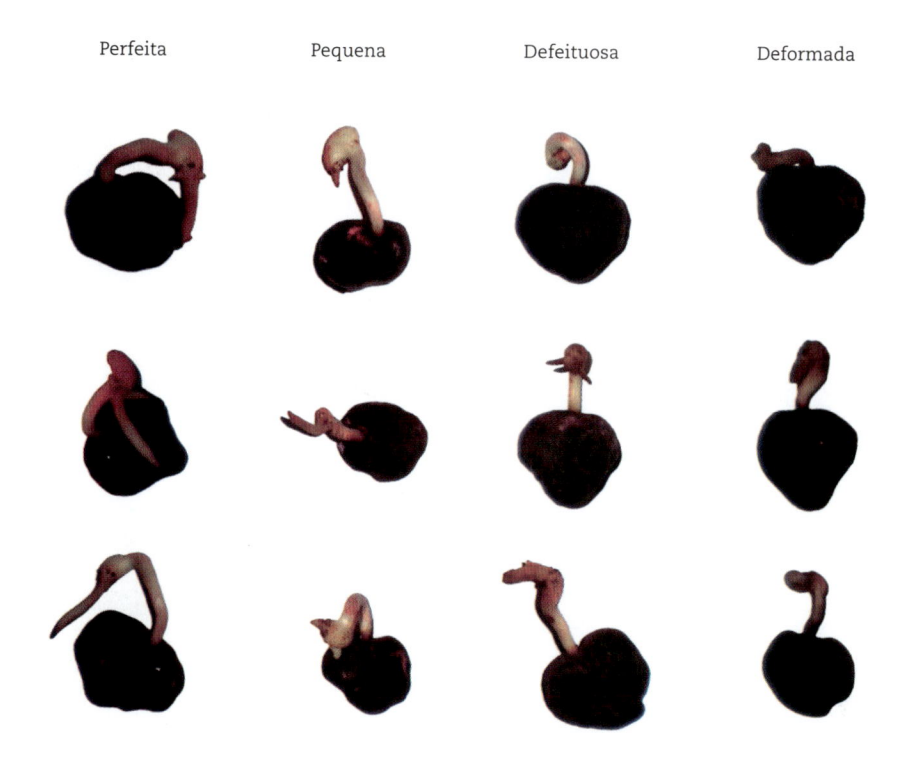

Fig. 6.2 Classificação de sementes pré-germinadas de macaúba ilustrando os defeitos mais comuns. Escala: 2 cm
Fonte: Entaban Ecoenergéticas do Brasil Ltda.

A semente pré-germinada de boa qualidade apresenta amêndoa perfeita, sem quebras, e embrião zigótico desenvolvido de forma que seja possível identificar a radícula e a plúmula (Fig. 6.3A). Além disso, a semente deve ser isenta de fungos aparentes, e o eixo embrionário não deve ultrapassar 3 cm em seu maior comprimento, para evitar quebras na hora da semeadura (Fig. 6.3B-D). Sementes que não atingirem esse padrão de qualidade devem ser descartadas.

6.2 Pré-viveiro: padrão de qualidade de pré-mudas

A partir da semente pré-germinada, inicia-se o processo de produção de mudas em viveiros (Fig. 6.4). No pré-viveiro, a semente pré-germinada deve ser colocada em tubete ou *paper pot*, cujo volume deve ser superior a 180 cm^3, com no mínimo 15 cm de altura (Fig. 6.4A), para favorecer boas condições de crescimento radicular em profundidade. Recipientes com dimensões menores podem limitar o crescimento radicular ou promover o enovelamento de raízes. A etapa de pré-viveiro compreende cerca de 60 a 90 dias (Fig. 6.4B-G), dependendo do recipiente e das condições climáticas a que as pré-mudas são submetidas. Em sistemas de produção com tubetes de 180 cm^3, as pré-mudas devem ser mantidas por até 60 dias no pré-viveiro, enquanto pré-mudas produzidas em *paper pots*

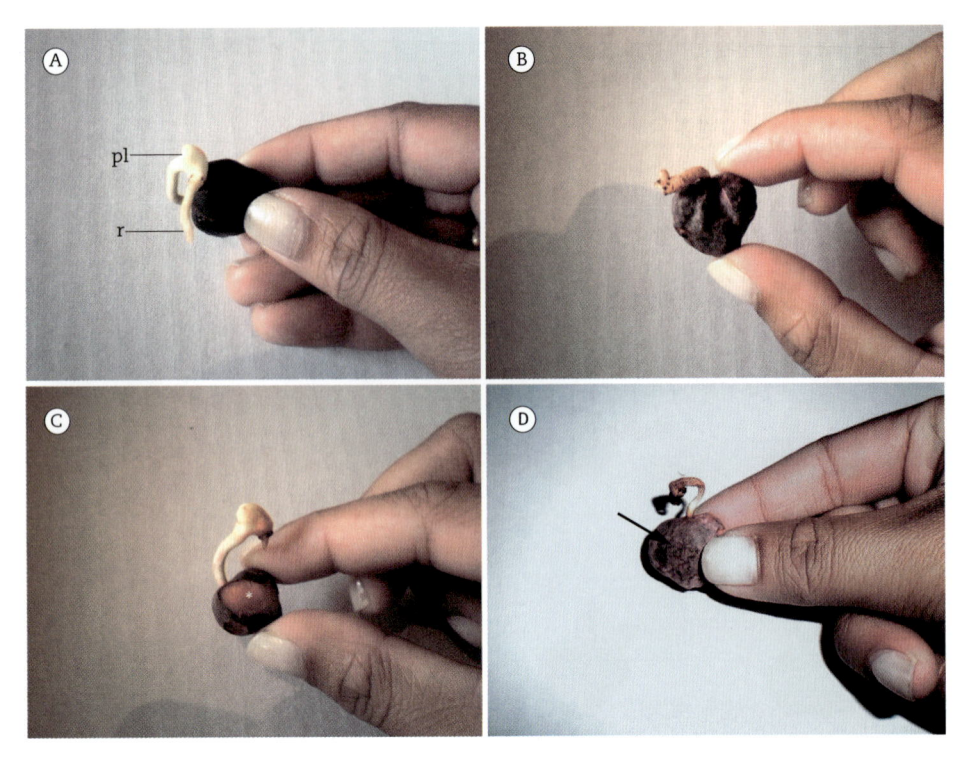

Fig. 6.3 Padrão de germinação em sementes de macaúba: (A) semente perfeita com plúmula (pl) e radícula (r) definidas; (B) semente defeituosa, na qual não houve diferenciação de plúmula e radícula; (C) semente com amêndoa quebrada (*), o que favorece ataque de fungos; e (D) semente com embrião senescente, com amêndoa recoberta por fungos (seta)

Fonte: Entaban Ecoenergéticas do Brasil Ltda.

com volumes maiores podem ser mantidas por até 90 dias (Fig. 6.4E). Independente do sistema de produção, quanto maior a temperatura, mais rápido será o desenvolvimento da pré-muda.

A fase de pré-viveiro deve ser conduzida em ambiente protegido, com sombrite (50%) no primeiro mês (Fig. 6.4B-C). A partir da emissão da primeira folha visível, cerca de 45 dias após a semeadura (Fig. 6.4D), a pré-muda pode iniciar o processo de rustificação: primeiro, retira-se o sombrite ou maneja-se estrutura retrátil nas horas mais frescas do dia; depois, gradativamente se aumenta o tempo de exposição das pré-mudas até mantê-las a pleno sol. Elas devem passar 15 dias nessas condições antes do transplantio para o viveiro a céu aberto em definitivo (Guzmán, 2018), de modo que a segunda folha emitida (Fig. 6.4E,F) esteja adaptada às condições de luminosidade plena, evitando sintomas de estresse após o transplantio (Fig. 6.4G).

O desenvolvimento da muda no viveiro dependerá da qualidade da pré-muda produzida no pré-viveiro. Considera-se que uma pré-muda de macaúba de boa qualidade apresenta, após 60 a 90 dias de semeadura: amêndoa aderida, porte ereto, primeira folha cotiledonar (lanceolada ou bipartida) completamente

Fig. 6.4 Pré-viveiro: etapas de obtenção da pré-muda de macaúba: (A) semeadura de sementes pré-germinadas; (B,C) emergência das plântulas de duas a três semanas após a semeadura; (D) plântulas com a primeira folha expandida 45 dias após a semeadura; (E) plântulas com a segunda folha expandida 60 dias após a semeadura; (F) comparação do sistema radicular de pré-mudas com 45 e 60 dias (apta para transplantio a partir de 60 dias); e (G) pré-mudas 90 dias após a semeadura, limite máximo de permanência no pré-viveiro
Fonte: Viveiro Acrotech Sementes e Reflorestamento Ltda.

expandida e primórdio da segunda folha visível ou expandida, sem sinais de anomalias, lesões fúngicas ou queimaduras, e coloração verde-escura (Fig. 6.4G). Pré-mudas com desenvolvimento inadequado, apresentando estiolamento (não rustificadas) e presença de doenças e/ou deformações que possam comprometer sua qualidade e sanidade (Fig. 6.5), devem ser eliminadas.

Fig. 6.5 Problemas comuns na obtenção da pré-mudas de macaúba. (A) Doença foliar (cercóspora). (B) Pré-muda com doença foliar e dano pelo sol. (C) Ataque de roedores na amêndoa da pré-muda. (D) Pré-muda estiolada, mais de 90 dias após a semeadura em tubete. (E) Pré-viveiro mal conduzido, com alta taxa de perdas. Em detalhe, nota-se a baixa porcentagem de pré-mudas viáveis na bandeja. (F) Comparação entre a morfologia de uma pré-muda normal (PM-N) e uma pré-muda com crescimento anormal (PM-A). (G) Pré-muda normal com amêndoa (seta preta) e pré-muda com crescimento anormal sem amêndoa (seta branca)
Fonte: Entaban Ecoenergéticas do Brasil Ltda.

6.3 Viveiro: padrão de qualidade de mudas

Da pré-muda (Fig. 6.6A), passa-se à fase de viveiro a céu aberto. A etapa de viveiro compreende de 6 a 12 meses, dependendo das condições edafoclimáticas locais e do manejo (irrigação e nutrição mineral adequados, fitossanidade e tamanho do recipiente). Nessa fase utilizam-se, em geral, sacolas plásticas com substrato organomineral, alocadas em fileiras duplas no viveiro (Fig. 6.6A), com espaçamento de 60 cm entre as fileiras (Fig. 6.6B). Normalmente, considera-se que uma muda de macaúba deve ter pelo menos 12 meses e no mínimo um par de folhas definitivas para ser plantada no campo (Fig. 6.6C) (Pimentel et al., 2018).

A macaúba apresenta crescimento inicial lento, com a amêndoa aderida à planta por até cinco meses (Pimentel, 2012). As primeiras folhas emitidas pela planta são chamadas de folhas cotiledonares (lanceoladas ou bipartidas) (Fig. 6.7). Gradualmente, conforme novas folhas vão sendo emitidas, ocorre a transição para folhas compostas definitivas (pinadas) (Pires et al., 2013). Em geral, a primeira folha completamente expandida é a quinta ou sexta folha, quando a muda tem por volta de cinco a seis meses de idade (Fig. 6.7). Essas folhas definitivas são fotossinteticamente mais ativas que as cotiledonares e já não dependem da nutrição da amêndoa (Pimentel et al., 2016).

Fig. 6.6 Viveiro: etapas de obtenção da muda de macaúba: (A) transplantio, (B) desenvolvimento e (C) muda de macaúba pronta para plantio
Fonte: Entaban Ecoenergéticas do Brasil Ltda.

Fig. 6.7 Fenologia da muda de macaúba evidenciando o processo de transição de folhas cotiledonares (lanceoladas e/ou bipartidas) para folhas definitivas (pinadas): (A) muda aos seis meses de idade, com a primeira folha pinada totalmente expandida (sexta folha); (B) folha cotiledonar bipartida (segunda folha); (C) folhas de transição, com o início de formação das folhas pinadas (quarta folha); e (D) folha pinada expandida (sexta folha)

Ao realizar o transplantio das pré-mudas do pré-viveiro para o viveiro, é comum observar sintomas de estresse generalizado, evidenciado principalmente pelo amarelecimento das folhas e pela estagnação do crescimento no mês subsequente ao transplantio (Fig 6.8A,B). Em geral, isso ocorre pela falta de rustificação da pré-muda no pré-viveiro, ocasionando elevado grau de estresse pela luminosidade excessiva, além de danos nas raízes no momento do transplantio (Fig. 6.8B).

A temperatura é o fator que determina a velocidade de crescimento das mudas. Viveiros situados em regiões mais quentes tendem a produzir mudas em menos tempo, visto que não há paralisação do crescimento no inverno. Em contrapartida, em temperaturas abaixo de 15 °C a muda fica praticamente estagnada, atrasando o ciclo de emissão de novas folhas.

Já o manejo vai determinar a qualidade sanitária e nutricional das mudas. Portanto, é importante garantir boa drenagem nos viveiros e manter as sacolas e entrelinhas livres de plantas daninhas para evitar a competição e o excesso de umidade, que criam ambiente favorável para o desenvolvimento de doenças fúngicas (Fig. 6.8C-F).

Finalmente, quanto ao tamanho da sacola, deve ser dimensionado para suportar um bom crescimento da muda até a etapa de plantio definitivo no solo.

Fig. 6.8 Padrão de qualidade na obtenção da muda de macaúba: (A) viveiro com mudas recém-
-transplantadas evidenciando gradientes de coloração; (B) muda com sinais de estresse (coloração
verde-amarelada) logo após o transplantio, devido à falta de rustificação no pré-viveiro; (C) mudas
com manchas foliares em decorrência da baixa sanidade do viveiro; (D) transplantio da muda
"afogada" (muito profunda), resultando em senescência foliar e posterior morte da muda; (E)
ambiente favorável para doenças fúngicas (plantas daninhas e drenagem ruim do viveiro); e (F)
capina manual para retirada de plantas daninhas
Fonte: Entaban Ecoenergéticas do Brasil Ltda.

Considera-se que uma muda de macaúba de boa qualidade, pronta para plantio, deve ter pelo menos um par de folhas pinadas, que são emitidas entre o oitavo e décimo mês de idade. Logo, recomenda-se utilizar sacolas com volume de pelo menos seis litros de substrato, a fim de suportar o crescimento da muda por, no mínimo, um ano no viveiro (Fig. 6.9A).

A manutenção da muda de macaúba por um longo período em um mesmo recipiente pode resultar no seu enraizamento no solo do viveiro, com a projeção do caule saxofônico da planta para fora da sacola (Fig. 6.9B). Nesse caso, no momento do arranquio das mudas e do transporte para o campo geralmente

Fig. 6.9 Principais problemas na produção de mudas de macaúba: (A) sacolas de má qualidade rompendo dentro do viveiro; (B) mudas com dois anos de viveiro, evidenciando estiolamento e caule saxofônico projetado para fora da sacola; (C) podridão causada por *Phytophthora palmivora* após dano no caule saxofônico (meristema da muda) durante o arranquio e transporte da muda; (D) senescência da flecha no campo, com consequente morte da muda devida ao dano causado e à contaminação fúngica de mudas com bulbo exposto; (E) mudas estioladas plantadas no campo, com quebra de folhas por vento; e (F) muda plantada muito jovem, com caule saxofônico danificado por roedores
Fonte: Entaban Ecoenergéticas do Brasil Ltda.

se danifica o meristema da planta, o que resulta em sua morte e, consequentemente, em elevada taxa de replantio nas áreas comerciais (Fig. 6.9C-F). Levando em consideração que a muda fica, em média, nove meses no viveiro, é importante revolver os canteiros pelo menos uma vez antes do envio das mudas para o campo, para evitar que elas enraízem no chão do viveiro.

Outro problema comum nos viveiros é o estiolamento de mudas, que pode ser causado por diversos fatores, entre os quais se destacam o espaçamento e o tempo de permanência inadequados das mudas no viveiro. Quando isso ocorre, as mudas que vão para o campo sofrem quebra de folhas, o que atrasa seu desenvolvimento em pelo menos um ano e causa grande prejuízo (Fig. 6.9E). Além desses perigos ocasionados por má condução do viveiro, a qualidade da sacola é um fator fundamental para manter a integridade da muda durante o transporte (Fig. 6.9A). Recomenda-se utilizar sacolas mais espessas feitas de plástico virgem.

Portanto, considera-se que uma muda de macaúba de boa qualidade e, no mínimo, um ano de idade deve apresentar um par de folhas pinadas totalmente expandidas, porte compacto, com aproximadamente 1,5 m de altura e sem sinais de estiolamento, folhas verde-escuras, flecha aparente, e ausência de doenças fúngicas e queimaduras. Quanto às doenças, deve-se verificar a sanidade do viveiro antes do transporte em busca de indícios, para evitar que doenças de difícil controle, como a *Phytophthora palmivora*, sejam levadas para o campo (Fig. 6.9C). Quanto ao recipiente, a sacola deve ser compatível com o tamanho da muda (volume de pelo menos seis litros) e não pode apresentar rasgos ou permitir a exposição do caule saxofônico no fundo (Fig. 6.9).

6.4 Recomendações técnicas para produção de mudas (pré-viveiro e viveiro)

6.4.1 Sistema de irrigação e rustificação

A demanda hídrica para viveiros é de uma lâmina líquida de 6 mm dia^{-1}. Na etapa de pré-viveiro, a irrigação deve ser feita por microaspersão, sendo recomendado realizar duas irrigações diárias (Tab. 6.1). A irrigação ajuda a reduzir o estresse térmico nas mudas (excesso de calor) dentro da estufa nas horas mais quentes do dia. Recomenda-se, ainda, utilizar sistema de fertirrigação para otimizar o manejo nutricional das mudas. Durante o processo de rustificação da pré-muda para adaptação às condições de viveiro, além do manejo da luminosidade abordado na seção anterior, é necessário manejar a irrigação, reduzindo a frequência de molhamento para "endurecer a planta". Logo, recomenda-se fazer irrigação apenas uma vez ao dia (Tab. 6.1).

Na etapa de viveiro, a irrigação pode ser feita por gotejamento, aspersão convencional ou pivô-central, a depender do projeto. Inicialmente, deve-se realizar duas irrigações diárias, tal como na etapa de pré-viveiro. Contudo, a frequência de irrigação diminuirá para uma vez a cada dois dias nos últimos meses da etapa de viveiro, quando as plantas atingirem entre 150 e 360 dias após a semeadura (Tab. 6.1).

Tab. 6.1 Frequência de irrigação sugerida para mudas de macaúba em viveiros comerciais

Etapa	Ciclo (idade da muda)	Frequência máxima*
Pré-viveiro	0-30 dias	2 vezes ao dia
	30-60 dias (início da rustificação por luz)	2 vezes ao dia
	60-90 dias (em processo de rustificação por luz)	1 vez ao dia
Viveiro	90-120 dias	2 vezes ao dia
	120-150 dias	1 vez ao dia
	150-360 dias	1 vez a cada 2 dias

*Considerando evapotranspiração máxima, ou seja, necessidade de irrigação.

6.4.2 Substrato, adubação e fertirrigação

Entre os fatores que contribuem para a produção de mudas de qualidade, podem-se destacar o substrato utilizado e a fertilização, que são responsáveis pelo crescimento rápido e pela boa formação do sistema radicular. O substrato pode ser constituído de solo mineral, orgânico ou da mistura de diversos materiais; a escolha do tipo a ser utilizado depende do objetivo, da disponibilidade local e do custo de aquisição do material (Wagner et al., 2007). Entre os possíveis benefícios proporcionados pelo uso de um substrato, destacam-se a coesão entre as partículas, que evita destorroamento no plantio, a porosidade, que permite equilíbrio entre umidade e aeração, a ausência de patógenos, a isenção de propágulos de plantas daninhas e a baixa densidade (Kämpf, 2000).

Na etapa de pré-viveiro, recomenda-se utilizar substrato comercial organo-mineral à base de casca de pínus, similar ao utilizado em viveiros de eucalipto (Resende et al., 2019). Apesar de não contribuir com nutrientes, o substrato comercial geralmente é isento de patógenos de solo e possui boa capacidade de retenção de água e drenagem adequada, o que permite a produção de mudas com boa sanidade. Junto ao substrato, recomenda-se utilizar de 2 a 4 kg m^{-3} de superfosfato simples (Pimentel et al., 2011). Nessa etapa do desenvolvimento da muda, a exigência nutricional é baixa e há pouca resposta à adubação, visto que a plântula fica aderida à amêndoa, que fornece os nutrientes essenciais (Pimentel et al., 2016).

Contudo, na semana que antecede o transplantio das mudas para sacolas (etapa de viveiro), recomenda-se realizar uma ou duas fertirrigações com solução nutritiva (Tab. 6.2) para reduzir o estresse do transplantio para as sacolas e contribuir para o desenvolvimento da pré-muda (Dietrich, 2022).

Tab. 6.2 Adubação e fertirrigação recomendada na etapa de pré-viveiro

Adubação (substrato)		
3 kg de superfosfato simples (SSP) por m³ de substrato		
Fertirrigação* (dose para um tambor de 200 L)		
Fertilizante	kg	Periodicidade
Ureia (CH_4N_2O)	0,300	Uma semana antes do transplantio para sacolas
Cloreto de potássio (KCl)	0,400	
Sulfato de magnésio ($MgSO_4$)	0,180	
Ácido bórico (H_3BO_3)	0,180	
Sulfato de zinco ($ZnSO_4$)	0,300	
Sulfato de cobre ($CuSO_4$)	0,420	
Concentração salina = 0,89%		

Obs.: a dose de fertirrigação (200 L) foi calculada para 10.000 pré-mudas.
*Após aplicação da fertirrigação, fazer uma irrigação tradicional (apenas com água) para lavar os sais aderidos nas folhas e evitar queimas nas folhas das mudas.

Na fase de viveiro a céu aberto, são utilizadas sacolas com cerca de 6 L de substrato, alocadas em fileiras duplas com espaçamento de 60 cm entre fileiras. Como substrato, é recomendada uma mistura de solo argiloso, areia e substratos orgânicos disponíveis na região na proporção 3:1:1, respectivamente. Como componentes orgânicos, é preciso avaliar a disponibilidade e o custo-benefício de cada produto no entorno do viveiro. Os mais indicados são esterco bovino, cama de frango, esterco de suínos, torta de filtro de usinas de cana e composto de usina de lixo.

Para adubação de substrato para sacolas (Tab. 6.3), recomenda-se utilizar 4 kg de superfosfato simples, 1 kg de calcário, 1 kg de sulfato de amônio (ou 0,5 kg de ureia) e 0,5 kg de cloreto de potássio por m³ de substrato (Pimentel et al., 2016). As adubações de cobertura podem ser feitas a cada um ou dois meses, por meio de fertirrigação (Tab. 6.3).

6.4.3 Manejo fitossanitário

O controle fitossanitário deve ser feito de modo preventivo, escolhendo locais com boa drenagem para implantar o viveiro. O controle de plantas daninhas nas entrelinhas dos canteiros (Fig. 6.8F) pode ser feito com herbicida, desde que se protejam as mudas de macaúba para evitar fitotoxidez por deriva. Apesar de ser uma planta rústica, ainda não há produtos registrados para macaúba, e o recomendado é fazer apenas capinas manuais nas sacolas. Também de forma preventiva, recomenda-se o manejo de irrigação para evitar excesso de umidade, que favorece doenças fúngicas. Sugere-se a aplicação quinzenal de caldas cúpricas (calda bordalesa), que tem efeito fungicida e fornece micronutrientes para as mudas.

Tab. 6.3 Adubação e fertirrigação recomendada na etapa de viveiro

Adubação (substrato)	kg m^{-3}	
Ureia (CH$_4$N$_2$O)	0,500	
Cloreto de potássio (KCl)	0,500	
Superfosfato simples (SSP)	4,000	
Calcário	2,000	
Fertirrigação* (dose para um tambor de 200 L)		
Fertilizante	**kg**	**Periodicidade**
Ureia (CH$_4$N$_2$O)	0,700	1-2 vezes por mês. Iniciar 15 dias após o transplantio
Cloreto de potássio (KCl)	0,900	
Sulfato de magnésio (MgSO$_4$)	0,400	
Ácido bórico (H$_3$BO$_3$)	0,040	
Sulfato de zinco (ZnSO$_4$)	0,060	
Sulfato de cobre (CuSO$_4$)	0,080	
Concentração salina = 1,09%		

Obs.: *a dose de fertirrigação (200 L) foi calculada para 10.000 mudas.*
Após aplicação da fertirrigação, fazer uma irrigação tradicional (apenas com água) para lavar os sais aderidos nas folhas e evitar queimas nas folhas das mudas.

6.5 Considerações finais

A produção de mudas de qualidade de macaúba é etapa fundamental para o sucesso dos cultivos comerciais. Para isso, é preciso propagar materiais com genética conhecida, adquiridos em laboratórios de produção de sementes especializados, registrados e certificados para tal finalidade, e desenvolver as mudas em viveiros planejados e adequados para essa função.

Considerando que a produção da muda de macaúba pode levar de um a dois anos, entre a obtenção do fruto, o preparo das sementes e as etapas de viveiro (pré-viveiro e viveiro), é fundamental que haja planejamento e dimensionamento correto dos empreendimentos a fim de obter sucesso. Finalmente, ressalta-se que a qualidade da muda é assegurada não só por seus aspectos genéticos e sanitários, mas também pela observação da idade e porte adequados ao plantio no campo e pelo respeito às boas práticas do processo de rustificação, sempre que for realizada a mudança de fase do sistema de produção de mudas.

Referências bibliográficas

CONCEIÇÃO, L. D. H. C. S.; JUNQUEIRA, N. T. V.; MOTOIKE, S. Y.; PIMENTEL, L. D.; FAVARO, S. P.; BRAGA, M. F.; ANTONIASSI, R. Macaúba. In: LOPES, R.; OLIVEIRA, M. S. P.; CAVALLARI, M. M.; BARBIERI, R. L.; CONCEIÇÃO, L. D. H. C. S. (ed.). *Palmeiras do Brasil*. Brasília: Editora Embrapa, 2015.

DIETRICH, O. H. S. *Nutrição mineral da macaúba*. 2022. Tese (Doutorado em Fitotecnia) – Universidade Federal de Viçosa, Viçosa, MG, 2022.

DURYEA, M. L. Evaluating seediing quality importance to reflorestation. *In:* DURYEA, M. L. *Evaluating seedling quality principles, procedures, and predictive abilities of major tests.* Corvallis: Forest Research Laboratory Oregon State University, 1985.

GUZMÁN, C. P. H. *Rustificação hídrica, nutricional e de radiação em mudas de macaúba.* 2018. Tese (Doutorado em Meteorologia Aplicada) – Universidade Federal de Viçosa, Viçosa, MG, 2018.

KÄMPF, A. N. Seleção de materiais para uso como substratos. *In:* KÄMPF, A. N.; FERMINO, M. H. (ed.). *Substratos para plantas:* a base da produção vegetal em recipientes. Porto Alegre: Gênesis, 2000.

MOTOIKE, S. Y.; CARVALHO, M.; PIMENTEL, L. D.; KUKI, K. N.; PAES, J. M. V.; DIAS, H. C. T.; SATO, A. Y. A. *Cultura da macaúba:* implantação e manejo de cultivos racionais. Viçosa: Editora UFV, 2013.

OLIVEIRA, U. F.; COSTA, A. M.; ROQUE, J. V.; CARDOSO, W.; MOTOIKE, S. Y.; BARBOSA, M. H. O.; TEOFLO, R. F. Predicting oil content in ripe Macaw fruits (*Acrocomia aculeata*) from unripe ones by near infrared spectroscopy and PLS regression. *Food Chemistry,* v. 352, p. 1-8, 2021.

PIMENTEL, L. D.; BRUCKNER, C. H.; MANFIO, C. E.; MOTOIKE, S. Y.; MARTINEZ, H. E. P. Substrate, lime, phosphorus and topdress fertilization in macaw palm seedling production. *Revista Árvore,* v. 40, p. 235-244, 2016.

PIMENTEL, L. D.; BRUCKNER, C. H.; MARTINEZ, H. E. P.; TEIXEIRA, C. M.; MOTOIKE, S. Y.; PEDROSO NETO, J. C. Recomendação de adubação e calagem para o cultivo da macaúba: 1ª aproximação. *Informe Agropecuário,* v. 32, n. 265, p. 20-30, 2011.

PIMENTEL, L. D.; FAVARO, S. P.; DIETRICH, O. H.; PRATES, G. C. Produção de mudas de macaúba diretamente em viveiro: Efeito de recipientes e substratos no desenvolvimento de mudas de macaúba. *Boletim de Pesquisa e Desenvolvimento nº 15.* Brasília: Embrapa Agroenergia, 2018.

PIMENTEL, L. D. *Nutrição mineral da macaúba:* bases para adubação e cultivo. 2012. Tese (Doutorado em Fitotecnia) – Universidade Federal de Viçosa, Viçosa, MG, 2012.

PIRES, T. P.; SOUZA, E. S.; KUKI, K. N.; MOTOIKE, S. Y. Ecophysiological traits of the macaw palm: A contribution towards the domestication of a novel oil crop. *Industrial Crops and Products,* v. 44, p. 200-210, 2013

RESENDE, J. C. F.; MOTOIKE, S. Y.; PIMENTEL, L. D.; GROSSI, J. A. S. Macaúba (*Acrocomia aculeta* (Jacq.) Lodd.) *In:* PAULA JÚNIOR, T. J.; VENZON, M. (ed.). *101 Culturas:* Manual de tecnologias agrícolas. 2. ed. Viçosa: Epamig, 2019.

WAGNER JÚNIOR, A.; SILVA, J. O. C.; SANTOS, C. E. M.; PIMENTEL, L. D.; NEGREIROS, J. R. S.; ALEXANDRE, R. S.; HORST, C. B. Substratos na formação de mudas para pessegueiro. *Revista Acta Scientiarum,* v. 29, p. 569-572, 2007.

YANG, R.; ZHANG, L.; LI, P.; YU, L.; MAO, J.; WANG, X.; ZHANG, Q. A review of chemical composition and nutritional properties of minor vegetable oils in China. *Trends in Food Science & Technology,* v. 74, p. 26-32, 2018.

7

Nutrição mineral, calagem e adubação da macaúba: segunda aproximação

Otto Herbert Schuhmacher Dietrich, Maria Antonia Machado Barbosa, Júlio César Lima Neves,
Júnia Maria Clemente, Leonardo Duarte Pimentel

A nutrição mineral é a ciência que estuda os nutrientes minerais essenciais às plantas. As pesquisas em nutrição de plantas incluem temas como absorção, translocação, teores e conteúdos nutricionais nos tecidos vegetais, além das funções de cada nutriente no crescimento e desenvolvimento das plantas.

A maior parte (70% a 80%) dos tecidos vegetais é constituída por água. A porção restante (20% a 30%) é denominada genericamente "matéria seca", 96% da qual são formados por carbono (C), oxigênio (O) e hidrogênio (H), obtidos pelas plantas durante a fotossíntese. Os 4% restantes consistem dos 14 elementos minerais considerados essenciais para as plantas (Marschner, 1995), obtidos por meio da absorção radicular: nitrogênio (N), fósforo (P), potássio (K), cálcio (Ca), magnésio (Mg), enxofre (S), boro (B), cloro (Cl), cobre (Cu), ferro (Fe), manganês (Mn), molibdênio (Mo), zinco (Zn) e níquel (Ni). Os seis primeiros nutrientes (N, P, K, Ca, Mg e S) são denominados macronutrientes, pois são exigidos em maior quantidade pelas plantas, na ordem de g/kg de matéria seca. Os demais nutrientes (B, Cl, Cu, Fe, Mn, Zn, Ni e Mo) são denominados micronutrientes, pois são exigidos em menores quantidades, na ordem de mg/kg de matéria seca (Taiz; Zeiger, 2013).

Apesar das diferentes demandas de nutrientes, todos são indispensáveis para que o ciclo de vida das plantas (crescimento, desenvolvimento e produção) se complete; cada nutriente desempenha função essencial e específica no metabolismo das plantas, e nenhum deles pode ser substituído por outro nutriente essencial. Além disso, embora cada nutriente tenha suas funções específicas, seu efeito no crescimento, desenvolvimento e produção da planta depende da disponibilidade equilibrada dos demais – geralmente, a produção vegetal é limitada pelo elemento faltante, segundo a lei do mínimo estabelecida por Justos von Liebeg (1803-1873).

É importante considerar que estudos sobre a nutrição mineral da macaúba são recentes e muitas lacunas ainda precisam ser preenchidas a fim de adquirir

7 Nutrição mineral, calagem e adubação da macaúba: segunda aproximação

entendimento amplo e consolidado sobre as exigências nutricionais da cultura. Contudo, grandes avanços têm sido obtidos por meio de experimentos de campo que, associados aos conhecimentos da fisiologia e nutrição de outras palmáceas, têm permitido propor recomendações de adubação e, assim, subsidiar o cultivo. Neste capítulo, pretende-se abordar a nutrição mineral da macaúba e propor uma atualização à primeira recomendação de adubação para a cultura, proposta por Pimentel et al. (2011).

7.1 Exigências nutricionais

O conhecimento das exigências nutricionais das plantas e da dinâmica dos nutrientes nos diferentes órgãos e ao longo do ciclo de cultivo é fundamental para ajustar uma recomendação de adubação específica. Primeiro será apresentado um panorama geral das exigências nutricionais das palmáceas e, na sequência, de modo mais específico, as exigências nutricionais da macaúba.

7.1.1 Exigências nutricionais das palmáceas

As palmáceas, de maneira geral, representam um grupo distinto de plantas com exigências nutricionais semelhantes. Quanto às características químicas dos solos, as palmáceas são tolerantes à acidez, mas produtividades mais altas são alcançadas com aplicação de corretivos para elevar os teores de Ca e Mg e adubações contendo os demais elementos essenciais às plantas (Ares et al., 2003; Corley; Tinker, 2003). De modo geral, desenvolvem-se melhor em solos de textura média a argilosa, com exceção do coqueiro (Cocus nucifera), que se desenvolve melhor em solos arenosos nas baixadas litorâneas com lençóis freáticos rasos.

Palmeiras de interesse comercial, como a palma de óleo (Elaeis guineenses, também conhecida como palma africana ou dendezeiro) e o coqueiro, são conhecidas por sua grande exigência nutricional, necessária para manter altos índices de produtividade. Ambas apresentam elevada demanda por fertilizantes e similaridade no acúmulo de nutrientes minerais em ordem decrescente. Como exemplo, a palma de óleo extrai do solo em maior quantidade, nessa ordem, o K e o N, e a demanda aumenta em função da idade da palmeira (Fig. 7.1) (Corley; Tinker, 2003; Sobral; Leal, 2005).

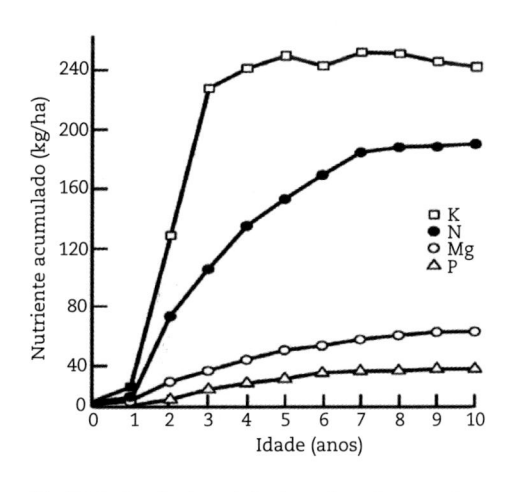

Fig. 7.1 Acúmulo de nutrientes minerais em palma de óleo (Elaeis guineenses)
Fonte: adaptado de Corley e Tinker (2003).

Contudo, as palmáceas apresentam lentidão na resposta à adubação. Em cultivos comerciais de palma e coqueiro, observa-se que uma adubação subestimada ou um déficit hídrico acentuado causam prejuízos na produção do segundo ano após a ocorrência do estresse. Assim, percebe-se que tais plantas são altamente sensíveis quanto à exigência nutricional, mas possuem uma resposta lenta (Sobral, 1998; Corley; Tinker, 2003). Isso ocorre porque o período que envolve a diferenciação floral no ponto de crescimento (palmito) até a abertura da espátula (antese) pode demorar até 36 meses (Uexkull; Fairhurst, 1991).

Considerando que há conhecimento substancial quanto às exigências nutricionais das palmeiras cultivadas, o caminho para o manejo fitotécnico e nutricional da macaúba tem avançado a passos largos. De modo geral, o manejo do sistema de produção da macaubeira tem sido baseado no manejo da palma de óleo, por terem ambas a finalidade principal de produzir óleo de origem vegetal. Contudo, a macaubeira cresce em ambiente diferente ao da palma, principalmente devido à sua adaptabilidade ao déficit hídrico. Além disso, o sistema de cultivo da macaúba tende a ser realizado em sistemas agrossilvipastoris, exigindo rearranjos e entendimento profundo do manejo de fertilidade.

7.1.2 Exigências nutricionais da macaúba

As informações sobre exigências nutricionais ainda são escassas para palmeiras nativas, uma vez que grande parte das pesquisas sobre adubação ainda está em andamento. Entretanto, sua ocorrência natural em ambientes com predominância de solos eutróficos e fertilidade variando de média a alta sugere que a macaúba pode ser exigente quanto às características físico-químicas do solo, além de ser indicadora de solos férteis (Motta *et al.*, 2002), conforme observado nas palmeiras cultivadas (coqueiro e palma de óleo).

Estudos pioneiros com nutrição mineral da macaúba em ambiente cultivado foram realizados primeiro por Pimentel (2012) e depois por Santos (2015) e Dietrich (2017, 2022). Esses estudos visaram atender à necessidade de conhecimento acerca da adubação dessa cultura agrícola, abordando a adequação de substratos para produção de mudas (Pimentel *et al.*, 2016), a adubação de formação e de produção (Pimentel *et al.*, 2015; Santos, 2015; Dietrich, 2017, 2022) e a avaliação do estado nutricional das plantas de macaúba (Pimentel, 2012; Santos, 2015; Dietrich, 2017, 2022).

Pimentel *et al.* (2016), Santos (2015) e Dietrich (2017, 2022) estudaram o efeito de doses de N e K ao longo de todo o ciclo da cultura, isto é, do plantio (ano zero) até a estabilização da produção (décimo ano). Nesses trabalhos, os autores identificaram que a extração e o acúmulo de nutrientes na planta de macaúba na fase juvenil apresentaram a ordem decrescente K $\approx$ Ca > N > S $\approx$ Mg > P > Fe > Zn $\approx$ Mn > Cu. Já na fase reprodutiva, Dietrich (2022) observou acúmulo de nutrientes na ordem decrescente N > K > Ca > Mg > S > P > Fe > Mn > B > Zn > Cu em plantas de macaúba cultivadas, com a ressalva de que o conteúdo de N ultrapassou o de K na transição para uma fase de maior estabilidade do acúmulo de nutrientes (aproximadamente aos dez anos de idade). Nesse sentido, a macaúba deve apresentar alta sensibilidade principalmente à falta de K e N, uma vez que são os nutrientes de maior acúmulo, de forma semelhante a outras palmáceas, como a palma de óleo (Viégas; Botelho, 2000).

Pimentel et al. (2015) demonstraram que a macaúba é responsiva à suplementação nutricional com N e K de forma crescente. Nesse estudo, diferentes genótipos de macaúba com dois anos de idade e em condição de campo apresentaram incrementos em altura e número de folhas em resposta às maiores doses de ambos os nutrientes (360 g de N e 480 g de K_2O por planta) (Fig. 7.2A,B). Os conteúdos médios foliares de N e K que proporcionaram os melhores resultados em altura e número de folhas foram 30,70 e 13,64 g kg^{-1}, respectivamente. Entretanto, essas maiores doses de N e K foram insuficientes para induzir o máximo desenvolvimento vegetativo nas plantas de macaúba nos dois primeiros anos de cultivo.

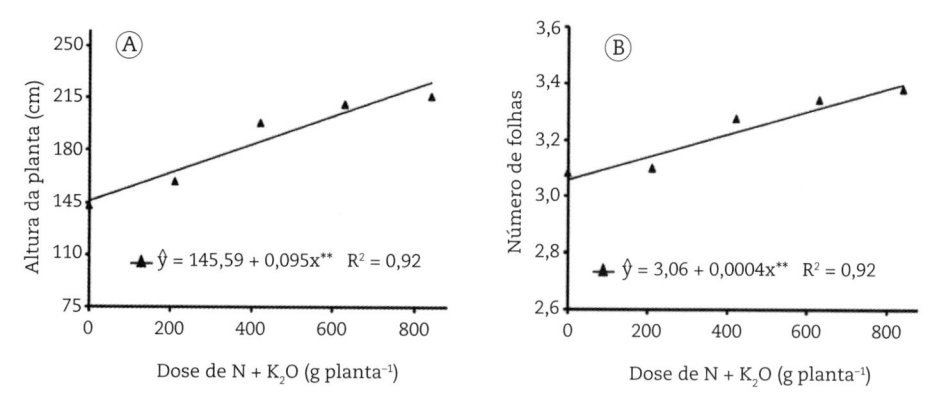

Fig. 7.2 (A) Altura e (B) número de folhas de plantas de macaúba em função de cinco doses de N e K em cobertura avaliada no segundo ano de cultivo no campo
Fonte: adaptado de Pimentel et al. (2015).

De maneira complementar e sequencial aos estudos de Pimentel et al. (2015), Dietrich (2017) também avaliou os efeitos de doses crescentes de N e K em genótipos de macaúba no início da fase reprodutiva (sexto e sétimo ano após o plantio). Nesse trabalho, também foi verificado efeito positivo das doses de N e K (na proporção de 0,42 de N e 0,58 de K) sobre a altura das plantas, sendo o valor máximo observado de 6,8 m, obtido com a dose de 955,88 g/planta de NK (Fig. 7.3A). Além disso, as doses crescentes de N e K beneficiaram a produção de frutos de macaúba, embora tenham sido constatadas diferenças na capacidade produtiva das plantas entre o sexto e sétimo ano de idade (Fig. 7.3B). Nesse caso, o valor máximo de massa de frutos por planta foi de 13,2 kg, obtido com a aplicação de 758 g/planta de NK em plantas com sete anos, idade que marca o início da fase de produção.

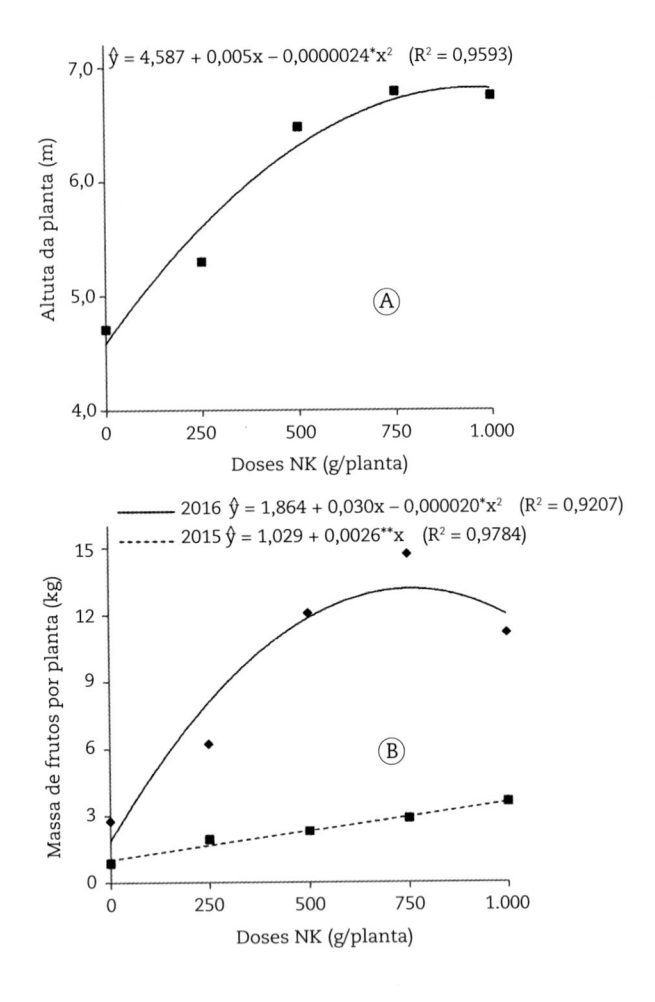

Fig. 7.3 (A) Altura e (B) produção de frutos de plantas de macaúba no sexto e sétimo ano de cultivo no campo em função de doses de N e K em cobertura
Fonte: adaptado de Dietrich (2017).

Os efeitos benéficos das doses crescentes de N e K sobre o crescimento e produção de frutos também foram observados por Dietrich (2022) em plantios de macaúba aos oito, nove e dez anos de idade (Fig. 7.4). As diferenças entre os três anos de avaliação, no que se refere à produção de frutos, são justificadas pela aparente bienalidade que a macaúba apresenta. Entretanto, em todos os anos avaliados as doses crescentes de N e K (na proporção de 0,42 de N e 0,58 de K) beneficiaram tanto o desenvolvimento vegetativo como a produção de frutos, igual ao que foi observado desde os primeiros anos de desenvolvimento da macaúba por Pimentel (2012). Segundo Dietrich (2022), as macaúbas com dez anos de idade apresentaram a máxima altura (8,6 m) e a máxima produtividade de frutos (39,66 kg/planta) com aplicação de 1.500 g/planta e 1.060,87 g/planta de N e K, respectivamente (Fig. 7.4).

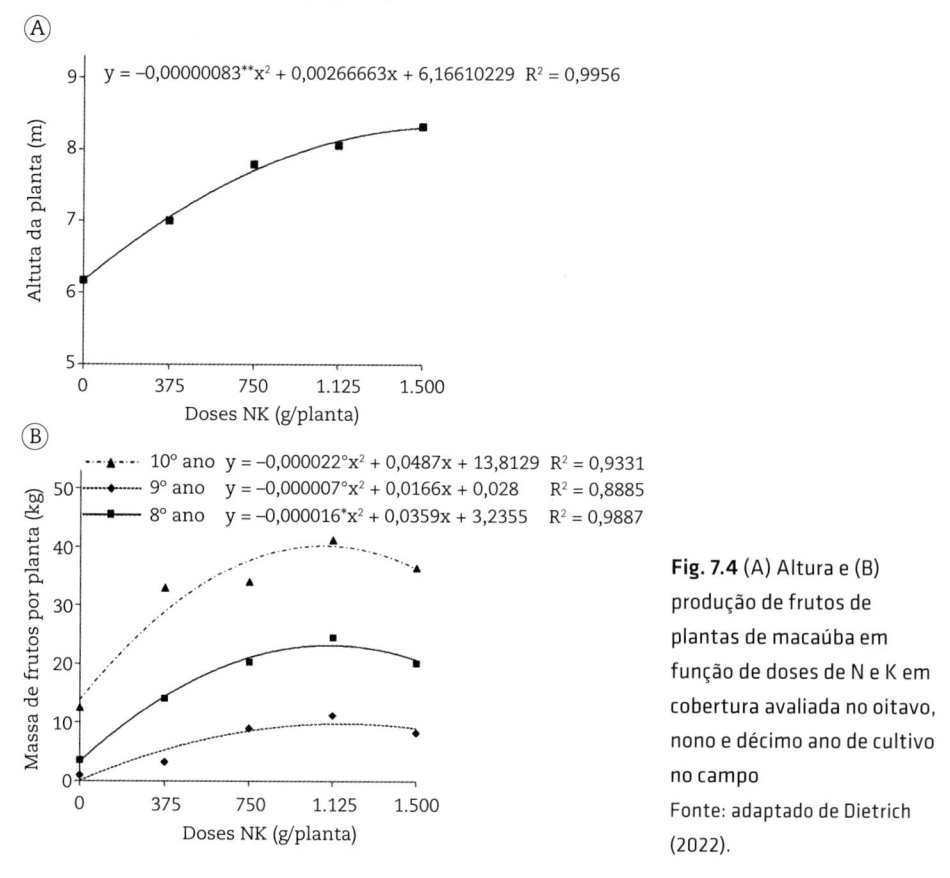

Fig. 7.4 (A) Altura e (B) produção de frutos de plantas de macaúba em função de doses de N e K em cobertura avaliada no oitavo, nono e décimo ano de cultivo no campo
Fonte: adaptado de Dietrich (2022).

(A) $y = -0,00000083^{**}x^2 + 0,00266663x + 6,16610229$ $R^2 = 0,9956$

(B)
10° ano $y = -0,000022°x^2 + 0,0487x + 13,8129$ $R^2 = 0,9331$
9° ano $y = -0,000007°x^2 + 0,0166x + 0,028$ $R^2 = 0,8885$
8° ano $y = -0,000016^*x^2 + 0,0359x + 3,2355$ $R^2 = 0,9887$

Ensaios de adubação de longo prazo com culturas perenes, como o implantado por Pimentel (2012) e conduzido por Santos (2015) e Dietrich (2017, 2022), são fundamentais para um maior entendimento da resposta da cultura às doses de nutrientes ao longo das diferentes fases fenológicas. Durante os anos de condução do experimento, foi possível realizar ajustes nas doses de N e K de acordo com a idade e a fase fenológica, conforme os resultados obtidos nas avaliações. Esses ajustes foram fundamentais para a obtenção das curvas dose-resposta das plantas e, assim, para a observação das doses ideais tanto para o desenvolvimento vegetativo como para a produção de frutos. O banco de dados gerado nesses dez anos de avaliação representou grande lastro de conhecimento acerca do potencial de resposta da macaúba à adubação nitrogenada e potássica e, como consequência, gerou confiança para a aplicação de ajustes na recomendação de adubação com N e K.

Parte representativa da demanda nutricional da macaúba é estimulada pela produção e colheita dos frutos. Para abordar a exportação de nutrientes por colheitas, primeiro é preciso se atentar para a forma como é feita a colheita da cultura. A colheita da macaúba no modelo extrativista caracteriza-se pela coleta manual de frutos caídos naturalmente do cacho e, em cultivos agronômicos, é realizada pelo corte do cacho, semelhante à colheita do dendê, por ser mais fácil e apresentar melhor rendimento, além de maior qualidade do produto final (óleo) e dos subprodutos. No entanto, nesse sistema, quando se recolhe o cacho inteiro para levar à indústria, pode haver a exportação também de nutrientes das outras partes do cacho (ráquis e ráquilas).

Santos (2015), estudando o acúmulo e a exportação de nutrientes pela colheita, observou que a exportação de nutrientes ocorre na seguinte ordem: K > N ≈ Ca > S > Mg > P > Fe > Zn > Mn > Cu. Outros autores (Cetec, 1983; Machado et al., 2015), em estudos específicos da caracterização físico-química dos frutos, também chegaram a valores similares de composição centesimal do fruto. Esses trabalhos permitiram calcular a exportação de nutrientes por tonelada de frutos produzida (Tab. 7.1).

Tab. 7.1 Médias de nutrientes exportados por tonelada de matéria seca de frutos de macaúba

	Nutrientes	Parte do cacho		Parte do fruto				Total
		Ráquis	Ráquilas	Epicarpo	Mesocarpo	Endocarpo	Amêndoa	
kg	N	0,62	1,25	1,10	1,26	0,46	1,32	6,00
	P	0,08	0,17	0,10	0,57	0,03	0,20	1,14
	K	1,99	2,72	2,53	2,29	0,71	0,55	10,79
	Ca	0,79	1,38	0,76	0,66	0,83	0,18	4,60
	Mg	0,32	0,52	0,31	0,54	0,11	0,11	1,92
	S	0,26	0,33	0,27	0,19	0,28	0,03	1,36
g	Mn	6,12	10,09	0,49	7,78	2,57	1,29	28,34
	Cu	1,32	1,26	1,97	2,10	1,27	0,60	8,52
	Fe	7,96	22,49	11,33	16,16	31,81	1,70	91,46
	Zn	2,33	7,75	2,53	7,26	16,82	1,52	38,21

Fonte: adaptado de Cetec (1983), Machado et al. (2015) e Santos (2015).

7.2 Acúmulo de biomassa e conteúdo de nutrientes

A constituição estrutural das moléculas orgânicas é um dos critérios de essencialidade dos nutrientes minerais nas plantas, assim como a sua função no metabolismo, como ativadores enzimáticos, carreadores e osmorreguladores. Por conseguinte, os nutrientes estão diretamente relacionados ao crescimento e desenvolvimento das plantas, e mantêm relação direta e indireta com o metabolismo do carbono por meio da fotossíntese e da respiração, respectivamente, o que pode resultar em maior ou menor acúmulo de biomassa (Larcher, 2006).

De maneira geral, as palmeiras apresentam um crescimento inicial lento, com baixo acúmulo de biomassa nos primeiros anos de cultivo. A palma de óleo,

7 Nutrição mineral, calagem e adubação da macaúba: segunda aproximação

por exemplo, exibe um baixo acúmulo de matéria seca até o terceiro ano, quando se iniciam o crescimento e desenvolvimento mais expressivos. Dietrich (2022) revelou um comportamento semelhante para a macaúba, que apresenta um acúmulo de biomassa significativo até por volta dos 15 anos de idade (Fig. 7.5A), quando já atinge valores de biomassa seca acima de 350 kg planta^{-1}.

Santos (2015) e Dietrich (2022) observaram valores de máximo acúmulo de biomassa seca muito próximos, de 377,38 kg e 378,51 kg (valor estimado), respectivamente. Santos (2015) trabalhou com plantas adultas em ambiente natural (não cultivadas), enquanto Dietrich (2022) ajustou modelos de acúmulo de biomassa seca a partir de plantas cultivadas de diferentes idades.

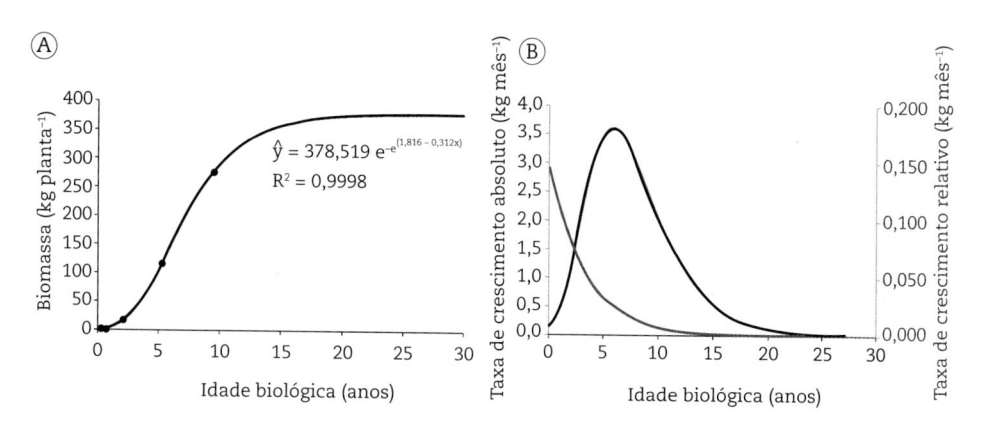

Fig. 7.5 (A) Acúmulo de biomassa seca e (B) taxas totais de crescimento absoluto e crescimento relativo da macaúba em função da idade biológica
Fonte: adaptado de Dietrich (2022).

Até aproximadamente o sexto ano, a macaúba mostra uma taxa de crescimento absoluto crescente, chegando a atingir 3,6 kg mês^{-1} de biomassa seca, e posterior decréscimo (Fig. 7.5B), devido ao menor incremento de massa nos órgãos vegetativos, principalmente os da copa, e ao desenvolvimento dos órgãos não fotossintetizantes, como o estipe e os cachos de frutos (Benincasa, 2003). Tais informações são de grande importância na definição das etapas de maior requerimento nutricional da cultura, para evitar condições de deficiência nutricional e desperdício de adubos.

A alocação dos nutrientes depende da distribuição da biomassa e dos teores de nutrientes minerais nos tecidos vegetais. Com o aumento da idade e do tamanho das plantas de macaúba, observou-se que a proporção de matéria seca na copa (folíolos, ráquis, pecíolos e bainhas) diminui enquanto a proporção do estipe aumenta e que o conteúdo de nutrientes de ambos acompanha esse comportamento, ocorrendo então a diluição e a queda dos teores dos nutrientes nos tecidos vegetais ao longo do tempo (Dietrich, 2022).

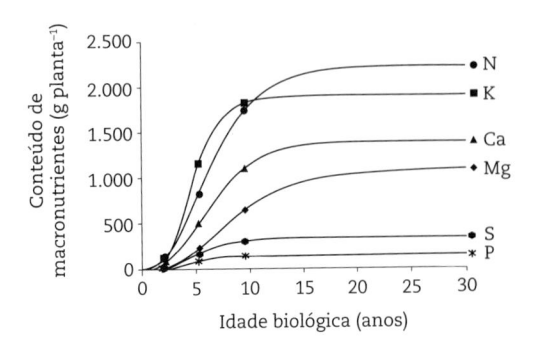

Fig. 7.6 Acúmulo de macronutrientes na biomassa seca da macaúba em função da idade biológica
Fonte: adaptado de Dietrich (2022).

Apesar das diferenças de absorção e dinâmica entre os nutrientes em cada fase fenológica e parte da planta, pode-se assegurar que, de modo geral, o acúmulo de nutrientes na macaúba aumenta com a sua idade (Fig. 7.6), de forma que o fornecimento de nutrientes via fertilizantes deve sempre levá-la em consideração.

Segundo Dietrich (2022), em relação à participação de cada nutriente na composição da macaúba, em uma planta adulta (9,5 anos de idade) os macronutrientes (N, P, K, Ca, Mg e S) representaram 97,27% de todo o conteúdo de nutrientes minerais, enquanto os micronutrientes (Cu, Fe, Zn, Mn e B) representaram 2,73% (Fig. 7.7).

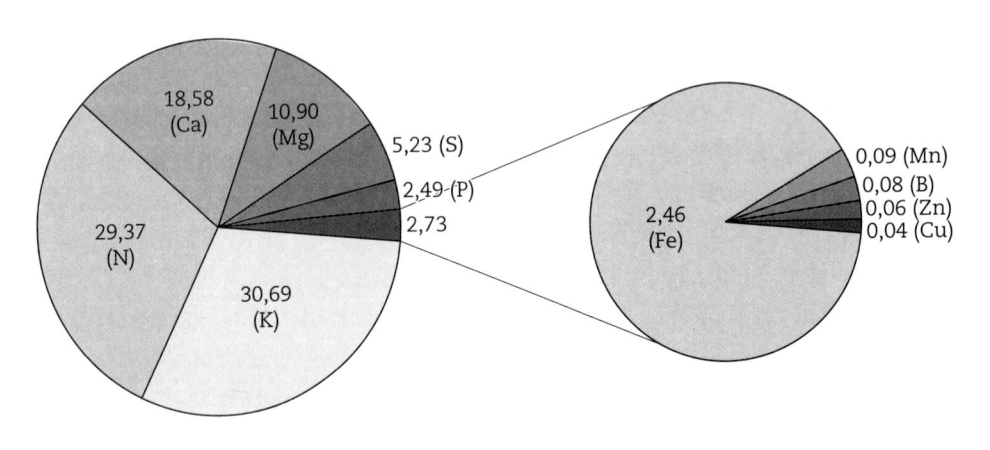

Fig. 7.7 Partição de macro e micronutrientes em macaúba com 9,5 anos
Fonte: adaptado de Dietrich (2022).

7.2.1 Macronutrientes

Em plantas superiores, o N é absorvido pelas raízes, sobretudo nas formas nítrica (NO_3^-) e amoniacais (NH_3 e NH_4^+). O N é importante constituinte de aminoácidos, proteínas, ácidos nucleicos, enzimas, coenzimas, fosfolipídios e hormônios, e também é componente na molécula de clorofila (Marschner, 2012). Em plantas de macaúba com 9,5 anos de idade, o conteúdo de N equivale a 29,37% do acúmulo total de nutrientes na planta (Fig. 7.7), ficando atrás apenas do K. Como relatado anteriormente, o conteúdo de N na planta de macaúba ultrapassa o de K na transição para uma fase de maior estabilidade do acúmulo de nutrientes (aproximadamente aos dez anos de idade), podendo atingir valores de 2,21 kg planta^{-1} (Figs. 7.6 e 7.8). A taxa de acúmulo de N é crescente até aproximadamente o quinto ano de idade da macaúba, mostrando-se menos acelerada que a taxa de acúmulo do K, o que explica o comportamento descrito.

O P é absorvido principalmente como monofosfato ($H_2PO_4^-$) e difosfato (HPO_4^{2-}). Suas principais funções incluem desde a constituição de estruturas macromoleculares até processos de divisão celular. O P é responsável pela natureza fortemente ácida dos ácidos nucleicos e, portanto, pela concentração de cátions excepcionalmente alta nas estruturas de DNA e RNA. Atua nos processos de preservação e transferência de energia, nas etapas da fotossíntese e da respiração. É constituinte de carboidratos, vitaminas, enzimas e fosfolipídios. Além disso, é essencial na divisão celular e, quando ausente, há menor formação de raízes e redução de frutificação e do teor de carboidratos, proteínas e lipídios (Marschner, 2012). O P é o macronutriente menos acumulado na biomassa seca da macaúba, com 2,49% do total acumulado em uma planta de 9,5 anos (Fig. 7.7), atingindo valores máximos de acúmulo estimado de apenas 0,16 kg planta^{-1}. Sua taxa de acúmulo mostra-se crescente até aproximadamente o quarto ano de idade da macaúba (Fig. 7.8).

Apesar da baixa quantidade acumulada, é importante considerar que a demanda de P nas fases iniciais do cultivo é elevada, visto que esse elemento está associado ao crescimento radicular. Soma-se a isso o fato de que P tem baixa mobilidade no solo e alta adsorção pela fração argila, o que requer altas quantidades do nutriente para estabelecimento dos cultivos (Novais; Smyth; Nunes, 2007).

O K é um cátion monovalente de alta mobilidade na planta, sendo o mais abundante no citoplasma da célula vegetal. É absorvido na forma de íon K$^+$ e acoplado intimamente à atividade metabólica de forma bastante seletiva. O K tem funções diversas no metabolismo da planta, como participação na síntese de carboidratos, açúcares, proteínas e lipídios, além de estar envolvido nos processos de fotossíntese e respiração. Atua como ativador enzimático, proporciona às plantas maior resistência aos ataques de insetos e patógenos e melhora a eficiência no uso da água pelas plantas (Marschner, 2012). Apesar disso, esse elemento não faz parte das estruturas do vegetal, sendo rapidamente ciclado no ambiente com a deposição de folhas velhas e serapilheira. É também o macronutriente absorvido de forma mais precoce pela macaúba, com taxa de acúmulo crescente apenas até os 3,5 anos, aproximadamente. Em uma planta de macaúba com 9,5 anos de idade, o conteúdo de K equivale a 30,69% do acúmulo total de nutrientes na planta (Fig. 7.7) e pode atingir acúmulo máximo estimado de 1,91 kg planta^{-1}, inferior apenas ao conteúdo de N (Fig. 7.8).

O Ca é um cátion absorvido pelas plantas na forma iônica Ca^{2+}, já existente na solução do solo. Tem como principal função atuar como componente estrutural de macromoléculas, em virtude da sua capacidade de coordenação, por fornecer mais estabilidade nas ligações intermoleculares predominantes na

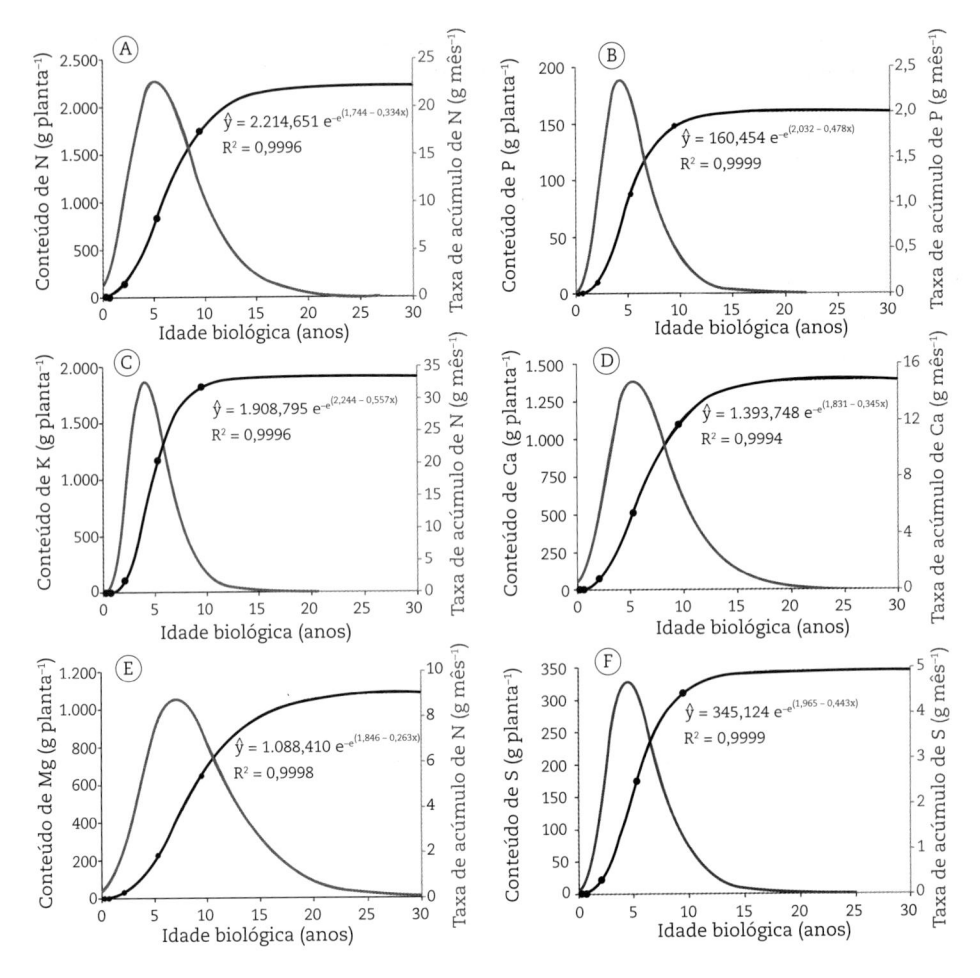

Fig. 7.8 Conteúdo e taxa de acúmulo dos macronutrientes pela macaúba em função da idade biológica
Fonte: adaptado de Dietrich (2022).

parede celular e na membrana plasmática. Essa função é essencial para o fortalecimento da parede celular e dos tecidos vegetais, dado que as células vegetais apresentam parede primária e secundária e uma lamela média, rica em pectato de cálcio, na junção das paredes de células vivas. A proporção de pectato de cálcio na parede celular também é de grande importância para a sustentabilidade do tecido contra infecção de fungos e bactérias e para o amadurecimento de frutos. Além disso, o Ca atua como ativador de várias enzimas, sendo indispensável para o funcionamento dos meristemas e desenvolvimento das raízes (Marschner, 2012). Ele é o terceiro nutriente mais requerido pela macaúba, representando 18,58% dos nutrientes acumulados pela planta aos 9,5 anos (Figs. 7.6 e 7.7), atingindo valores de acúmulo máximo estimado de 1,39 kg planta^{-1} (Fig. 7.8). Sua taxa de acúmulo, como esperado, mostra-se um pouco mais tardia, permanecendo crescente até quase o quinto ano de idade da macaúba (Fig. 7.8).

O Mg é um cátion absorvido pelas plantas na forma de Mg^{2+}. Suas funções nas plantas estão principalmente relacionadas à sua capacidade de interagir fortemente com ligantes nucleofílicos por meio de ligações iônicas e de atuar como um elemento de ligação e/ou formar complexos de diferentes estabilidades. É constituinte da molécula de clorofila e importante ativador de enzimas relacionadas ao metabolismo energético. Atua como "carregador" do P no processo de transferência de energia, na regulação do pH celular e do balanço cátion/ânion (Marschner, 2012). A taxa de absorção do Mg pode ser depreciada por outros cátions, tais como K^+, NH_4^+, Ca^{2+} e Mn^{2+}, bem como pelo H^+ em função do baixo pH. Na macaúba, o Mg é o macronutriente com a taxa de acúmulo menos acelerada, permanecendo crescente até o sétimo ano de idade. Esse elemento representa 10,90% do total acumulado numa planta de 9,5 anos (Fig. 7.7) e pode atingir valores de acúmulo na biomassa seca de 1,09 kg planta^{-1} (Fig. 7.8).

O S é absorvido pelas plantas principalmente na forma de SO_4^{2-}, embora também possa ser absorvido na forma de SO_2 atmosférico. Os compostos de S desempenham papel muito importante na estrutura das proteínas e atuam como um grupo funcional diretamente envolvido nas reações de metabolismo. O S auxilia na produção de vitaminas e enzimas, além de ser necessário para a formação da clorofila. Representa 5,23% dos nutrientes numa planta de macaúba aos 9,5 anos (Fig. 7.7), porcentagem superior apenas ao conteúdo de P entre os macronutrientes, e pode atingir valores de acúmulo na biomassa seca da macaúba de 0,353 kg planta^{-1}. O acúmulo de S pela macaúba é bastante precoce, com uma taxa crescente até quase o quarto ano de idade, comportamento semelhante à absorção e ao acúmulo de K e P, sendo apenas um pouco menos precoce do que eles (Figs. 7.7 e 7.8).

7.2.2 Micronutrientes

Os micronutrientes representam 2,73% do acúmulo total de nutrientes numa planta de macaúba de 9,5 anos. Entre os micronutrientes avaliados por Dietrich (2022), o Fe apresenta maior conteúdo acumulado, representando 90,02% do total de micronutrientes acumulados. Em seguida, Mn apresenta conteúdo equivalente a 0,09% (3,41% dos micronutrientes), B a 0,08% (2,77%), Zn a 0,06% (2,17%) e Cu a 0,04% (1,43%) (Figs. 7.7 e 7.9) (Dietrich, 2022).

Em relação à tendência de acúmulo dos micronutrientes, não se pode relacionar um padrão em comum para as diferentes idades das macaúbas (Dietrich, 2022). Porém, com o aumento da idade, a sequência estabiliza-se em Fe > Mn > B > Zn > Cu (Fig. 7.9), semelhante ao observado por Santos (2015) para a macaúba, Fe > Zn ≈ Mn > Cu, e por Viégas (1993) para a palma de óleo, Fe > Mn > Zn > B > Cu.

O cloro (Cl) é um micronutriente altamente exigido pelas palmáceas, especialmente o coqueiro, e sua deficiência é rara devido à alta disponibilidade na

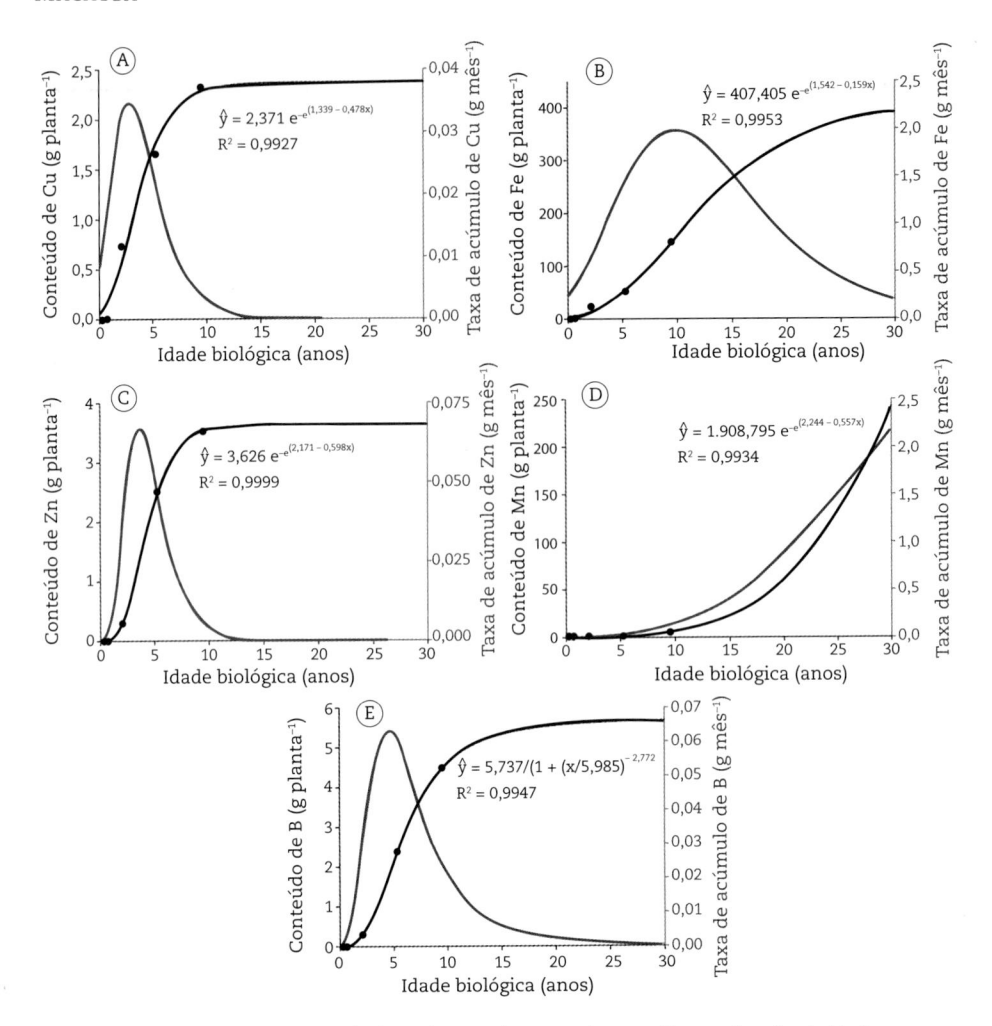

Fig. 7.9 Conteúdo e taxa de acúmulo dos micronutrientes pela macaúba em função da idade biológica
Fonte: adaptado de Dietrich (2022).

atmosfera e ao uso de adubos potássicos compostos por cloro, como o cloreto de potássio. O Cl é absorvido pelas plantas na forma de Cl⁻ e tem como principal função a participação no processo de formação das clorofilas e, por conseguinte, no processo de fotossíntese. Atua no direcionamento do O_2 fotossintético no bombeamento de prótons pelas bombas ATPases que regulam o pH do citosol, além da regulação estomática (Marschner, 2012).

Ni e Mo possuem demanda extremamente baixa e não há estudos que subsidiem uma discussão mais aprofundada no caso da macaúba.

O Zn é absorvido predominantemente como um cátion divalente (Zn^{2+}). É constituinte de várias enzimas, sendo necessário para a síntese do triptofano, precursor da enzima responsável pelo aumento do volume celular, atua na formação da clorofila e de carboidratos e é requerido para a manutenção de biomembranas (Marschner, 2012).

O Mn, absorvido na forma de Mn^{2+}, atua na síntese de proteínas e como ativador de algumas enzimas da cadeia respiratória das plantas. Embora não se conheçam todas as possíveis funções desse elemento na biologia vegetal, sabe-se que tem grande importância nos processos de oxirredução e que está envolvido no complexo de evolução da água durante a fotossíntese.

O Cu, absorvido na forma de Cu^{2+}, está envolvido em processos vitais nas plantas, como fotossíntese, respiração, transporte de carboidratos e ativação de várias enzimas.

O Fe é absorvido pelas raízes das plantas como Fe^{2+} e Fe^{3+}. Atua como precursor da formação da clorofila, como ativador enzimático e, ainda, na síntese de proteínas.

O B é absorvido na forma de H_3BO_3. A lista das funções desse elemento nas plantas é longa e inclui o transporte de açúcar, a síntese e a estrutura da parede celular, a lignificação, o metabolismo dos carboidratos, o metabolismo do RNA, a respiração, o metabolismo dos fenóis e auxinas, a função das membranas, a germinação do grão de pólen e o crescimento do tubo polínico.

7.3 Diagnóstico do estado nutricional

O diagnóstico do estado nutricional visa identificar deficiências, toxidez ou desbalanços nutricionais nas plantas. Existem diversos métodos para avaliar o estado nutricional das plantas, sendo o visual e o foliar os principais, porém testes de tecidos, testes bioquímicos, aplicações foliares, teor de clorofila e análise de seiva também são método de diagnose.

A cultura da macaúba ainda carece de estudos precisos e mais conclusivos, mas avanços notáveis têm sido obtidos no estudo de diagnose visual por meio da técnica do elemento faltante em hidroponia (Pimentel, 2012), na determinação da metodologia de amostragem foliar (Pires *et al.*, 2012; Santos, 2015; Dietrich, 2017) e na interpretação de resultados da análise química foliar (dados não publicados – pesquisa em desenvolvimento).

7.3.1 Diagnose visual

A diagnose visual consiste em comparar visualmente o aspecto (coloração, tamanho, forma) da amostra (planta, ramos, folhas) com o padrão. A função dos nutrientes minerais no metabolismo das plantas é específica e bem definida, possibilitando a diagnose visual, pois os sintomas de deficiência ou toxidez apresentam características similares na maioria das plantas, o que não permite que sejam confundidos com outros fatores causadores de desordens nas plantas, como ataque de pragas, estresse hídrico, nematoides ou doenças.

Um estudo preliminar sobre os sintomas visuais de deficiência nutricional na macaúba foi realizado por Pimentel (2012), utilizando plantas jovens cultivadas em sistema hidropônico. O resumo das avaliações visuais e a caracterização dos sintomas de deficiência nutricional podem ser observados no Quadro 7.1 e nas Figs. 7.10 e 7.11, respectivamente.

De modo geral, os resultados de Pimentel (2012) demonstraram que os sintomas de deficiência nutricional na macaúba coincidem com os observados na palma de óleo, conforme relatos de Viégas e Botelho (2000). No estudo com a macaúba, observou-se redução nos teores dos elementos minerais omitidos em todos os tratamentos, quando comparado com a testemunha, em pelo menos um órgão da planta (folha, raiz ou caule saxofone). Além disso, os efeitos das deficiências de alguns nutrientes refletiram nas características fitotécnicas das mudas, como o comprimento da parte aérea, o diâmetro do caule saxofone e a massa seca da parte aérea, raiz e caule saxofone.

As mudas com omissão de Ca e P apresentaram menor desenvolvimento em comparação à omissão dos demais nutrientes. Isso demonstra que, na fase de muda, há grande demanda metabólica desses elementos, visto que atuam como elementos estruturais (Marschner, 2012; Taiz; Zeiger, 2013). Ademais, as deficiências de Fe e Cu também foram muito impactantes na *performance* das mudas, sendo observada rápida redução no crescimento e desenvolvimento das plantas. Quanto aos demais nutrientes, os sintomas de deficiência manifestaram-se mais lentamente e a omissão não foi suficientemente drástica para restringir o crescimento, indicando que a sensibilidade da planta à sua falta é menor na fase de muda.

7.3.2 Diagnóstico com base na análise de tecido

O diagnóstico com base na análise de tecido consiste em fazer uma comparação dos valores nutricionais de uma amostra e os de uma lavoura padrão. No caso específico da diagnose foliar, a comparação é feita entre os teores foliares da amostra com um padrão (teores foliares de plantas "normais") (Malavolta; Vitti; Oliveira, 1997; Malavolta, 2006).

Os dados de teores foliares, embora possam ter o efeito de diluição e concentração, podem ser usados para a diagnose foliar por existir uma relação bem definida entre teor foliar e crescimento e produção das plantas, que apresenta diferentes classes (regiões): deficiência (região I e II), nutrição adequada (região III), absorção de luxo (região IV) e toxidez (região V) (Fig. 7.12).

A folha é o órgão vegetal mais indicado para avaliação nutricional, pois é representativa dos principais processos metabólicos das plantas. A amostragem de folhas para diagnose na macaúba deve ser feita coletando apenas os folíolos, o que possibilita, além de maior praticidade operacional na amostragem, uma avaliação nutricional melhor e menos invasiva à planta (Santos, 2015). Deve-se realizar a coleta de folíolos do terço mediano das folhas indicadas, cuja atividade fisiológica é mais representativa (Pires *et al.*, 2012) (Fig. 7.13). Após a coleta,

Quadro 7.1 Caracterização da evolução dos sintomas de deficiência mineral em mudas de macaúba sob omissão de nutrientes minerais

Tratamentos	Após 30 dias	Após 60 dias	Após 80 dias	Após 100 dias	Após 120 dias
Testemunha	Deficiência de Fe (FN)[1]	Deficiência de Fe (FN) parcialmente corrigida	Sem sintomas de deficiência	Sem sintomas de deficiência	Sem sintomas de deficiência
Omissão de N	Deficiência de Fe (FN)	Deficiência de Fe (FN) parcialmente corrigida	FV[2] secas (possível translocação do N para FN); dificuldade para abrir FN; secamento dos ponteiros e bordas das FV	Amarelecimento das FV começa nos bordos e progride para secamento (morte do tecido)	Sintomas bem característicos: crescimento reduzido; folha nova mosqueada; atraso para lançar folha nova; poucas folhas, amarelecimento geral da planta
Omissão de P	Deficiência de Fe (FN)	Deficiência de Fe (FN) parcialmente corrigida, crescimento reduzido	Crescimento reduzido	Crescimento reduzido; folhas apresentam verde-escuro intenso	Sintomas bem característicos: crescimento reduzido; cor verde-escura intensa; crescimento errático e brotamento deficiente (não consegue abrir ou lançar FN, má formação de folhas)
Omissão de K	Deficiência de Fe (FN)	Deficiência de Fe (FN) parcialmente corrigida; deficiência de K que incitou deficiência de Fe mais acentuada	FN amareladas, idem à deficiência de Fe inicial; FV bem secas; crescimento reduzido	Crescimento reduzido; FV com necrose nos bordos	Sintomas bem característicos: crescimento reduzido; FV com necrose nos bordos e com clorose generalizada; baixo vigor das plantas e aspecto de murcha
Omissão de Ca	Deficiência de Fe (FN)	Deficiência de Fe (FN) parcialmente corrigida; crescimento reduzido	FV com secamento nos ponteiros	Crescimento reduzido; FN com dificuldade de abrir	Sintomas bem característicos: crescimento reduzido; FN com dificuldade de abrir; cor verde-escura intensa; crescimento errático (não consegue abrir ou lançar FN, má formação de FN)
Omissão de Mg	Deficiência de Fe (FN)	Deficiência de Fe (FN) parcialmente corrigida	FN amareladas, idem à deficiência de Fe inicial; crescimento reduzido em algumas plantas	FN amareladas, idem à deficiência de Fe inicial; crescimento reduzido em algumas plantas	Sintomas bem característicos: crescimento reduzido em algumas plantas; crescimento errático (FN não se desenvolve); clorose generalizada na planta

Quadro 7.1 (continuação)

Tratamentos	Após 30 dias	Após 60 dias	Após 80 dias	Após 100 dias	Após 120 dias
Omissão de S	Deficiência de Fe (FN)	Deficiência de Fe (FN) parcialmente corrigida	Sem sintomas de deficiência	FN com dificuldade de abrir	Sintomas bem característicos: FN amareladas, mosqueadas; baixo vigor
Omissão de Cl	Deficiência de Fe (FN)	Deficiência de Fe (FN) parcialmente corrigida	Sem sintomas de deficiência	Sem sintomas de deficiência	Sintoma pouco característico
Omissão de Fe	Deficiência de Fe (FN)	Deficiência de Fe (FN) bem característica	Sintomas bem característicos: inicia-se com amarelecimento pálido das FN e progride para um amarelo intenso	Folhas vão passando do amarelo-claro para amarelo intenso	Sintomas bem característicos: planta não se desenvolve; início da senescência; FN amareladas; morte de algumas plantas
Omissão de B	Deficiência de Fe (FN)	Deficiência de Fe (FN) parcialmente corrigida	Sem sintomas de deficiência	Sem sintomas de deficiência	Sintomas bem característicos: FN com dificuldade de se abrir; clorose em algumas FN; má formação de FN, pecíolos curtos
Omissão de Cu	Deficiência de Fe (FN)	Deficiência de Fe (FN) parcialmente corrigida; crescimento reduzido	Crescimento reduzido	Crescimento reduzido	Sintomas bem característicos: crescimento reduzido; folhas com necrose e nervuras; FN pequenas e mosqueadas; morte de algumas plantas; má formação de FN
Omissão de Zn	Deficiência de Fe (FN)	Deficiência de Fe (FN) parcialmente corrigida; crescimento reduzido	Crescimento reduzido; sintomas bem característicos: FN mosqueadas (amareladas internervuras e verdes no meio)	Crescimento reduzido; sintomas bem característicos: FN mosqueadas (amareladas internervuras e verdes no meio)	Sintomas bem característicos: crescimento reduzido; FN mosqueadas; planta com nanismo, sem crescimento vertical

[1]FN = folha nova; [2]FV = folha velha.
Fonte: Pimentel (2012).

Fig. 7.10 Caracterização dos sintomas de deficiência em folhas de muda de macaúba sob omissão de nutrientes minerais

Fonte: Pimentel (2012).

Fig. 7.11 Caracterização dos sintomas de deficiência em mudas de macaúba sob omissão de nutrientes minerais

Fonte: Pimentel (2012).

Fig. 7.12 Representação geral típica da relação entre os teores de nutrientes em tecidos vegetais e o crescimento e produção das plantas

Fonte: adaptado de Marschner (2012).

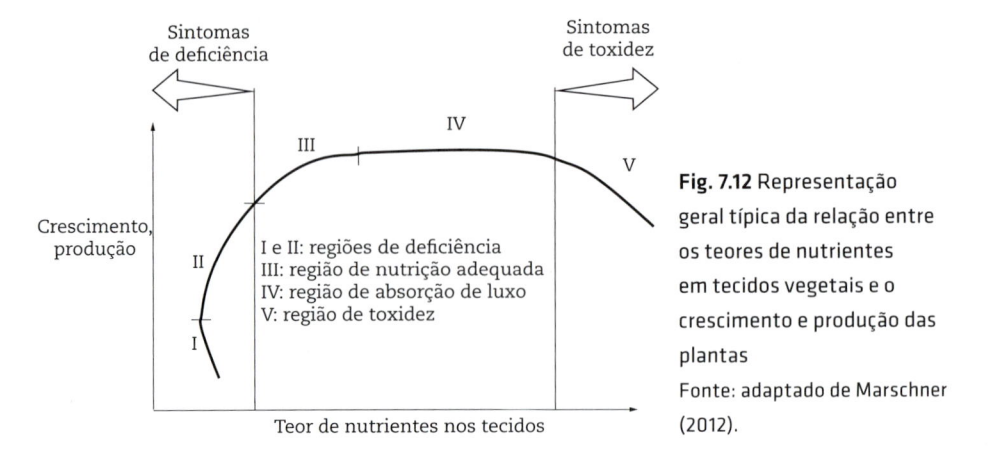

(Legenda do gráfico: I e II: regiões de deficiência; III: região de nutrição adequada; IV: região de absorção de luxo; V: região de toxidez)

as amostras foliares devem ser preparadas dispensando as porções basais e apicais dos folíolos, mantendo apenas a porção mediana dos folíolos; depois, são enviadas para um laboratório para análise química mineral do tecido vegetal.

A recomendação de amostragem foliar para plantas jovens ainda não é conhecida, mas, a partir das conclusões de Pires *et al.* (2012), pode-se recomendar a amostragem foliar em macaúbas jovens entre a segunda e a terceira folha, cujos folíolos do terço mediano possuem os tecidos com mais atividade fisiológica na copa da palmeira jovem (Pires *et al.*, 2012). Nas folhas de plantas de 2,5 anos, os teores de nutrientes (N, P, K, Mg e Fe) são relativamente estáveis. Por

Fig. 7.13 Metodologia de amostragem foliar da macaúba

Fonte: adaptado de Santos (2015) e Dietrich (2017).

outro lado, a amostragem foliar para diagnóstico do estado nutricional de plantas adultas de macaúba deve ser realizada entre a 9ª e a 13ª folha (Santos, 2015).

Em relação à época de amostragem, Dietrich (2017), após um estudo da variação sazonal dos nutrientes, recomendou que as amostras foliares sejam coletadas entre os meses de maio e junho (Fig. 7.13), quando as plantas apresentam menor variação sazonal dos teores dos nutrientes, menor influência de déficit ou excesso de chuvas e menor demanda de órgãos em formação (drenos).

A interpretação de resultados da análise química foliar pode ser realizada com avaliações pelo grau de balanço e pelo grau de equilíbrio, ou com ambas. Dietrich (2022) estabeleceu normas dos teores foliares de N, P, K, Ca, Mg, S, Cu, Zn e B para os métodos Kenworthy e para o Sistema Integrado de Diagnose e Recomendação (DRIS) em plantações de macaúba no Estado de Minas Gerais, por meio de populações de macaúbas de referência (de elevada produtividade) da Estação Experimental de Araponga (UFV), no município de Araponga (MG).

A avaliação de resultados da análise química foliar pelo grau de balanço é realizada para cada nutriente de forma isolada. A metodologia adotada foi a dos Índices Balanceados de Kenworthy (IBKW) (pesquisa em desenvolvimento na UFV), que corrigem o efeito de variações que podem ocorrer na população de referência (Kenworthy, 1961). As faixas de teores normais dos nutrientes em relação ao grau de balanço são apresentadas na Tab. 7.2.

Em complemento à Tab. 7.2, listou-se na Tab. 7.3 uma série de resultados de análises químicas foliares de plantas de macaúbas encontradas na literatura. Nos teores foliares dos nutrientes descritos, não há indicação de níveis críticos ou faixas de suficiências; mesmo assim, esses valores servem como mais um parâmetro para avaliação do estado nutricional de macaúbas, uma vez que possuem resultados de macaúbas de diferentes idades e localidades.

7.4 Solos

Sobre o fator edáfico, pode-se destacar as características físicas e químicas do solo, que podem ser analisadas e classificadas por meio de visita em campo e análises laboratoriais de amostras coletadas, que fornecem base para a escolha das áreas de plantio e as posteriores ações de preparo, correção do solo e adubação.

Importante considerar que, além do fator edáfico, o crescimento, o desenvolvimento e a produção de uma cultura agrícola são afetados por diversos outros fatores, como a genética, o clima e o manejo da lavoura. É comum observar diferenças significativas da produtividade da cultura entre diferentes anos agrícolas, regiões, propriedades agrícolas e até áreas e talhões de plantio dentro da mesma propriedade. Contudo, nesse tópico serão detalhadas apenas as relações edáficas no crescimento e desenvolvimento da cultura.

Tab. 7.2 Classes de balanço nutricional de teores foliares considerando os limites para os valores dos Índices Balanceados de Kenworthy (IBKW), em plantações de macaúba no Estado de Minas Gerais

Nutrientes	Deficiência	Tendência à deficiência	Suficiência	Tendência ao excesso	Excesso
			Macronutrientes (dag/kg)		
N	< 7,23	7,23-13,89	13,89-20,75	20,75-27,40	≥ 27,40
P	< 0,52	0,52-1,01	1,01-1,51	1,51-2,00	≥ 2,00
K	< 2,24	2,24-5,01	5,01-7,86	7,86-10,63	≥ 10,63
Ca	< 3,24	3,24-6,61	6,61-10,09	10,09-13,46	≥ 13,46
Mg	< 0,59	0,59-1,34	1,34-2,11	2,11-2,86	≥ 2,86
S	< 0,73	0,73-1,70	1,70-2,71	2,71-3,69	≥ 3,69
			Micronutrientes (mg/kg)		
Cu	< 0,72	0,72-2,89	2,89-5,13	5,13-7,30	≥ 7,30
Fe	< 49,1	49,1-132,7	132,7-218,9	218,9-302,6	≥ 302,6
Zn	< 2,71	2,71-7,17	7,17-11,77	11,77-16,23	≥ 16,23
Mn	< 8,83	8,83-19,92	19,92-31,34	31,34-42,43	≥ 42,43
B	< 2,84	2,84-8,41	8,41-14,15	14,15-19,73	≥ 19,73

7.4.1 Características físicas

A implantação de lavoura em áreas planas facilita a mecanização do preparo do solo, o plantio das mudas e os tratos culturais, porém áreas muito planas são mais sujeitas à ocorrência de solos pesados, mal drenados e com excesso de umidade por longos períodos, o que pode prejudicar o desenvolvimento da cultura.

Em lavouras situadas em áreas com declividade acima de 20%, a mecanização torna-se praticamente inviável, sendo necessário executar o preparo da área de plantio e os tratos culturais de forma semimecanizada ou, em casos de declividades mais acentuadas, exclusivamente manual, com exceção do transporte de insumos e da colheita, que podem ser realizados por tratores e veículos com carreadores construídos.

Também não é recomendado o plantio em áreas com presença excessiva de rochas e cascalho na camada superficial do solo, porque isso diminui o volume de solo passível de exploração pelas raízes e prejudica o trânsito de tratores e implementos agrícolas.

A textura e a porosidade do solo também são características muito importantes, pois estão diretamente relacionadas à capacidade de retenção de água e aos impedimentos mecânicos ao crescimento do sistema radicular. Em solos arenosos (teor de argila < 30%), pode-se ter problemas com déficit hídrico devido à drenagem excessiva, e, em solos muito argilosos (teor de argila < 50%), pode haver drenagem deficiente.

Tab. 7.3 Teores foliares de macro e micronutrientes em plantas de macaúbas de diferentes idades

	Descrição da planta	N	P	K	Ca	Mg	S	Cl	Mn	Fe	Zn	B	Cu
		g kg⁻¹							mg kg⁻¹				
Mudas	Mudas de seis meses (experimento)[1]	32,30	2,20	20,40	14,90	4,40	2,30	14.000	98,00	296	20,00	66,00	3,00
	Mudas de oito meses (viveiro comercial)[10]	14,59	1,42	11,85	10,08	1,98	2,55	-	68,39	151	15,23	40,18	13,54
	Mudas (hidroponia, solução completa)[2]	26,80	2,70	20,20	13,20	3,00	3,30	25.000	216,00	66	20,00	48,00	3,00
	Média	24,56	2,11	17,48	12,73	3,13	2,72	19.500	127,46	171	18,41	51,39	6,51
Macaúbas jovens (formação)	Macaúba de dois anos[3]	30,30	1,70	11,40	7,30	1,60	2,70	4.100	36,00	159	11,00	40,00	4,00
	Macaúba de 2,5 anos (média das sete folhas)[4]	23,76	1,57	6,16	-	2,29	-	-	-	202	-	-	-
	Macaúbas 2,5 anos (entre 2ª e 3ª folha)[5]	25,15	1,65	6,50	-	2,20	-	-	-	169	-	-	-
	Macaúbas de 2,1 anos (entre 2ª e 3ª folha)[5]	22,80	1,38	9,75	4,25	1,78	2,00	-	59,30	365	11,07	10,54	13,34
	Média	25,50	1,57	8,45	5,78	1,97	2,35	4.100	47,65	224	11,04	25,27	8,67
Macaúbas adultas (produção)	Macaúba adulta (ambiente natural, GO)[6]	14,80	2,20	9,50	12,90	1,60	0,40	-	49,44	183	17,08	-	6,06
	Macaúba adulta (ambiente natural, MG)[7]	16,39	1,03	6,20	7,81	1,85	3,84	-	62,40	200	16,32	-	5,42
	Macaúba de seis anos (entre 3ª e 4ª folha)[8]	16,27	1,19	7,48	4,54	1,79	0,47	9.111	28,25	156	14,18	28,23	5,12
	Macaúba de 5,3 anos (entre 9ª e 10ª folha)[9]	20,09	1,67	11,73	4,68	1,64	2,65	-	13,19	239	9,37	8,83	4,51
	Macaúba de oito anos (entre 9ª e 10ª folha)[9]	20,34	1,24	6,82	9,16	0,81	7,71	-	28,87	110	13,62	-	7,45
	Macaúba de 9,5 anos (entre 9ª e 10ª folha)[9]	12,83	1,24	7,92	4,77	1,49	1,27	-	25,93	340	7,09	14,33	3,73
	Média	16,79	1,43	8,27	7,31	1,53	2,72	9.111	34,68	205	12,94	17,13	5,38

Fonte: adaptado de [1,2,3]Pimentel (2012), [4,5]Pires et al. (2012), [6]Teles et al. (2008), [7,8]Santos (2015), [9]Dietrich (2017) e [10]Dietrich (2022).

7.4.2 Características químicas

As características químicas e físico-químicas de um solo definem a sua fertilidade, ou seja, sua capacidade de fornecer nutrientes às plantas. Elas estão relacionadas não apenas com a presença de nutrientes, mas também com a presença de elementos tóxicos e demais elementos que possam prejudicar o desenvolvimento e produção da cultura. A forma de avaliar a fertilidade do solo de uma área é por meio da análise química do solo, que irá quantificar os nutrientes disponíveis e investigar outras condições adversas às plantas, como acidez do solo, toxidez por alumínio e, em alguns casos, salinidade.

A análise química do solo é indispensável para a implantação e condução da macaúba, pois seus resultados possibilitarão prescrever a necessidade de correção do solo e adubação. A amostragem de solos para avaliação da fertilidade deve ser representativa da área, sendo necessária a divisão em glebas homogêneas (Fig. 7.14A), seguida da coleta de 20 a 30 amostras simples para a formação de uma amostra composta (Fig. 7.14B). A amostragem em lavouras em formação e produção deve ser feita na projeção da copa das macaúbas (Fig. 7.14C), e recomenda-se também a amostragem da camada subsuperficial do solo (20 cm a 40 cm) para verificação das condições de fertilidade e da necessidade de gessagem.

Essa análise do solo, principalmente para culturas perenes, não deve ser aplicada de forma isolada, pois pode não refletir a real condição nutricional da cultura, uma vez que a absorção e assimilação dos nutrientes pelas plantas dependem de vários outros fatores além da disponibilidade do nutriente no solo. A ferramenta que pode complementar a análise do solo é a análise química foliar, que verifica a concentração de nutrientes presentes no tecido vegetal amostrado.

7.4.3 Distribuição radicular e profundidade efetiva de raízes de macaúba

O padrão de distribuição do sistema radicular de uma planta no solo por vezes pode ter relação direta com a produtividade da cultura. Isso ocorre porque algumas práticas de cultivo podem ser definidas conforme o padrão de distribuição dessas raízes, por exemplo, a adubação, o manejo de irrigação e a posição da muda na cova, entre outras.

Fig. 7.14 Amostragem de solo para avaliação da fertilidade

A descrição do sistema radicular de plantas de macaúba em diferentes idades foi realizada por Moreira et al. (2019). Nesse estudo, verificou-se que a massa das raízes da macaúba aumenta conforme a idade das plantas, variando de 0,0006 kg em mudas (3 meses) a 80,73 kg em plantas adultas (9 anos). Na fase inicial de viveiro (3 meses) e ao 1,6 ano, as raízes aderidas à planta concentram-se na região tuberosa. Entretanto, em plantas mais velhas (4,8 e 9 anos), observa-se que a distribuição do sistema radicular se altera: as raízes aderidas tendem a ser distribuídas de forma uniforme em todas as direções da planta.

A distribuição das raízes quanto à distância do caule também é diferente entre plantas de macaúba jovens e adultas (Tab. 7.4). Plantas com 1,6 ano concentram 79% das raízes do lado da região tuberosa (caule saxofone) e apresentam distribuição mais uniforme em relação à profundidade. Já em plantas com 4,8 e 9 anos de idade, as raízes se tornam mais uniformemente distribuídas no entorno da projeção da copa, com maior concentração das raízes no primeiro terço dessa área. A profundidade efetiva da raiz de macaúba é crescente com relação ao aumento da idade da planta, atingindo profundidades de 0,4 m (1,6 ano), 0,6 m (4,8 anos) e 1,0 m (9 anos). Além disso, a distância efetiva das raízes do caule da planta coincide com a área da projeção da copa (Tab. 7.4).

Todas essas informações sobre densidade, distribuição e profundidade das raízes são importantes dentro do planejamento de adubação. Por exemplo, nos primeiros anos de desenvolvimento da planta no campo, doses mais altas de nutrientes podem ser direcionadas para o lado da planta com maior densidade de raízes, no caso, a região tuberosa. Isso tende a ser relevante também para o plantio das mudas no campo, por meio da padronização de plantio em uma direção cardinal específica que, assim, contribui para manejos futuros de adubação e irrigação da cultura. Nesse caso, a determinação do lado da região tuberosa da raiz pode ser feita com base no lado de menor quantidade de folhas da muda, já que é difícil identificar em que lado se encontra a região tuberosa da raiz quando a muda ainda está em saco de polietileno e com o substrato aderido (Moreira et al., 2019).

Tab. 7.4 Profundidade efetiva e distância efetiva das raízes de macaúba do caule e da área de projeção da copa

Idade da macaúba (anos)	Profundidade efetiva[1] (m)	Distância efetiva do caule da planta[1] (m)
1,6	0,40	2,00
4,8	0,60	2,71
9	1,00	3,12

[1] Profundidade efetiva e distância efetiva correspondem ao volume de solo que concentra pelo menos 80% das raízes das plantas.

Fonte: Moreira et al. (2019).

7.5 Calagem e adubação da macaúba

A partir dos primeiros trabalhos de nutrição mineral e adubação com a macaúba, do conhecimento da exigência nutricional de outras palmáceas e do conhecimento prático adquirido nos cultivos comerciais de macaúba, Pimentel et al. (2011) estabeleceram a primeira aproximação para recomendação de adubação para a cultura da macaúba. Essa recomendação tem sido utilizada com sucesso para subsidiar plantios de macaúba na Estação Experimental de Araponga (UFV) e em plantios comerciais da Entaban Ecoenergéticas do Brasil Ltda. (na Zona da Mata mineira, município de Lima Duarte) e da Soleá Óleos Vegetais Ltda. (no noroeste de Minas Gerais, município de João Pinheiro). Contudo, o aperfeiçoamento do manejo nutricional de uma cultura agrícola deve ser constante. Em relação à necessidade de calagem, os experimentos de campo ainda não são conclusivos, mas sinais de elevada demanda da cultura por Ca e Mg e por macronutrientes sugerem que ela seja exigida para elevar a fertilidade dos solos.

7.5.1 Acidez do solo e calagem

A calagem tem como objetivo elevar o pH do solo para uma faixa que permita boa disponibilidade de todos os nutrientes, além de servir como fonte de Ca e Mg para a cultura agrícola. Uma calagem adequada causa redução da acidez do solo e da toxidez de Al e Mn, elevação da saturação de bases do solo e aumento da atividade microbiana, favorecendo a liberação de nutrientes (N, P, S e B) mediante elevação da mineralização da matéria orgânica.

Necessidade de calagem

A necessidade de calagem (NC) pode ser calculada pelo método da neutralização da acidez trocável ou pelo método de saturação por bases. É recomendável o cálculo pelos dois métodos para uma melhor decisão.

O método da neutralização da acidez trocável (Al^{3+}) e da elevação dos teores de Ca^{2+} e Mg^{2+} trocáveis baseia-se na exigência da cultura por Ca e Mg (X) e sua tolerância a Al^{3+} (m_t). No cálculo da NC também é considerada a capacidade-tampão do solo (Y), conforme a Eq. 7.1.

$$NC = Y\left[Al^{3+} - (m_t \times t / 100)\right] + \left[X - (Ca^{2+} + Mg^{2+})\right] \quad (7.1)$$

em que:
Y = coeficiente em função da capacidade-tampão da acidez do solo, definido de acordo com a textura do solo;
Al^{3+} = acidez trocável, em $cmol_c/dm^3$;
m_t = máxima saturação por Al^{3+} tolerada para cultura, em % ($m_t \approx 20\%$ para a macaúba);

t = CTC efetiva, em $cmol_c/dm^3$;
X = valor adequado de $Ca^{2+} + Mg^{2+}$, em $cmol_c/dm^3$ (X ≈ 3 para a macaúba).

O valor do coeficiente Y varia de acordo com a capacidade-tampão da acidez do solo e pode ser estimado pelo teor de argila ou valor do P remanescente (P-rem) (Tab. 7.5).

O método da saturação por bases considera a diferença entre a saturação por bases desejada para a cultura (V_e) e a saturação por bases atual do solo (V_a), conforme a Eq. 7.2.

$$NC = \frac{T(V_e - V_a)}{100} \qquad (7.2)$$

em que:
T = CTC a pH 7 (CTC potencial), em $cmol_c/dm^3$;
V_a = saturação por bases atual do solo, em $cmol_c/dm^3$;
V_e = saturação por bases desejada para a cultura, em $cmol_c/dm^3$ (V_e = 60% para a macaúba).

Estudos específicos de calagem com a cultura da macaúba são escassos. Pimentel et al. (2016) estudaram a calagem no preparo de substrato para mudas, mas experimentos em campo com macaúbas adultas ainda estão em andamento. Motta et al. (2002) observaram que a ocorrência natural de macaúba em Minas Gerais está associada a solos eutróficos, com pH médio em torno de 5,5, saturação por bases (V%) em torno de 59% e soma dos teores de Ca^{2+} e Mg^{2+} acima de 2 $cmol_c/dm^3$.

As recomendações de Pimentel et al. (2011) de m_t = 20%, X = 3 $cmol_c/dm^3$ e V = 60% mostram-se bem embasadas e foram mantidas diante das elevadas exigências em Ca e Mg observadas por Dietrich (2022) e dos bons resultados de desenvolvimento no plantio de macaúbas em áreas experimentais e fazendas comerciais que receberam calagem seguindo tais recomendações.

Tab. 7.5 Valores de Y em função do teor de argila e do P remanescente (P-rem)

Argila (%)	Y	P-rem (mg/L)	Y
0-15	0-1	0-4	4-3,5
15-35	1-2	4-10	3,5-2,9
35-60	2-3	10-19	2,9-2
60-100	3-4	19-30	2-1,2
		30-44	1,2-0,5
		45-60	0,5-0

Fonte: adaptado de Alvarez e Ribeiro (1999).

Quantidade e forma de aplicação de calcário

O cálculo da necessidade de calagem NC (t/ha) determina a quantidade de $CaCO_3$, ou calcário com PRNT = 100%, a ser aplicada em área total (100% da superfície coberta) e profundidade de correção na camada de 0 a 20 cm.

Porém, características do calcário e da forma de aplicação podem variar. A superfície do terreno a ser coberta na calagem (SC) e a profundidade a que o calcário será incorporado (PF) podem ser alteradas de acordo com características da área e do manejo adotado na lavoura de macaúba, por exemplo, a aplicação em faixas e sem incorporação ao solo.

Desse modo, a quantidade de calcário (QC) deve ser ajustada em função da SC, da PF e do poder relativo de neutralização do calcário (PRNT) adquirido para a calagem, conforme a Eq. 7.3.

$$QC\left(\frac{t}{ha}\right) = NC \times \frac{SC}{100} \times \frac{PF}{20} \times \frac{100}{PRNT} \qquad (7.3)$$

em que:
NC = necessidade de calagem, em t/ha;
SC = superfície do terreno a ser coberta na calagem, em %;
PF = profundidade a que o calcário será incorporado, em cm;
PRNT = poder relativo de neutralização do calcário a ser utilizado, em %.

Em relação às recomendações de aplicação, a calagem deve ser realizada de dois a três meses antes do plantio e, idealmente, em área total com incorporação, pois isso não será mais possível depois do plantio das macaúbas (Fig. 7.15). Após a cultura implantada, a necessidade de calagem deve ser monitorada periodicamente por análises químicas de solo e, quando necessária, deve ser realizada sem incorporação do calcário ao solo. Nesse caso, a recomendação é considerar a PF de incorporação de 10 cm.

Fig. 7.15 (A) Calagem em área total e (B) calagem direcionada em lavouras formadas

Cuidados no cálculo da QC podem evitar problemas na lavoura, como doses abaixo do necessário ou, principalmente, supercalagem, uma vez que são feitos ajustes na dose de calcário proporcionalmente ao tamanho da área, à superfície alvo da aplicação, à profundidade de incorporação e às características do calcário.

7.5.2 Gessagem

O gesso agrícola é considerado um condicionador de solo e não um corretivo, uma vez que é composto basicamente de sulfato de cálcio diidratado ($CaSO_4.2H_2O$), que não altera significativamente o pH do solo, como ocorre com a aplicação de calcário composto por carbonatos, conforme equação: $2CaSO_4.2H_2O \rightarrow Ca^{2+} + SO_4^{2-} + CaSO_4 + 2H_2O$.

A gessagem fornece S e Ca e carreia bases (K^+, Ca^{2+}, Mg^{2+} e Al^{3+}) para camadas da subsuperfície do solo após reação com o SO_4^{2-} (K_2SO_4, Ca_2SO_4, Mg_2SO_4 e $Al_2(SO_4)_3$), uma vez que, com a neutralidade adquirida, as bases passam a ter grande mobilidade no perfil do solo. A neutralização do Al^{3+}, a formação de complexos menos tóxicos para as plantas ($Al_2(SO_4)_3$) e seus deslocamentos para camadas mais profundas acarretam benefícios como o aprofundamento do sistema radicular e um consequente volume maior de solo a ser explorado pelas plantas para absorção de nutrientes e água. Para a cultura da macaúba, os benefícios da gessagem mostram-se bem aplicáveis, dado o sistema radicular bastante profundo dessas plantas (Moreira et al., 2019).

A necessidade de gesso (NG) deve ser baseada nos resultados da análise química de solo da camada subsuperficial (20 cm a 40 cm). O uso de gesso é recomendado quando essa camada apresentar teor de Ca^{2+} inferior ou igual a 0,4 $cmol_c/dm^3$ e/ou teor de Al^{3+} maior que 0,5 $cmol_c/dm^3$ e/ou saturação por Al^{3+} (m_t) maior que 30%.

A recomendação de gessagem pode ser feita com base na textura do solo ou na determinação da necessidade de calagem (NC). A recomendação com base na textura do solo pode ser feita por meio da Eq. 7.4 ou diretamente pelos valores expressos na Tab. 7.6, com a NG em função do teor de argila (%) ou de P-rem (mg/L).

$$NG = 0{,}00034 - 0{,}002445\ Arg^{0,5} + 0{,}0338886\ Arg - 0{,}00176366\ Arg^{1,5} \quad (7.4)$$

Já a recomendação de gessagem com base na determinação da NC deve ser feita com uma dose de 30% da NC calculada para a camada subsuperficial (20 cm a 40 cm) (Eq. 7.5):

$$NG = 0{,}30\ NC \quad (7.5)$$

A gessagem pode ser realizada junto ou após a calagem e não altera a quantidade de calcário a ser aplicada. A quantidade de gesso (QG) pode ser diferente da NG quando não aplicado em toda a superfície do terreno, logo, a dose deve ser ajustada similarmente ao procedimento de cálculo da QC. A aplicação de doses excessivas de gesso pode causar intensa lixiviação de cátions a profundidades além do alcance do sistema radicular das plantas.

Tab. 7.6 Necessidade de gesso (*NG*) em função do teor de argila e do P remanescente (*P-rem*) da camada subsuperficial de 20 cm de espessura (20 cm a 40 cm)

Argila (%)	NG	P-rem (mg/L)	NG
0-15	0-0,4	0-4	1,680-1,333
15-35	0,4-0,8	4-10	1,333-1,013
35-60	0,8-1,2	10-19	1,013-0,720
60-100	1,2-1,6	19-30	0,720-0,453
		30-44	0,453-0,213
		44-60	0,213-0

Fonte: adaptado de Alvarez e Ribeiro (1999).

7.5.3 Recomendação de adubação para macaúba

A segunda aproximação baseia-se na combinação de ensaios de adubação em campo e do modelo de balanço nutricional da cultura da macaúba (sistema de recomendação de corretivos e fertilizantes para a cultura da macaúba com base no balanço nutricional, ou Ferticalc-Macaúba) proposto por Dietrich (2022).

Nos últimos anos, começaram a surgir resultados de trabalhos específicos sobre o manejo nutricional com macaúbas cultivadas em campo, como os obtidos por pesquisadores da Universidade Federal de Viçosa (UFV). Um dos ensaios com dados mais robustos é um experimento que avalia a resposta da macaúba a doses crescentes de N e K (nutrientes mais exigidos pela cultura), implantado por Pimentel (2012) e depois conduzido por Santos (2015) e Dietrich (2017, 2022), e que possui avaliações anuais do desenvolvimento vegetativo, de produção e nutricional, permitindo a determinação de doses de N e K para as diferentes fases de desenvolvimento da cultura (formação e produção).

O modelo de balanço nutricional permite determinar as doses de nutrientes a serem aplicadas por meio da diferença entre o requerimento de nutrientes pela planta, para formação da biomassa vegetativa e de frutos, e o suprimento de nutrientes disponíveis no solo. Um fluxograma simplificado do Ferticalc-Macaúba está indicado na Fig. 7.16.

Para identificar o requerimento de nutrientes pela cultura da macaúba, em primeiro lugar são necessários dados relacionados ao acúmulo de biomassa seca e de nutrientes na planta e nos frutos. O acúmulo e a partição da biomassa e do conteúdo de nutrientes nas diferentes partes da planta ao longo do seu ciclo de vida foram determinados por Dietrich (2022), por meio do abate de

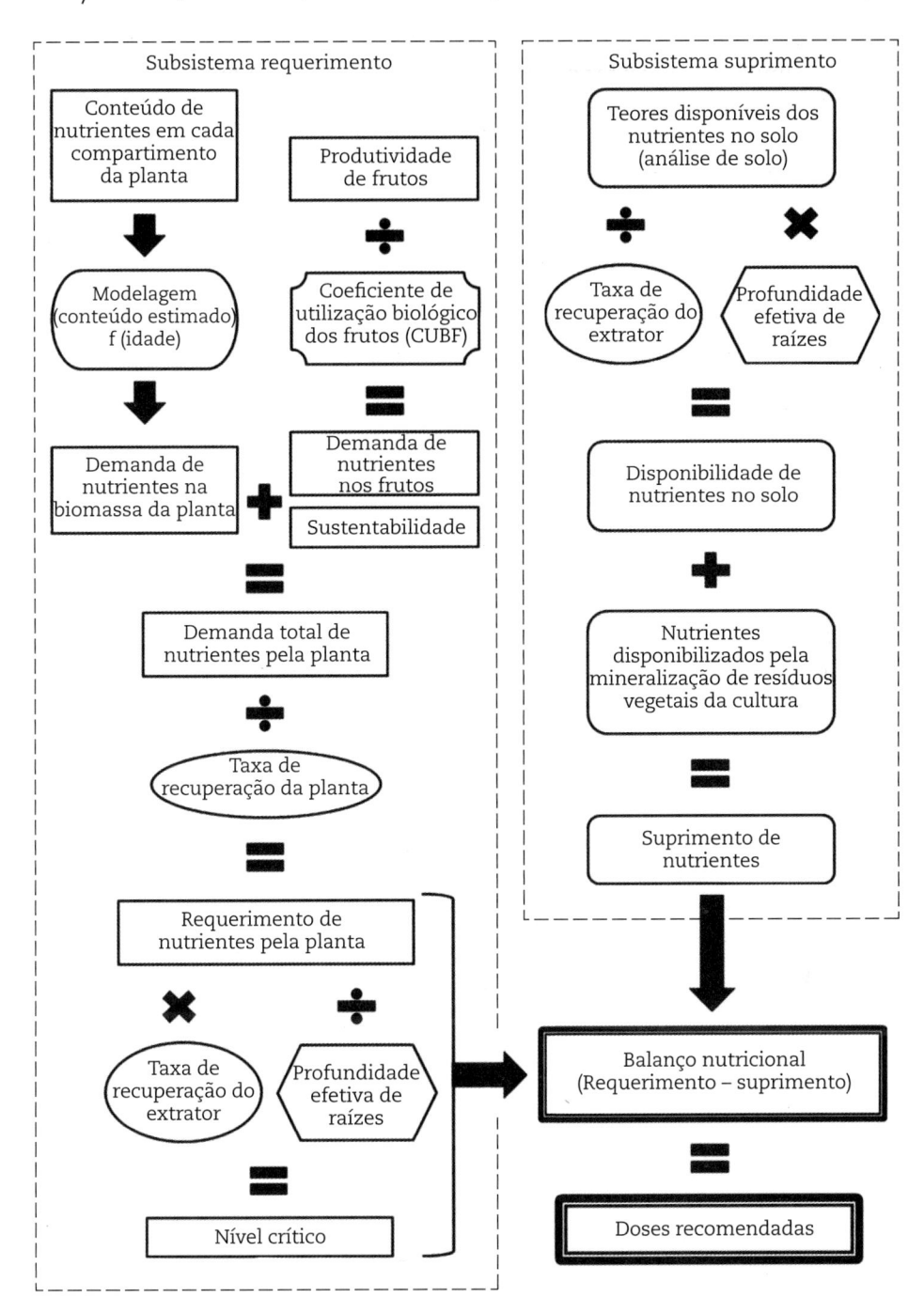

7 Nutrição mineral, calagem e adubação da macaúba: segunda aproximação

Fig. 7.16 Fluxograma das etapas que compõem o Ferticalc-Macaúba
Fonte: Dietrich (2022).

macaúbas cultivadas em diferentes idades. A exportação de nutrientes pela colheita foi calculada a partir do conteúdo de nutrientes nos frutos (epicarpo, mesocarpo, endocarpo e amêndoa), levando em conta valores encontrados na literatura (Quadro 7.1). Posteriormente, ajustaram-se modelos matemáticos para o acúmulo da biomassa e para os conteúdos de nutrientes em função da idade das macaúbas e diferentes produtividades esperadas.

O suprimento de nutrientes consiste nas quantidades de nutrientes disponibilizados pelo solo e pela mineralização de adubos orgânicos e resíduos da cultura (Fig. 7.15).

Adubação de plantio

As tabelas de recomendação de N, P e K da segunda aproximação foram desenvolvidas a partir de simulações com solos de diferentes classes de fertilidade (baixa, média e alta). Para a recomendação de adubação da produção ajustaram-se as doses de acordo com a produtividade esperada de frutos.

A adubação de plantio é realizada na cova, considerando dimensões de 40 cm × 40 cm × 40 cm, independente se foi realizado sulcamento mecanizado ou abertura de covas de forma mecanizada, semimecanizada ou manual. Contudo, antes do plantio deve ser feita a correção do solo com calcário e gesso, de preferência em área total. Quando não há possibilidade de correção em área total, a calagem deve ser feita pelo menos na cova, considerando a dose de calcário calculada para o seu volume.

No momento do plantio, o sistema radicular das plantas é muito reduzido, o que gera uma demanda de elevados teores de nutrientes disponíveis no solo, principalmente de P, que é pouco móvel e altamente adsorvido pelas argilas. Assim, a melhor estratégia seria colocar grande quantidade de fosfato no fundo da cova para suprir a demanda ao longo dos anos de formação da cultura, além de doses complementares nas adubações de cobertura. Com isso, recomenda-se utilizar adubação fosfatada na cova com pelo menos 300 g a 500 g de P_2O_5/planta, que não possui efeito salino, associado à leve adubação com N e K para estimular o desenvolvimento inicial da muda. Em plantios comerciais, utilizam-se normalmente cerca de 1,5 kg de NPK 6:30:6/planta na cova (90 g de N, 450 g de P_2O_5 e 90 g de K_2O) ou 1,0 kg de fosfato natural reativo (500 g de P_2O_5) + 200 g de NPK 20:5:20/planta (40 g de N, 10 g de P_2O_5 e 40 g de K_2O).

Recomenda-se fazer pelo menos uma adubação de cobertura cerca de 60 a 90 dias após o plantio, com mais 200 g de NPK 20:5:20/planta (40 g de N, 10 g de P_2O_5 e 40 g de K_2O). A partir daí, considera-se que a adubação de plantio foi concluída.

Em relação à adubação com micronutrientes, recomenda-se a aplicação de 100 g/cova de Bórax (Pimentel et al., 2011) ou o uso de fertilizantes enriquecidos com micronutrientes, como as FTE (*fritted trace elements*) nas adubações de formação e produção.

Adubação de formação

A adubação de formação da macaúba considera a demanda do primeiro ao quarto ano após o plantio, uma vez que nesse intervalo ainda não há produção de frutos.

As doses recomendadas são apresentadas na Tab. 7.7, sendo as doses de P e K calculadas em função das classes de disponibilidade do nutriente no solo.

A adubação de formação deve ser bem conduzida, uma vez que a macaúba se encontra em uma fase de elevado crescimento vegetativo, acúmulo de biomassa seca e nutrientes (Figs. 7.5 e 7.6). Atenção especial na adubação de formação deve ser dada aos nutrientes absorvidos de forma mais precoce pela macaúba, principalmente K, que apresenta elevada taxa de acúmulo nos três primeiros anos após o plantio.

Tab. 7.7 Recomendação de adubação de formação contendo NPK (g/planta/ano)

	Período	Dose de N	Disponibilidade de P*			Disponibilidade de K*		
			Baixa	Média	Alta	Baixa	Média	Alta
			Dose de P_2O_5			Dose de K_2O		
			g/planta					
Formação	1º ano**	120	–	–	–	180	150	120
	2º ano	200	100	75	50	280	240	200
	3º ano	250	125	100	75	350	300	250
	4º ano	300	150	125	100	420	360	300

* *Interpretação da disponibilidade de P e K, conforme Alvarez e Ribeiro (1999).*
** *Demanda por P já suprida pela adubação de plantio na cova com 500 g de P_2O_5.*

Adubação de produção

A adubação de produção inicia-se após o quinto ano de implantação da lavoura de macaúba, no início da fase reprodutiva da cultura, com a maioria das plantas em fase de florescimento e os primeiros cachos com frutos.

A demanda por uma recomendação de adubação em função da expectativa de produtividade surgiu a partir de observações de variações de produtividade de frutos, tanto em áreas experimentais como em lavouras comerciais. Além disso, diante de avanços nas pesquisas com a cultura, como nas áreas de melhoramento genético e tratos fitotécnicos, há expectativa de maiores produtividades da macaúba e, consequentemente, aumento da demanda nutricional na fase de produção.

Outro aspecto relevante é a possibilidade do planejamento da adubação em função da viabilidade econômica da cultura, podendo-se dimensionar as doses de fertilizantes de acordo com a produtividade economicamente viável. Sendo assim, as doses de N, P e K recomendadas para adubação de produção da macaúba em função da produtividade são apresentadas na Tab. 7.8, com as doses de P e K calculadas de acordo com as classes de disponibilidade do nutriente no solo.

Nos primeiros anos de produção da macaúba, pode-se adotar uma recomendação de doses crescentes de nutrientes, visto que a macaúba apresenta produção crescente nos primeiros quatro a cinco anos após a primeira safra, além de um significativo crescimento vegetativo.

Em relação ao manejo nutricional dos demais nutrientes, Santos (2015) chama a atenção para o suprimento de Ca e Mg, visto que esses elementos também são exportados em grandes quantidades pela colheita. O Ca é o terceiro nutriente mais exportado pela macaúba, inferior apenas ao K e ao N (Quadro 7.1). O suprimento da demanda de Ca e Mg pelas culturas se dá comumente pelo uso de corretivos de solo com relação Ca:Mg frequentemente recomendada na faixa de 3:1 ou 4:1. Os calcários são os corretivos de uso mais consolidado na agricultura, mas, quando utilizados em uma relação Ca:Mg maior, podem demandar adubações complementares com fertilizantes contendo Mg, como os sulfatos, os carbonatos ou os óxidos de Mg.

Para a adubação de produção com S, a utilização de superfosfato simples para suprimento da demanda de P em geral já é suficiente para reposição da exportação do nutriente. O gesso agrícola também é fonte de S e é recomendado para melhorar o ambiente radicular nas camadas mais profundas do solo.

Tab. 7.8 Recomendação de adubação anual de produção de NPK (g/planta/ano) para macaúba em função da produtividade esperada por planta (massa fresca de frutos)

Produtividade esperada	Dose de N	Disponibilidade de P*			Disponibilidade de K*		
		Baixa	Média	Alta	Baixa	Média	Alta
		Dose de P_2O_5			Dose de K_2O		
kg/planta		g/planta					
20	250	125	100	75	350	300	250
40	275	150	125	100	400	350	300
60	300	200	160	120	480	420	360
80	350	250	200	150	580	500	420
100	420	300	250	200	690	600	510
120	500	360	300	240	800	700	600

Interpretação de disponibilidade de P e K conforme Alvarez e Ribeiro (1999).

7.6 Considerações finais

Os estudos com nutrição mineral de macaúba cultivada tiveram início na Universidade Federal de Viçosa (UFV) com os primeiros cultivos experimentais e comerciais implantados a partir de 2009. Nesses cultivos, foram gerados expressivos avanços de pesquisa, especialmente quanto ao manejo fitotécnico e à nutrição mineral da cultura. Neste capítulo, apresentou-se uma segunda aproximação para a recomendação de adubação da macaúba cultivada, consolidada por vários trabalhos de campo ao longo dos últimos doze anos.

Importante considerar que ainda há carência na repetibilidade de experimentos em diferentes ambientes de cultivo. Isso é fundamental para estabelecer banco de dados robustos que permitam calibrar modelos de recomendação de adubação em função da produtividade da cultura e do ambiente de produção com maior assertividade. Também se deve ressaltar que a macaúba é uma cultura industrial, ou seja, uma cultura perene cujo produto agrícola primário tem baixo valor agregado e precisa necessariamente ser processado próximo ao local de cultivo para viabilizar a logística e a comercialização com os centros consumidores. Dessa forma, culturas comerciais, particularmente no setor florestal do qual o sistema de produção da macaúba mais se aproxima, tendem a ocupar regiões de terras mais baratas, em geral associadas a solos com limitações de fertilidade e precipitação irregular. Nesses ambientes, o manejo fitotécnico e nutricional adequado torna-se ainda mais importante, pois definirá o sucesso ou o insucesso do empreendimento. Normalmente, em ambientes desse tipo, a produtividade das culturas tende a ser limitada, mas deve ser compensada pelo menor preço da terra, maior taxa de mecanização e maior escala dos cultivos, a fim de otimizar os custos de produção.

Em síntese, neste capítulo trouxemos os principais avanços e entendimentos sobre o manejo nutricional da macaúba, apresentando recomendações de adubação para as fases de implantação, manutenção e produção da cultura. Ressaltamos ainda que manejos mais refinados da fertilidade dos cultivos poderão ser obtidos pelo Ferticalc-Macaúba, desenvolvido por Dietrich (2022). Nesse sistema, será possível fazer uma recomendação mais personalizada, considerando a demanda e o balanço relativo dos nutrientes em função da fertilidade do solo e da produtividade esperada.

Referências bibliográficas

ALVAREZ, V. V. H.; RIBEIRO, A. C. Calagem. In: RIBEIRO, A. C.; GUIMARÃES, P. T. G.; ÁLVAREZ, V. V. H. (ed.). *Recomendações para uso de corretivos e fertilizantes em Minas Gerais* – 5ª aproximação. Viçosa: CFSEMG, 1999. p. 25-32.

ARES, A.; FALCÃO, N.; YUYAMA, K.; YOST, R. S.; CLEMENT, C. R. Response to fertilization and nutrient deficiency diagnsotics in peach palm in Central Amazonia. *Nutrient Cycling in Agroecosystems*, v. 66, p. 221-232, 2003.

BENINCASA, M. M. P. *Análise de crescimento de plantas*: noções básicas. Jaboticabal: FUNEP, 2003. 42 p.

CETEC-MG – CENTRO TECNOLÓGICO DE MINAS GERAIS/MINISTÉRIO INDÚSTRIA E COMÉRCIO. *Produção de combustíveis líquidos a partir de óleos vegetais (VI)*: Estudo das oleaginosas nativas de Minas Gerais. Belo Horizonte: Relatório Final Convênio STI-MIC-CETEC, 1983. 152 p.

CORLEY, R. H. V.; TINKER, P. B. *The oil palm*. 4. ed. Oxford: Blackwell Science, 2003. 608 p.

DIETRICH, O. H. S. *Época de amostragem foliar e efeito de doses de nitrogênio e potássio em plantas adultas de macaúba*. 2017. 79 f. Dissertação (Mestrado em Fitotecnia) – Universidade Federal de Viçosa, Viçosa, MG, 2017.

DIETRICH, O. H. S. *Nutrição mineral da macaúba*. 2022. Tese (Doutorado) – Universidade Federal de Viçosa, Viçosa, MG, 2022.

FERTICALC–Macaúba – Sistema de recomendação de corretivos e fertilizantes para a cultura da macaúba com base no balanço nutricional. Diponível em: https://play.google.com/store/apps/details?id=calc.com.ferti&hl=pt_BR&gl=US.

KENWORTHY, A. L. Interpreting the balance of nutrient-elements in leaves of fruit trees. In: REUTHER, W. *Plant analysis and fertilizers problems*. Washington: American Institute of Biological Science, 1961. p. 23-28.

LARCHER, W. *Ecofisiologia vegetal*. São Carlos: Rima, 2006. 550 p.

MACHADO, W.; GUIMARÃES, M. F.; LIRA, F. F.; SANTOS, J. V. F.; TAKAHASHI, A. L. S. A.; LEAL, A. C.; COELHO, G. T. C. P. Evaluation of two fruit ecotypes (totai and sclerocarpa) of macaúba (Acrocomia aculeata). *Industrial Crops and Products*, v. 63, p. 287-293, 2015.

MALAVOLTA, E. *Manual de nutrição mineral de plantas*. São Paulo: Editora Agronômica Ceres, 2006. 638 p.

MALAVOLTA, E.; VITTI, G. C.; OLIVEIRA, S. A. *Avaliação do estado nutricional das plantas, princípios e aplicações*. 2. ed. Piracicaba: POTAFOS, 1997. 319 p.

MARSCHNER, H. *Mineral nutrition of higher plants*. 2. ed. London: Academic Press, 1995. 889 p.

MARSCHNER, P. *Mineral nutrition of higher plants*. 3. ed. London: Academic Press, 2012. 651 p.

MOREIRA, S. L. S.; IMBUZEIRO, H. M. A.; DIETRICH, O. H. S.; HENRIQUES, E.; FLORES, M. E. P.; PIMENTEL, L. D.; FERNANDES, R. B. A. Root distribution of cultivated macauba trees. *Industrial Crops & Products*, v. 137, p. 646-651, 2019.

MOTTA, P. E. F.; CURI, N.; OLIVEIRA FILHO, A. T.; GOMES, J. B. V. Occurrence of macaúba in Minas Gerais, Brazil: relationship with climatic, pedological and vegetation attributes. *Pesquisa Agropecuária Brasileira*, v. 3, p. 1023-1031, 2002.

NOVAIS, R. F.; SMYTH, T. J.; NUNES, F. N. Fósforo. In: NOVAIS, R.F.; ALVAREZ, V.H.; BARROS, N.F. de et al. (ed.). *Fertilidade do solo*. Viçosa: SBCS, 2007. p. 471-550.

PIMENTEL, L. D.; BRUCKNER, C. H.; MANFIO, E. C.; MOTOIKE, S. Y.; MARTINEZ, H. E. P. Substrate, lime, phosphorus and topdress fertilization in macaw palm seedling production. *Revista Árvore*, v. 40, p. 235-244, 2016.

PIMENTEL, L. D.; BRUCKNER, C. H.; MARTINEZ, H. E. P.; MOTOIKE, S. Y.; MANFIO, E. C.; SANTOS, R. C. Effect of nitrogen and potassium rates on early development of macaw palm. *Revista Brasileira de Ciência do Solo*, v. 39, p. 1671, 2015.

PIMENTEL, L. D.; BRUCKNER, C. H.; MARTINEZ, H. E. P.; TEIXEIRA, C. M.; MOTOIKE, S. Y.; PEDROSO NETO, J. C. Recomendação de adubação e calagem para o cultivo da macaúba: 1ª aproximação. *Informe Agropecuário*, v. 32, p. 20-30, 2011.

PIMENTEL, L. D. *Nutrição mineral da macaúba*: bases para adubação e cultivo. 2012. 115 f. Tese (Doutorado) – Universidade Federal de Viçosa, Viçosa, MG, 2012.

PIRES, T. P.; SOUZA, E. S.; KUKI, K. N.; MOTOIKE, S. Y. Ecophysiological traits of the macaw palm: A contribution towards the domestication of a novel oil crop. *Industrial Crops and Products*, v. 44, p. 200-210, 2012.

SANTOS, R. C. *Aspectos nutricionais e resposta da macaúba a adubação com nitrogênio e potássio*. 2015. 85 p. Tese (Doutorado) – Universidade Federal de Viçosa, Viçosa, MG, 2015.

SOBRAL, L. F.; LEAL, M. L. S. Resposta do coqueiro à adubação com uréia, superfosfato simples e cloreto de potássio em dois solos do Nordeste do Brasil. *Revista Brasileira de Ciência do solo*, v. 23, p. 85-89, 2005.

SOBRAL, L. F. Nutrição mineral do coqueiro. In: FERREIRA, J. M. S.; WARNICK, D. R. N.; SIQUEIRA, L. A. *A cultura do coqueiro no Brasil*. 2. ed. Brasília: Embrapa Tabuleiros Costeiros, 1998. p. 129-157.

TAIZ, L.; ZEIGER, E. *Fisiologia vegetal*. 5. ed. Porto Alegre: Editora Artmed, 2013. 918 p.

TELES, H. F.; RESENDE, C. F. A.; LEANDRO, W. M.; PIRES, L. L.; TAVARES, P. V. A.; SANTOS, R. A. S. G. Teores de nutrientes em folhas de macaúba (Acrocomia aculeata) em diferentes estádios fenológicos no cerrado goiano. In: Anais do IX Simpósio Nacional do Cerrado. 12-17 outubro de 2008, Brasília/DF.

UEXKULL, H. R.; FAIRHURST, T. H. *The oil palm*: fertilizing for high yield and quality. Bern: IPI, 1991. 79 p.

VIÉGAS, I. J. M.; BOTELHO, S. M. Nutrição mineral do dendezeiro. In: VIÉGAS, I. J. M.; MULLER, A. A. (ed.). *A cultura do dendezeiro na Amazônia Brasileira*. Manaus: Embrapa Amazônia Oriental, 2000. p. 229-273.

VIÉGAS, I. J. M. *Crescimento do dendezeiro (Elaeis Guineensis, Jacq), concentração, conteúdo e exportação de nutrientes nas diferentes partes de plantas com 2 a 8 anos de idade, cultivadas em latossolo amarelo distrófico, Tailândia, Pará*. 1993. Dissertação (Doutorado em Agronomia) – Universidade de São Paulo, Escola Superior de Agricultura Luiz de Queiroz, 1993.

8

Implantação e manejo da cultura

Maria Antonia Machado Barbosa, Otto Herbert Schuhmacher Dietrich,
Leonardo Duarte Pimentel

A domesticação da macaúba tem recebido especial atenção nos últimos anos por parte de instituições públicas e privadas. Tal reconhecimento está associado ao seu potencial produtivo e às múltiplas formas de aproveitamento de seus frutos, com capacidade de atender a diversos segmentos agrícolas e industriais (Motoike; Kuki, 2009). Embora sua exploração ainda seja predominantemente extrativista, a transição para uma cadeia produtiva já está em andamento, com a inserção da macaúba em um contexto de produção agrícola em larga escala, visando o estabelecimento de complexos agroindustriais para extração de óleo vegetal e coprodutos.

A exploração extrativista da macaúba ocorre por meio do aproveitamento dos maciços naturais, especialmente pela população local, que a comercializa de forma incipiente. Entretanto, a macaúba possui características agronômicas favoráveis, como rusticidade e adaptabilidade a diversos ambientes, que favorecem sua exploração comercial em diferentes sistemas de produção. Essas características da planta permitem que a exploração se dê tanto em áreas marginais quanto em áreas de agricultura convencional (Viana et al., 2011). Sua introdução em cultivos solteiros ou associados a outras culturas em áreas marginais, como pastagens degradadas e áreas de morro, tem sido proposta em projetos de recuperação ambiental, junto com a possibilidade de utilização dessas áreas não aproveitáveis em outros cultivos. Ademais, o cultivo da macaúba em sistema de consórcio com espécies forrageiras, anuais (feijão, soja, milho) e perenes (café) traz melhorias no desenvolvimento dessas culturas a partir do aumento da fertilidade do solo e da diversificação da produção da fazenda.

Em sistemas silvipastoris e agrossilvipastoris, a macaúba é introduzida como componente arbóreo, sendo cultivada em associação a culturas agrícolas e/ou pastagens. As vantagens do uso da macaúba nesses cultivos são as melhorias na ambiência, nos fatores temperatura e luz, quando comparada à ambiência animal, e a compatibilidade com culturas anuais e pastagens (Fig. 8.1).

Os primeiros cultivos planejados de macaúba foram implantados a partir de 2009, utilizando os mais diversos sistemas de produção e espaçamentos, em condições experimentais, a exemplo das áreas de pesquisa da Universidade Federal de Viçosa (UFV), Embrapa Cerrados (CPAC) e Epamig, e também para fins comerciais, a exemplo das áreas das empresas Entaban Ecoenergéticas do Brasil Ltda. e Soleá Óleos Vegetais Ltda. Nesses cultivos, tem-se observado que tanto o desenvolvimento vegetativo da macaubeira (taxa de crescimento, número de folhas, vigor e precocidade) quanto a produtividade (número de cachos por planta, número de frutos por planta e peso do cacho) são diretamente proporcionais à adoção de técnicas de manejo (Pimentel, 2012).

Logo, apesar de a macaúba apresentar um histórico de cultivo recente, observa-se que é uma cultura muito responsiva ao manejo e, portanto, independentemente do sistema de produção adotado, a implantação e condução do macaubal devem seguir as mesmas etapas de outros cultivos florestais. Neste capítulo, serão abordadas todas as informações para a implantação de cultivos planejados de macaúba, considerando desde a escolha do local até a obtenção do produto final.

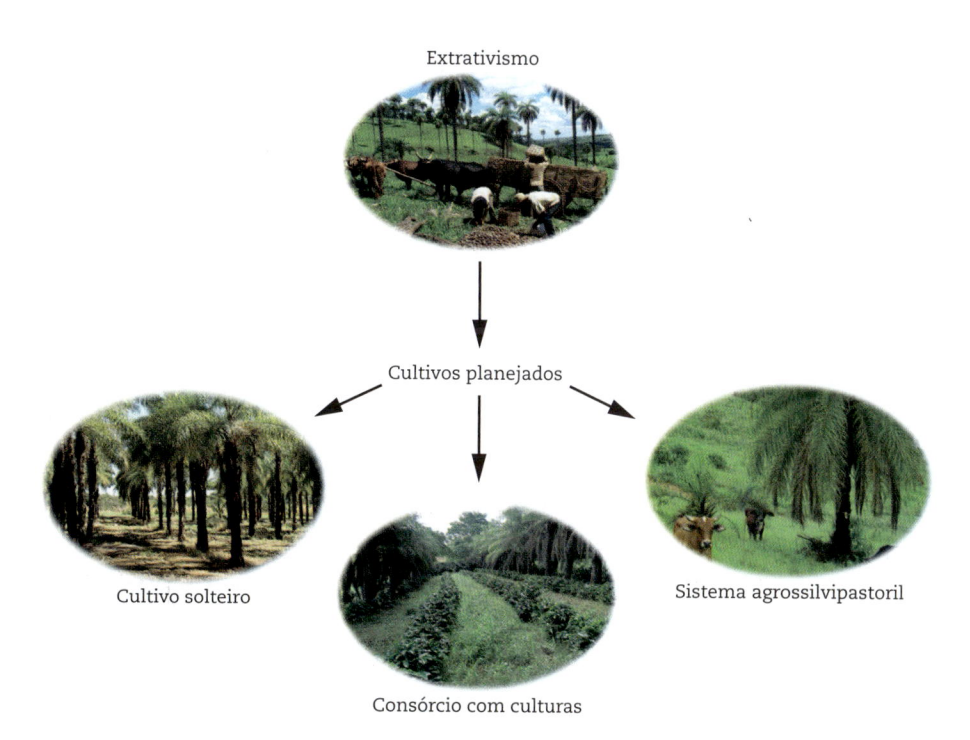

Fig. 8.1 Ilustração das diferentes formas de exploração da macaúba: extrativismo e processo de transição para cultivos planejados, evidenciando cultivo solteiro, consórcio de macaúba com café e sistema agrossilvipastoril (macaúba com pastagem)

8.1 Implantação da cultura

A macaúba possui capacidade de exploração de até trinta anos, o que confere imensa importância aos cuidados durante todas as etapas de implantação e manejo, com o intuito de prolongar seu tempo de vida útil. Dessa forma, ainda que os custos iniciais de implantação e manutenção sejam altos, se essas etapas forem bem executadas, todos poderão ser compensados ao longo dos anos de produção (Pimentel et al., 2011). Nesta seção, serão abordadas todas as etapas para a correta instalação de um cultivo de macaúba.

8.1.1 Escolha da área

A escolha do local para plantios comerciais de macaúba deve primeiro considerar as exigências edafoclimáticas da cultura. Partindo desse princípio, a escolha de áreas deve ser planejada conforme a aptidão agrícola das terras e da escolha do sistema de produção a ser adotado.

É importante que, antes da implantação da cultura, seja realizado um levantamento detalhado do solo, incluindo características químicas e físicas, topografia, drenagem e profundidade. Vale destacar que a macaúba tem preferência por solos eutróficos com textura variando de média a argilosa (Motta et al., 2002). Embora o plantio em solos arenosos também seja possível, eles devem ser evitados, devido à menor capacidade de retenção de água, que pode ser um ponto negativo em regiões com precipitações médias anuais abaixo do mínimo requerido para o bom desempenho produtivo da cultura (1.000 mm).

O solo da área escolhida deve apresentar boa drenagem, a fim de evitar encharcamento no período das chuvas, além de profundidade mínima de 1 m, que corresponde à profundidade efetiva das raízes da macaúba em fase adulta (Moreira et al., 2019). Solos rasos podem implicar mau desenvolvimento radicular, ocasionar perdas de plantas por tombamento e prejudicar o uso de irrigação.

A escolha da área quanto à declividade deve levar em consideração as operações de plantio e manejo, porém, ressalta-se que a macaúba se adapta bem tanto em áreas planas quanto em encostas e vales. Áreas planas facilitam as operações demandadas pela cultura, como os tratos culturais (roçagem, aplicação de defensivos agrícolas, podas, calagem e adubação) e a colheita, que podem atingir maior rendimento com a adoção da mecanização. Em contrapartida, a escolha por áreas com declividades, como encostas e morros, pode ser estratégica, por viabilizar o aproveitamento dessas terras e isentar a macaúba da competição por área com outras culturas.

Além das condições edafoclimáticas, determinantes na escolha da área, o produtor deve atentar para a logística de escoamento da produção, como a facilidade de acesso às estradas e a distância da fazenda até as usinas, quando for o caso.

8.1.2 Limpeza da área

A primeira operação a ser executada para o plantio da macaúba é a limpeza da área, que consiste em um conjunto de ações que objetivam não só limpar o local, mas também facilitar os trabalhos subsequentes. As operações de limpeza a serem realizadas dependerão do tipo de vegetação presente na área.

Em plantios em área de floresta ou mata secundária em idade avançada (capoeira), é importante fazer um levantamento das espécies vegetais presentes para determinar a melhor técnica a ser utilizada, sempre de acordo com a legislação florestal vigente (Berthaud *et al.*, 2000). Para o desmatamento dessas áreas, são realizadas operações de derruba e destoca, que, a depender do tamanho da área e da mão de obra disponível, devem ser feitas com o uso de ferramentas manuais como motosserra, terçado, foice ou machado. Na presença de vegetação menos densa, como gramíneas e arbustos esparsos, a limpeza pode ser feita apenas com roçagem. No caso da exigência de operações com trator de esteira ou mesmo trator agrícola com lâmina, a destoca é uma etapa particularmente importante, pois facilita a entrada desses maquinários na área. Em áreas mais limpas, como as de pastagem, ou áreas com apenas macega mais rala, a etapa de limpeza da área pode ser dispensada.

Essas operações de limpeza deverão ser acompanhadas posteriormente por controle mecânico ou químico das plantas daninhas, se necessário. Em todos os casos, a utilização do fogo para limpeza e preparo de área deve ser evitado, pois provoca grandes perdas de nutrientes por volatilização e pelo transporte de partículas de cinzas através dos ventos. Assim, o preparo de área para cultivo deve preferencialmente ser realizado por meio da técnica de corte e trituração da capoeira (Kato *et al.*, 2004).

8.1.3 Abertura de estradas e dimensionamento da área

O talhonamento da área consiste na divisão da área em talhões e deve ser feito da melhor forma para facilitar as operações de plantio, os tratos culturais e o escoamento da colheita. Nessa etapa, são feitos todos os procedimentos para o posicionamento e dimensionamento dos talhões e a construção das vias de acesso (estradas e carreadores).

Toda infraestrutura da área de plantio é baseada na distribuição das estradas principais no sentido leste/oeste e norte/sul do terreno. Essas estradas devem ser construídas na época do plantio e projetadas para o posicionamento dos caminhões, onde serão descarregados os frutos coletados pelos tratores nas estradas de coleta (carreadores). Além disso, é nas estradas principais que ocorre o trânsito dos caminhões para o escoamento da produção até a usina, portanto, é necessário que essas estradas sejam mais bem estruturadas e recebam capeamento (Berthaud *et al.*, 2000).

Nas entrelinhas de plantio são projetadas as estradas de coleta, também conhecidas como carreadores. Elas possuem a função de facilitar a logística de transporte, os tratos culturais, o deslocamento de mão de obra e insumos na área e o escoamento da colheita até as estradas principais. Os carreadores devem alternar as linhas de plantio para que o trator possa coletar os frutos ao longo de duas linhas no sentido norte/sul, descarregar os frutos na estrada principal, intercalar com as linhas de enleiramento de folhas e restos culturais e retornar coletando mais duas linhas no sentido sul/norte. Dessa forma, o comprimento dos talhões deve ser planejado para atender à logística da colheita e não sobrecarregar o processo.

Na Fig. 8.2 são detalhados o dimensionamento da área e o posicionamento das estradas para um plantio de macaúba em área plana, adaptados conforme recomendações para o cultivo da palma africana (Berthaud et al., 2000). As estradas principais são planejadas no sentido leste/oeste com 10 m de largura, e as estradas secundárias em sentido paralelo (norte/sul) com 7 m de largura. A figura mostra os detalhes para uma área de 1 ha, destacando o número de linhas de plantio, os espaçamentos e o percurso do trator de colheita nos carreadores. Com base nessas informações, o produtor poderá projetar uma área maior de plantio, com especial atenção para o dimensionamento das linhas de plantio, a fim de que a quantidade de cachos colhidos no final das linhas seja compatível com a capacidade operacional de colheita (condição de estrada, capacidade do trator etc.). No detalhe da Fig. 8.2, a área de 1 ha possui 23 linhas de plantio, com 20 plantas por linha. As plantas estão em sistema de fileiras simples, sob espaçamento de 5 m entre plantas e 4,3 m nas entrelinhas, correspondendo a uma

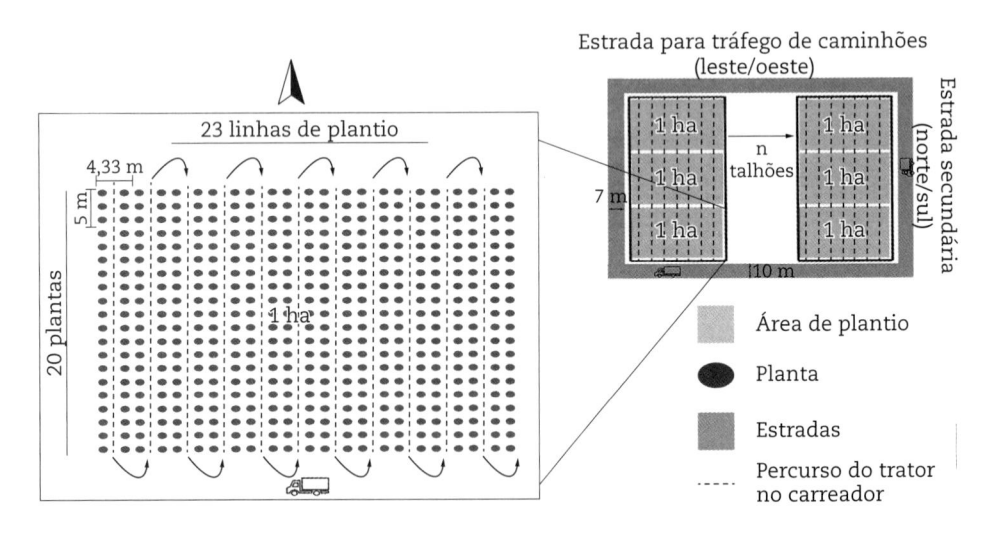

Fig. 8.2 Croqui com dimensionamento de área e posicionamento de estradas para plantio de macaúba em terreno plano. O detalhe da figura destaca o posicionamento dos carreadores a cada duas linhas de plantio, projetadas para o descarregamento dos frutos nos caminhões posicionados nas estradas principais

densidade de plantio de 460 plantas/ha. Entretanto, o arranjo e densidade das plantas podem ser ajustados conforme o sistema de plantio adotado. O posicionamento das linhas de plantio está no sentido norte/sul. O projeto foi pensado para intercalar uma linha de colheita com uma linha de bucha, de forma que o trator colha duas linhas de plantas. Nessa situação, o dimensionamento da linha deve ser pensado para que não haja falta ou excedente de carga ao final da linha (carga ideal de aproximadamente 2,5 t).

Em áreas com topografia mais inclinada, os carreadores devem ser abertos em curvas de nível. Nesse caso, as estradas são levemente inclinadas para passar sob os terraços em curva de nível. Para facilitar a locação dos carreadores, deve-se adotar a seguinte metodologia, conforme a Fig. 8.3:

- Marcar niveladas básicas espaçadas de forma uniforme (sugere-se 25 m a 50 m no sentido do declive) e enumerá-las desde a parte superior da área.
- As niveladas básicas ímpares servirão de referência para a marcação das linhas de plantio em nível.
- As niveladas básicas pares servirão de referência para a marcação dos carreadores.
- A abertura dos carreadores pode ser realizada com trator de esteira, motoniveladora (patrol), ou mesmo trator agrícola com lâmina. Se necessário, deve-se também fazer o retorno dos carreadores para facilitar as manobras de veículos e tratores. Para a ligação dos carreadores, é necessária a abertura de estradas de ligação, que devem ser oblíquas e desencontradas para evitar acúmulo e ganho de velocidade de enxurrada.

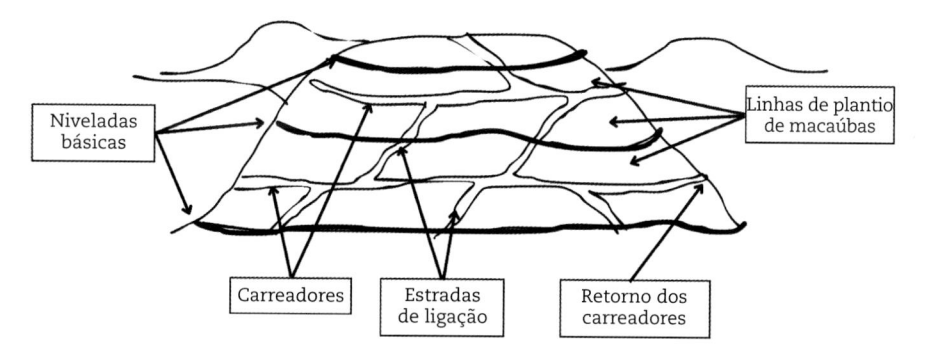

Fig. 8.3 Esquema de marcação e abertura dos carreadores em área de declive com sistema de plantio em curva de nível

8.1.4 Adoção de práticas conservacionistas

A sustentabilidade das lavouras de macaúbas deve ser baseada na exploração de acordo com a aptidão agrícola das terras e na adoção de práticas de cultivo que permitam a conservação do solo e favoreçam a produtividade. Diferente de outras culturas, a macaúba é indicada para plantio em áreas de morro, cujo solo está propenso à erosão e a perdas de nutrientes por lixiviação. Por tal razão, é importante adotar técnicas de conservação do solo, como cultivo mínimo, consórcio com outras culturas, cordão vegetativo, cordão em contorno e curva de nível (Fig. 8.4) (Motoike et al., 2013).

Fig. 8.4 Cultivo de macaúba em áreas de morro utilizando (A-C) plantio em curva de nível e (D) plantio em linha

De maneira geral, as técnicas conservacionistas podem ser as mesmas adotadas no cultivo da palma africana, aplicáveis conforme o nível de declividade. Por exemplo: (i) em áreas com declividade de 0 a 5%, não é necessária nenhuma técnica de conservação; (ii) em áreas com declividade de 5% a 8%, deve-se construir diques ou camalhões de 50 cm a 90 cm de altura em curva de nível; (iii) em áreas com declividade superior a 8%, deve-se construir terraços em curva de nível, apresentando um contradeclive de cerca de 10% a 15% (Berthaud et al., 2000). Os terraços podem ser construídos individual e manualmente para cada planta, com aproximadamente 3 m de diâmetro e um contradeclive de 10%, no mínimo. Já terraços contínuos devem ser construídos com 4 m de largura, acompanhando as curvas de nível.

8.1.5 Preparo do solo

O preparo do solo é uma das principais etapas que antecedem o plantio e visa melhorar as características físicas e químicas do solo para que haja um bom desenvolvimento das mudas. Como a macaúba é um cultivo perene, o preparo do solo para seu plantio é de máxima importância para evitar perdas de plantas e replantio.

O tipo de preparo do solo vai depender, entre outros fatores, do sistema de produção adotado e da topografia da área. Em áreas planas, quando a macaúba for consorciada com outras culturas, a preparação do solo é feita em área total. Nesse caso, são feitas uma aração e duas gradagens (Motoike et al., 2013). A aração é a técnica de revolver o solo para incorporar restos de vegetação, e deve ser feita em condições de solo um pouco úmido, para facilitar a penetração do arado. A grade aradora também tem sido utilizada, uma vez que proporciona um maior rendimento operacional e melhor desempenho em áreas com elevada infestação de plantas daninhas. A gradagem é feita com duas passadas da grade niveladora, com o objetivo de quebrar os torrões de solo e nivelar o terreno. Outra operação que pode ser requerida é a subsolagem, em casos de solos degradados ou que apresentem alto grau de compactação. O subsolador desobstrui estruturas ou camadas de compactação ao atingir maior profundidade de solo.

Em áreas com declive, poderá ser adotado o cultivo mínimo, que consiste em minimizar o preparo do solo com a aplicação de implementos. No cultivo mínimo, o solo é preparado nas covas ou na linha de plantio com o uso de subsolador florestal, que desobstrui as camadas compactadas do solo. Esse tipo de preparo tem sido muito utilizado em cultivos florestais, especialmente por trazer vantagens econômicas, como menor uso de implementos e insumos, e ecológicas, como redução da erosão, maior conservação da umidade do solo e redução da reinfestação de plantas daninhas (Gonçalves, 2009).

Na etapa de preparo do solo, é importante atentar para a necessidade de correção da acidez por meio da observação das análises de solo e das exigências da macaúba, pois a aplicação e incorporação de corretivos do solo (calcário e gesso agrícola) são realizadas em conjunto com as operações de aragem e gradagem.

De modo geral, quando se faz o preparo do solo em área total, tem sido observado melhor desempenho da macaubeira em relação ao cultivo mínimo do solo. Isso porque no preparo em área total é possível melhorar o ambiente de produção, principalmente com relação à fertilidade do solo e à redução da compactação, o que, por sua vez, melhora a disponibilidade hídrica para a planta. Além disso, no preparo do solo em área total, é possível aproveitar as entrelinhas para consorciamento com culturas anuais, sobretudo leguminosas, o que favorece o aporte de nutrientes no solo e reduz a competição por plantas daninhas nas fases iniciais da cultura, auxiliando o desenvolvimento vegetativo da macaubeira.

8.1.6 Espaçamentos

A definição do espaçamento utilizado nos plantios é sem dúvida uma das técnicas que tem maior relação com a qualidade e produtividade da cultura. Trata-se do distanciamento adotado entre as linhas de plantio e as plantas na linha, que influencia diversos aspectos no cultivo, desde a densidade do plantio até a capacidade de crescimento, desenvolvimento e produção das plantas (Bonneau; Impens; Buabeng, 2018). Os espaçamentos mais tradicionais adotados nos cultivos das palmeiras são em quadrado e em retângulo, mas também se pode utilizar espaçamento em triângulo equilátero ou quincôncio e em fileiras duplas (Fig. 8.5).

A maioria das áreas cultivadas com macaúba utiliza o espaçamento em quadrado de 5 m × 5 m, resultando em 400 macaúbas/ha. Porém, outros espaçamentos também vêm sendo utilizados e estão em fase de experimentação, possibilitando diferentes densidades de plantio, tais como: 5 m × 5 m em quincôncio (461 macaúbas/ha); 6 m × 4 m (417 macaúbas/ha); 7 m × 4 m (357 macaúbas/ha); 8 m × 4 m (313 macaúbas/ha) e 7 m × 3,5 m (408 macaúbas/ha). Espaçamento em linhas duplas vem sendo usado em sistemas de plantio consorciados com culturas agrícolas e pastagens, com as seguintes opções: 8 m × 4 m × 4 m (417 macaúbas/ha) e 8 m × 4 m × 4 m em quincôncio (436 macaúbas/ha).

A escolha do espaçamento de plantas está relacionada com as características morfológicas da espécie, as características topográficas e edafoclimáticas da área de implantação e as características do sistema de produção que será adotado. A macaúba é uma palmeira que possui arquitetura da copa do tipo rala

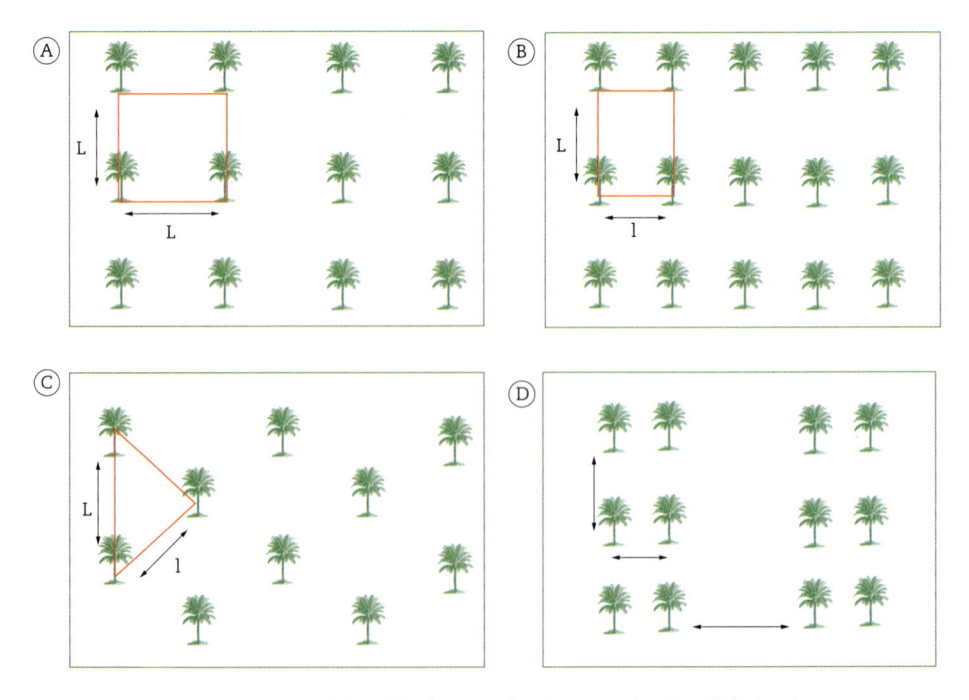

Fig. 8.5 Diferentes arranjos espaciais utilizados em plantio com palmeiras: (A) plantio em espaçamento simples em quadrado; (B) espaçamento simples em retângulo; (C) espaçamento em triângulo ou quincôncio; e (D) espaçamento duplo

e plumosa, com folhas em diferentes ângulos (desde a folha-flecha no topo da planta até as folhas senescentes arqueadas mais próximas do estipe), diâmetro médio da copa de 6,3 m e altura de 10,3 m aos nove anos (Moreira et al., 2019). Essas características possibilitam seu uso em diferentes sistemas, como cultivo solteiro e consorciado com outras culturas agrícolas em sistemas silvipastoril e agrossilvipastoril, sendo aplicado o espaçamento que melhor beneficie o sistema (Quadro 8.1).

Plantios mais adensados têm sido associados a um menor rendimento das plantas de macaúba, devido à ocorrência de autossombreamento, além de ocasionarem baixo rendimento da pastagem no sub-bosque, se aplicados em sistemas silvipastoris. No trabalho conduzido por Montoya (2016), o melhor arranjo para o sistema silvipastoril foi por volta de 7 m × 4 m, o que levou ao maior rendimento de pastagem sem ocasionar competição entre as plantas de macaúba.

Quadro 8.1 Espaçamentos utilizados para o plantio de macaúba em diferentes sistemas de produção

Sistemas	Espaçamentos
Cultivo solteiro	5 m × 5 m (simples em quadrado) 4 m × 6 m (simples em retângulo) 5 m × 5 m (simples em triângulo)
Macaúba em sistema de cultivo mínimo (área de morro)	5 m × 5 m (curva de nível)
Macaúba em consórcio com cultura perene (café)	4,40 m na linha de cultivo × 11,20 m na entrelinha, considerando linhas de café nessas entrelinhas
Macaúba em sistema silvipastoril	5 m × 5 m (simples em quadrado) 5 m × 5 m (triângulo) 7 m × 4 m (retângulo)

Fonte: fotos de Leonardo D. Pimentel.

Em Barbosa (2021), uma comparação entre dois espaçamentos no cultivo de macaúba revelou que plantas cultivadas no espaçamento 8 m × 4 m obtiveram uma produção média de 57 kg planta^{-1}, enquanto a produção média das plantas no espaçamento 4,5 m × 4,5 m foi de 32 kg planta^{-1}. Os resultados mostraram uma diferença de 44% na produção de frutos entre os dois espaçamentos utilizados (Fig. 8.6A). Todavia, a produtividade foi estatisticamente semelhante para as condições de cultivo, com valores médios de 15,7 e 18,0 t ha^{-1} para os espaçamentos 4,5 m × 4,5 m e 8 m × 4 m, respectivamente (Fig. 8.6B).

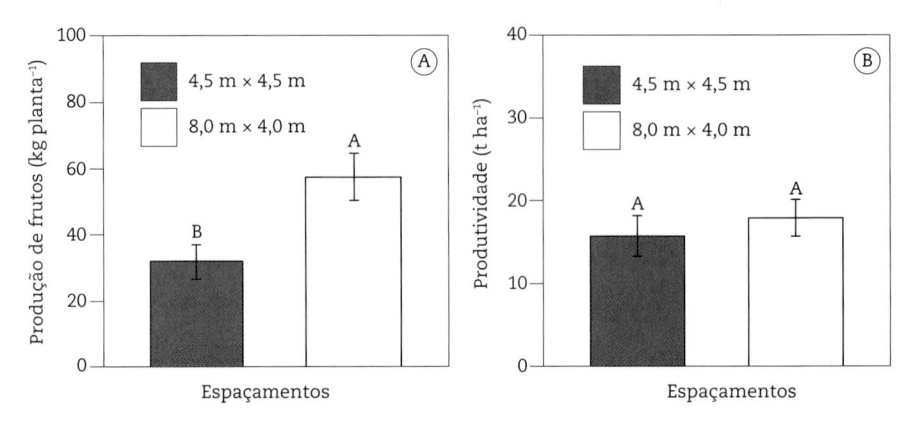

Fig. 8.6 (A) Produção de frutos e (B) produtividade da macaúba em dois diferentes espaçamentos: 4,5 m × 4,5 m e 8 m × 4 m
Fonte: adaptado de Barbosa (2021).

Nesse estudo, um melhor ambiente luminoso foi obtido sob maior espaçamento (8 m × 4 m), com ausência de sobreposição das folhas nas entrelinhas, o que garantiu maior incidência de luz sobre a copa e no dossel das plantas, o oposto ao observado no plantio com espaçamento 4,5 m × 4,5 m (ver detalhes no Quadro 8.2). Como discutido anteriormente, a macaúba é uma espécie que tem preferência por áreas abertas e com alta incidência solar. Portanto, é recomendado que, em cultivos solteiros ou em sistema silvipastoril, sejam adotados espaçamentos maiores nas entrelinhas, por exemplo, 8 m × 4 m, de modo a favorecer conjuntamente a produção da macaúba e o desenvolvimento da pastagem (Barbosa, 2021). Apesar disso, para definir o melhor espaçamento em termos de produtividade e utilização da área, são necessários estudos complementares que avaliem outros espaçamentos intermediários aos do estudo de Barbosa (2021).

8.1.7 Marcação das linhas e abertura de covas

Após a definição do sistema e dos espaçamentos a serem adotados no cultivo, são feitas a marcação das linhas e a abertura das covas. O balizamento, que consiste na marcação da área de plantio, deve ser feito de forma contínua por toda a área e sobre todas as cabeças de linhas, conforme o espaçamento

Quadro 8.2 Comparação entre dois espaçamentos utilizados em cultivo de macaúba

Sistemas	Espaçamentos	
Cultivo solteiro	8 m × 4 m (simples em retângulo)	
Cultivo solteiro	4,5 m × 4,5 m (simples em quadrado)	

Obs.: as imagens das vistas inferior do dossel e lateral do sub-bosque detalham a sobreposição da copa das plantas e o grau de sombreamento.
Fonte: Barbosa (2021).

utilizado nas entrelinhas. As futuras covas também devem ser demarcadas com estacas, posicionadas conforme o espaçamento adotado entre as plantas na linha de plantio.

Em regiões planas e de clima mais quente e seco, é indicado fazer a disposição das linhas de plantio na direção do movimento do Sol (leste/oeste), evitando incidência do Sol da tarde na lateral das plantas. Essa recomendação também se aplica nos casos em que é desejável maior incidência de luz solar nas entrelinhas, como em sistemas silvipastoris. Já em áreas com topografia mais declivosa, a marcação das linhas pode ser realizada com uso de uma haste de bambu ou corda com a medida do espaçamento que será adotado entre as linhas de plantio. Caminha-se na área de implantação da cultura com essa medida, realizando a marcação das linhas de plantio, que devem ser dispostas de forma paralela às niveladas básicas previamente marcadas, para que o plantio das macaúbas fique disposto em curvas de nível.

A abertura das covas e/ou dos sulcos poderá ser feita com ferramentas manuais, como enxadão e cavadeira articulada boca-de-lobo (Fig. 8.7A), ou de forma mecanizada, com o uso de implementos acoplados ao trator, como perfuradores de solo do tipo "brocão" (Fig. 8.7B) (Motoike et al., 2013) ou subsolador, muito utilizado em cultivos florestais por conseguir atingir maiores profundidades no solo e, consequentemente, aportar ótimos resultados para o desenvolvimento das mudas (Fig. 8.7E).

No preparo mecanizado, o plantio geralmente é feito em sulcos abertos com o sulcador, que podem atingir 50 cm de profundidade (Fig. 8.7C,D), sempre

Fig. 8.7 Métodos manuais e mecânicos e implementos utilizados para abertura de sulcos e covas no plantio de macaúba

buscando alinhamento no sentido do nível do terreno. Para realizar o sulcamento de acordo com o espaçamento escolhido, uma opção, além da marcação das linhas de plantio com estacas, é o uso de uma haste de madeira (ou outro material) amarrada na parte dianteira do trator com tamanho de duas medidas do espaçamento entre linhas de plantio. O meio da haste deve coincidir com o centro do trator e, enquanto estiver sendo realizado o sulcamento, o operador deve manter a extremidade da haste no centro do sulco aberto anteriormente, mantendo o espaçamento correto entre as linhas. Na abertura dos sulcos e covas, é preciso considerar que, quanto maior o grau de mecanização, menor será o custo da operação. Assim, mesmo em áreas onde não é possível a completa mecanização do processo, tem-se buscado alternativas de preparo das covas de modo semimecanizado. Uma dessas alternativas é o uso de perfuradores de solo motorizados, inclusive com brocas adaptadas com hastes laterais para um melhor preparo e mistura da cova (Fig. 8.7F).

As covas para o plantio de macaúba devem ser feitas com dimensões superiores às dos sacos de viveiros, isto é, dimensões de 40 cm × 40 cm × 40 cm ou até maior profundidade, uma vez que as mudas são produzidas e chegam ao campo em recipientes (sacolas) de até 30 cm de altura. Uma recomendação importante para o preparo da cova é a separação das camadas de solo. A camada superficial do solo (0-20 cm), que possui maior fertilidade, deve ser retirada e colocada de um lado da cova, e a camada subsuperficial do solo (20-40 cm) do outro lado da cova, para que, após a mistura dos adubos e esterco, sejam retornadas à cova de forma invertida, com o solo de maior fertilidade no fundo da cova, buscando favorecer o desenvolvimento da muda (Fig. 8.8).

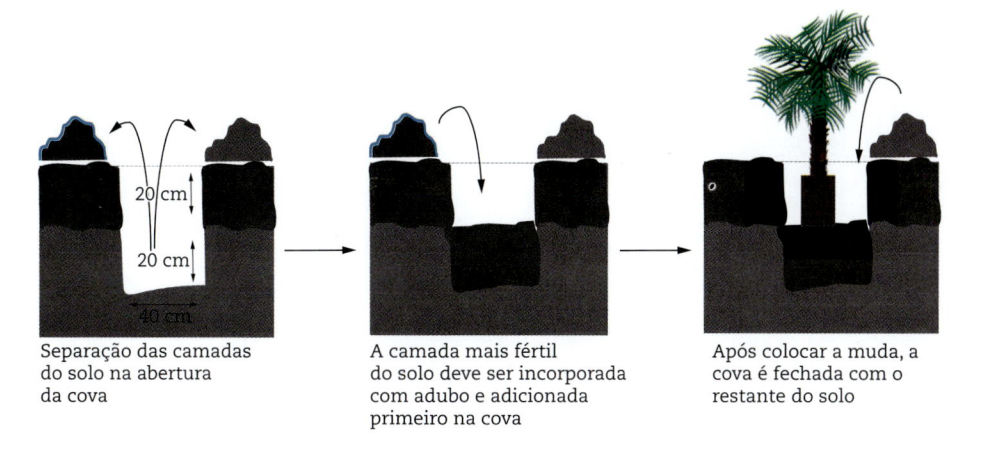

| Separação das camadas do solo na abertura da cova | A camada mais fértil do solo deve ser incorporada com adubo e adicionada primeiro na cova | Após colocar a muda, a cova é fechada com o restante do solo |

Fig. 8.8 Detalhes para o preparo da cova no plantio de macaúba

8.1.8 Plantio e manejo das mudas no campo

Antes do plantio, recomenda-se verificar a qualidade das mudas, em especial o sistema radicular e o caule saxofone, sendo necessário destorroar algumas mudas. Essa verificação é importante para detectar a má formação e a presença de pragas e doenças no sistema radicular e injúrias no caule saxofone, que podem gerar atraso no desenvolvimento inicial ou até morte das mudas plantadas e, como consequência, grande demanda na etapa de replantio. Esses cuidados devem ser tomados principalmente se as mudas forem adquiridas de viveiristas; inclusive, recomenda-se que a verificação seja realizada no momento da aquisição das mudas, para evitar prejuízos. Outro detalhe importante a ser observado antes do plantio é a idade das mudas, que estão aptas para o plantio no campo a partir de seis meses em sacolas plásticas ou quando apresentarem pelo menos uma folha definitiva expandida. Na Fig. 8.9 são detalhados os aspectos ideais de uma muda de macaúba para o plantio.

O transporte das mudas do viveiro até a área de plantio deve ser realizado em veículo de carroceria fechada ou com lateral elevada para protegê-las do vento (Motoike et al., 2013). Nos momentos do carregamento, descarregamento e distribuição das mudas no campo, também se deve tomar cuidado no manuseio das mudas para não gerar injúrias, não sendo recomendável segurá-las pelas folhas, e sim pelo coleto rente ao torrão.

Quanto à janela de plantio das mudas de macaúba, a época ideal é o início da estação chuvosa, para que as mudas tenham todo o restante dessa estação para um desenvolvimento inicial satisfatório, graças às melhores condições climáticas do período. A formação de lavouras em áreas mais extensas pode demandar um período de plantio mais longo; porém, não é recomendado o plantio fora da janela ideal ou muito no final da estação chuvosa, pois o risco de perda de mudas aumenta e, geralmente, torna-se necessário o uso de irrigação suplementar, aumentando os custos de implantação da cultura.

Fig. 8.9 Aspectos ideais da muda de macaúba para plantio: (A) muda com folhas definitivas e em boa condição fitossanitária; (B) muda destorroada com sistema radicular intacto; e (C) detalhe do caule saxofone sem injúrias ou má formação

O plantio das mudas deve ser feito nas horas mais frescas do dia, pela manhã ou no final do dia, e em dias mais frescos. Esses cuidados são importantes para evitar o estresse da muda e a sua consequente perda. Especial atenção deve ser prestada no momento da retirada da muda da sacola, etapa realizada momentos antes do plantio. As sacolas devem ser retiradas das mudas, cortando seu fundo em cerca de 1 cm, para a retirada de raízes comprometidas e enoveladas. Um segundo corte é feito no sentido vertical para retirar o restante da sacola, tomando o máximo de cuidado para não ferir o caule saxofone. Na cova já preparada e adubada, deve-se reabrir uma pequena cova (coveta) para a introdução do torrão da muda, que deve atingir a altura do colo da muda. Na sequência, o solo ao redor deve ser pressionado lateralmente ao torrão, nunca de cima para baixo.

Em especial nos primeiros meses após o plantio, os cuidados com as mudas no campo devem ser criteriosos, para evitar qualquer tipo de dano em seu desenvolvimento vegetativo. As mudas devem ser monitoradas frequentemente contra o ataque de formigas, roedores (ratos, capivaras etc.) ou outras pragas que possam prejudicar as plantas. A mesma importância deve ser dada às possíveis manifestações de doenças que, quando identificadas, exigem o descarte das plantas infectadas da área para evitar contaminação das demais.

8.2 Manejo da lavoura

A rusticidade da macaúba não significa que ela não exija manejos adequados para um bom desempenho no campo. Pelo contrário, diversos estudos têm demonstrado sua responsividade à aplicação de práticas agrícolas, como adubação e cuidados na colheita. Assim sendo, após o plantio no campo, como qualquer outra cultura, a macaúba requer um manejo adequado para a manutenção das plantas visando o aumento da produtividade.

8.2.1 Controle de pragas, doenças e plantas daninhas

A macaúba é uma espécie que possui boa tolerância ao ataque de pragas e doenças, com baixo requerimento de controle fitossanitário. Entretanto, o surgimento de problemas fitossanitários pode resultar em danos econômicos ao produtor, principalmente quando ocorre em fenofases específicas da planta.

De maneira geral, o controle preventivo é o mais recomendado para o combate das pragas generalistas no plantio de macaúba, como roedores, formigas, cupins etc. (Motoike et al., 2013). É importante observar o grau de infestação da praga, para que seja adotada a melhor maneira de controle. Da mesma forma, deve-se atentar para os principais tipos de praga que ocorrem de acordo com a fase do cultivo, pois algumas são mais recorrentes na fase de viveiro, enquanto outras surgem quando a planta já está no campo. No Quadro 8.3 são descritas as principais pragas que acometem a macaúba em condições de viveiro e campo, bem como as indicações para o controle.

O surgimento de doenças é muito mais comum em condições de viveiro do que em condições de campo, devido a fatores como temperatura, umidade relativa do ar e densidade de plantas. Além disso, na fase de viveiro as plantas são mais suscetíveis, pois se encontram no início do desenvolvimento. Já no campo, por ser uma espécie rústica e se encontrar distribuída de forma mais espaçada na área, a macaúba se torna menos vulnerável ao ataque de patógenos. Na maioria das vezes, as doenças no campo surgem associadas a outros fatores, como insetos-praga e plantas daninhas que se tornam vetores do agente patogênico. É importante que as medidas preventivas e de controle considerem todos esses fatores. No Quadro 8.4 são descritas as principais doenças que ocorrem na macaúba em condições de viveiro e campo, destacando os principais sintomas e métodos de controle.

Outro fator importante que precisa de monitoramento na área de cultivo é a ocorrência de plantas daninhas. De maneira geral, elas são associadas à redução da eficiência agrícola e ao aumento dos custos de produção, causando sérios prejuízos aos agricultores (Brighenti; Oliveira, 2011). Embora a macaúba seja uma planta rústica, o controle de plantas daninhas deve ser realizado, especialmente nas etapas de plantio – no momento da limpeza da área – e nos primeiros anos de desenvolvimento da muda no campo, até o terceiro ano após o plantio (Motoike et al., 2013). Em cultivos solteiros, o controle é feito através do coroamento, mantendo limpa uma área de aproximadamente 1 m de diâmetro ao redor da planta (Fig. 8.10), com revestimento com palha triturada ao redor da muda ou com roçadas nas entrelinhas apenas para baixar a vegetação. O controle também poderá ser feito com o uso de herbicidas como isoxaflutole, oxyfluorfen e sulfentrazone, que são seletivos para mudas de macaúba (Costa, 2018).

Quadro 8.3 Principais pragas de ocorrência na macaúba, danos e formas de controle em fase de viveiro e no campo

Praga	Danos	Controle
Principais pragas no viveiro		
Ácaros*	Amarelecimento dos folíolos	Acaricidas em geral; calda sulfocálcica; poda e queima das folhas
Pulgão*	Ataque ao ponteiro da planta sugando a seiva; escurecimento das folhas devido a surgimento de fumagina	Inseticidas em geral
Cochonilha*	Amarelecimento, clorose e secamento dos folíolos	Óleo mineral; poda e queima das folhas
Lagarta-rosca	Folíolos raspados e cortados; perfurações na base do caule das mudas	Controle químico com produtos à base de piretroides
Roedores	Alimentam-se das sementes na fase de pré-viveiro	Armadilhas; suspensão das bancadas do pré-viveiro
Principais pragas no campo		
Cupins	Danos no coleto da planta; secamento das folhas	Aplicação preventiva e cupinicida; monitoramento da área e eliminação dos cupinzeiros
Formigas-cortadeiras	Desfolhamento parcial ou total das plantas	Formicidas gasosos; iscas granuladas. Controle cultural: aração
Lagarta-das-folhas	Desfolhamento parcial ou total das plantas	Eliminação dos ninhos; aplicação de inseticidas ou controle biológico (*Bacillus thuringiensis*)
Broca-do-olho	Murcha e amarelecimento de folhas internas; destacamento de folhas verdes na copa	Corte e queima de plantas atacadas; instalação de armadilhas
Broca-da-estipe	Galerias pelo estipe e quebra devida aos fortes ventos	Corte e queima de plantas atacadas; instalação de armadilhas luminosas; controle químico e biológico
Broca-dos-frutos	Larvas se alimentam da amêndoa	Controle preventivo: colheita dos frutos maduros antes da queda natural e não deixar os frutos no campo após a colheita
Falsa-barata	Danos às folhas de plantas jovens ainda fechadas	Inseticidas de contato e fumigação; coleta manual

*Também ocorre no campo.
Fonte: Carvalho, Souza e Machado (2011) e Motoike *et al.* (2013).

Quadro 8.4 Principais doenças de ocorrência na macaúba, sintomas e formas de controle em fase de viveiro e no campo

Doença	Sintoma	Controle
Principais doenças no viveiro		
Helmintosporiose	Ocorrência de pontos pequenos com tom de ferrugem, rodeados por anéis de cor amarelada; folhas secas em estágios mais avançados da doença	Poda e queima das folhas atacadas; fungicidas sistêmicos
Podridão-do-olho ou murcha	Folhas amareladas e secas; desprendimento fácil dos folíolos; podridão do caule saxofone	Controle preventivo: evitar excesso de umidade do substrato e aplicação de fungicidas cúpricos; retirar e queimar mudas infestadas
Pseudocercospora	Manchas elípticas e alongadas de cor marrom nos folíolos	Pulverização preventiva com fungicidas cúpricos; evitar excesso de umidade no ambiente
Principais doenças no campo		
Podridão-do-olho ou murcha	Folhas amareladas e emissão de mais de uma flecha por vez; desprendimento fácil das folhas; morte da gema apical	Controle preventivo: aplicação de fungicidas cúpricos; retirar e queimar plantas infestadas e aplicar calcário no local
Pseudocercospora	Manchas elípticas e alongadas de cor marrom nos folíolos; manifestação inicial nas folhas inferiores progredindo para as superiores	Poda das folhas mais velhas; manter a insolação das palmeiras
Lixa-pequena	Pequenos pontos negros nos folíolos (verruga)	Corte e queima das folhas infectadas
Anel-vermelho	Bronzeamento das folhas	Corte, retirada e queima das plantas atacadas; combate ao inseto transmissor, o bicudo, com uso de armadilhas

Fonte: Carvalho, Souza e Machado (2011) e Motoike *et al.* (2013).

8.2.2 Sistema de condução de plantas

A macaúba possui uma arquitetura da copa rala e aberta, com cerca de 20 a 30 folhas distribuídas em diferentes planos, dando um aspecto plumoso à copa. As folhas inferiores ficam arqueadas na planta e, em condições naturais, as folhas velhas e ressecadas se acumulam na base da copa, posteriormente ocorrendo o desprendimento. No caso da espécie *A. aculeata*, à medida que a planta se desenvolve, o estipe fica coberto pelas bases dos pecíolos (Henderson; Galeano; Bernal, 1995). Folhas secas arqueadas, espatas, cachos secos e pecíolos antigos podem representar condições de risco aos colhedores no momento da colheita ou durante a execução de tratos culturais, devido à presença de espinhos. Além disso, esses materiais remanescentes podem servir como fonte de inóculo para doenças, sendo necessária a realização da limpeza das plantas.

Fig. 8.10 (A) Coroamento manual ao redor das plantas de macaúba para controle de plantas daninhas; (B) coroamento químico na linha de plantio; (C) mudas aos dois anos de idade sofrendo com matocompetição por falta de coroamento; e (D) planta cultivada aos três anos de idade coroada com capina química
Fonte: Leonardo D. Pimentel.

A periodicidade da limpeza vai depender da idade das plantas. Até o terceiro ou quarto ano de desenvolvimento, não há necessidade de limpeza, pois é importante manter ao máximo a área foliar para o bom desenvolvimento das plantas jovens. Entretanto, com o início da fase de produção, deve-se iniciar a retirada das partes senescidas. A poda das folhas secas deve ser realizada pelo menos uma vez por ano, preferencialmente antes da época da colheita para o aproveitamento da mão de obra (Motoike et al., 2013). A retirada de cachos e pecíolos secos também é feita no momento da poda das folhas. Para essas operações, geralmente são utilizadas as mesmas ferramentas da colheita (foice). A Fig. 8.11 mostra os aspectos da planta antes e depois da poda.

Para a macaúba, ainda não existe uma definição quanto à quantidade de folhas que podem ser retiradas no ato da poda, mas como ela possui uma copa rala, é indicado que essa operação seja feita com cautela, evitando a retirada de folhas que ainda possuem área foliar fotossintetizante. Conforme descrito por Hornus e Njongo (1987), a poda deve ser realizada com cuidado, pois quando em excesso pode ocasionar redução na produção de frutos, por causa da redução da área foliar e, consequentemente, da capacidade fotossintética da palmeira.

Fig. 8.11 Detalhes da planta (A) antes da poda, mostrando as folhas secas arqueadas, e (B) após a poda
Fonte: Maria A. M. Barbosa.

Após a retirada das folhas, dos cachos secos e dos pecíolos, esses materiais podem passar pelo processo de picagem ou simplesmente ser amontados em leiras no sentido das linhas ou em montes entre as palmeiras, nas linhas de plantio. Essa prática é feita para a reutilização desses materiais como fonte de carbono, matéria orgânica e proteção do solo contra erosão.

8.2.3 Manejo pré-colheita

Antes da execução da colheita propriamente dita, alguns cuidados podem ser essenciais para o rendimento dos trabalhos. A limpeza das plantas realizada algumas semanas antes serve para facilitar o rendimento da colheita, não sendo um obstáculo nem representando perigo aos colhedores. Com as plantas limpas, as observações dos cachos para verificar os estágios de maturação também são facilitadas.

É importante que, poucas semanas antes do período de colheita, iniciem-se as vistorias nos talhões para a tomada de decisão sobre o momento de início da colheita, por meio da observação da queda de frutos de cachos maduros. Essas previsões são fundamentais para o planejamento da colheita, para que se tomem decisões sobre contratação de mão de obra, logística de transporte, caixas, sacarias e ferramentas. O ideal é que, futuramente, essas estimativas possam ser feitas de forma mais criteriosa e segura, como ocorre com a palma africana (Brighenti; Oliveira, 2001), a partir de testes com amostras da composição do óleo e grau de umidade dos frutos, para definir com exatidão o momento da colheita e os lotes que serão colhidos.

Referências bibliográficas

BARBOSA, M. A. M. *Ecofisiologia, frutificação e produtividade da macaúba*: um estudo sobre as relações dos fatores ambientais e práticas agrícolas. 2021. 130 f. Tese (Doutorado em Fitotecnia) – Universidade Federal de Viçosa, Viçosa, MG, 2021.

BERTHAUD, A.; NUNES, C. D. M.; BARCELOS, E.; CUNHA, R. N. V. Implantação e exploração da cultura do dendezeiro. In: VIÉGAS, I. J. M.; MÜLLER, A. A. *A cultura do dendezeiro na Amazônia brasileira*. Belém: Embrapa Amazônia Oriental, 2000. 374 p.

BONNEAU, X.; IMPENS, R.; BUABENG, M. Optimum oil palm planting density in West Africa. *OCL - Oilseeds fats, Crop, Lipids*, v. 25, p. 1-10, 2018.

BRIGHENTI, A. M.; OLIVEIRA, M. F. Biologia de plantas daninhas. In: OLIVEIRA JUNIOR, R. S. de; CONSTANTIN, J. (coord.). *Plantas daninhas e seu manejo*. Guaíba: Agropecuária, 2001. p. 15-57.

CARVALHO, K. J.; SOUZA, A. L.; MACHADO, C. C. *Ecologia, manejo, silvicultura e tecnologia da macaúba*. 2011. Disponível em: <www.ciflorestas.com.br>. Acesso em: 19 abr. 2021.

COSTA, Y. K. S. *Herbicidas*: seletividade para mudas de macaúba e eficácia no controle de plantas daninhas. 2018. 27 f. Dissertação (Mestrado em Fitotecnia) – Universidade Federal de Viçosa, Viçosa, MG, 2018.

GONÇALVES, J. L. M. Cultivo mínimo aumenta produção florestal. *Visão Agrícola*, v. 9, p. 183-186, 2009.

HENDERSON, A.; GALEANO, G.; BERNAL, R. *Field Guide to the Palms of the Americas*. New Jersey: Princeton University, 1995.

HORNUS, P.; NJONGO, S. N. L'élagage du plmier à huile – technique et organization. *Oléagineux*, v. 42, p. 155-158, 1987.

KATO, O.; KATO, M. S.; SÁ, T. A.; FIGUEIREDO, R. Plantio direto na capoeira. *Ciência & Ambiente*, v. 29, p. 100-111, 2004.

MONTOYA, S. G. *Ecofisiologia e produtividade de Brachiaria decumbens em sistema silvipastoril com macaúba*. 2016. 93 f. Tese (Doutorado em Fitotecnia) – Universidade Federal de Viçosa, Viçosa, MG, 2016.

MOREIRA, S. L. S.; IMBUZEIRO, H. M. A.; DIETRICH, O. H. S.; HENRIQUES, E.; PEREIRA FLORES, M. E.; PIMENTEL, L. D.; FERNANDES, R. B. A. Root distribution of cultivated macauba trees. *Industrial Crops and Products*, v. 137, p. 646-651, 2019.

MOTOIKE, S. Y.; CARVALHO, M.; PIMENTEL, L. D.; KUKI, K. N.; PAES, J. M. V.; DIAS, H. C. T.; SATO, A. Y. *A cultura da macaúba*: implantação e manejo de cultivos racionais. Viçosa: Editora UFV, 2013. 61 p.

MOTOIKE, S. Y.; KUKI, K. N. The potential of macaw palm (*Acrocomia aculeata*) as source of biodiesel in Brazil. *International Review of Chemical Engineering*, v. 1, p. 632-635, 2009.

MOTTA, P. E.; CURI, N.; OLIVEIRA FILHO, A. T.; GOMES, J. B. V. Ocorrência de macaúba em Minas Gerais: relação com atributos climáticos, pedológicos e vegetacionais. *Pesquisa Agropecuária Brasileira*, v. 37, p. 1023-1031, 2002.

PIMENTEL, L. D.; BRUCKNER, C. H.; MARTINEZ, H. E. P.; TEIXEIRA, C. M.; MOTOIKE, S. Y.; PEDROSO NETO, J. C. Recomendação de adubação e calagem para o cultivo da macaúba: 1ª aproximação. *Informe Agropecuário*, v. 32, p. 20-30, 2011.

PIMENTEL, L. D. *Nutrição mineral da macaúba*: bases para adubação e cultivo. 2012. 115 f. Tese (Doutorado em Fitotecnia) – Universidade Federal de Viçosa, Viçosa, MG, 2012.

VIANA, M. C. M.; SILVA, E. A.; QUEIROZ, D. S.; PAES, J. M. V.; ALBERNAZ, W. M.; FRAGA, G. Cultivo de macaúba em sistemas agrossilvipastoris. In: PAES, J. M. V. et al. (ed.). *Macaúba*: potencial e sustentabilidade para o biodiesel. Minas Gerais: Epamig, 2011. p. 70-80. (Informe agropecuário n. 32).

9

MANEJO INTEGRADO DE PRAGAS EM CULTIVOS DE MACAÚBA

Ricardo Salles Tinôco, Marcelo Coutinho Picanço, Leticia Caroline da Silva Sant'Ana, Damaris Rosa de Freitas, Allana Grecco Guedes, Emiliano Henriques

Os insetos e ácaros-praga estão entre os principais causadores de perdas nos cultivos agrícolas, sobretudo em regiões de clima tropical. Os programas de manejo integrado de pragas são instrumentos ideais para o controle eficiente, econômico e ambientalmente sustentável desses organismos, além de serem adequados a cada sistema de produção. Os programas são constituídos por diagnose, sistema de tomada de decisão e métodos de controle. Na diagnose ou avaliação do agroecossistema, são identificadas as espécies de pragas e descritas suas bioecologias. No sistema de tomada de decisão, é decidida a realização ou não do controle das pragas, com base em planos de amostragem e níveis de controle. Os métodos de controle a serem usados nos programas de manejo integrado de pragas são selecionados com base em critérios legais, técnicos, econômicos, ecotoxicológicos e sociais (Picanço et al., 2002, 2014; Pedigo; Rice, 2015).

Devido às pesquisas sobre os cultivos de macaúba ainda não estarem em estágio avançado, pouco se conhece sobre suas pragas e, até o momento, não havia sido proposto programa de manejo integrado de pragas nesses cultivos. Assim, visando preencher parte dessa lacuna, este capítulo propõe um programa de manejo integrado para os cultivos de macaúba, em que são identificadas as pragas e descrita a bioecologia de cada uma, a partir da qual é proposto um sistema de tomada de decisão e são descritos os métodos de controle desses organismos. Esse programa é baseado no conhecimento acumulado no mundo sobre as pragas em cultivos de palmáceas (grupo de culturas a que pertence a macaúba) e em observações realizadas em cultivos de macaúba.

9.1 IDENTIFICAÇÃO DAS PRAGAS EM CULTIVOS DE MACAÚBA

Os Quadros 9.1 e 9.2 correspondem a uma chave pictórica de identificação das principais pragas em cultivos de macaúba no Brasil. O Quadro 9.1 é a chave de identificação de ataque de pragas em cultivo de macaúba. A primeira coluna corresponde ao número-índice dessa chave, que representa o primeiro passo da chave pictórica. A segunda coluna corresponde à descrição do ataque da praga que será utilizada na identificação. Por fim, a última coluna indica o número de referência da possível praga, descrita no Quadro 9.2, que é o próximo passo da chave de identificação. Dessa forma, os passos devem ser seguidos até que se chegue ao nome específico da praga (Gallo *et al.*, 2002; Picanço *et al.*, 2002; Queiroga *et al.*, 2016; Moura, 2017; Soroker; Colazza, 2017; Ferreira; Warwick; Siqueira, 2018).

Quadro 9.1 Chave de identificação de ataque de pragas na cultura da macaúba

Índice	Características do ataque de pragas	Número de referência das possíveis pragas
1a	A praga causa morte de plantas no viveiro ou no início do cultivo	2
1b	A praga confecciona galerias broqueando o caule da planta	3
1c	A praga causa desfolha da planta	5
1d	A praga ataca as folhas e possui aparelho bucal sugador	8
1e	A praga ataca alguma estrutura reprodutiva da planta	9

Como exemplo de uso dessa chave, suponha-se que a praga a ser identificada ataque o caule das plantas, que sua larva seja de cor creme com o final do abdome afilado e que seu adulto seja um besouro preto do tipo bicudo com 60 mm de comprimento. Nessa situação, escolhe-se no Quadro 9.1 o número 1b da chave, já que a praga ataca o caule da planta. Ao final dessa linha, na terceira coluna, há o número de referência 3. Na sequência, deve-se buscar o número de referência da praga 3a ou 3b no Quadro 9.2. Com base na descrição da praga, que se encontra na segunda coluna da linha correspondente aos números de referência 3a e 3b, escolhe-se o número 3a, pois o adulto do inseto causador do dano é um bicudo. Ao final da linha 3a, há a indicação para buscar o número de referência 4a ou 4b do Quadro 9.2. Escolhe-se o número 4a, uma vez que a larva do inseto é de cor creme com final do abdome afilado e o adulto é um besouro preto com 60 mm de comprimento. Finalmente, identifica-se a praga como o bicudo-das-palmáceas *Rhynchophorus palmarum*.

9 Manejo integrado de pragas em cultivos de macaúba 201

Quadro 9.2 Chave de identificação de pragas da cultura da macaúba

Número de referência das pragas	Descrição e identificação da praga	Ilustração da praga
2a	**Lagarta-rosca (*Agrotis ipsilon*)** Lagarta marrom-acinzentada com cabeça mais estreita que o corpo; quando tocada, ela se enrosca. Quando completamente desenvolvida, tem 50 mm comprimento. O adulto é uma mariposa amarronzada com 55 mm de envergadura.	Lagarta / Adulto
2b	**Mosca-dos-fungos (*Bradysia* sp.)** A larva é branca, semitransparente (trato digestivo visível), ápoda (sem pernas) e, quando completamente desenvolvida, tem 6 mm de comprimento. O adulto é uma mosca escura de 3 mm de comprimento que parece um pernilongo.	Larva / Adulto
2c	**Cupins** Cupins brancos com cabeça amarelada de 3 mm a 6 mm de comprimento, que atacam as raízes de plantas no viveiro ou no início do cultivo. Em sua colônia, existem soldados (com cabeça dilatada) e operários (com cabeça normal).	Operário / Soldado
3a	O adulto é um bicudo com rostro bem desenvolvido.	Ir para a referência 4
3b	**Broca-do-coleto (*Strategus aloeus*)** A larva é branca, com formato em "C", possui cabeça marrom e abdome dilatado e tem 60 mm de comprimento quando completamente desenvolvida. O adulto é um besouro castanho de 60 mm de comprimento. O macho tem três chifres recurvados no protórax.	Larva / Macho / Fêmea
4a	**Bicudo-das-palmáceas (*Rhynchophorus palmarum*)** A larva é de cor creme, ápoda (sem pernas), com cabeça castanha e extremidade do abdome afilada. Tem 70 mm de comprimento quando completamente desenvolvida. O adulto é um besouro preto de 60 mm de comprimento com rostro recurvado.	Larva / Adulto

Quadro 9.2 (continuação)

Número de referência das pragas	Descrição e identificação da praga	Ilustração da praga
4b	**Broca-do-estipe (*Rhinostomus barbirostris*)** A larva é branca, ápoda (sem pernas), com cabeça castanha e extremidade do abdome afilada. A larva tem 50 mm de comprimento quando completamente desenvolvida. O adulto é um besouro preto com corpo rugoso, de 50 mm de comprimento e rostro de 5 mm. O macho é maior que a fêmea e tem o rostro coberto por pilosidade alaranjada.	Larva — Macho — Fêmea
5a	O adulto da praga é uma mariposa.	Ir para referência 6
5b	O adulto da praga não é uma mariposa.	Ir para a referência 7
6a	**Lagarta-das-palmeiras (*Brassolis sophorae*)** Lagarta castanha, pilosa, com listras longitudinais e cabeça avermelhada. O adulto é uma borboleta marrom com até 100 mm de envergadura e que possui uma faixa transversal laranja nas asas anteriores. Na face inferior das asas posteriores existem três círculos pretos e marrons.	Lagarta — Adulto
6b	**Lagarta-das-folhas (*Opsiphanes invirae*)** Lagarta verde com listras longitudinais e espinhos alaranjados na cabeça e no final do abdome. O adulto é uma borboleta marrom com até 85 mm de envergadura e com faixa transversal alaranjada nas asas anteriores e posteriores.	Lagarta — Adulto

Quadro 9.2 (continuação)

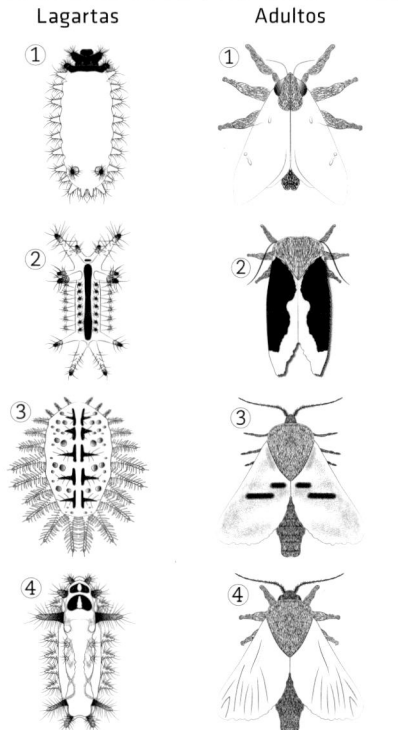

Número de referência das pragas	Descrição e identificação da praga	Ilustração da praga
6c	**Lagarta-das-folhas (*Automeris liberia*)** Lagartas amareladas nos primeiros ínstares, que se tornam verdes com o desenvolvimento, com 70 mm a 80 mm de comprimento e cobertas com pelos transversais urticantes. Os espiráculos são alaranjados e possuem abaixo deles uma linha contínua e vermelha seguida por uma linha branca. Os adultos são mariposas grandes, possuem corpo pardo ao nível do tórax e marrom ao nível do abdômen. Dorsalmente as asas anteriores são amarelas e cortadas transversalmente por duas linhas escuras com uma mancha central grande e acinzentada, e as asas posteriores são alaranjadas com ocelos grandes em cada uma.  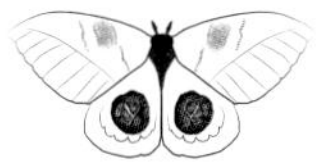	Lagarta / Adulto
6d	**Lagartas-das-folhas da família Limacodidae: (1) *Acharia* spp., (2) *Euclea* spp., (3) *Euprosterna* spp. e (4) *Talima* spp.** Lagartas polífagas com preferência por folhas mais velhas. Os danos são causados pelos primeiros ínstares, que são pouco visíveis. Já as lagartas nos últimos ínstares causam grande desfolha. As lagartas possuem coloração majoritariamente esverdeada e pelos urticantes. Os adultos são mariposas de coloração opaca.	Lagartas / Adultos

Quadro 9.2 (continuação)

Número de referência das pragas	Descrição e identificação da praga	Ilustração da praga
7a	**Formiga-saúva (*Atta* spp.)** Formiga de cor avermelhada, com cabeça em formato de coração, possui três pares de espinhos no dorso e apresenta comprimento de 12 mm a 15 mm. Essa praga faz desfolha em formato de meia-lua.	
7b	**Falsa-barata (*Coraliomela brunnea*)** A larva é achatada dorsoventralmente, parda, tem três pares de pernas curtas e atinge até 30 mm de comprimento quando completamente desenvolvida. O adulto é um besouro avermelhado, com élitro rugoso e 25 mm de comprimento.	Larva / Adulto
8a	**Pulgão-das-palmeiras (*Cerataphis brasiliensis*)** Em suas colônias existem ninfas, fêmeas ápteras (sem asa) e aladas (raras). A fêmea áptera é castanho-escura e de 1 mm a 2 mm de comprimento. Ela é séssil (as pernas não são funcionais), tem corpo oval e uma franja periférica cerosa branca. A fêmea alada tem dois pares de asas membranosas transparentes e corpo escuro. A ninfa é verde-clara, tem até 1 mm de comprimento e possui pernas funcionais.	Ninfa / Fêmea áptera / Fêmea alada
8b	**Mosca-branca (*Aleurodicus* spp.)** O adulto tem de 1 mm a 2 mm de comprimento e asas membranosas recobertas por pulverulência branca. A ninfa é amarelada e possui formato oval achatado dorsoventralmente. Nos estágios visíveis (terceiro e quarto ínstares), as ninfas são sésseis e secretam filamentos de cera.	Ninfa / Adulto

Quadro 9.2 (continuação)

Número de referência das pragas	Descrição e identificação da praga	Ilustração da praga
9a	**Broca-do-pedúnculo-floral (*Homalinotus coriaceus*)** A larva ataca o pedúnculo floral e é branca, recurvada, ápoda (sem pernas), possui cabeça castanha e tem 50 mm de comprimento quando completamente desenvolvida. O adulto é um besouro preto de 30 mm de comprimento com rostro de 8 mm.	Larva / Adulto
9b	**Percevejo-dos-frutos (*Pachycoris torridus*)** O adulto é um percevejo preto ou marrom e possui muitas manchas no corpo, escutelo desenvolvido e 15 mm de comprimento. As ninfas são esverdeadas e atingem até 10 mm de comprimento.	Ninfa / Adulto
9c	**Broca-do-fruto (*Pachymerus* spp.)** A larva confecciona galerias na semente. Ela é branco-amarelada, encurvada, possui cabeça escura e tem 15 mm comprimento quando completamente desenvolvida. O adulto é um besouro cinza-escuro de 10 mm de comprimento.	Larva / Adulto

9.2 Bioecologia das pragas

A seguir são descritos a biologia, os fatores determinantes ao ataque e os pontos críticos de controle das pragas nos cultivos de macaúba.

9.2.1 Biologia das principais pragas

Pragas causadoras de mortalidade de plantas

Essas pragas atacam as plantas nos viveiros ou no início dos cultivos no campo, causando sua morte.

Lagarta-rosca *Agrotis ipsilon* (Hufnagel) (Lepidoptera: Noctuidae)

O ciclo de vida da *Agrotis ipsilon* dura 40 dias, durante o qual o inseto passa pelas fases de ovo, lagarta, pupa e adulto. O adulto é uma mariposa com asas de pardas a marrons e com manchas escuras em formato de punhal. A mariposa tem 55 mm de envergadura e longevidade de 15 dias. A postura ocorre na planta ou no solo, os ovos são brancos e o período de incubação é de três dias. A fase larval dura 25 dias, e nela ocorrem de cinco a nove ínstares. As lagartas vão do cinza ao marrom, com manchas pretas, e atingem até 50 mm de comprimento. Elas se alimentam durante a noite e ficam escondidas no solo ou nos restos culturais durante o dia. A pupação ocorre no solo (de 3 cm a 7 cm de profundidade) e dura de 12 a 15 dias. Os danos são causados pelas lagartas, que raspam as folhas nos primeiros ínstares e posteriormente seccionam as plantas na região do coleto, causando sua morte (Queiroga et al., 2016; Gallo et al., 2002).

Mosca-dos-fungos *Bradysia* sp. (Diptera: Sciaridae)

O ciclo de vida da *Bradysia* sp. é de 20 a 25 dias, durante o qual o inseto passa pelas fases de ovo, larva, pupa e adulto. O adulto é uma mosca escura de 3 mm de comprimento. A postura ocorre na superfície do solo e uma fêmea pode ovipositar até 200 ovos. Os ovos são brancos e o período de incubação é de quatro a seis dias. A fase larval dura de 12 a 14 dias, e nela o inseto passa por quatro ínstares. A larva tem cabeça escura, corpo branco semitransparente, podendo atingir até 6 mm de comprimento, e seu trato digestivo é visível. O período pupal é de três a quatro dias. Os danos são causados pelas larvas que atacam as raízes, sobretudo quando as mudas são produzidas em substrato orgânico. As larvas se alimentam de tecidos vegetais atacados por fungos oportunistas, que se valem do ataque das larvas às raízes para penetrar a planta. Em decorrência desse ataque, ocorre a morte de plantas em viveiro (Queiroga et al., 2016; Mead; Fasulo, 2017).

Cupins (Blattodea: Isoptera)

As principais espécies de cupins que são pragas nos cultivos são a *Heterotermes* sp. (Rhinotermitidae) e a *Nasutitermes* sp. (Isoptera: Termitidae). Durante o ciclo de vida, esses insetos passam pelas fases de ovo, ninfa e adulto. Os adultos podem ser operários, soldados ou formas reprodutivas. Os operários são brancos e têm 5 mm de comprimento. Os soldados têm coloração amarelo-castanha, mandíbulas largas, 6 mm de comprimento e cabeça dilatada. Esses insetos atacam as raízes, causando morte das plantas nos viveiros e no início do cultivo, sobretudo em solos de Cerrado (Gallo et al., 2002; Queiroga et al., 2016).

Pragas do caule

As larvas dessas pragas confeccionam galerias, broqueando o caule das plantas.

Bicudo-das-palmáceas *Rhynchophorus palmarum* L. (Coleoptera: Curculionidae)

O ciclo de vida do bicudo-das-palmáceas dura de quatro a oito meses, durante o qual o inseto passa pelas fases de ovo, larva, pupa e adulto. O adulto é um besouro preto de 4,5 cm a 6,0 cm de comprimento e possui rostro curvado (Fig. 9.1A). A postura ocorre nas axilas das folhas ou em ferimentos na planta. Os ovos são brancos e

Fig. 9.1 Imagens de insetos-praga em cultivos de macaúba: (A) adulto do bicudo-das-palmáceas *R. palmarum*; (B) adulto da broca-do-pedúnculo-floral *H. coriaceus*; (C) lagarta-das-palmeiras *B. sophorae*, (D) folíolos atacados pela mosca-branca *Aleurodicus* sp.; (E) cochonilha-de-cera *Ceroplastes* sp.; (F) cochonilha-farinhenta atacando raízes; (G) adulto de *P. torridus*, com (H) vista externa e (I) vista interna de frutos danificados por esse percevejo

o período de incubação é de dois a cinco dias. A fase larval dura de 45 a 70 dias e nela o inseto passa por dez ínstares. As larvas são de cor creme com cabeça escura, corpo recurvado, ápodas (sem pernas) e atingem até 75 cm de comprimento. Ao iniciar a pupação, as larvas migram para a axila do pecíolo, onde tecem um casulo com fibras. O período pupal dura de 25 a 45 dias, e a pupa é amarelada. Os danos são causados pelas larvas e pelos adultos ao broquearem o caule e, quando chegam ao meristema, podem causar a morte das palmeiras. Além disso, esse inseto é vetor do nematoide *Bursaphelenchus cocophilus,* causador da doença do anel-vermelho (Gallo *et al*., 2002; Queiroga *et al*., 2016; Moura, 2017; Ferreira; Warwick; Siqueira, 2018).

Broca-do-coleto *Strategus aloeus* L. (Coleoptera: Scarabeidae)

O ciclo de vida da broca-do-coleto dura 11 meses, período no qual o inseto passa pelas fases de ovo, larva, pupa e adulto. O adulto é um besouro castanho ou preto de 40 mm a 60 mm de comprimento. O macho possui três chifres. Os ovos são brancos, depositados em material vegetal em decomposição. O período de incubação é de duas a três semanas. A fase larval dura oito meses. A larva é branca com cabeça marrom, tem três pares de pernas no tórax, o final do abdome dilatado e formato de "C". Ela pode atingir até 60 mm de comprimento. A pupação ocorre em material em decomposição e dura dois meses. As larvas e adultos broqueiam a parte basal do caule e principalmente o bulbo, em plantas definhadas e novas, levando-as à morte (Ahumada *et al.*, 1995; Gallo *et al.* 2002; Queiroga *et al.*, 2016).

Broca-do-estipe *Rhinostomus barbirostris* (Fabr.) (Coleoptera: Curculionidae)

O ciclo de vida da broca-do-estipe dura de cinco a sete meses, durante os quais o inseto passa pelas fases de ovo, larva, pupa e adulto. O adulto é um besouro preto com corpo rugoso de 15 mm a 50 mm de comprimento e rostro de 5 mm a 7 mm. O macho é maior que a fêmea e tem o rostro coberto por pilosidade alaranjada. A postura ocorre em orifícios feitos pela fêmea no caule, que são tampados com uma mucilagem branca. Os ovos são brancos e o período de incubação é de três a quatro dias. A fase larval dura de 50 a 70 dias. A larva é branca com a cabeça castanha, ápoda, recurvada e atinge até 50 mm de comprimento. O período pupal dura 24 dias. Os danos são causados pelas larvas, que broqueiam o caule da periferia para o centro, normalmente em plantas debilitadas ou doentes (Gallo *et al.*, 2002; Queiroga *et al.*, 2016).

Pragas desfolhadoras

Essas pragas causam desfolhas que reduzem a fotossíntese das plantas.

Formigas-saúvas *Atta* spp. (Hymenoptera: Formicidae)

Essas formigas são insetos sociais com ninhos subterrâneos; devido às escavações realizadas na confecção desses ninhos, ocorre o acúmulo de terra solta na superfície do solo. Em seus ninhos existem operárias, soldados e uma rainha. As operárias e os soldados são avermelhados e possuem de 12 mm a 15 mm de comprimento. Essas formigas possuem três pares de espinhos no dorso do tórax, e sua cabeça tem formato de coração. Os danos são causados pela desfolha das plantas, que é parcial e em formato de meia-lua (Gallo *et al.*, 2002; Queiroga *et al.*, 2016).

Lagartas desfolhadoras (Lepidoptera)

A seguir será descrita a bioecologia das principais espécies de lagartas desfolhadoras que atacam os cultivos de macaúba no Brasil.

Lagarta-das-palmeiras *Brassolis sophorae* L. (Nymphalidae)

Essa espécie é conhecida como lagarta-das-palmeiras e seu ciclo de vida dura de 81 a 125 dias, durante os quais o inseto passa pelas fases de ovo, lagarta, pupa e adulto. O adulto é uma borboleta marrom com faixa alaranjada em formato de "Y" nas asas anteriores e tem de 60 mm a 100 mm de envergadura. A postura ocorre principalmente na parte abaxial das folhas e no ráquis. Seus ovos são de cor creme, esbranquiçados, e o período de incubação é de 20 a 25 dias. A fase larval dura 150 dias e nela ocorrem seis ínstares. A lagarta é castanho--avermelhada com listras longitudinais, recoberta por pelos e pode atingir de 60 mm a 80 mm de comprimento (Fig. 9.1C). O período pupal dura de 15 a 20 dias. Os danos são causados pelas lagartas, que desfolham as plantas, alimentando-se de todo o limbo foliar e deixando somente a nervura central dos folíolos (Gallo et al., 2002; Queiroga et al., 2016).

Lagarta-das-folhas *Opsiphanes invirae* Hübner (Nymphalidae)

O ciclo de vida dessa espécie, a qual é conhecida como lagarta-das-folhas, dura de 59 a 77 dias, e nele o inseto passa pelas fases de ovo, lagarta, pupa e adulto. O adulto é uma borboleta marrom com 70 mm a 85 mm de envergadura. Suas asas anteriores possuem uma faixa alaranjada e duas manchas brancas nas extremidades. Os ovos são cinza com manchas. O período de incubação é de oito a dez dias. A fase larval dura de 36 a 47 dias, com cinco ínstares. A lagarta é verde com listras longitudinais e atinge até 100 mm de comprimento. Sua cabeça é rósea com prolongamentos pontiagudos voltados para trás; o último segmento abdominal termina numa cauda bífida. O período pupal dura de 14 a 15 dias. Os danos são causados pelas lagartas, que desfolham parcialmente as plantas, deixando pedaços do limbo foliar (Gallo et al., 2002; Queiroga et al., 2016).

Lagarta-das-folhas *Automeris liberia* (Cramer) (Saturnidae)

Essa espécie também é conhecida como lagarta-das-folhas e seu ciclo de vida dura de 78,5 a 80 dias, durante os quais o inseto passa pelas fases de ovo, lagarta, pupa e adulto. O adulto é uma mariposa com coloração de amarelo-escuro a castanho, com 70 mm a 90 mm de envergadura (Fig. 9.2A). Suas asas posteriores possuem manchas que mimetizam olhos (Fig. 9.2B). Os ovos são de cor branca brilhante. O período de incubação é de 14 dias. A fase larval dura 36 dias, e nela ocorrem sete ínstares. A lagarta é verde brilhante com listras brancas laterais delimitadas por linhas laranja e atinge de 70 mm a 80 mm de comprimento (Fig. 9.2C), com o corpo coberto por pelos urticantes. O período pupal dura 21 dias. Os danos são causados pelas lagartas, que consomem as folhas das plantas jovens, prejudicando o processo fotossintético (Aldana et al., 2017; Amaral et al., 2022; Nunes; Specht, 1999).

Acharia spp., *Euclea* spp., *Talima* spp. e *Euprosterna* spp. (Limacodidae)

Essas espécies também são conhecidas como lagarta-das-folhas. O ciclo de vida da *Acharia* spp. tem duração de 80 a 100 dias, e neles o

Fig. 9.2 *Automeris liberia* em cultivos de macaúba: (A) adulto da lagarta-das-folhas com as asas repousadas; (B) adulto da lagarta-das-folhas com as asas abertas; (C) fase de lagarta de *Automeris* em folhas de macaúba

inseto passa pelas fases de ovo, larva, pupa e adulto. O adulto é uma mariposa com aspecto acetinado brilhante e tons avermelhados nos primeiros dias de vida, porém desbota e passa a ter coloração do marrom mais escuro ao preto. Os ovos são de cor amarela. O período de incubação é de sete a nove dias. A fase larval dura de 40 a 60 dias, com nove ínstares. A lagarta é verde, achatada, com quatro pares de espinhos cônicos no dorso do corpo e pelos urticantes, e atinge até 34 mm. O período pupal dura 40 dias. Os danos são causados pelas lagartas, que inicialmente raspam as folhas, podendo consumir a planta por completo durante o seu desenvolvimento (Genty; Chenon; Morin, 1978; Silva, 2001).

O ciclo de vida da *Euclea* spp. tem duração de 63 dias, nos quais o inseto passa pelas fases de ovo, lagarta, pupa e adulto. O adulto é uma mariposa com coloração pardo-alaranjada e regiões escuras na asa. A lagarta é verde com mancha em formato de "8" invertido em seu dorso. Os danos são gerados pelas lagartas, que causam desfolha severa da planta (Genty; Chenon; Morin, 1978).

O ciclo de vida da *Talima* spp. dura entre 56 e 63 dias, nos quais o inseto passa pelas fases de ovo, lagarta, pupa e adulto. O adulto é uma mariposa cujas asas anteriores têm coloração amarelo-alaranjada e nervuras visíveis e asas posteriores têm coloração pardo-escura. Os adultos podem atingir de 20 mm a 32 mm de comprimento. Os ovos são de cor amarela. A fase larval dura 21 semanas. A lagarta é verde-amarelada com manchas brancas. Os danos são causados pelas lagartas, que raspam as folhas da planta, aumentando o impacto de acordo com o seu desenvolvimento (Genty; Chenon; Morin, 1978).

O ciclo de vida da *Euprosterna* spp. tem duração de 49 a 60 dias, e nele o inseto passa pelas fases de ovo, lagarta, pupa e adulto. O adulto é uma mariposa com coloração que varia de marrom a cinza, com 17 mm a 28 mm de envergadura. Suas asas anteriores são cruzadas por uma linha escura. Os ovos são transparentes e de consistência gelatinosa. O período de incubação é de três a sete dias. A fase larval dura de 27 a 42 dias, com nove ínstares. A lagarta é verde-clara, de formato ovoide achatado. Seu corpo possui projeções de tubérculos espinhosos. O período pupal dura de 16 a 25 dias. Os danos são causados pelas lagartas, que inicialmente raspam as folhas da planta e, posteriormente, a consomem (Alvarado et al., 2014; Genty; Chenon; Morin, 1978; Zeddam et al., 2003).

Falsa-barata *Coraliomela brunnea* (Thumberg) (Coleptera: Chrysomelidae)
O ciclo de vida da falsa-barata dura 264 dias, nos quais o inseto passa pelas fases de ovo, larva, pupa e adulto. O adulto é um besouro avermelhado, podendo ter manchas pretas, e possui de 22 mm a 36 mm de comprimento. A postura ocorre nas folhas e os ovos são marrons. O período de incubação é de 19 dias. A fase larval dura 180 dias. A larva é parda e pode atingir até 30 mm de comprimento. O período pupal dura 20 dias. Os danos são causados pelas larvas e pelos adultos, que desfolham as plantas enquanto as folhas ainda estão fechadas; os sintomas aparecem após a abertura das folhas (Gallo et al., 2002; Queiroga et al.; 2016).

Pragas sugadoras

Essas pragas atacam a parte aérea das plantas, principalmente as folhas, e podem ser sugadoras de conteúdo celular (ácaros e tripes) ou de seiva (pulgões e moscas-brancas). Elas causam danos devido ao processo de sucção e por injetarem toxinas nas plantas. Além disso, elas podem ser vetoras de doenças, sobretudo de viroses. As plantas atacadas ficam com as folhas deformadas e amarelecidas. Em decorrência do ataque dessas pragas, ocorre redução da produtividade das plantas (Picanço et al., 2002, 2014).

Pulgão-das-palmeiras *Cerataphis brasiliensis* (Hempel) (Hemiptera: Aphidae: Hormaphidinae)
Com ciclo de vida de uma a três semanas, esses insetos geralmente vivem em colônias, nas quais existem ninfas, fêmeas ápteras (sem asa) e fêmeas aladas (que são raras). A fêmea áptera é castanho-escura, séssil (as pernas não são funcionais), tem corpo oval com uma franja periférica cerosa branca e possui de 1 mm a 2 mm de comprimento. A fêmea alada tem dois pares de asas membranosas transparentes e corpo escuro. A ninfa é verde-clara, tem até 1 mm de comprimento e pernas funcionais. Tanto as ninfas como as fêmeas adultas causam danos por sugar a seiva e injetar toxinas no floema. Fungos oportunistas,

sobretudo do gênero *Capnodium*, se desenvolvem em suas excreções açucaradas. Como resultado, as folhas da planta ficam recobertas por uma fuligem escura, chamada de fumagina (Gallo et al., 2002; Queiroga et al., 2016).

Mosca-branca *Aleurodicus* spp. (Hemiptera: Aleyrodidae)

O ciclo de vida da mosca-branca dura 22 dias, nos quais o inseto passa pelas fases de ovo, ninfa e adulto. O adulto tem 1 mm a 2 mm de comprimento e asas membranosas cobertas por pulverulência branca. Os ovos são amarelados e o período de incubação é de um a cinco dias. A fase ninfal dura 11 dias, e nela o inseto passa por quatro ínstares. As ninfas são amareladas e achatadas dorsoventralmente. No primeiro ínstar, as ninfas são móveis e, nos demais, são sésseis. Elas são visíveis a olho nu nos dois últimos ínstares, nos quais secretam filamentos de cera. As ninfas e os adultos causam danos por sugar a seiva e injetar toxinas no floema. Fungos oportunistas, sobretudo do gênero *Capnodium*, se desenvolvem em suas excreções açucaradas. Como resultado, as folhas ficam recobertas por uma foligem escura, chamada de fumagina (Fig. 9.1D) (Gallo et al., 2002, Queiroga et al., 2016).

Outros sugadores

Além de pulgões e moscas-brancas, têm-se observado ácaros, cochonilhas (Fig. 9.1E,F) e tripes atacando plantas de macaúba. Porém, as espécies dessas pragas ainda não foram identificadas.

Pragas de órgãos reprodutivos

Broca-do-pedúnculo-floral *Homalinotus coriaceus* (Gyll) (Coleoptera: Curculionidae)

O ciclo de vida da broca-do-pedúnculo-floral tem duração de seis a oito meses, nos quais o inseto passa pelas fases de ovo, larva, pupa e adulto. O adulto é um besouro preto de 25 mm a 30 mm de comprimento e rostro de 8 mm (Fig. 9.1B). A postura ocorre no pedúnculo floral ou na bainha da folha. Os ovos são brancos e o período de incubação é de nove a dez dias. A fase larval dura 112 dias, nos quais ocorrem de cinco a sete ínstares. As larvas são brancas, recurvadas, com cabeça ferrugínea, e podem atingir de 45 mm a 50 mm de comprimento. A pupação ocorre dentro de um casulo de fibras. Devido à retirada dessas fibras, há formação de sulcos de até 80 mm de comprimento no estipe, indicando o ataque da praga. O período pupal dura 30 dias. Os danos são causados pelas larvas e pelos adultos; os principais são causados pelas larvas, que confeccionam galerias no pedúnculo floral, o que causa queda de flores e frutos. Os adultos causam danos ao se alimentar de flores e frutos novos, dilacerando seus tecidos (Gallo et al., 2002; Queiroga et al., 2016).

Percevejo-dos-frutos *Pachycoris torridus* (Scopoli) (Hemiptera: Scutelleridae)

O ciclo do percevejo-dos-frutos dura 55 dias, nos quais o inseto passa pelas fases de ovo, ninfa e adulto. O adulto é um percevejo preto ou marrom com muitas manchas no pronoto, possui escutelo desenvolvido e 15 mm de comprimento. Suas fêmeas ovipositam massas de ovos nas folhas (Fig. 9.1G). Os ovos são amarelos e o período de incubação é de 15 dias. A fase ninfal dura 50 dias, e nela ocorrem cinco ínstares. As ninfas são esverdeadas. Os danos são causados pelas ninfas e pelos adultos, que atacam flores e frutos, causando sua queda. Além disso, os frutos atacados ficam deformados, com menor tamanho, massa e teor de óleo, e apresentam pontuações e manchas (Fig. 9.1H,I) (Gallo et al., 2002; Rodrigues et al., 2011).

Brocas-das-sementes (Coleoptera: Chrysomelidae: Bruchinae)

As principais espécies desse grupo de pragas são a *Pachymerus* spp. e a *Speciomerus revoili* (Pic). Durante seu ciclo de vida, esses insetos passam pelas fases de ovo, larva, pupa e adulto. Os adultos são besouros cinzentos de 12 mm a 15 mm de comprimento. Os ovos são colocados nos frutos. A larva é branco-amarelada, encurvada e com cabeça escura. Ela atinge até 20 mm de comprimento. A pupação ocorre dentro do fruto. O dano é causado pela larva, que confecciona galerias na semente (Gallo et al., 2002; Queiroga et al., 2016).

9.2.2 Fatores determinantes do ataque de pragas

O entendimento dos fatores determinantes do ataque de pragas aos cultivos é importante para prever as épocas e os locais em que eles ocorrerão com maior intensidade. Isso possibilita o direcionamento no tempo e no espaço do uso da amostragem e dos métodos de controle. A seguir, serão detalhados os principais fatores determinantes do ataque de pragas aos cultivos de macaúba.

Inimigos naturais

Os inimigos naturais são os mais importantes agentes biológicos de controle de pragas, sobretudo nas regiões de clima tropical. O Brasil é o local do mundo de maior biodiversidade, e os insetos são o grupo de seres vivos com maior número de espécies no planeta. Nos ecossistemas brasileiros, existe uma grande diversidade de ácaros e insetos herbívoros que não são pragas por não causar danos econômicos às plantas cultivadas, e também um grande número de espécies de inimigos naturais que se alimentam desses artrópodes herbívoros. A manutenção de altas populações desses inimigos naturais é importante para o controle natural das pragas. Assim, é fundamental, nos agroecossistemas, a adoção de programas de controle de pragas que preservem e incrementem as populações dos inimigos naturais (Picanço et al., 2009a, 2009b, 2014; Santos et al., 2020). Nos cultivos de macaúba, há três situações diferentes: os viveiros de produção de mudas, as áreas de extrativismo e os cultivos comerciais. Em cada uma delas, a atuação dos inimigos naturais no controle das pragas é diferente.

Os viveiros são sistemas temporários, de baixa diversidade e com baixa disponibilidade de alimentos alternativos, como néctar e pólen, para os inimigos naturais. Logo, nos viveiros de produção de mudas de macaúba, as populações de inimigos naturais são baixas. Essa é uma das razões principais dos graves problemas com pragas nos viveiros. Já nos campos em que a macaúba é explorada forma extrativista, a diversidade vegetal geralmente é mais elevada e, portanto, as populações de inimigos naturais são maiores. Esse é um dos motivos de haver menos problemas com pragas nessa situação. Porém, nesses ecossistemas é sempre bom a preservação da vegetação natural, que são criatórios de inimigos naturais. Finalmente, em cultivos extensivos de macaúba, é importante a preservação na paisagem da diversidade de plantas para que se tenha disponibilidade de alimentos alternativos para os inimigos naturais. Isso deve ser feito para evitar surtos populacionais de pragas (Picanço et al., 2009a, 2014; Queiroga et al., 2016).

Elementos climáticos

Os elementos climáticos, como temperatura do ar, precipitação pluviométrica, umidade relativa do ar, velocidade e direção dos ventos, influenciam a intensidade de ataque das pragas aos cultivos. Assim, em locais e épocas diferentes, devido à variação dos elementos climáticos, ocorre variação da intensidade de ataque de pragas. As espécies de insetos-praga que atacam os cultivos de macaúba geralmente têm temperatura ótima elevada. Assim, onde e quando há temperatura do ar mais elevada, há maiores populações de pragas nos cultivos de macaúba (Gallo et al., 2002; Robinet; Roques, 2010; Picanço et al., 2014).

As gotas de chuva têm impacto negativo sobre as espécies de pragas que vivem na superfície da parte aérea das plantas, causando a morte desses insetos. Já as espécies de insetos subterrâneas que broqueiam o caule e frutos têm maior ocorrência em épocas e locais chuvosos. Assim, enquanto espécies de pragas causadoras de mortalidade de plantas, broqueadoras de caule e frutos têm maiores populações em épocas e locais mais chuvosos, pragas sugadoras e desfolhadoras têm maiores populações em épocas e locais mais secos (Picanço et al., 2014; Felicio et al., 2019; Chamuene et al., 2020; Santos et al., 2020).

Os ventos têm uma função importante na dispersão das pragas. Plantas mais velhas operam como foco de populações de pragas que podem atacar plantas mais novas. Assim, se os ventos predominantes são direcionados desses focos de praga para as plantas novas, em pouco tempo estas terão altas populações de pragas. Portanto, se possível, a direção dos ventos deve ser levada em consideração no planejamento da localização do cultivo na paisagem, para prevenir altas infestações de pragas. Já o efeito da umidade relativa do ar sobre as pragas nos cultivos é baixo. Geralmente, em épocas e locais de maior umidade relativa do ar, a água livre na superfície corporal dos insetos é mais elevada, favorecendo a ação dos fungos entomopatogênicos, que são importantes inimigos naturais das pragas nos cultivos (Chapman et al., 2010; Hasan, 2014; Picanço et al., 2014).

Paisagem onde se localiza o cultivo

A topografia e a vegetação na circunvizinhança dos cultivos influenciam a ocorrência de pragas. Em topografias planas, é maior a propagação dos ventos, que são importantes na dispersão das pragas. A topografia da região do Cerrado brasileiro é plana; nesses locais, os ventos predominantes têm direção de leste para oeste, que geralmente é a direção em que se dispersam as populações de pragas. Já em paisagens de relevo montanhoso, como ocorre na Mata Atlântica no Brasil, os morros constituem uma barreira à propagação dos ventos. Nesses locais, a propagação dos ventos e, consequentemente, a dispersão das pragas ocorrem na direção dos vales (Silva et al., 2011; Gontijo et al., 2013; Felicio et al., 2019).

A vegetação existente na paisagem pode ser fonte de pragas e inimigos naturais. Na vegetação circunvizinha ao cultivo, podem existir espécies de insetos e ácaros herbívoros que não atacam as plantas de macaúba e servem de alimento para os inimigos naturais, os quais podem usar o pólen e o néctar das plantas da região como alimento alternativo. Assim, quanto maior for a diversidade vegetal na paisagem, maiores serão as populações de inimigos naturais que servirão de agentes de controle biológico natural nos cultivos de macaúba. Contudo, a existência de outras palmeiras na paisagem também pode servir de foco de pragas para a macaúba (Mazzi; Dorn, 2012; Felicio et al., 2019).

Práticas culturais

O uso adequado das práticas culturais auxilia no controle das pragas. Porém, em muitas situações isso não será suficiente para evitar que as pragas causem danos econômicos, e será necessário o uso de métodos curativos (controle químico ou biológico aplicado) no controle das pragas. O descaso com medidas de controle faz com que as plantas tenham altas densidades de pragas. Assim, essas plantas serão um foco constante de tais organismos, tornando crônicos os problemas com pragas nos cultivos. Um exemplo nos cultivos de macaúba é a presença de palmeiras atacadas por pragas broqueadoras de caule e de ninhos de formigas-saúvas no local de cultivo. Outro aspecto a ser considerado é que, quanto maiores o adensamento (uso de menores espaçamentos) e a produtividade no cultivo, maiores serão os problemas com pragas (Picanço et al., 2002, 2014; Moura, 2017).

9.2.3 Pontos críticos de controle de pragas

O conhecimento dos pontos críticos de controle das pragas possibilita que o método de controle aplicado tenha a máxima eficiência. A seguir serão analisados os principais pontos que devem ser considerados para que o controle de cada grupo de pragas nos cultivos de macaúba seja eficiente.

Causadores de mortalidade de plantas

Essas pragas atacam as plantas no viveiro, no início dos cultivos no campo e as plantas adultas, e precisam ser monitoradas e controladas. A fase de praga desse grupo tem baixo poder de movimentação e seu ataque ocorre em reboleiras; assim, é importante localizar esses focos de pragas e controlá-los nesses locais. Além disso, pragas como as lagartas-roscas atacam as plantas durante a noite e ficam escondidas durante o dia. Portanto, para um controle eficiente, é necessária a retirada de seus esconderijos, removendo entulhos existentes nos viveiros e realizando um bom preparo dos solos. Em situações de produção de mudas usando substratos e matéria orgânica, deve-se ficar atento com o ataque das moscas-dos-fungos às raízes das plantas. Finalmente, quando as mudas entram em contato com o solo, deve-se ficar atento ao ataque de cupins subterrâneos às raízes (Picanço et al., 2002, 2014).

Broqueadores de caule

O ciclo de vida dessas pragas é longo e, para muitas das espécies, tem duração de um ano. O ataque geralmente se inicia no período quente e chuvoso do ano. Assim, nos cultivos de macaúba, cada planta deve ser inspecionada, e aquelas que apresentarem sinais de ataque por essas pragas devem ser marcadas. Posteriormente, o controle só deve ser feito nas plantas atacadas. Além disso, deve-se usar armadilhas para capturar os adultos das pragas (Picanço et al., 2002, 2014, Moura; 2017).

Desfolhadores

No caso das formigas-cortadeiras, deve-se localizar e controlar seus ninhos. Já no caso das demais pragas desfolhadoras, é preciso detectar as plantas atacadas e realizar o controle nelas e, preferencialmente, nas plantas ao redor. Em áreas extensas, realizar o controle com uma bordadura, para garantir que não haja reinfestação (Picanço et al., 2002, 2014; Moura, 2017).

Pragas sugadoras

Deve-se localizar os focos dessas pragas e controlá-los. No controle químico do pulgão-das-palmeiras e das moscas-brancas, deve-se usar óleo como adjuvante para que os produtos aplicados penetrem no corpo dos insetos, que possui uma camada cerosa (Picanço et al., 2002, 2014; Moura, 2017).

Pragas de órgãos reprodutivos

No caso dos besouros broqueadores de sementes, durante a colheita, os frutos atacados por essas pragas devem ser separados e destruídos para redução da sua multiplicação. Já no caso do percevejo-dos-frutos, é importante a verificação de outras plantas hospedeiras na paisagem, como o pinhão-manso, que será foco dessa praga (Picanço et al., 2002, 2014; Rodrigues et al., 2011; Moura, 2017).

9.3 SISTEMAS DE TOMADA DE DECISÃO PARA CONTROLE DE PRAGAS

Até o momento, não existe sistema de tomada de decisão para controle de pragas para os cultivos de macaúba. O sistema aqui descrito é uma adaptação do sistema de tomada de decisão para controle de pragas em cultivos de fruteiras tropicais contido em Picanço et al. (2002). Nesse sistema, as lavouras devem ser divididas em talhões uniformes com mesmo genótipo, tipo de solo, topografia, idade das plantas e sistema de condução do cultivo. Em cada talhão, serão avaliados dez pontos, que deverão estar distribuídos de maneira uniforme na área. Em cada ponto, deverão ser amostradas quatro plantas vizinhas (Picanço et al., 2002).

As técnicas a serem usadas na amostragem das pragas se encontram descritas no Quadro 9.3. Já no Quadro 9.4 estão os níveis de controle a serem utilizados. Nesse contexto, é preciso adotar medidas de controle se a densidade da praga no talhão for igual ou maior que o nível de controle. Nas amostragens, devem ser avaliadas as pragas causadoras de mortalidade de plantas, desfolhadoras, pragas sugadoras e pragas dos órgãos reprodutivos. Já as pragas das sementes não devem ser avaliadas nesse sistema de controle; elas só são avaliadas durante as colheitas de frutos, quando aqueles que estão atacados são eliminados (Picanço et al., 2002).

Para as pragas broqueadoras de caule, deve ser realizado um censo duas vezes por ano para examinar todas as plantas do talhão. As plantas atacadas são marcadas, e o controle só deve ser feito nelas (Picanço et al., 2002).

Essas técnicas e amostragens podem ser programadas durante a visita fitossanitária para doenças como anel-vermelho, que deve ser realizada

Quadro 9.3 Técnicas de amostragem para avaliação das densidades das pragas nos cultivos de macaúba

Grupos de pragas	Técnica de amostragem
Causadores de mortalidade de plantas	Avaliar a porcentagem de plantas mortas
Desfolhadoras	Avaliar a porcentagem de desfolha
Insetos sugadores	Avaliar o ataque da praga
Pragas de órgãos reprodutivos	Avaliar o ataque da praga

Quadro 9.4 Níveis de controle para as pragas nos cultivos de macaúba

Grupos de pragas	Nível de controle
Causadores de mortalidade de plantas	3% de ataque
Desfolhadoras	20% das plantas com alta desfolha
Insetos sugadores	20% das plantas com colônias
Pragas de órgãos reprodutivos	5% de ataque da praga

Fonte: Picanço et al. (2002).

mensalmente em plantios comerciais de palmeiras. Também podem ser utilizadas técnicas com imagens aéreas para algumas pragas, como desfolhadoras.

9.4 Métodos de controle de pragas

Os métodos de controle podem ser divididos em dois grandes grupos: preventivos e curativos. Os métodos curativos são o controle químico e o controle biológico aplicado, e só devem ser usados se a densidade da praga for igual ou maior que o nível de controle. Os métodos preventivos, como o controle cultural, devem ser aplicados durante todo o cultivo (Carvalho; Souza; Machado, 2011; Picanço et al., 2002, 2014).

9.4.1 Controle cultural

As práticas culturais são usadas principalmente de forma preventiva para reduzir os problemas com pragas. Entre essas práticas estão a seleção do local de cultivo, a seleção do material propagativo, o aumento da diversidade vegetal, a nutrição das plantas, as podas e a remoção de focos de pragas (Picanço et al., 2002, 2014; Moura, 2017; Ferreira; Warwick; Siqueira, 2018).

O local de condução do cultivo tem influência sobre as populações de pragas e inimigos naturais. Como discutido anteriormente, a topografia e a paisagem do local de cultivo afetam a intensidade de ataque de pragas e o tamanho das populações de inimigos naturais. Nesse contexto, quanto maior for a diversidade de plantas no local, maiores serão as populações de inimigos naturais e menores serão as densidades das pragas. Já outras palmeiras presentes na circunvizinhança serão focos de pragas para os cultivos de macaúba. Assim, deve-se aumentar a diversidade vegetal na circunvizinhança ao cultivo de macaúba e monitorar as pragas com mais cuidado na parte do cultivo que possui outras palmeiras ao redor (Picanço et al., 2002; Moura, 2017).

As mudas a serem usadas no cultivo devem ser examinadas para verificação da presença de infestações por pragas. Se o ataque estiver no início, deve ser realizado um controle rigoroso das pragas. Já as mudas que possuam danos ou maiores infestações devem ser descartadas para evitar que sejam fonte desses organismos para as demais plantas do cultivo (Picanço et al., 2002, 2014).

A adubação correta das plantas deve ser realizada para que sejam nutridas de forma adequada, de acordo com a análise dos teores de nutrientes no solo e foliar, dependendo da exportação e produtividade esperada. Deve-se evitar a aplicação de excesso de nutrientes, principalmente de nitrogênio, que favorece o aumento das populações de ácaros e insetos herbívoros, sobretudo de pragas que possuam aparelho bucal sugador, como as moscas-brancas, pulgões e ácaros (Picanço et al., 2002, 2014).

Nas plantas com a broca-do-pedúnculo-floral H. coriaceus, as inflorescências e infrutescências atacadas devem ser removidas. Além disso, deve-se realizar a poda, retirando-se as folhas atacadas por pragas desfolhadoras e sugadoras. Isso deve ser feito para reduzir a densidade dessas pragas nas plantas e, assim, evitar que elas causem danos econômicos. Essa prática também evita que as plantas sejam fonte de pragas para as demais plantas do cultivo (Picanço et al., 2002; Moura, 2017).

Quando as plantas estão atacadas pelo bicudo-das-palmáceas R. palmarum, elas devem ser examinadas individualmente, pois poderão estar contaminadas com o nematoide B. cocophilus, causador da doença do anel-vermelho. Quando as plantas são atacadas em alta intensidade por insetos broqueadores de caule, elas devem ser marcadas, examinadas e, se a presença do nematoide for confirmada, eliminadas (Picanço et al., 2002; Ferreira et al., 2014).

Durante a colheita, os frutos atacados por pragas, sobretudo pelas brocas-das-sementes, devem ser separados e eliminados. Isso deve ser feito para redução dos focos dessas pragas nos cultivos (Picanço et al., 2002, 2014).

9.4.2 Controle biológico

O controle biológico consiste no uso de inimigos naturais para controle de pragas. Os principais grupos de inimigos naturais para controle biológico são os predadores, os parasitoides e os entomopatógenos. Os predadores são inimigos naturais que matam várias presas durante seu ciclo de vida. Os parasitoides são principalmente vespas (Hymenoptera) e moscas (Diptera) que parasitam as pragas e causam sua morte, geralmente quando elas mudam de fase durante o ciclo de vida. Já os entomopatógenos são microrganismos (fungos, bactérias e vírus) e vermes (nematoides) que controlam as populações de pragas. No Quadro 9.5 estão relacionados os inimigos naturais das pragas nos cultivos de macaúba. As principais formas de uso do controle biológico nos cultivos são: (i) o controle biológico natural e (ii) o controle biológico artificial ou aplicado (Picanço et al., 2009a, 2009b, 2014).

Controle biológico natural

O controle biológico natural consiste na adoção de práticas que possibilitem a preservação e o incremento das populações de inimigos naturais já existentes

Quadro 9.5 Entomopatógenos, parasitoides e predadores de insetos-praga em cultivos de macaúba

Lagarta-rosca *A. ipsilon*
- Parasitoides: Diptera: Tachinidae; Hymenoptera: Braconidae
- Predadores: aranhas; Coleoptera: Carabidae e Staphylinidae; Hemiptera: Reduviidae; Hymenoptera: Formicidae

Moscas-dos-fungos *Bradysia* sp.
- Bactéria entomopatogênica: *Bacillus thuringiensis*
- Nematoides entomopatogênicos: *Steinernema* spp.
- Predadores: Acari: Laelapidae; Coleoptera: Staphylinidae

Cupins
- Fungo entomopatogênico: *Beauveria bassiana*
- Predadores: Neuroptera: Berothidae; Hymenoptera: Formicidae

Broca-do-coleto *S. aloeus*
- Fungo entomopatogênico: *Metarhizium anisopliae*
- Nematoides entomopatogênicos: *Heterorhabditis bacteriophora* e *Steinernema* spp.
- Parasitoide: Diptera: Tachinidae

Broca-das-palmeiras *R. palmarum*
- Fungo entomopatogênico: *Beauveria bassiana*
- Nematoides entomopatogênicos: *Diplogasteritus* sp.; *Heterorhabditis* sp.; *Mononchoides* sp.; *Praecocilenchus rhaphidophorus*; *Steinernema* sp.; *Teratorhabditis palmarum*
- Parasitoides: Diptera: Tachinidae
- Predador: Coleoptera: Staphylinidae

Broca-do-estipe *R. barbirostris*
- Fungos entomopatogênicos: *Beauveria bassiana*; *Metarhizium anisopliae*
- Parasitoide: Diptera: Tachinidae

Lagarta-das-palmeiras *B. sophorae*
- Parasitoides: Diptera: Sarcophagidae e Tachinidae; Hymenoptera: Chalcididae, Eupelmidae e Scelionidae
- Predadores: aranhas; Hemiptera: Pentatomidae; Orthoptera

Lagarta-das-folhas *O. invirae*
- Parasitoide: Hymenoptera: Chalcididae; Diptera: Sarcophagidae e Tachinidae
- Predadores: Hemiptera: Pentatomidae; Hymenoptera: Formicidae; Dictyoptera: Mantodea
- Vírus: *Opsiphanes invirae Iflavirus* (OiIV-1)

Lagarta-das-folhas *A. liberia*
- Fungo entomopatogênico: *Metarhizium anisopliae*
- Parasitoide: Dipetera: Tachinidae; Hymenoptera: Braconidae
- Predador: Hemiptera: Pentatomidae

Lagarta-das-folhas *Euclea* spp.
- Parasitoides: Diptera: Tachinidae; Hymenoptera: Braconidae

Lagarta-das-folhas *Euprosterna* spp.
- Bactéria entomopatogênica: *Bacillus thuringiensis*
- Parasitoides: Diptera: Carnivora; Hymenoptera: Apanteles; Braconidae; Chalcidae; Eulophidae; Ichneumonidae; Trichrogramma
- Predador: Hemiptera: Cicadae

Formigas-saúvas *Atta* spp.
- Fungos entomopatogênicos: *Beauveria bassiana*; *Metarhizium anisopliae*
- Parasitoides: Diptera: Phoridae
- Predadores: Coleoptera: Scarabaeidae; Hymenoptera: Formicidae

Quadro 9.5 (continuação)

Falsa-barata *C. brunnea*
✂ Parasitoide: Hymenoptera: Eulophidae

Pulgão-das-palmeiras *C. brasiliensis*
✂ Predador: Coleoptera: Coccinellidae

Mosca-branca *Aleurodicus* spp.
✂ Parasitoides: Hymenoptera: Aphelinidae
✂ Predadores: Coleoptera: Coccinellidae; Neuroptera: Chrysopidae

Broca-do-pedúnculo-floral *H. coriaceus*
✂ Fungos entomopatogênicos: *Beauveria bassiana*; *Metarhizium anisopliae*

Percevejo-dos-frutos *P. torridus*
✂ Parasitoides: Diptera: Gymnosomatidae; Hymenoptera: Encyrtidae e Scelionidae

Broca-do-fruto *Pachymerus* spp.
✂ Parasitoide: Hymenoptera: Braconidae

Obs.: o nome de cada praga está acima da lista de seus inimigos naturais.

no campo de cultivo. O controle natural é a principal modalidade de controle biológico, sendo ainda mais importante no Brasil, que é o país de maior diversidade biológica do planeta; além disso, os insetos são o grupo de seres vivos com maior número de espécies. Entretanto, apesar dessa importância, há uma falha na execução das práticas de preservação e incremento das populações de inimigos naturais, devido à baixa compreensão dessa forma de controle pela cadeia de produção rural e pela sociedade (Picanço et al., 2009a, 2009b, 2014).

Entre as práticas a serem executadas para preservação das populações de inimigos naturais estão o aumento na diversidade vegetal na área de cultivo, o uso de sistema de tomada de decisão para controle das pragas e a seletividade de pesticidas. O aumento na diversidade vegetal na paisagem possibilita a preservação e o incremento das populações dos inimigos naturais, uma vez que as plantas fornecem abrigo, local de nidificação e alimento para esses agentes do controle biológico. Nesse contexto, as árvores são os locais de nidificação de vespas predadoras (Hymenoptera: Vespidae), que são importantes inimigos naturais de pragas Lepidoptera e Coleoptera. As plantas fornecem alimento aos predadores e parasitoides, como pólen e néctar, presentes em nectários florais e extraflorais. Além disso, os insetos e ácaros herbívoros que se desenvolvem em outras plantas da paisagem e que não são pragas da macaúba são fonte de alimento para os inimigos naturais (Picanço et al., 2009a, 2009b, 2014).

O uso de sistema de tomada de decisão permite a adoção de controle das pragas apenas nos momentos necessários, o que possibilita reduzir o uso de métodos artificiais de controle, com a diminuição das aplicações de inseticidas, e assim reduzir o impacto negativo desses produtos sobre as populações de inimigos naturais (Picanço et al., 2009a, 2009b, 2014).

A seletividade de pesticidas consiste na aplicação de pesticidas de forma a maximizar a eficiência do controle das pragas e minimizar o impacto desses produtos sobre as populações de espécies não alvo, como os inimigos naturais e polinizadores. Existem dois tipos de seletividade de pesticidas: a seletividade fisiológica e a seletividade ecológica. A seletividade fisiológica consiste no uso de inseticidas que sejam mais tóxicos à praga do que aos inimigos naturais. A maioria dos inseticidas não possui seletividade fisiológica e, portanto, é mais tóxica aos inimigos naturais do que às pragas. Entretanto, existem inseticidas, como as diamidas, as espinosinas, os reguladores de crescimento e os entomopatógenos, que apresentam seletividade em favor das populações de inimigos naturais (Picanço et al., 2009a, 2009b, 2014).

A seletividade ecológica é a aplicação de inseticidas em época e/ou local adequado, de tal forma que atinjam de maneira eficiente as pragas e tenham baixo impacto sobre as populações de inimigos naturais, ainda que não apresentem seletividade fisiológica. Entre as práticas que possibilitam a obtenção de seletividade ecológica estão o uso de adjuvantes e a seleção criteriosa do horário e local de aplicação dos inseticidas. Aplicar inseticidas nas horas do dia com temperatura mais amena possibilita maior atingimento das pragas, combinado com o baixo impacto sobre as populações de inimigos naturais. Isso ocorre porque a maioria das espécies de pragas estão mais expostas nesses horários, enquanto o oposto acontece com a maioria das espécies de inimigos naturais. A aplicação de inseticidas via solo e via caule tipo estipe (sistêmicos ou não) geralmente tem um menor impacto sobre os inimigos naturais da parte aérea das plantas. Finalmente, o uso de adjuvantes como óleo (mineral ou vegetal) possibilita que os inseticidas aplicados nas pulverizações penetrem no interior dos tecidos das plantas (efeito de profundidade) e, assim, haja menor exposição dos inimigos naturais presentes na parte aérea das plantas a esses produtos (Picanço et al., 2009a, 2009b, 2014).

Controle biológico aplicado

Essa modalidade de controle biológico consiste na aplicação de inimigos naturais no controle de pragas nos cultivos. Esses inimigos naturais podem provir de produção própria ou aquisição de empresas especializadas. Nesse uso, é necessário que a praga atinja o nível de controle e que se atente para algumas características desses agentes do controle biológico. O fungo *Beauveria bassiana* pode ser utilizado em armadilhas contendo o feromônio de agregação no controle do bicudo-das-palmáceas *R. palmarum*. Ele também tem efeito de controle sobre a broca-do-pedúnculo-floral *H. coriaceus*. O uso de fungos entomopatogênicos deve ser realizado em épocas chuvosas e quentes, favoráveis a esses organismos. A bactéria *Bacillus thuringiensis* pode ser utilizada no controle de lagartas-desfolhadoras. As aplicações de B. *thuringiensis* devem ser feitas quando as lagartas estão nos primeiros ínstares e ainda não causaram grande desfolha (Picanço et al., 2009a, 2009b, 2014).

9.4.3 Controle comportamental

Os feromônios são substâncias envolvidas na comunicação intraespecífica e podem ser usados no monitoramento e controle de pragas. No monitoramento, eles são utilizados para verificar se a densidade da praga atingiu ou não o nível de controle. No controle de pragas, eles podem ser misturados com inseticidas ou entomopatógenos. O feromônio de agregação rincoforol é usado em cultivos de palmáceas no controle do bicudo-das-palmáceas *R. palmarum*. A formulação sintética desse feromônio é usada em armadilhas contendo também o fungo entomopatogênico *B. bassiana*. Os besouros que entram nessa armadilha se contaminam com esse fungo entomopatogênico e o distribuem na área de cultivo. É utilizada uma armadilha a cada dois hectares na bordadura do cultivo, que consiste em um recipiente plástico de 50 litros com tampa, na qual são feitas duas perfurações onde são colocados dois funis com os gargalos cortados para facilitar a entrada e evitar a fuga dos besouros. O feromônio deve ser colocado sob a tampa do recipiente, e essas substâncias devem ser substituídas a cada dois ou três meses (Picanço et al., 2002; Ferreira et al., 2014).

9.4.4 Controle químico

O controle químico é o principal método curativo de controle de pragas nos cultivos. Para que um inseticida seja usado no Brasil, é necessário que ele esteja registrado no Ministério da Agricultura, Pecuária e Abastecimento (MAPA) e no órgão estadual para o controle da praga na cultura em questão. Até o momento, não existe nenhum inseticida registrado para o controle de pragas em cultivos de macaúba. Entretanto, no controle de formigas-saúvas e cupins que são pragas em cultivos de macaúba existem inseticidas registrados para todos os cultivos, e, portanto, podem ser aplicados. A partir do estabelecimento da Instrução Normativa Conjunta nº 1/2014 pelo MAPA para culturas com suporte fitossanitário insuficiente, como é o caso da macaúba, os pesticidas serão registrados em grupos. Nessa normativa, a macaúba está inserida no grupo 1, em que estão as frutas com casca não comestível, como citros, melão, coco, abacate, abacaxi, açaí, anonáceas, cacau, castanha-do-pará, coco, cupuaçu, dendê, guaraná, lichia, macadâmia, mamão, manga, maracujá, melancia, melão, noz-pecã, pinhão, pupunha, quiuí e romã (Picanço et al., 2014; MAPA, 2014, 2024).

Os principais critérios para a seleção de inseticidas a serem usados no controle de pragas nos cultivos são eficiência, custo, período residual de controle, velocidade de ação e seletividade em favor dos inimigos naturais. Os produtos devem ter eficiência ≥ 80% no controle das pragas, e o custo de controle deve ser o menor possível. O período residual de controle é o tempo após a aplicação em que o produto continua sendo eficiente (mortalidade ≥ 80%) no controle da praga: quanto maior esse período, menor será o número de aplicações necessárias para o controle da praga durante o cultivo. Com relação à rapidez de controle, os produtos de ação mais rápida são ideais para o controle das pragas em momentos críticos, para que esses organismos não causem danos econômicos. Finalmente, o uso da seletividade de inseticidas garante que esses produtos tenham alta eficiência de controle das pragas e baixo impacto sobre espécies não alvo, como os inimigos naturais e os polinizadores (Picanço et al., 2014).

Outra técnica que está sendo estudada e utilizada com sucesso é a aplicação via caule de produtos sistêmicos, com intuito de controlar fungos e insetos sugadores nas folhas dos coqueiros. Os trabalhos indicam que a aplicação via caule controla as pragas e protege as plantas por meses, favorecendo os inimigos naturais.

9.5 Considerações finais

Nos cultivos em regiões de clima tropical, as pragas estão entre os principais fatores de perdas na produtividade. O controle das pragas deve ser realizado de forma eficiente, econômica, ambientalmente sustentável e adaptável ao sistema de cultivo. Assim, é importante que sejam conduzidas pesquisas para a determinação das espécies-praga mais importantes nos cultivos de macaúba nas diversas regiões do Brasil, bem como o estabelecimento dos vários componentes de programas de manejo integrado de pragas adequados para adoção pelos agricultores.

Agradecimentos

Ao CNPq, CAPES e FAPEMIG pelos recursos e bolsas concedidos ao Laboratório de Manejo Integrado de Pragas da UFV, para a condução de pesquisas cujos resultados foram essenciais para a confecção deste capítulo.

Referências bibliográficas

AHUMADA, M. L.; CALVACHE, H. H.; CRUZ, M. A.; LUQUE, J. E. *Strategus aloeus* (L.) (Coleoptera: Scarabaeidae): Biología y comportamiento en Puerto Wilches (Santander). *Revista Palmas*, v. 16, p. 9-16, 1995.

ALDANA, R. C.; BUSTILLO, A. E.; BARRIOS, C. E.; MATABANCHOY, J. A.; BELTRÁN, I. J.; ROSERO, M. *Reconocimiento de las plagas más frecuentes en la palma aceitera*. Guía de bolsillo. Bogotá, Colombia: Cenipalma-Fedepalma-SENA, 2017.

ALVARADO, H.; LA TORRE, R. A.; BARRERA, E.; MARTÍNEZ, L.; BUSTILLO, A. Ciclo de vida y tasa de consumo de *Euprosterna elaeasa* Dyar (Lepidoptera: Limacodidae) defoliador de la palma de aceite. *Palmas*, v. 35, p. 41-51, 2014.

AMARAL, A. P. M.; RODRIGUES, F. H. S.; DEUS, C. S. S. L.; ATHAIDE, A. L. S.; LIMA, C. S.; TINÔCO, R. S.; CHIA, G. S.; BATISTA, T. F. V. Biomorfometria de *Automeris* liberia Cramer (Lepidoptera: Saturniidae) em palma de óleo, Amazônia Oriental. Semina: Ciências Agrárias, v. 43, p. 797-808, 2022.

CARVALHO, K. J.; SOUZA, A. L.; MACHADO, C. C. Ecologia, manejo, silvicultura e tecnologia da macaúba. Viçosa: UFV, 2011. 35 p.

CHAMUENE, A.; ARAÚJO, T. A.; LOPES, M. C.; PEREIRA, R. R.; BERGER, P. G.; PICANÇO, M. C. Investigating the natural mortality of Aphis gossypii (Hemiptera: Aphididae) on cotton crops in tropical regions using ecological life tables. Environmental Entomology, v. 49, p. 66-72, 2020.

CHAPMAN, J. W.; NESBIT, R. L.; BURGIN, L. E.; REYNOLDS, D. R.; SMITH, A. D.; MIDDLETON, D. R.; HILL, J. K. Flight orientation behaviors promote optimal migration trajectories in high-flying insects. Science, v. 327, p. 682-685, 2010.

FELICIO, T. N. P.; COSTA, T. L.; SARMENTO, R. A.; RAMOS, R. S.; PEREIRA, P. S.; SILVA, R. S.; PICANÇO, M. C. Surrounding vegetation, climatic elements, and predators affect the spatial dynamics of Bemisia tabaci (Hemiptera: Aleyrodidae) in commercial melon fields. Journal of Economic Entomology, v. 112, p. 2774-2781, 2019.

FERREIRA, J. M. S.; TEODORO, A. V.; NEGRISOLI JR., A. S.; GUZZO, E. C. Manejo integrado da broca-do-olho-do-coqueiro Rhynchophorus palmarum L. (Coleoptera: Curculionidae). Aracaju: Embrapa, 2014. 7 p.

FERREIRA, J. M. S.; WARWICK, D. R. N.; SIQUEIRA, L. A. A cultura do coqueiro no Brasil. 3ed. Aracaju: Embrapa, 2018. 508 p.

GALLO, D.; NAKANO, O.; SILVEIRA NETO, S.; CARVALHO, R. P. L.; BATISTA, G. C.; BERTI FILHO, E.; PARRA, J. R. P.; ZUCCHI, R. A.; ALVES, S. B.; VENDRAMIM, J. D.; MARCHINI, L. C.; LOPES, J. R. S.; OMOTO, C. Entomologia agrícola. Piracicaban: FEALQ, 2002. 920 p.

GENTY, P. H. D. D.; CHENON, R. D.; MORIN, J. P. Las plagas de la palma aceitera en América Latina. Oleagineux, v. 33, p. 326-420, 1978.

GONTIJO, P. C.; PICANÇO, M. C.; PEREIRA, E. J. G.; MARTINS, J. C.; CHEDIAK, M.; GUEDES, R. N. C. Spatial and temporal variation in the control failure likelihood of the tomato leaf miner, Tuta absoluta. Annals of Applied Biology, v. 162, p. 50-59, 2013.

HASAN, S. Entomopathogenic fungi as potent agents of biological control. International Journal of Engineering and Technical Research, v. 2, p. 234-237, 2014.

MAPA – MINISTÉRIO DA AGRICULTURA, PECUÁRIA E ABASTECIMENTO. Agrofit: Sistema de Agrotóxicos Fitossanitário. Brasília: MAPA, 2020. Disponível em: http://agrofit.agricultura.gov.br/agrofit_cons/principal_agrofit_cons. Acesso em: 18 out. 2020.

MAPA – MINISTÉRIO DA AGRICULTURA, PECUÁRIA E ABASTECIMENTO. Instrução normativa conjunta nº 1, de 16 de junho de 2014. Brasília: MAPA, 2014. Disponível em https://www.gov.br/agricultura/pt-br/acesso-a-informacao/participacao-social/consultas-publicas/2022/arquivos-das-consultas-publicas/Minuta_de_Portaria_sobre_Minor_Crops_atualizada.pdf. Acesso em: 05 ago. 2024.

MAZZI, D.; DORN, S. Movement of insect pests in agricultural landscapes. Annals of Applied Biology, v. 160, p. 97-113, 2012.

MEAD, F. W.; FASULO, T. R. Darkwinged fungus gnats, Bradysia spp. (Insecta: Diptera: Sciaridae). Gainesville: University of Florida, 2017. 4 p.

MOURA, J. I. L. Manejo integrado das pragas das palmeiras. Ilhéus: CEPLAC, 2017. 186 p.

NUNES, F. G.; SPECHT, A. Espécies de automeris (lepidoptera, saturniidae) ocorrentes no Rio Grande do Sul. Salão de iniciação Científica (11.: 1999: Porto Alegre). Livro de resumos. Porto Alegre: UFRGS, 1999.

PEDIGO, L. P.; RICE, M. E. Entomology and pest management. 6. ed. Long Grove: Waveland Press, 2015. 784 p.

PICANÇO, M. C.; GALDINO, T. V. S.; SILVA, R. S.; BENEVENUTE, J. S.; BACCI, L.; PEREIRA, R. R.; MOREIRA, M. D. Manejo integrado de pragas. In: ZAMBOLIM, L.; SILVA, A. A.; PICANÇO, M. C. (ed.). *O que Engenheiros Agrônomos devem saber para orientar o uso de produtos fitossanitários*. 4. ed. Viçosa: UFV, 2014. p. 389-436.

PICANÇO, M. C.; PEREIRA, E. J. G.; CRESPO, A. L. B.; SEMEÃO, A. A.; BACCI, L. Manejo integrado das pragas das fruteiras tropicais. In: ZAMBOLIM, L. (ed.). *Manejo integrado: Fruteiras tropicais - doenças e pragas*. Viçosa: UFV, 2002. p. 513-578.

PICANÇO, M. C.; ROSADO, J. F.; QUEIROZ, R. B.; MARTINS, J. C.; GONTIJO, P. C.; SILVA, E. M. Interação do controle biológico de pragas com outros métodos de controle. In: ZAMBOLIM, L.; PICANÇO, M. C. (ed.). *Controle biológico: doenças e pragas - Exemplos práticos*. Viçosa: UFV, 2009a. p. 109-118.

PICANÇO, M. C.; SILVA, E. M.; LEMES, F. L.; SILVA, G. A.; PEREIRA, J. L. Principais programas de controle biológico aplicado no Brasil. In: ZAMBOLIM, L.; PICANÇO, M. C. (ed.). *Controle biológico: doenças e pragas - Exemplos práticos*. Viçosa: UFV, 2009b. p. 139-181.

QUEIROGA, V. P.; ALMEIDA, F. A. C.; ALBUQUERQUE, E. M. B.; BARROS NETO, J. J. S. *Tecnologias de plantio da macaubeira na região do nordeste e aproveitamento energético*. Campina Grande: AREPB, 2016. 210 p.

ROBINET, C.; ROQUES, A. Direct impacts of recent climate warming on insect populations. *Integrative Zoology*, v. 5, p. 132-142, 2010.

RODRIGUES, S. R.; OLIVEIRA, H. N.; SANTOS, W. T.; ABOT, A. R. Aspectos biológicos e danos de Pachycoris torridus em pinhão-manso. *Bragantia*, v. 70, p. 356-360, 2011.

SANTOS, A. A.; RIBEIRO, A. V.; GROOM, S. V.; FARIAS, E. S.; CARMO, D. G.; SANTOS, R. C.; PICANÇO, M. C. Season and weather affect the mortality of immature stages of Ascia monuste orseis (Lepidoptera: Pieridae) caused by natural factors. *Austral Entomology*, v. 59, DOI 10.1111/aen.12500, 2020.

SILVA, A. D. B. Sibine *sp.*, lagarta urticante nociva às plantas e ao ser humano no Estado do Pará. Belém, PA: Embrapa Amazônia Oriental, 2001. 3 p. (Comunicado Técnico 50).

SILVA, G. A.; PICANÇO, M. C.; BACCI, L.; CRESPO, A. L. B.; ROSADO, J. F.; GUEDES, R. N. C. Control failure likelihood and spatial dependence of insecticide resistance in the tomato pinworm, Tuta absoluta. *Pest Management Science*, v. 67, p. 913-920, 2011.

SOROKER, V.; COLAZZA, S. *Handbook of major palm pests: Biology and management*. Chichester: Wiley-Blackwell, 2017. 344 p.

ZEDDAM, J. L.; CRUZADO, J. A.; RODRIGUEZ, J. L.; RAVALLEC, M. A new nucleopolyhedrovirus from the oil-palm leaf-eater Euprosterna elaeasa (Lepidoptera: Limacodidae): preliminary characterization and field assessment in Peruvian plantation. *Agriculture, ecosystems & environment*, v. 96, p. 69-75, 2003.

10

Colheita e pós-colheita

Lucilene Silva de Oliveira, Samuel de Melo Goulart,
Sebastián Giraldo Montoya, Anderson Barbosa Evaristo, Osdneia Pereira Lopes,
Adalvan Daniel Martins, Gutierres Nelson Silva, José Antônio Saraiva Grossi

A macaúba (*Acrocomia aculeata*) é uma palmeira que produz frutos do tipo drupa de casca fibrosa, polpa oleaginosa e amêndoa rica em óleo, protegida por endocarpo rígido e pétreo (Silva *et al.*, 2017; Iha *et al.*, 2014). Essa palmeira apresenta grande potencial de produção de óleo de qualidade industrial e coprodutos de valor agregado, que pode alcançar 6,7 t ha^{-1} ano^{-1} em cultivos comerciais de macaúba (Evaristo *et al.*, 2016). No entanto, a exploração da cultura ocorre principalmente de modo extrativista, e a transição para cultivo racional é bem recente no Brasil (Pimentel *et al.*, 2015; Lanes *et al.*, 2016). No sistema extrativista, a colheita é realizada pela coleta dos frutos no chão, um ou mais dias após a abscisão natural, uma prática que limita o destino e a qualidade do fruto para uso industrial (Lima, 2011; Evaristo *et al.*, 2016). Em vez disso, para a obtenção de matéria-prima de qualidade, a colheita dos frutos deve ser realizada pelo corte do cacho no momento ideal de colheita, com base no conhecimento das características do desenvolvimento dos frutos.

A colheita dos frutos de macaúba concentra-se em uma única época do ano, que pode variar entre regiões ou localidades (Scariot; Lleras; Hay, 1995; Lorenzi, 2006; Rodrigues *et al.*, 2008; Brito, 2013). A concentração da produção pode ser um desafio ao setor agroindustrial, devido ao curto período efetivo de processamento dos frutos (Silva *et al.*, 2019). Diante disso, o armazenamento com adoção de técnicas pós-colheita é essencial para assegurar a extensão do período de processamento ao longo do ano, sem prejudicar a obtenção de óleo e coprodutos de qualidade.

10.1 Crescimento e maturação

A frutificação da macaúba é supra-anual, comumente ultrapassando 430 dias, período entre a antese e a abscisão natural dos frutos. O crescimento do fruto, do endocarpo (Fig. 10.1) e o acúmulo de massa fresca do fruto apresentam um

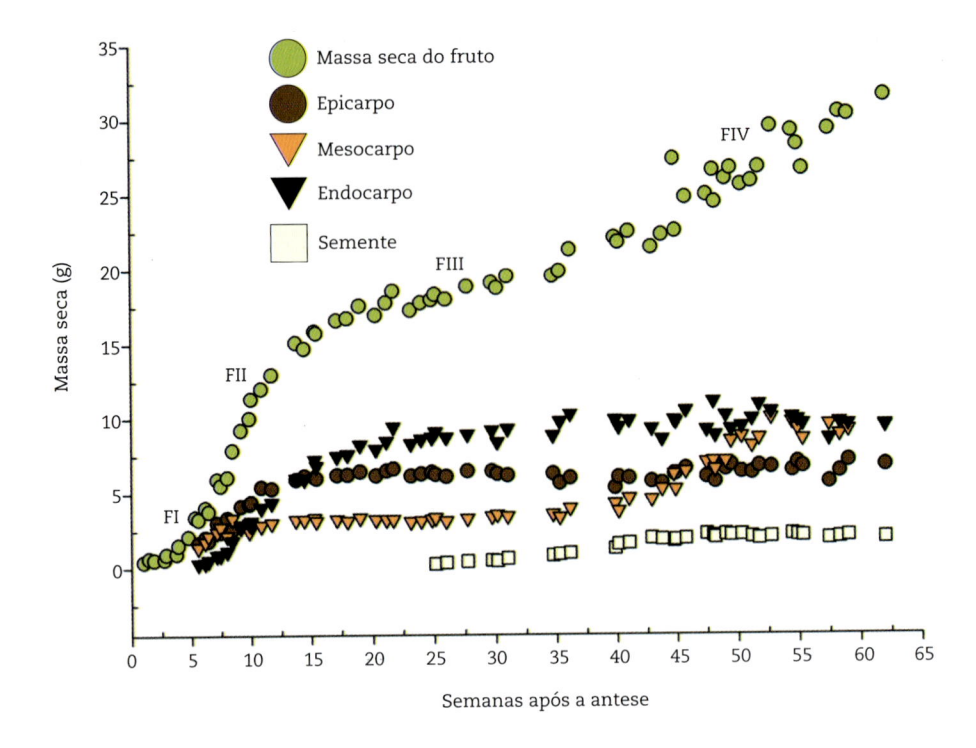

Fig. 10.1 Curva de crescimento do fruto de macaúba baseada no acúmulo de massa seca em função das semanas após a antese. FI-IV: fases de desenvolvimento
Fonte: adaptado de Montoya *et al.* (2016).

padrão de crescimento sigmoide simples. O diâmetro transversal aumenta rapidamente no início do desenvolvimento, e o fruto atinge o tamanho máximo cerca de cem dias após a antese; mais tarde ocorre o acúmulo de massa seca (Montoya *et al.*, 2016). Nessa fase, a cor do epicarpo, ainda imaturo, exibe cor verde-pálido e, na maturação subsequente, ocorre modificação para tons entre o amarelo e o marrom intenso.

O desenvolvimento do fruto, como relatado por Montoya *et al.* (2016), mostra um comportamento sigmoide duplo, com acúmulo de massa seca caracterizado por quatro fases distintas (Fig. 10.2). O início do desenvolvimento do fruto (fase I), é marcado por lento ganho de massa. Ocorre rápido acúmulo de matéria seca na polpa durante a fase II, a qual é marcada por divisões celulares e diferenciação dos tecidos e se estende até 110 dias após a antese. Essa fase apresenta intenso crescimento que culmina com o estabelecimento do tamanho final do fruto e do teor de massa fresca. Em seguida, na fase III, verifica-se estabilização no acúmulo de massa seca do fruto, enquanto o epicarpo e o endocarpo mostram intenso enrijecimento e os tecidos apresentam evidente diferenciação. A massa seca torna a aumentar rapidamente na fase IV, que inicia cerca de 250 dias após a antese e finaliza com a queda do fruto.

A maturação do fruto é representada pela fase IV, em que se observa mudança na consistência e na coloração do mesocarpo. A maturação fisiológica é alcançada aproximadamente aos 300 dias após a antese. É uma etapa caracterizada pela diferenciação e formação completa de todas as partes constituintes do pericarpo e pela mudança de coloração do epicarpo (verde para marrom) e do mesocarpo (verde-esbranquiçado para branco-amarelado). Na sequência, um conjunto de modificações físico-químicas e o contínuo acúmulo de matéria seca no mesocarpo incidem na etapa de amadurecimento do fruto.

No início do desenvolvimento dos frutos, entre as fases II e III, ocorre a síntese e o acúmulo de amido no mesocarpo, que posteriormente é utilizado ao longo de toda a fase de amadurecimento, ou seja, na fase IV. Simultaneamente à degradação do amido, decorre o início do acúmulo do conteúdo de óleo no mesocarpo, havendo uma correlação negativa entre o teor de amido e o de ácidos graxos durante o amadurecimento. Esse acréscimo de óleo na polpa é linear ao longo da maturação até a abscisão do fruto. Ademais, durante o amadurecimento ocorre redução da firmeza da polpa, porém outros atributos físicos, como tamanho e cor da casca, não apresentam alteração marcante (Fig. 10.2).

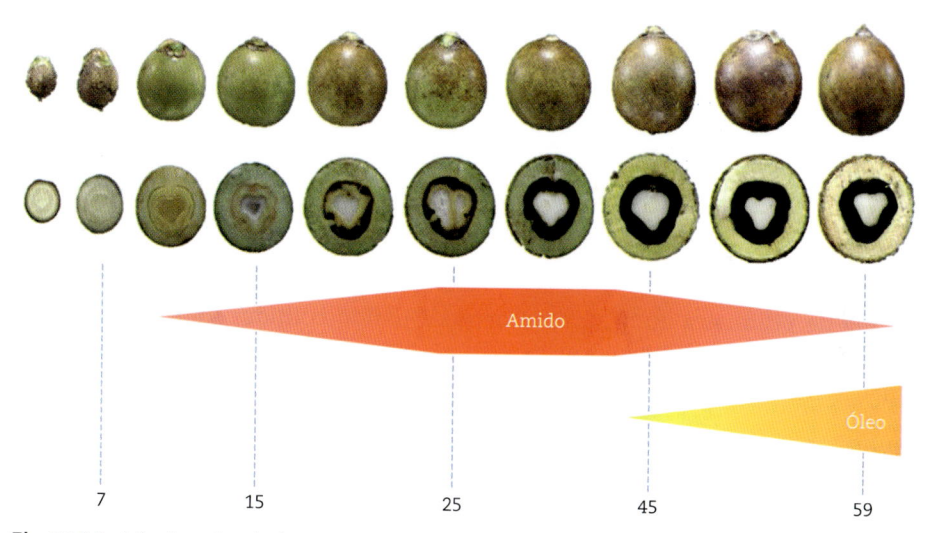

Fig. 10.2 Padrão de acúmulo de compostos orgânicos no mesocarpo em função das semanas após a antese
Fonte: Montoya *et al.* (2016).

O armazenamento de lipídios na amêndoa difere do acúmulo de lipídios na polpa (Silva *et al.*, 2013), que se inicia quando os frutos estão imaturos e atinge um máximo antes da maturação fisiológica, antecedendo o acúmulo no mesocarpo (Silva *et al.*, 2013; Montoya, 2013).

O amadurecimento após a colheita ou abscisão natural do fruto é caracterizado por um aumento súbito na taxa respiratória e na produção de etileno

(Goulart, 2014). Consequentemente, frutos de macaúba são classificados como climatéricos. Associado ao amadurecimento pós-colheita, reservas armazenadas durante o desenvolvimento do fruto, em geral as de amido, são utilizadas como substrato para biossíntese de ácidos graxos (Montoya, 2013). Portanto, o armazenamento em condições adequadas favorece a otimização do teor de óleo de polpa e da degradação do amido (Fig. 10.3).

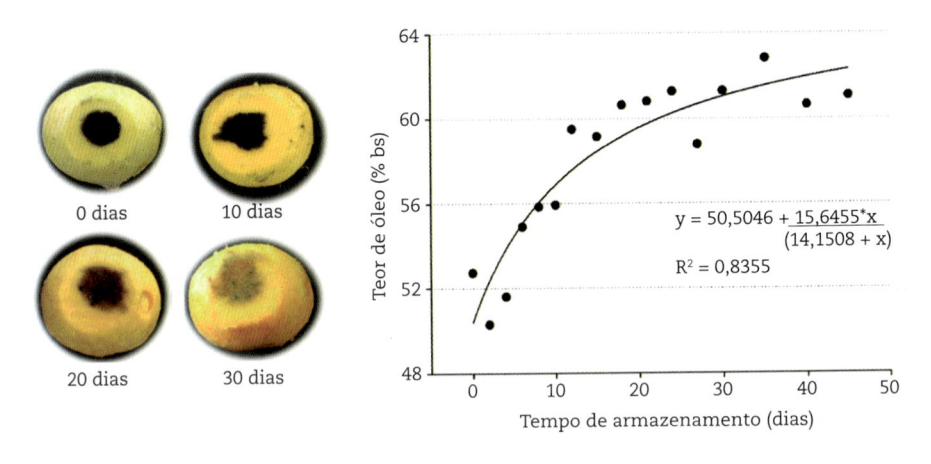

Fig. 10.3 Amadurecimento pós-colheita de frutos de macaúba (*Acrocomia aculeata*): (A) degradação do amido (teste de iodo) e intensificação da cor amarela do mesocarpo durante o armazenamento e (B) acúmulo de óleo pós-colheita no mesocarpo (% base seca)

10.2 Colheita

Em geral, frutos climatéricos são colhidos a partir de sua maturação fisiológica, e os atributos de qualidade para consumo *in natura* são desenvolvidos ao longo da vida de prateleira ou armazenamento. Quando colhidos após a maturação fisiológica, os frutos de macaúba apresentam uma sequência de eventos fisiológicos e bioquímicos que resultam em modificações de suas propriedades físicas e químicas (Goulart, 2018). Entre esses eventos estão a quebra e a conversão de reservas, o aumento do teor de ácidos graxos e a alteração da firmeza do fruto (Lopes, 2016). Apesar de ocorrer amadurecimento após a colheita, associado ao comportamento climatérico do fruto, o teor de óleo é altamente influenciado pela época em que a colheita é realizada (Goulart, 2018).

A colheita precoce dos cachos compromete o potencial de produção de óleo do mesocarpo. De acordo com as fases do desenvolvimento do fruto, incrementos significativos são evidenciados no final do ciclo, tendo seu máximo em cachos que iniciaram a abscisão (Montoya et al., 2016; Goulart, 2018). Assim, a colheita antecipada impede que o fruto atinja a capacidade total de acúmulo de óleo, enquanto a colheita mais tardia, com início na queda natural, resulta em maior rendimento e qualidade do óleo. O retardo do momento da colheita pode implicar perda da qualidade dos frutos, haja vista que a queda de frutos se acentua no final de seu ciclo de desenvolvimento. Portanto, a ciência do crescimento e maturação dos frutos de macaúba é fundamental para que a colheita seja realizada quando o fruto apresenta maior quantidade e qualidade de óleo sem perda de qualidade.

10.2.1 Índice de colheita

A determinação do ponto de colheita ideal é baseada em avaliações de parâmetros físicos, químicos e fisiológicos que apresentam alterações perceptíveis e variáveis durante a maturação, ou seja, os índices de maturação. A análise de um ou mais desses atributos e sua correlação com o uso final ao qual o fruto está destinado (consumo *in natura*, processamento, armazenamento etc.) permite o estabelecimento do índice de colheita. O ponto de colheita e os índices de maturação também podem ser determinados com base no número de dias após o florescimento (DAF). A fácil aplicabilidade em nível de campo e o baixo custo são fatores fundamentais no desenvolvimento dos índices de colheita.

A coloração dos frutos é utilizada como índice de maturação em diversas culturas, porém a variação da cor do epicarpo da macaúba não constitui um parâmetro adequado para determinação do ponto de colheita. A cor verde, em frutos imaturos, altera para tons amarelados a marrons logo no início da maturação do fruto (Almeida, 2014). Além disso, diferenças na coloração podem ser influenciadas por diversos fatores, como genótipo, condições climáticas e posição do cacho na planta. Frutos de cachos mais expostos à radiação solar, por exemplo, se tornam marrons com maior rapidez e, em alguns casos, mais escuros que os frutos sombreados. Ainda, frutos de cachos com início de queda natural podem apresentar coloração dourada (Montoya, 2013).

A variação na cor do mesocarpo poderia ser utilizada como índice de maturação do fruto. Todavia, as mudanças de coloração são atenuadas durante o período de intenso acúmulo de óleo e massa seca, o que dificulta inferir o grau de maturação do fruto (Almeida, 2014). Assim como a coloração, o tamanho ou o diâmetro não são bons indicativos do ponto de colheita, uma vez que o crescimento do fruto cessa nas fases iniciais do desenvolvimento (fase II), antes mesmo que ocorra um ganho significativo de matéria seca.

Atualmente, não existem índices de colheita plenamente estabelecidos para o fruto da macaúba, mas aproximações são utilizadas em situações particulares. A quantidade de dias após o florescimento e início da queda natural dos frutos pode ser utilizada como indicativos de maturidade (Montoya et al., 2016; Rinaldi et al., 2020). Recentemente, estudos apontaram a avaliação da firmeza do mesocarpo como atributo adicional à determinação do ponto de colheita (Lopes, 2016). Na região central de Minas Gerais, por exemplo, tem sido adotado um total de 430 DAF e o início da abscisão natural dos frutos como índices de colheita. A determinação do número de dias após a antese para colheita foi fundamentada na duração do ciclo total de desenvolvimento do fruto nessa região. Aos 430 DAF, aproximadamente, verifica-se maior rendimento e qualidade do óleo do mesocarpo sem, no entanto, permitir perda significativa de frutos por abscisão natural antes da colheita.

Novas investigações têm buscado definir o momento ideal para a colheita do fruto de macaúba com base não apenas no rendimento, mas também na vida pós-colheita potencial dos frutos e na qualidade de seus produtos e coprodutos, sabendo que estes também serão afetados pela colheita. O estabelecimento desses índices deve considerar, principalmente, o teor de óleo no fruto e sua qualidade, uma vez que o óleo, seja do mesocarpo ou da amêndoa, é o principal produto obtido do fruto da macaúba.

10.2.2 Época de colheita

A época de florescimento varia entre regiões no Brasil e pode variar de um ano para outro, assim como a época de colheita. Após o início do florescimento, o ciclo de frutificação para que o cacho esteja no ponto de maturação de colheita é de cerca de 430 dias (Montoya et al., 2016). Como exemplo, em regiões em que o florescimento se concentra entre outubro e novembro, o pico de colheita ocorrerá, provavelmente, entre os meses de janeiro e fevereiro. Ressalta-se que a frutificação da macaúba é supra-anual, de modo que, em uma mesma planta, haverão cachos maduros e cachos imaturos, devendo atentar-se à altura do cacho e considerar o crescimento da planta, que ocorre em espiral.

10.2.3 Tipos de colheita

A exploração da espécie na forma extrativista, em especial a colheita, constitui um dos principais obstáculos para a obtenção de frutos de qualidade. Nesse sistema, os frutos são coletados no chão, muitas vezes após vários dias em contato com o solo e expostos às intempéries (Lima, 2011) (Fig. 10.4A,B). O aproveitamento industrial desses frutos é muitas vezes limitado, devido à deterioração do óleo e dos coprodutos por microrganismos conexos à planta e presentes no solo. Essa perda de qualidade dos frutos é geralmente verificada no campo pelo escurecimento e pela deterioração fúngica da polpa durante o período em que os frutos permanecem no solo (Fig. 10.4C). Adicionalmente, na Fig. 10.5 é apresentada a evolução da deterioração dos frutos ao longo de dias de exposição às condições de campo, após a queda natural. Portanto, a coleta dos frutos caídos torna inviável a produção em larga escala de óleo de polpa e coprodutos de qualidade que possam competir com outras fontes oleaginosas.

Dessa forma, a colheita deve ser realizada pelo corte do cacho logo no início da abscisão dos frutos. Além disso, deve-se evitar danos mecânicos causados

Fig. 10.4 Colheita de frutos de macaúba: (A) frutos caídos no chão em plantio de macaúba; (B) colheita de frutos do chão, coletados em balde e com uso de luva para proteção contra espinhos; (C) frutos saudáveis colhidos do cacho (polpa amarela) e frutos coletados do chão com diferentes graus de deterioração

0 dias   7 dias   14 dias   21 dias

Fig. 10.5 Aspecto do mesocarpo de frutos de macaúba coletados após permanecerem em contato com o solo por até 21 dias

pelo impacto da queda do cacho no momento da colheita e pelo contato do fruto com solo. Para isso, é recomendado o uso de sistemas de proteção contra danos mecânicos para colheita de cachos acima de 4 m de altura ao nível do solo (Fig. 10.6A) e o uso de coletores no estipe da planta (Fig. 10.6B) ou lonas plásticas para cobertura do solo.

Colheita pouco tecnificada

A colheita dos frutos de macaúba deve ser feita idealmente por meio do corte do cacho maduro. O pedúnculo dos cachos pode ser cortado com auxílio de lâminas afiadas, como foices e serrotes de poda. Essas ferramentas geralmente são acopladas em varas de madeira leve ou alumínio para facilitar as operações (Fig. 10.7). De preferência, devem ser utilizadas lonas ou redes que amorteçam

Fig. 10.6 Colheita do cacho de macaúba: (A) sistema de proteção, utilizando colchão de espuma com redes laterais para amortecer a queda do cacho e minimizar danos mecânicos aos frutos; (B) coletor de frutos acoplado à estipe a 1 m do solo e com diâmetro do coletor proporcional ao diâmetro da copa
Fonte: (A) Goulart (2014); (B) Franco (2019).

o impacto dos cachos com a superfície do solo. O carregamento dos frutos é realizado manualmente, o que muitas vezes implica fazer a coleta de frutos que porventura se soltaram dos cachos. Para facilitar o transporte, são utilizados sacos de ráfia ou de tecido ou lonas. O principal meio de transporte dos frutos são animais de carga, como cavalos e mulas. Esse tipo de colheita é realizado pelo modelo extrativista, no qual a qualidade dos frutos não representa um problema para sua comercialização, quando forem destinados à indústria de sabão.

Colheita tecnificada

Com o intuito de otimizar a colheita, podem ser utilizadas ferramentas motorizadas, como motopodas. Como mencionado anteriormente, aconselha-se o uso de lonas ou redes para reduzir o impacto dos frutos. O carregamento pode ser realizado de forma manual ou mecanizada, sendo esta última feita por meio de braços articulados (grua) acoplados a um trator. Esse tipo de maquinário é muito utilizado na colheita do dendezeiro (*Elaeis guineensis*). O transporte é realizado por meio de tratores com caçamba ou por caminhões de pequeno porte. Esse tipo de colheita é recomendado para os pequenos, médios e grandes produtores com alto nível tecnológico.

Colheita alternativa

Em cultivos racionais, o corte do cacho pode ser facilitado pela presença de plantas de menor porte, quando comparadas às plantas centenárias exploradas

Fig. 10.7 Colheita do cacho de macaúba. Corte do pedúnculo do cacho utilizando lâmina afiada tipo foice acoplada em vara plástica regulável

no extrativismo. Além disso, o adensamento de plantas viabiliza repasses na área, sendo colhidos apenas os cachos maduros, de maneira similar ao sistema de colheita do dendê nas grandes empresas produtoras de óleo de palma.

Atualmente, encontram-se em avaliação sistemas de coletores que são instalados no estipe das plantas. Esses sistemas permitem a coleta de frutos que se desprendem dos cachos durante a maturação, sem que entrem em contato com o solo. Os frutos retidos pelo coletor são recolhidos periodicamente. Ainda, sistemas que envolvem o uso de vibração, como os usados na colheita da azeitona, estão sendo avaliados e apresentam uma boa perspectiva para uso na colheita da macaúba.

10.3 Manejo pós-colheita

A sazonalidade na produção da macaúba torna fundamental o desenvolvimento de técnicas pós-colheita que permitam ampliar o período de processamento industrial dos frutos com qualidade. No entanto, a qualidade inicial do óleo e coprodutos obtidos da macaúba depende estritamente da colheita no momento ideal e dos cuidados nas fases de pré-colheita e colheita. Frutos colhidos no final do desenvolvimento, por exemplo, possuem elevado conteúdo de óleo que, em geral, apresenta maior estabilidade oxidativa (Goulart, 2018). Assim, seu período de armazenamento pode ser ampliado, comparado a frutos colhidos precocemente.

Uma vez definido o momento da colheita, o conhecimento da fisiologia do fruto durante o armazenamento e sua constituição são imprescindíveis para a definição de estratégias de armazenamento e de possíveis tratamentos que visem ampliar sua vida útil. Sobre a fisiologia pós-colheita, como visto, o amadurecimento é caracterizado pela redução da firmeza, pela conversão de reservas, principalmente a degradação de amido, e pelo incremento do nível de ácidos graxos. Em adição, ocorre um aumento súbito na produção de etileno e CO_2, que posteriormente retorna aos níveis basais. Em relação à composição, os frutos apresentam epicarpo lenhoso e de fácil rompimento quando maduro, mesocarpo fibroso e mucilaginoso, com elevado conteúdo de óleo e água, e amêndoa protegida por endocarpo rígido e espesso (Henderson; Galeano; Bernal, 1995; Lorenzi et al., 2010; Berton, 2013).

As características do epicarpo favorecem a proteção do fruto contra a entrada de microrganismos que deterioram a polpa, mas, assim como na colheita, o cuidado no manuseio pós-colheita é essencial para evitar danos ao epicarpo. Em geral, danos mecânicos em frutos podem resultar em alterações fisiológicas significativas, tais como aumento da taxa respiratória e produção de etileno, e, consequentemente, acelerar o amadurecimento e a senescência (Kader, 2002; Martinez-Romero et al., 2004; Li; Thomas, 2014). Além disso, o dano mecânico aumenta a suscetibilidade do fruto a contaminações fúngicas e bacterianas, que comprometem a qualidade do fruto durante o armazenamento (Martinez-Romero et al., 2004).

O elevado teor de água (cerca de 40% bu) e de óleos dos frutos recém-colhidos (Ciconini et al., 2013) é outro ponto a ser considerado em estratégias de manuseio e conservação durante o armazenamento, para evitar a deterioração associada ao metabolismo do fruto e à ação de microrganismos. Os altos teores de ácidos graxos e a umidade do mesocarpo estão relacionados à rápida deterioração do fruto provocada pelas reações de rancificação lipídica (rancificação hidrolítica e oxidativa).

A rancificação hidrolítica ocorre por ação enzimática ou por agentes não enzimáticos. Na reação enzimática, as lipases na presença de umidade promovem a hidrólise de triacilglicerídeos dos óleos, resultando na formação de ácidos graxos livres (Osawa et al., 2006) que acidificam o óleo. A rápida acidificação do óleo durante o armazenamento de macaúba tem sido atribuída à ação dessas lipases, sendo a lipase microbiana a mais provável (Cavalcanti-Oliveira et al., 2015; Tilahun et al., 2019). No estudo realizado por Cavalcanti-Oliveira et al. (2015), foram identificadas espécies de microrganismos conhecidos por produzirem lipases (*Rhizopus oryzae*, *Aspergillus tamarii*, *Aspergillus section* Nigri, *Aspergillus parasiticus* e

Bacillus subtilis), enquanto lipases isoladas do mesocarpo não apresentaram atividade de hidrólise sob o óleo de soja. Desse modo, os autores concluíram que a degradação hidrolítica do óleo da polpa é promovida pela ação de microrganismos lipolíticos e que métodos de controle do crescimento de microrganismos na pós-colheita propiciam conservação da qualidade do óleo em termos de acidificação. Já a rancificação hidrolítica não enzimática ocorre em altas temperaturas, na presença de água, produzindo ácidos graxos livres.

A rancificação oxidativa, por sua vez, ocorre em óleos com elevada proporção de ácidos graxos insaturados (Bobbio; Bobbio, 2001), como o óleo do mesocarpo da macaúba (72-77%), particularmente rico em ácido oleico, o que torna o óleo da polpa suscetível à deterioração por oxidação (Hiane *et al.*, 2005; Nunes; Favaro; Galvani, 2013; Goulart, 2014). A estabilidade oxidativa, que reflete o grau de oxidação do óleo, e a acidez do óleo são indicadores de qualidade importantes para a indústria alimentícia e de biocombustível, devendo as práticas pós-colheita adotadas visar a manutenção do óleo com baixa acidez e a alta estabilidade oxidativa.

Devido à maior perecibilidade do mesocarpo comparado à amêndoa, muitos estudos pós-colheita da macaúba têm sido direcionados principalmente para a manutenção da qualidade das propriedades químicas do óleo da polpa, que inclui métodos físicos e químicos.

10.3.1 Métodos químicos para conservação dos frutos em pós-colheita
Soluções antimicrobianas

Frutos de macaúba são colonizados por uma gama de microrganismos (leveduras, bactérias e fungos) ao longo do armazenamento em condições ambientes, que deterioram o mesocarpo e, consequentemente, a qualidade do óleo e dos coprodutos (Cavalcanti-Oliveira *et al.*, 2015; Evaristo *et al.*, 2016; Silva *et al.*, 2019). Assim, práticas pós-colheita que visem prevenir a contaminação dos frutos e o desenvolvimento de microrganismos colaboram para a extensão do tempo de armazenamento dos frutos. De acordo com Cavalcanti-Oliveira *et al.* (2015), soluções conhecidas como antimicrobianas (solução tampão pH 10 – tampão universal 0,04 M, solução NaCL 1% e 3% e solução de sorbato de potássio 0,3%) previnem a acidificação do óleo da polpa. Nesse estudo, os frutos permaneceram imersos nas soluções por 15 dias, o que provavelmente dificultaria seu emprego em grande escala.

Fungicidas

A aplicação de tiabendazol 4% v/v em frutos recém-colhidos do cacho estende a vida pós-colheita por cerca de 20 dias (Fig. 10.8A,C), conservando a qualidade do óleo (acidez e estabilidade oxidativa), enquanto frutos colhidos do chão, com sete dias ou mais de abscisão, que recebem aplicação do mesmo fungicida não

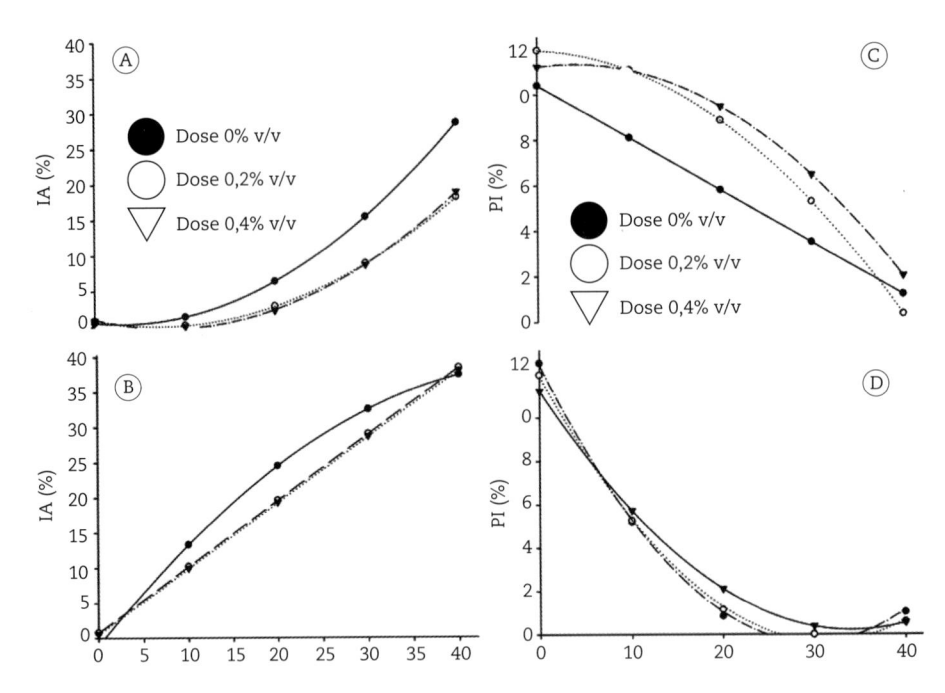

Fig. 10.8 (A,C) Parâmetros de qualidade do óleo do mesocarpo durante o período de armazenamento de frutos recém-colhidos e (B,D) frutos expostos ao solo por sete dias após aplicação do fungicida tiabendazol a 0,2% v/v, 0,4% v/v e sem tratamento. IA: índice de acidez; PI: período de indução (estabilidade oxidativa)

Fonte: adaptado de Evaristo *et al.* (2016).

respondem ao tratamento (Evaristo et al., 2016) (Fig. 10.8B,D). Portanto, a aplicação de fungicida antes do repouso pós-colheita apresenta bons resultados para a manutenção da qualidade do óleo, podendo ser um tratamento complementar. No entanto, não existe até o momento registro de fungicidas para a macaúba, de forma que os resultados com tiabendazol ainda são para uso experimental. Independentemente da ausência de fungicidas registrados e dos benefícios no controle da deterioração pós-colheita, o seu uso pode limitar o processamento dos frutos para fins alimentícios, devido ao potencial de residual de químicos indesejáveis.

Ozonização

O ozônio é um agente oxidante potente cuja aplicação em frutos na pós-colheita promove controle eficiente de amplo espectro de microrganismos (Ong et al., 2012; Alencar et al., 2014; Liang et al., 2018; Shezi et al., 2020). O controle de doenças é decorrente dos danos às membranas celulares ou morte celular, resultado do estresse oxidativo (Joshi et al., 2013). O ozônio é bastante atrativo para a indústria de alimentos, uma vez que pode ser utilizado tanto na forma gasosa quanto dissolvido na água, e o agente atua sem deixar qualquer resíduo no fruto (Karaca; Velioglu, 2007).

Segundo Silva *et al.* (2019), em frutos intactos da macaúba, o processo de ozonização a 18 mg L^{-1} por 10 h não é eficaz no controle da deterioração do mesocarpo e do desenvolvimento de doenças. Entretanto, quando frutos descascados são submetidos às mesmas condições, verifica-se tendência à conservação da polpa por até 30 dias de armazenamento (Fig. 10.9). Esses resultados estão provavelmente relacionados à resistência do epicarpo à penetração da solução, de modo que a sua remoção facilita o processo. Os autores verificaram que a degradação oxidativa e a acidificação foram desaceleradas nos frutos sem epicarpo tratados com ozônio. O uso combinado da secagem a 60 °C e da ozonização, avaliado por Silva *et al.* (2023), mostra-se eficiente em manter o nível de ácidos graxos livres abaixo de 5% por até 45 dias de armazenamento. Além disso, esses tratamentos não afetaram o teor de óleo no mesocarpo dos frutos da macaúba durante 180 dias de armazenamento. Assim, a técnica combinada de secagem e ozonização de frutos de macaúba sem epicarpos pode se tornar uma alternativa viável pós-colheita.

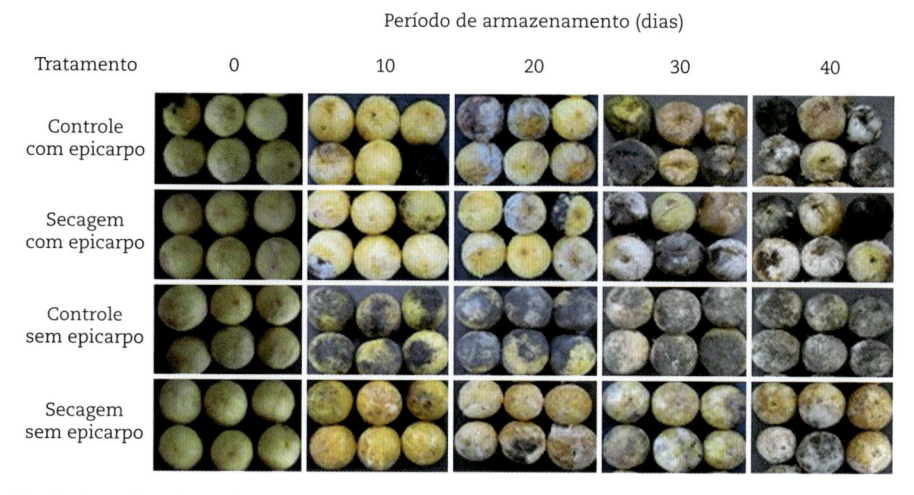

Fig. 10.9 Análise visual do mesocarpo de frutos de macaúba submetidos à ozonização com epicarpo, ozonização sem epicarpo, controle com epicarpo e controle sem epicarpo durante todo o armazenamento (0, 10, 20, 30 e 40 dias)
Fonte: adaptado de Silva *et al.* (2019).

Inibidores do etileno

Os frutos de macaúba apresentam aumento abrupto da taxa respiratória e da biossíntese de etileno, que coincide com o amadurecimento (Goulart, 2014; Lopes, 2016), e são classificados como frutos climatéricos. Portanto, estando sujeitos à ação do etileno, a aplicação dos inibidores de síntese (aminoetoxivinilglicina, AVG) e a ação do hormônio 1-metilciclopropeno (1-MCP) no fruto logo após a colheita não são capazes de alterar de maneira significativa sua fisiologia durante o armazenamento (Fig. 10.10). No entanto, de acordo com os estudos de Goulart (2018) e Lopes (2016), a efetividade do inibidor da ação do etileno parece depender, dentre outros fatores, do ponto de maturação dos frutos. Lopes (2016) verificou que o pico da taxa respiratória e de produção de etileno foram reduzidos pelo 1-MCP, que também retardou a deterioração dos frutos. Assim, conclui-se que o 1-MCP nas concentrações de 2.000 ou 3.000 nL L^{-1} viabiliza o processamento dos frutos, mesmo após 50 dias ou mais de armazenamento.

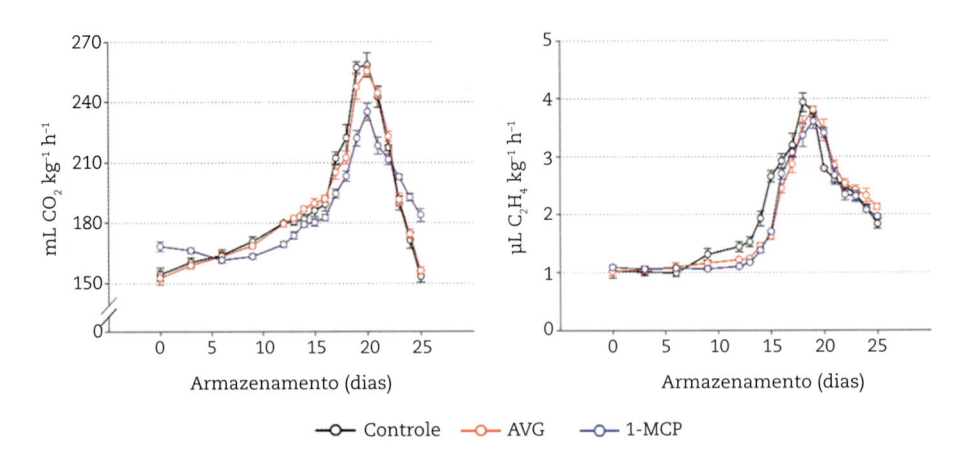

Fig. 10.10 (A) Evolução de CO_2 e (B) etileno durante o armazenamento de frutos de macaúba (*Acrocomia aculeata*) tratados com aminoetoxivinilglicina (AVG), 1-metilciclopropeno (1-MCP) e não tratados (controle)

Fonte: adaptado de Goulart (2018).

10.3.2 Métodos físicos para conservação dos frutos em pós-colheita
Secagem

O teor de água relativamente elevado no momento da colheita aponta para a secagem como técnica pós-colheita mais recomendável para prolongar o armazenamento do fruto da macaúba. A redução da umidade do fruto é importante tanto para conservá-lo como para facilitar a extração de óleo, uma vez que o elevado teor de água favorece o desenvolvimento de microrganismos e dificulta o processo de extração por prensagem da polpa (Ciconini et al., 2013). Todavia, a secagem pode afetar as propriedades do óleo de acordo com método empregado. Entre os fatores que afetam a qualidade do óleo durante a secagem está a temperatura, relação que foi analisada por Gonçalves (2018). Essa análise foi realizada em temperaturas variando entre 40 °C e 70 °C em secador de camada fixa; os resultados mostraram que a secagem entre 40 °C e 50 °C manteve a estabilidade oxidativa elevada (superior a 10 horas) e a acidez adequada e não prejudicou o teor de óleo. De acordo com Gonçalves (2018), a temperatura do ar de secagem não deve ultrapassar 56,6 °C.

A secagem de frutos, com ou sem epicarpo, em estufa a 60 °C e velocidade do ar de 5,6 m s^{-1}, testada por Silva et al. (2017), mostrou-se eficiente em conter o aumento da acidez do óleo, reduzir o teor de água no óleo e manter o teor de óleo de polpa, por um período de armazenamento de até 90 dias, mas a estabilidade oxidativa pode ter sido prejudicada (Fig. 10.11). Ademais, a retirada do epicarpo promoveu otimização da secagem sem prejudicar a qualidade do óleo, quando comparada aos frutos secos com casca.

Fig. 10.11 Alterações dos aspectos visuais do mesocarpo de frutos de macaúba (com e sem casca) submetidos a secagem natural (controle) ou secagem a 60 °C, ao longo do período de armazenamento a 25 °C
Fonte: adaptado de Silva (2017).

Tratamento térmico e refrigeração

O tratamento térmico é um dos métodos mais empregados para a conservação de alimentos. A alta temperatura atua na desnaturação de proteínas e na desativação de enzimas, inibindo o desenvolvimento de microrganismos e a ação de enzimas inerentes ao produto, que promovem sua degradação. A baixa temperatura também tem sido amplamente utilizada para a conservação de alimentos. O tratamento a frio por refrigeração atua reduzindo a proliferação e a ação de microrganismos e, para produtos hortícolas, afeta também o metabolismo, suprimindo a respiração e outros processos que conduzem à deterioração do produto.

No caso da macaúba, Cavalcanti-Oliveira et al. (2015) relataram que tratamentos em alta temperatura por curto período promovem a manutenção de qualidade dos frutos. Os autores verificaram que a autoclavagem a 121 °C por 15 minutos, a autoclavagem com vapor fluente a 100 °C por 15 minutos ou a pasteurização a 85 °C por um minuto mantêm a acidez do óleo da polpa próxima aos valores encontrados nos frutos frescos por até 15 dias de armazenamento.

De acordo com esse trabalho, os tratamentos foram eficientes na desativação de enzimas lipases, tanto endógenas quanto microbianas. Em adição, a extensão do período de armazenamento dos frutos com qualidade por até 180 dias foi alcançada por meio da combinação da esterilização na autoclave (121 °C por 15 minutos) com a secagem em estufa a 60 °C por 15 dias na sequência.

Além do tratamento térmico em alta temperatura, a refrigeração foi testada para a conservação de frutos por Goulart (2018). Frutos armazenados sob a temperatura de 11 ± 1,0 °C (umidade relativa de 85%) exibiram redução da deterioração do mesocarpo (Fig. 10.12), da taxa de acidificação e, principalmente, da oxidação do óleo do mesocarpo, quando comparados a frutos sob 24,0 ± 1,5 °C. Os níveis de peróxidos e de estabilidade oxidativa, que são indicadores de degradação oxidativa do óleo, permaneceram adequados para a indústria alimentícia e de biocombustíveis ao longo dos 30 dias de armazenamento (Goulart, 2018).

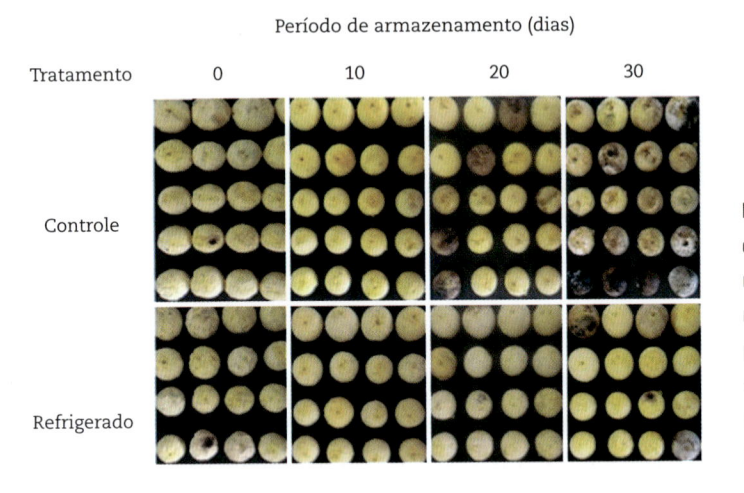

Fig. 10.12 Alterações dos aspectos visuais do mesocarpo de frutos de macaúba armazenados por até 30 dias a 24,0 ± 1,5 °C (controle) e sob refrigeração (11 ± 1,0 °C) Fonte: Goulart (2018).

Radiação gama

A radiação gama como tratamento pós-colheita tem por objetivo a desinfestação de pragas, o controle de contaminações microbianas e a extensão da vida útil de frutas e hortaliças frescas (Lacroix, 2007; Lu; Yang; Xue, 2023). Os efeitos do uso da radiação gama no teor e na qualidade do óleo da polpa e das amêndoas foram estudados por Martins (2013). Nesse estudo, o uso de doses consideradas elevadas de radiação gama (5,0 kGy e 10,0 kGy) foi mais eficiente no controle da acidificação do óleo, tanto para o óleo do mesocarpo quanto para o óleo da amêndoa. Em contrapartida, houve redução do acúmulo natural de óleo, possivelmente em função de distúrbios fisiológicos causados pela alta dose de radiação. Da mesma forma, houve redução da estabilidade oxidativa e aumento do teor de água do óleo do mesocarpo. O óleo da amêndoa, por sua vez, mostrou-se pouco sujeito aos efeitos da radiação em decorrência de sua composição e da proteção conferida pelo endocarpo. Resultados semelhantes, em parte, foram encontrados por Tilahun *et al.* (2019) utilizando 4 kGy e 8 kGy. Ambas as doses prejudicaram o acúmulo de óleo no mesocarpo e a qualidade do óleo em relação à estabilidade oxidativa. Apesar de os frutos irradiados apresentarem dano imediato à estabilidade oxidativa, os frutos tratados com dose de 4 kGy mostraram capacidade subsequente de recuperá-la e, eventualmente, superaram valores anteriores à radiação. Em complemento, os autores verificaram que nessa dose houve menor acidificação do óleo do mesocarpo ao longo dos 30 dias de armazenamento.

Em resumo, o uso da radiação gama no tratamento pós-colheita do fruto da macaúba deve ser ajustado de maneira que permita o maior acúmulo de óleo possível no mesocarpo sem que haja uma redução significativa em seus parâmetros de qualidade ao longo do armazenamento.

10.4 Considerações finais

Para o estabelecimento de uma cadeia de produção sustentável e competitiva no fornecimento de óleo e coprodutos da macaúba, é fundamental a colheita no momento ideal e o estabelecimento de práticas de pós-colheita de manutenção de qualidade dos frutos e de protocolos de extração do óleo e do refino. Em adição, os avanços na mecanização da colheita somados ao melhoramento para busca de genótipos precoces e ao porte baixo, entre outros fatores de produção, são essenciais para a expansão do cultivo comercial da macaúba.

Referências bibliográficas

ALENCAR, E. R.; FARONI, L. R.; PINTO, M. S.; DA COSTA, A. R.; CARVALHO, A. F. Effectiveness of Ozone on Postharvest Conservation of Pear (*Pyrus communis* L.). *Journal of Food Processing & Technology*, v. 5, p. 4, 2014.

ALMEIDA, F. H. L. *Desenvolvimento, acúmulo de óleo e armazenamento de coco macaúba*. 2014. Dissertação (Mestrado em Produção Vegetal no Semiárido) – Universidade Estadual de Montes Claros, Montes Claros, MG, 2014.

BERTON, L. H. C. *Avaliação de populações naturais, estimativas de parâmetros genéticos e seleção de genótipos elite de macaúba (Acrocomia aculeata)*. 2013. Tese (Doutorado em Agricultura Tropical e Subtropical) – Instituto Agronômico de Campinas, Campinas, SP, 2013.

BOBBIO, P. A.; BOBBIO, F. O. *Química do processamento de alimentos*. 3. ed. São Paulo: Varela, 2001.

BRITO, A. C. *Biologia reprodutiva de macaúba: floração, polinizadores, frutificação e conservação de pólen*. 2013. Tese (Doutorado em Genética e Melhoramento) – Universidade Federal de Viçosa, Viçosa, MG, 2013.

CAVALCANTI-OLIVEIRA, E. D.; SILVA, P. R.; ROSA, T. S.; MOURA, N. M. L.; SANTOS, B. C. P.; CARVALHO, D. B.; SOUSA, J. S.; CARVALHINHO, M. T. J. E.; CASTRO, A. M.; FREIRE, D. M. G. Methods to prevent acidification of Macauba (*Acrocomia aculeata*) fruit pulp oil: A promising oil for producing biodiesel. *Industrial Crops and Products*, v. 77, p. 703-707, 2015.

CICONINI, G.; FAVARO, S. P.; ROSCOE, R.; MIRANDA, C. H. B.; TAPETI, C. F.; MIYAHIRA, M. A. M.; BEARARI, L.; GALVANI, F.; BORSATO, A. V.; COLNAGO, L. A.; NAKA, M. H. Biometry and oil contents of *Acrocomia aculeata* fruits from the Cerrados and

Pantanal biomes in Mato Grosso do Sul, Brazil. *Industrial Crops and Products*, v. 45, p. 208-214, 2013.

EVARISTO, A. B.; GROSSI, J. A. S.; CARNEIRO, A. D. C. O.; PIMENTEL, L. D.; MOTOIKE, S. Y.; KUKI, K. N. Actual and putative potentials of macauba palm as feedstock for solid biofuel production from residues. *Biomass and Bioenergy*, v. 85, p. 18-24, 2016.

FRANCO, W. C. G. *Frequência de queda e avaliação do uso de coletor na conservação pós-colheita de frutos de macaúba*. 2019. Dissertação (Mestrado em Fitotecnia) – Universidade Federal de Viçosa, Viçosa, 2019.

GONÇALVES, M. G. *Secagem de frutos de macaúba em função da temperatura do ar*. 2018. Dissertação (Mestrado em Engenharia Agrícola) – Universidade Federal de Viçosa, Viçosa, Brasil, 2018.

GOULART, S. D. M. *Amadurecimento pós-colheita de frutos de macaúba e qualidade do óleo para a produção de biodiesel*. 2014. Dissertação (Mestrado em Fitotecnia) – Universidade Federal de Viçosa, Viçosa, Brasil, 2014.

GOULART, S. D. M. *Colheita e pós-colheita de macaúba: qualidade do óleo da polpa para alimentação humana e aproveitamento da torta na alimentação animal*. 2018. Tese (Doutorado em Fitotecnia) – Universidade Federal de Viçosa, Viçosa, Brasil, 2018.

HENDERSON, A.; GALEANO, G.; BERNAL, G. *Field Guide to Palm of the Americas*. New Jersey: Princepton University, 1995.

HIANE, P. A.; RAMOS, F. M. M.; RAMOS, M. I. L.; MACEDO, M. L. R. Bocaiuva, *Acrocomia aculeata* (Jacq.) Lodd., pulp and kernel oils: Characterization and fatty acid composition. *Brazilian Journal of Food Technology*, v. 8, p. 256-259, 2005.

IHA, O. K.; ALVES, F. C. S. C.; SUAREZ, P. A. Z.; OLIVEIRA, M. B. F.; MENEGHETTI, S. M. P., SANTOS, B. P. T.; SOLETTI, J. I. Physicochemical properties of Syagrus coronata and Acrocomia aculeata oils for biofuel production. *Industrial Crops and Products*, v. 62, p. 318-322, 2014.

JOSHI, K.; MAHENDRAN, R.; ALAGUSUNDARAM, K.; NORTON, T.; TIWARI, B. K. Novel disinfectants for fresh produce. *Trends in Food Science & Technology*, v. 34, n. 1, p. 54-61, 2013.

KADER, A. A. (ed.). *Postharvest technology of horticultural crops*. 3. ed. California: University of California, 2002.

KARACA, H.; VELIOGLU, Y. S. Ozone applications in fruit and vegetable processing. *Food Reviews International*, v. 23, n. 1, p. 91-106, 2007.

LACROIX, M. Irradiation in foods. In: SUN, D. W. (ed.). *Emerging technologies for food processing*. 2. ed. USA: Academic Press, 2007.

LANES, E. C. M.; MOTOIKE, S. Y.; KUKI, K. N.; RESENDE, M. D. V.; CAIXETA, E. T. Mating system and genetic composition of the macaw Palm (Acrocomia aculeata): implications for breeding and genetic conservation programs. *Journal Heredity*, v. 0, p. 1-10, 2016.

LIANG, Y.; JI, L.; CHEN, C.; DONG, C.; WANG, C. Effects of Ozone Treatment on the Storage Quality of Post-Harvest Tomato. *International Journal of Food Engineering*, v. 14, p. 7-8, 2018.

LI, Z.; THOMAS, C. Quantitative evaluation of mechanical damage to fresh fruits. *Trends in Food Science & Technology*, v. 35, n. 2, p. 138-150, 2014.

LIMA, M. M. *Análise transdisciplinar, evolutiva e sustentável de uma filière de combustível: a Macaúba em Montes Claros/MG*. 2011. Tese (Doutorado em Agronegócios) – Universidade Federal do Rio Grande do Sul, Porto Alegre, 2011.

LOPES, O. P. *Caracterização do amadurecimento e uso de inibidores do etileno na conservação pós-colheita de macaúba*. 2016. Tese (Doutorado em Fitotecnia) – Universidade Federal de Viçosa, Viçosa, Brasil, 2016.

LORENZI, G. M. A. C. *Acrocomia aculeata* (Lodd.) ex Mart. – Arecaceae: bases para o extrativismo sustentável. 2006. Tese (Doutorado em Agronomia) – Universidade Federal do Paraná. Curitiba, PR, 2006.

LORENZI, H.; NOBLICK, L.; KAHN, F.; FERREIRA, E. *Flora Brasileira*: Arecaceae (Palmeiras). Nova Odessa: Instituto Plantarum, 2010.

LU, Q.; YANG, D.; XUE, S. Effects of postharvest gamma irradiation on quality maintenance of Cara Cara navel orange (Citrus sinensis L. Osbeck) during storage. LWT 184: 115017. 2023.

MARTÍNEZ-ROMERO, D.; SERRANO, M.; CARBONELL, A.; CASTILLO, S.; RIQUELME, F.; VALERO, D. Mechanical damage during fruit postharvest handling: technical and physiological implications. In: DRIS, R.; JAIN, S. M. (ed.). *Production Practices and Quality Assessment of Food Crops*. Dordrecht, Netherlands: Springer, 2004.

MARTINS, A. D. *Radiação gama e secagem na conservação da qualidade do óleo de frutos de macaúba*. 2013. Dissertação (Mestrado em Fitotecnia) – Universidade Federal de Viçosa, Viçosa, 2013.

MONTOYA, S. G. *Caracterização do desenvolvimento do fruto da palmeira macaúba*. Dissertação (Mestrado em Fitotecnia) – Universidade Federal de Viçosa, Viçosa, 2013.

MONTOYA, S. G.; MOTOIKE, S. Y.; KUKI, K. N.; COUTO, A. D. Fruit development, growth, and stored reserves in macauba palm (*Acrocomia aculeata*), an alternative bioenergy crop. *Planta*, v. 244, p. 927-938, 2016.

NUNES, A. A. L.; FAVARO, S. P.; GALVANI, F. *Perfil de ácidos graxos em óleo de polpa de macaúba bruto e refinado submetidos a ensaio termoxidativo em diferentes intervalos de tempo*. Embrapa, 2013. Disponível em: <https://ainfo.cnptia.embrapa.br/digital/bitstream/item/94092/1/PERFIL-DE-ACIDOS-GRAXOS-EM-OLEODE-POLPA-DE-MACAUBA-BRUTO-E-REFINADO-SUBMETIDOS-AO-ENSAIO-TERMOXIDATIVO-EM-DIFERENTES-INTERV-angela-nunes-final.pdf>.

ONG, M. K.; KAZI, F. K.; FORNEY, C. F.; ALI, A. Effect of Gaseous Ozone on Papaya Anthracnose. *Food and Bioprocess Technology*, v. 6, n. 11, p. 2996-3005, 2012.

OSAWA, C. C.; GONÇALVES, L. A. G; RAGAZZI, S. Titulação potenciométrica aplicada na determinação de ácidos graxos livres de óleos e gorduras comestíveis. *Química Nova*, v. 29, n. 3, p. 593-599, 2006.

PIMENTEL, L. D.; BRUCKNER, C. H.; MARTINEZ, H. E. P.; MOTOIKE, S. Y.; MANFIO, C. E.; SANTOS, R. C. Effect of Nitrogen and Potassium Rates on Early Development of Macaw Palm. *Revista Brasileira de Ciência do Solo*, v. 39, n. 6, p. 1671-1680, 2015.

RINALDI, M. M.; CONCEIÇÃO, L. D. H. C. S.; BRAGA, M. F.; JUNQUEIRA, N. T. V.; CARDOSO, N. A.; SÁ, S. F. *Estudos preliminares sobre colheita e armazenamento de frutos de macaúba*. Boletim de pesquisa e desenvolvimento 355. Planaltina, DF: Embrapa Cerrados, 2020.

RODRIGUES, P. M. S.; NUNES, Y. R. F.; BORGES, G. R. A.; RODRIGUES, D. A.; VELOSO, M. D. M. Fenologia reprodutiva e vegetativa da *Acrocomia aculeata* (Jacq.) Lodd. Ex Mart. (Arecaceae). In: XI Simpósio Nacional de Cerrado, II Simpósio Internacional Savanas Tropicais, Brasília. Anais. Planaltina: Embrapa, CPAC, 2008.

SCARIOT, A.; LLERAS, E.; HAY, J. D. Flowering and fruiting phenologies of the palm Acrocomia aculeata: patterns and consequences. *Biotropica*, v. 27, p. 168-173, 1995.

SHEZI, S.; SAMUKELO MAGWAZA, L.; MDITSHWA, A.; ZERAY TESFAY, S. Changes in biochemistry of fresh produce in response to ozone postharvest treatment. *Scientia Horticulturae*, v. 269, 109397, 2020.

SILVA, G. N.; EVARISTO, A. B.; GROSSI, J. A. S.; CAMPOS, L. S.; CARVALHO, M. S.; PIMENTEL, L. D. Drying of macaw palm fruits and its influence on oil quality. *Semina: Ciências Agrárias*, v. 38, n. 5, p. 3019-3029, 2017.

SILVA, G. N.; GROSSI, J. A. S.; CARVALHO, M. S.; GOULART, S. D. M.; FARONI, L. R. D. A. Post-harvest quality of ozonated macauba fruits for biodiesel production. *Revista Caatinga*, v. 32, n. 1, p. 92-100, 2019.

SILVA, G. N.; GROSSI, J. A. S.; CARVALHO, M. S.; FARONI, L. R. D.; LOPES, O. P.; OLIVEIRA, M. S.; BARBOSA, D. R. S.; SILVA, Y. N. M. Macauba fruits preserved by combining drying and ozonation methods for biodiesel production. *Ozone*: Science & Engineering, v. 45, n. 1, p. 41-49, 2023.

SILVA, G. N. *Uso da secagem e ozonização na conservação pós-colheita de frutos de macaúba*. 2017. Tese (Doutorado em Fitotecnia) – Universidade Federal de Viçosa, Viçosa, Brasil, 2017.

SILVA, P. O.; RIBEIRO, L. M.; SIMÕES, N. O. M.; LOPES, P. S. N.; FARIAS, T. M.; GARCIA, Q. S. Fruit maturation and in vitro germination of macaw palm embryos. *African Journal of Biothecnology*, v. 12, n. 5, p. 446-452, 2013.

TILAHUN, W. W.; GROSSI, J. A. S.; FAVARO, S. P.; SEDIYAMA, C. S.; GOULART, S. D. M.; PIMENTEL, L. D.; MOTOIKE, S. Y. Increase in oil content and changes in quality of macauba mesocarp oil along storage. *OCL – Oilseeds and fats, Crops and Lipids*, v. 26, p. 20, 2019.

11
Composição do fruto da macaúba, rendimentos industriais e processamentos

Simone Palma Favaro, Cesar Heraclides Behling Miranda

O fruto da macaúba é uma pródiga fonte de alimentos para o homem e para os animais silvestres. Em sua forma integral, é consumido fresco ou tem suas partes comestíveis separadas e utilizadas no preparo de diversos tipos de pratos. Na natureza, compõe a dieta de mamíferos e aves em várias regiões do continente americano (Fig. 11.1).

Além de oferecer o consumo direto de seu fruto, a macaúba representa uma fonte de óleos aplicados tradicionalmente na culinária, na medicina, na cosmética e como fonte de energia. O processamento integral desse fruto, objetivando principalmente a obtenção dos óleos da polpa e da amêndoa, resulta em valiosos coprodutos, sobretudo a casca, o endocarpo e as tortas de polpa e amêndoa. Além do fruto, outras partes da palmeira, como os cachos e as folhas, podem ser aproveitados na abordagem de biorrefinarias, a fim de agregar valor e contribuir para a sustentabilidade de sua cadeia produtiva.

Neste capítulo serão abordados os tópicos: caracterização física e química dos frutos, levando em consideração a variabilidade existente nos frutos estudados até o momento; informações de dimensões do fruto (biometria) e sua composição química, também

Fig. 11.1 (A) Macaco e (B) cotia alimentando-se de frutos de macaúba

considerando a variabilidade de dados disponíveis na literatura atual; fluxogramas de processamento atual e sugestões de novos métodos para extração de óleo de polpa e amêndoa, bem como os processos para produção de farinha e polpa congelada; e, por fim, rendimentos de produtos e coprodutos considerando os métodos de processamento atualmente aplicados e os dados disponíveis sobre a composição dos frutos.

11.1 Biometria dos frutos da macaúba

O fruto da macaúba tem formato quase esférico e é composto de quatro partes principais: casca (epicarpo), polpa (mesocarpo), caroço (endocarpo) e amêndoa (endosperma) (Fig. 11.2).

A polpa é a parte mais abundante, correspondendo em média a 42% do fruto (Tab. 11.1). Depois estão o endocarpo, com 27%, e a casca, com 24%. A amêndoa representa a menor fração do fruto, em média 7% da massa total. A variabilidade em termos biométricos nos frutos de macaúba é bastante pronunciada, como visto na Tab. 11.1. De maneira geral, observa-se uma tendência de frutos menores na região do Pantanal e frutos maiores no Estado de Minas Gerais. Ainda, a fração da casca é proporcionalmente mais baixa e a de polpa é mais alta nos frutos de ocorrência no Pantanal (Tab. 11.1).

O peso do fruto é consequência das suas dimensões. O tamanho do fruto da macaúba, portanto, é também muito variável. Essa diversidade é ilustrada na Fig. 11.3, na qual estão apresentados frutos de ocorrência em diversas regiões no Brasil, mantidos em coleção do Banco Ativo de Germoplasma (BAG) da Embrapa Cerrados (Planaltina/DF).

Fig. 11.2 Partes do fruto da macaúba
Fonte: Jessi Starita e Simone Palma Favaro.

11 COMPOSIÇÃO DO FRUTO DA MACAÚBA, RENDIMENTOS INDUSTRIAIS E PROCESSAMENTOS

Tab. 11.1 Massa e proporção das principais partes do fruto fresco da macaúba

Partes	Mirabela (MG)[1]	Contagem (MG)[2]	PR[2]	Cerrado (MS)[3]	Pantanal (MS)[3]	Norte de MG[4]	Belo Horizonte (MG)[4]	Ceará[4]	Valores médios
Casca (epicarpo) (%)	27	35	19	20	18	22	23	24	24
Polpa (mesocarpo) (%)	46	46	53	47	51	35	28	34	42
Caroço (endocarpo) (%)	21	16	21	28	24	35	40	34	27
Amêndoa (endosperma) (%)	6	3	7	5	7	8	9	8	7
Massa média do fruto (g)		67	20	35-58	12-35	46	39	36	40

Fonte: [1]Del Río et al. (2016), [2]Machado et al. (2015), [3]Ciconini et al. (2013) e [4]Farias (2010).

Fig. 11.3 Variabilidade biométrica em frutos de macaúba
Fonte: Elvis Gabriel Nascimento Costa e Simone Palma Favaro.

11.2 Composição química dos frutos da macaúba

A apresentação da composição dos frutos de macaúba compreende uma ampla revisão das informações disponíveis até o momento. Como o foco maior de interesse está no conteúdo em óleo, os dados apresentados irão abordá-lo primeiro e, na sequência, os demais componentes.

Os teores de óleo na polpa e amêndoa de macaúba têm sido descritos para plantas de ocorrência em diversas regiões, inclusive fora do Brasil (Tab. 11.2). Observa-se grande variação nos valores encontrados, sobretudo para o conteúdo de óleo da polpa. Essas diferenças podem ser atribuídas a diversos fatores, como a metodologia analítica empregada, o estádio de maturação e tempo pós-colheita dos frutos, a variabilidade genética e o efeito das condições edafoclimáticas. Apesar de ainda não ser possível estabelecer a contribuição de cada fator, pode-se verificar que os teores mais elevados de óleo se encontram em regiões de ocorrência de Minas Gerais. Esse é um indicativo de que, potencialmente, há nessas áreas uma tendência a encontrar indivíduos ou maciços com maior rendimento em óleo.

Os teores de óleo variam de 17% a 78% na polpa e de 33% a 63% na amêndoa. Esses valores são expressos em base seca (Tab. 11.2), ou seja, desconsiderando a quantidade de água presente, pois o valor de umidade nos frutos não foi

Tab. 11.2 Teor de lipídios e água da polpa e da amêndoa de macaúba em diferentes regiões

Localidade	Lipídios (% base seca)		Umidade (%)	
Mato Grosso do Sul	Polpa	Amêndoa	Polpa	Amêndoa
Campo Grande	32[1], 25[2], 17[3]	52[1], 66[2], 55[4]	49[1], 49[2], 53[3]	19[1], 18[2], 6[4]
Maracaju[5]	46	54	49	13
Corumbá[2]	25	63	70	16
Aquidauana[2]	26	51	66	17
São Gabriel do Oeste[2]	24	52	64	20
Dourados[6]			51	
São Paulo				
Presidente Epitácio[6]			52	
São José do Rio Preto, Meridiano e José Bonifácio[7]	31	49	6	5
Ceará – Região do Cariri	28[8], 21[9]		34[8], 49[9]	
Minas Gerais				
Montes Claros	49[9], 25 a 68[10]	46[9], 33 a 45[10]		
Belo Horizonte[9]	47	47		
Esmeraldas e Jaboticatubas[11]	56 a 70			
Mirabela	42[11]	65[12]	55 a 58[11], 43[12]	25[12]
Sete Lagoas[13]	48			
Lavras[10]	65 a 78	38 a 62		
Alto Parnaíba[10]	50 a 77	45 a 60		
Distrito Federal[10]	33 a 61	40 a 52		
Goiás – Formosa[10]	44 a 55	41 a 42		
Tocantins – Combinado[10]	51 a 56	47 a 49		
El Chaparro, Mac Gregor, estado de Anzoátegui/Venezuela[14]		53		5
Pernambuco – Recife[15]	29,6	27,4	62,2	14,8

Fonte: [1]Hiane *et al.* (1992b), [2]Ciconini (2012), [3]Ramos *et al.* (2008), [4]Hiane *et al.* (2006a), [5]Lescano *et al.* (2015), [6]Sanjinez-Argandoña e Chuba (2011), [7]Coimbra e Jorge (2011b), [8]Oliveira *et al.* (2013), [9]Farias (2010), [10]Da Conceição *et al.* (2015), [11]CETEC (1983), [12]Evaristo *et al.* (2016a), [13]Evaristo *et al.* (2016b), [14]Belén-Camacho *et al.* (2005) e [15]Silva *et al.* (2015).

disponibilizado por todas as fontes consultadas. No entanto, para estimar a quantidade de óleo a ser produzida por certa massa de fruto colhido ou para realizar estimativas por área, é necessário conhecer os teores em base úmida. Ao calcular os valores máximos e mínimos com os dados disponíveis, tem-se que o teor de óleo em base úmida encontra-se na faixa de 7,5% a 46% na polpa e 40% a 59% na amêndoa. Como a macaúba ainda não dispõe de materiais homogêneos para a multiplicação, deve-se ter cautela ao fazer estimativas de produção por área, tomando-se como base o plantio de mudas produzidas a partir de sementes colhidas aleatoriamente.

11.3 Caracterização da polpa

A polpa da macaúba pode ser considerada uma excelente fonte de alimento energético, pois contém os diversos grupos de nutrientes necessários à saúde, com predominância das fontes energéticas, porém também elementos com importantes atividades biológicas para o bom funcionamento do organismo (Tab. 11.3). Além da constituição em óleo da polpa da macaúba, estão presentes em maior quantidade os carboidratos e as fibras (Tab. 11.3). A composição em carboidratos ainda não está clara e há dados contraditórios quanto ao teor de mono e dissacarídeos, expressos como açúcares redutores em glicose e não redutores em sacarose, respectivamente. Enquanto em Campo Grande foram apresentados como predominantes os açúcares redutores (20,2% em base seca) (Ramos et al., 2008), na região do Cariri foram indicados 26% como não redutores (Oliveira et al., 2013).

O total de fibras na polpa de macaúba é bastante significativo, com intervalo entre 15,5% e 27,1% (Tab. 11.3). As chamadas fibras alimentares são compostos não digeríveis, constituídos por carboidratos complexos como celulose, hemicelulose, alguns tipos de amido, gomas e também por lignina. As fibras alimentares exercem papel benéfico na saúde humana: estão associadas à redução de doenças cardiovasculares (Jonsson; Bäckhed, 2017; Mirmiran et al., 2016), de certos tipos de câncer e do colesterol e ao controle da absorção de glicose e constipação (Lairon et al., 2005; Schaafsma, 2004; Rodríguez et al., 2006). No entanto, o conhecimento sobre a composição das fibras no fruto da macaúba ainda é bastante limitado, porém novos estudos dedicados ao tema já trazem descobertas promissoras. Por exemplo, a pegajosidade característica da polpa provavelmente se deve à presença de gomas que, além de exercerem seu papel como fibra alimentar, poderiam ser isoladas no processamento e constituírem-se em insumos para uso em formulações (Toledo e Silva et al., 2022; Denagbe et al., 2024). É esperado que mais avanços na pesquisa elucidem tais questões.

O teor de proteínas na polpa é baixo, não ultrapassando 10% e, em geral, sendo inferior a 5% (Tab. 11.3). Os minerais são divididos em macro (cálcio,

Tab. 11.3 Caracterização da polpa de macaúba em diferentes regiões

Localidade	Mato Grosso do Sul				São Paulo		Ceará	Pernambuco
	Campo Grande[1,2]	Campo Grande[3]	Maracaju[4]	Dourados[5]	São José do Rio Preto, Meridiano e José Bonifácio[6]	Presidente Epitácio[5]	Região do Cariri[7]	Recife[8]
Componente (% base seca)								
Proteínas	3,9	3,2	10,4		7,2		4,6	2,5
Carboidratos totais	48,5	47,0	13,5	29,73	38,5	24,2	32,8	
Açúcares não redutores (sacarose)		0,2					26,5	
Açúcares redutores (glicose)		20,2		11,4		10,6	6,3	
Fibras totais	15,5	29,3	27,1		21,6			
Minerais totais (cinzas)	3,4	3,2	2,9	3,2	2,2	4,6	1,7	2,0
Componente (base úmida)								
Cálcio (mg/100 g)	30,0	62,0	113,0				101,3	
Fósforo (mg/100 g)	60,0	36,7					53,3	
Potássio (mg/100 g)	640,0	766,4					649,3	
Magnésio (mg/100 g)	50,0		123,0				122,0	
Sódio (μg/g)	4,5	3,7						
Ferro (μg/g)	15,3	7,8	41,3				120,7	
Manganês (μg/g)	5,7	1,4	3,21				6,0	
Zinco (μg/g)	53,6	6,0	ND				4,6	
Cobre (μg/g)	15,9	2,4	1,37				7,3	
Boro (μg/g)							25,8	
Carotenoides totais (μg/g)					300,0		177,0	138,0
β-caroteno (μg/g)		49,0						
Flavonoides amarelos (μg/g)							350,0	
Tocoferol total (mg/100 g)					21,3			
α-tocoferol (mg/100 g)					14,4			

Tab. 11.3 (continuação)

Localidade	Mato Grosso do Sul				São Paulo		Ceará	Pernambuco
	Campo Grande[1,2]	Campo Grande[3]	Maracaju[4]	Dourados[5]	São José do Rio Preto, Meridiano e José Bonifácio[6]	Presidente Epitácio[5]	Região do Cariri[7]	Recife[8]
Componente (base úmida)								
β-tocoferol (mg/100 g)					0,3			
γ-tocoferol (mg/100 g)					5,8			
δ-tocoferol (mg/100 g)					0,8			
Vitamina C (mg/100 g)			15,4	34,6		11,5	135,5	
Compostos fenólicos totais (mg EAG/g)*					2,3		50,9	
Sólidos solúveis (Brix)							29,7	
Acidez titulável (%)			0,27	0,7		0,7	1,47	
pH			6,0	6,3		5,7	5,5	
Atividade de água			0,988	0,90		0,95	0,925	

*Equivalente em ácido gálico.
ND = não detectado.

Fonte: [1]Hiane et al. (1992b), [2]Hiane et al. (1992a), [3]Ramos et al. (2008), [4]Lescano et al. (2015), [5]Sanjinez-Argandoña e Chuba (2011), [6]Coimbra e Jorge (2011b), [7]Oliveira et al. (2013) e [8]Silva et al. (2015).

magnésio, potássio e fósforo) e microelementos (sódio, zinco, cobre, ferro, manganês e boro) em função da quantidade requerida pelo organismo. Entre os macrominerais na polpa, predomina o potássio; quanto aos outros elementos, os dados mostram variações conforme a fonte consultada. De maneira geral, têm-se cálcio, magnésio e fósforo como os próximos elementos mais abundantes.

De acordo com as análises de material amostrado em Campo Grande (MS) e comparações com outros frutos, Ramos et al. (2008) relatam que a polpa da macaúba contém mais cálcio e potássio que frutas comumente consumidas, como abacate, abacaxi, banana, mamão, maracujá, melão e tangerina. Em comparação com a banana, por exemplo, normalmente indicada como fonte de potássio, a polpa da macaúba tem o dobro do teor desse mineral. Ainda, foi considerada como rica em cobre para o consumo por crianças de um a três anos e fonte para adultos, assim como fonte de zinco.

Outros componentes minoritários investigados na polpa com interesse tanto na fase de processamento do óleo quanto nas aplicações finais são os carotenoides, os tocoferóis, a vitamina C e os compostos fenólicos. Essas substâncias têm papel fundamental como nutrientes e apresentam atividade biológica, como a ação antioxidante. Com exceção da vitamina C, as demais substâncias serão carreadas junto com o óleo no processo de extração, por serem miscíveis nele. Esse grupo de moléculas tem sido extensivamente estudado em outras fontes oleaginosas, por exemplo, na oliva, em que os compostos fenólicos têm sido correlacionados com os benefícios do consumo preferencial do seu azeite na chamada dieta do mediterrâneo (Cioffi et al., 2010).

Os carotenoides são os pigmentos que conferem a coloração amarelo-alaranjada da polpa e são convertidos no organismo animal em vitamina A, por isso são denominados pró-vitamina A (Rodriguez-Amaya; Kimura, 2004). O β-caroteno, que compõe cerca de 80% do total de carotenoides presentes no óleo de polpa de macaúba (Ramos et al., 2008), é 100% convertido em vitamina A. Como comparação, o buriti (*Mauritia flexuosa*), fruto com intensa coloração alaranjada, também de ocorrência em biomas nos quais se encontra a macaúba, contém teores de 310 µg/g a 530 µg/g (Cândido; Silva; Agostini-Costa, 2015), e o açaí (*Euterpe oleracea*) em torno de 28 µg/g (Rufino et al., 2010 apud Cândido; Silva; Agostini-Costa, 2015).

Os tocoferóis compreendem parte do grupo de substâncias lipossolúveis denominadas vitamina E, que englobam também os tocotrienóis. O α-tocoferol é o mais abundante no organismo humano. Os tocoferóis são essenciais como antioxidantes, protegendo as membranas celulares e promovendo a fertilidade animal. Inúmeras atividades metabólicas foram atribuídas à vitamina E, como a modulação do sistema imunológico e a prevenção de doenças crônicas, como as cardiovasculares e a esteato-hepatite não alcoólica (EHNA) (Galli et al., 2017).

Os tocoferóis na polpa de macaúba são compostos principalmente por α e γ-tocoferol, e o total é bastante elevado (Tab. 11.3) comparado a outros frutos, como o pêssego (0,3 mg/100 g), a nêspera (0,2 mg/100 g) ou a amora (0,8 mg/100 g) (Barcia et al., 2010). O teor de tocoferol na polpa da macaúba é superior ao da oliva (8,2 mg/100 g) (Pestana-Bauer; Goularte-Dutra; Zambiazi, 2011) e ao de outros frutos de palmeiras, como o jerivá (*Syagrus romanzoffiana*) (1,8 mg/100 g) (Martins et al., 2015). O α-tocoferol é totalmente convertido em vitamina E no metabolismo humano, enquanto o β-tocoferol e o γ-tocoferol apresentam 30% de taxa de equivalência (Monsen, 2000). O α-tocoferol compõe mais de 50% do total de tocoferóis da polpa de macaúba. Em contraste, na polpa de buriti, também bastante rica em tocoferóis, a porção de α-tocoferol corresponde a 28% (Rodrigues; Darnet; Silva, 2010).

Quanto à vitamina C, a polpa de macaúba contém valores (Tab. 11.3) inferiores a alimentos considerados fontes dessa substância, como a goiaba (600 mg/g)

(Carames et al., 2017) e a laranja (50 mg/100 g) (Rosa et al., 2016). Os sólidos solúveis (Brix) são compostos majoritariamente pelos açúcares. O valor apresentado na polpa da macaúba reflete exatamente esses teores de açúcares redutores e não redutores (Tab. 11.3).

A atividade de água é um indicador de perecibilidade mais adequado do que o teor de água, pois reflete a real disponibilidade da água que permite a ocorrência de reações químicas e enzimáticas e o desenvolvimento microbiano (Damodaran; Parkin; Fennema, 2010). Seu valor varia entre 0 e 1 – quanto mais próximo de 1, maior é a disponibilidade da água, ou seja, essas reações podem ocorrer com maior facilidade (Gava; Silva; Frias, 2008). Na polpa de macaúba, a atividade de água varia entre 0,988 e 0,90 (Tab. 11.3). Esses valores de atividade de água, juntamente com pH em torno de 6, baixa acidez, elevado teor de açúcares e óleo, constituem condições muito favoráveis não apenas para a multiplicação microbiana, mas também para reações endógenas que podem levar à rápida degradação dos frutos frescos.

11.4 Caracterização da amêndoa

A amêndoa da macaúba caracteriza-se em primeiro lugar pelo alto teor em óleo, como mencionado anteriormente, e em segundo por seu conteúdo em fibras e proteínas (Tab. 11.4). O teor de fibras totais reportado varia de 13% a 26%, e o de proteínas de 14% a 30% em base seca. O teor de fibras alimentares está bem acima de outras castanhas, como a castanha-de-caju (3,7%), a castanha-do--brasil (87,9%) e o coco (5,4%), descritos na Tabela Brasileira de Composição de Alimentos (TACO – Unicamp, 2011).

As frações das proteínas são compostas principalmente por globulinas, que são as proteínas solúveis em solução salina, seguidas de glutelina, que são as solúveis em álcalis. Esses diferentes grupos proteicos imprimem as chamadas propriedades funcionais aos isolados ou concentrados proteicos no uso como ingredientes em formulações alimentares. Isso significa que ditam características como a capacidade de absorção de água e óleo, a formação de espuma e a capacidade emulsificante, entre outras, que no seu conjunto resultam em atributos sensoriais de um dado alimento (Kinsella, 1976). As proteínas vegetais têm sido amplamente empregadas como substitutas de proteínas animais, não só por seu menor custo, mas também por suas propriedades funcionais (Nunes et al., 2017; Ogunwolu et al., 2009).

A fração proteica da torta de amêndoa é um ativo de alto valor agregado por si só, mas também pode ser processada para produzir concentrados, isolados e hidrolisados proteicos, que constituem valiosos insumos para a indústria de alimentos e medicamentos, como é o caso do farelo de soja (Favaro; Miranda, 2013). No caso das proteínas da soja obtidas a partir do farelo (produto resultante da extração do óleo por solvente orgânico), sua aplicação em inúmeros alimentos se deve justamente a essas propriedades funcionais desejáveis para o uso industrial. Como exemplo, proteínas de soja são adicionadas na forma de isolados ou concentrados proteicos em formulação de embutidos cárneos para melhorar a absorção de água e conferir a sensação de um produto macio e suculento. Essas propriedades das proteínas da macaúba ainda precisam ser estudadas, bem como o desenvolvimento de processos e produtos baseados no conteúdo proteico.

A amêndoa de macaúba contém dez vezes menos tocoferol do que a polpa (Tab. 11.4). Em comparação com outras amêndoas, ela se mostrou mais pobre do que a tradicional amêndoa (*Prunus dulcis*, 34,9; 11,8 mg/100 g) e a avelã (*Corylus avellana*, 40,6; 6,0 mg/100 g) (Stuetz; Schlörmann; Glei, 2017; Delgado Zamarreño et al., 2016). Por outro lado, apresentou teor de α-tocoferol superior ao do amendoim e da castanha-de-caju (Stuetz; Schlörmann; Glei, 2017; Delgado Zamarreño et al., 2016).

O fósforo é o mineral mais abundante na amêndoa, com teor em torno de dez vezes superior ao presente na polpa. Na sequência estão o potássio, o magnésio e o cálcio (Tab. 11.4). O teor de potássio na amêndoa é cerca da metade observada na polpa. A concentração tanto de macro quanto de microelementos apresenta bastante variação, o que dificulta a comparação com outras fontes similares. De acordo com a composição apresentada por Hiane et al. (2006a), a amêndoa de macaúba poderia ser considerada mais rica em manganês, cobre e zinco do que outros frutos nativos do Cerrado, com exceção do pequi (*Caryocar brasiliense*).

Um aspecto que merece ser ressaltado é que os estudos realizados até o momento não detectaram a presença de compostos antinutricionais na amêndoa da macaúba (Tab. 11.4), como os inibidores de protease (Hiane et al., 2006a) presentes em grãos de soja. Essas substâncias limitam o aproveitamento da proteína pelos organismos animais e demandam processamentos específicos prévios ao consumo do grão bruto ou do farelo para sua inativação, que podem reduzir o valor nutritivo do alimento (Garcia-Rebollar et al., 2016).

A baixa atividade de água, consequência do menor conteúdo de água e sólidos solúveis, é um importante fator de preservação das amêndoas. Atividade de água abaixo de 0,70 é impeditiva para a multiplicação da maioria dos fungos produtores de micotoxinas. No entanto, podem ocorrer reações de oxidação dos lipídios que levam à formação de ranço (Gava; Silva; Frias, 2008). Dessa forma, deve-se monitorar a qualidade do óleo, sobretudo se as amêndoas forem mantidas sob armazenamento.

Além do quantitativo de proteína, o conhecimento da sua qualidade como nutriente é fundamental para estabelecer dietas balanceadas, tanto para alimentação humana quanto animal. As proteínas são formadas por aminoácidos, entre os quais há os chamados aminoácidos essenciais, cuja presença e proporção

11 COMPOSIÇÃO DO FRUTO DA MACAÚBA, RENDIMENTOS INDUSTRIAIS E PROCESSAMENTOS

Tab. 11.4 Caracterização da amêndoa de macaúba coletada em diferentes regiões

Localidade	Mato Grosso do Sul			São Paulo	Venezuela	Pernambuco
	Campo Grande[1,2]	Campo Grande[3]	Maracaju[4]	São José do Rio Preto, Meridiano e José Bonifácio[5]	Mac Gregor (Anzoátegui)[6]	Recife[7]
Componente (% base seca)						
Proteínas	16	19	19	30	14	11,7
Carboidratos totais	13		7	6		
Açúcares não redutores (sacarose)		ND				
Açúcares redutores (glicose)		2				
Amido		5				
Fibras totais	19	22	18	13	26	
Minerais totais (cinzas)	2	2	2	2	2	2
Componente (base úmida)						
Cálcio (mg/100 g)	50	94	92			
Fósforo (mg/100 g)	400	538				
Potássio (mg/100 g)	240	377				
Magnésio (mg/100 g)	120	207	172			
Sódio (µg/g)	0	21				
Ferro (µg/g)	17	33	26			
Manganês (µg/g)	11	24	2			
Zinco (µg/g)	4	31	45			
Cobre (µg/g)	4	11	16			
Carotenoides totais (µg/g)				1,9		1,9
Tocoferol total (mg/100 g)				2,3		
α-tocoferol (mg/100 g)				1,4		
β-tocoferol (mg/100 g)				0,1		
γ-tocoferol (mg/100 g)				ND		
δ-tocoferol (mg/100 g)				0,8		
Compostos fenólicos totais (mg EAG/g)*				4,4		
Acidez titulável (%)			0,1			
pH			6,0			
Frações das proteínas (%)						
Globulina		53,5				
Glutelina		40,0				
Albumina		5,4				
Prolamina		1,1				
Fatores antinutricionais						
Atividade hemaglutinante**		2 a 3				
Inibidor de tripsina		ND				
Inibidor de quimotripsina		ND				
Atividade de água			0,677			

ND = não detectado.
*Equivalente em ácido gálico.
**Atividade hemaglutinante: inverso do título da maior diluição, na base 2, que ainda apresenta aglutinação visível de eritrócitos.
Fonte: [1]Hiane et al. (1992b), [2]Hiane et al. (1992a), [3]Hiane et al. (2006a), [4]Lescano et al. (2015), [5]Coimbra e Jorge (2011b), [6]Belén-Camacho et al. (2005) e [7]Silva et al. (2015).

específica assegura o aproveitamento da proteína pelo organismo. Há pouca informação sobre a composição dos aminoácidos nas proteínas do fruto da macaúba (Tab. 11.5). Um trabalho realizado com frutos de ocorrência na Paraíba indicou que as proteínas da polpa são deficientes em metionina, lisina e valina, e a amêndoa em metionina, lisina e leucina (Bora; Rocha, 2004). No entanto, frutos coletados em Campo Grande (MS) apresentaram como aminoácidos limitantes na amêndoa a treonina, a histidina e a leucina (Hiane et al., 2006b). Esse mesmo estudo apontou que há grande disponibilidade de valina, isoleucina, fenilalanina+tirosina, metionina+cisteína e lisina. Embora a amêndoa da macaúba tenha carência em alguns aminoácidos essenciais e tenha apresentado, em investigações com ratos, *performance* inferior à caseína (Hiane et al., 2006b), que é o padrão utilizado para essas investigações, o seu uso como ingrediente alimentício é perfeitamente possível. A compensação de aminoácidos limitantes usualmente é superada pela adição de outros ingredientes que suplementem as carências e resultem em uma dieta final de alta qualidade proteica.

Tab. 11.5 Composição em aminoácidos da proteína de amêndoa de macaúba

Aminoácido (g/100 g de proteína)	Polpa	Amêndoa		Padrão FAO[3]
	1	1	2	
Essenciais				
Fenilalanina + tirosina	9,4	7,1	6,5	6,3
Histidina	1,6	2,2	1,2	1,9
Isoleucina	4,1	3,0	3,4	2,8
Leucina	7,6	5,4	6,4	6,6
Lisina	3,3	3,9	7,3	5,8
Metionina + cisteína	1,1	1,0	2,5	2,5
Treonina	5,0	3,7	1,4	3,4
Triptofano			ND	1,1
Valina	4,8	4,9	6,9	3,5
Não essenciais				
Ácido glutâmico	12,7	26,1	15,6	
Ácido aspártico	15,0	7,3	6,6	
Serina	5,7	3,8	6,1	
Glicina	6,3	5,9	7,5	
Arginina	9,3	14,9	13,5	
Alanina	9,2	6,4	7,8	
Prolina	4,8	3,4	7,2	
Cistina	0,4	1,1		

ND = não detectado.
Fonte: [1]Bora e Rocha (2004), [2]Hiane et al. (2006b), [3]Padrão teórico da FAO/WHO (1991) (aminoácidos indispensáveis para crianças de dois a cinco anos de idade).

11.5 COMPOSIÇÃO DE FARINHA DE POLPA E AMÊNDOA DE MACAÚBA

Como aplicação culinária, a farinha de polpa da macaúba é um ingrediente muito versátil para os mais variados produtos de panificação, sobremesas e sorvetes, entre outros. A farinha pode ser integral, quando a polpa ou amêndoas são apenas secas e trituradas, ou podem ser produzidas após a retirada do óleo. A retirada parcial da água promove redução da atividade da água e concentração dos demais componentes (Tab. 11.6). Esse processo é fundamental para melhorar a estabilidade do produto e permitir seu armazenamento por períodos mais prolongados em condições ambientes. Os processos de oxidação, em função do alto teor lipídico, são um fator determinante para estabelecer o tipo de embalagem, as condições e o tempo de armazenamento. O alto teor de fibras da farinha de polpa agrega um importante ingrediente alimentar às preparações culinárias, e o seu principal componente são as fibras insolúveis, como indicado pela análise da farinha desengordurada da polpa (farinha de torta) na Tab. 11.6. Portanto, a farinha terá um papel de regulador das funções intestinais. Os carotenoides podem ser preservados na fabricação da farinha (Tab. 11.6), o que agrega ainda mais valor nutricional a esse ingrediente.

Farinha de torta de polpa produzida com frutos oriundos de Minas Gerais, em que usualmente o teor lipídico é mais alto (ver Tab. 11.2), apresentou teor residual de 27% de óleo e 20% de fibras totais, além de quantidades expressivas de açúcares simples (Tab. 11.6).

A farinha de amêndoa, por sua vez, quando obtida por remoção drástica dos lipídios, resulta num produto de alto teor proteico (41%) e de fibras (49%) (Tab. 11.6). O farelo de soja, principal fonte proteica vegetal, contém em torno de 45% de proteína (Souza et al., 2016; Troni et al., 2016). Essa disponibilidade de proteínas abre diversos horizontes para agregar valor à cadeia produtiva da macaúba.

11.6 COMPOSIÇÃO EM ÁCIDOS GRAXOS DO ÓLEO DE POLPA E AMÊNDOA DA MACAÚBA

O termo lipídio denota um grupo quimicamente heterogêneo de substâncias cuja propriedade comum é serem insolúveis em água, porém solúveis em solventes não aquosos, como clorofórmio, hidrocarbonetos e álcoois (Gurr; Harwood; Frayn, 2002). Os principais constituintes dos lipídios são os óleos e as gorduras, cuja diferença está em seu ponto de fusão: óleos são líquidos à temperatura ambiente enquanto gorduras são sólidas. A composição principal de ambos, perfazendo mais de 95%, é de triacilgliceróis, que são três ácidos graxos ligados ao glicerol por ligação éster (Moretto; Fett, 1998) (Fig. 11.4). Os demais componentes são principalmente hidrocarbonetos, álcoois graxos, tocoferóis, carotenoides e clorofilas. Os ácidos graxos são moléculas hidrocarbonadas não ramificadas, que têm um grupo carboxila

Tab. 11.6 Caracterização da farinha de polpa e farinha da amêndoa de macaúba

Componente (% base seca)	Farinha integral de polpa				Farinha de torta de polpa	Farinha desengordurada de amêndoa
	Não informado[1]	Corumbá (MS)[2]	Campo Grande (MS)[3]	Bodoquena (MS)[4]	Belo Horizonte (MG)[5]	Campo Grande (MS)[6]
Umidade	5,6		13,5	9,9	4,5	8,2
Lipídios	19,7	28	19,3	27,8	27,1	1,3
Proteína	2,4	4,3	3,9	3,5	7,2	41,3
Carboidratos totais			59,7	40,0	41,2	2,7
Açúcares totais					14,4	
Açúcares não redutores					3,7	
Açúcares redutores					10,7	
Amido					27,5	
Fibras totais	19,8			25,2		49,4
Fibras solúveis					6,8	
Fibras insolúveis					13,2	
Minerais totais	1,9		3,7	3,9	4,4	5,2
Componente (base úmida)						
β-caroteno (µg/g)	236,4					
Equivalente retinol (vitamina A)	39,4					
Índice de peróxido					ND	
Acidez titulável (%)					2,7	
Atividade de água	0,49				0,5	

Fonte: [1]Kopper (2009), [2]Galvani e Santos (2010), [3]Hiane, Penteado e Badolato (1990), [4]Kopper *et al.* (2009), [5]Verediano (2012) e [6]Hiane *et al.* (2006b).

terminal. Quando ocorrem apenas ligações simples entre os carbonos da cadeia de um ácido graxo, ele é denominado saturado, como é o caso do ácido palmítico, que contém 16 carbonos. Caso existam ligações duplas, os ácidos graxos são chamados de insaturados, como o ácido oleico, com 18 carbonos e uma dupla ligação (monoinsaturado). As propriedades físico-químicas dos óleos e gorduras são conferidas pela composição em ácido graxo e sua localização nos triacilgliceróis.

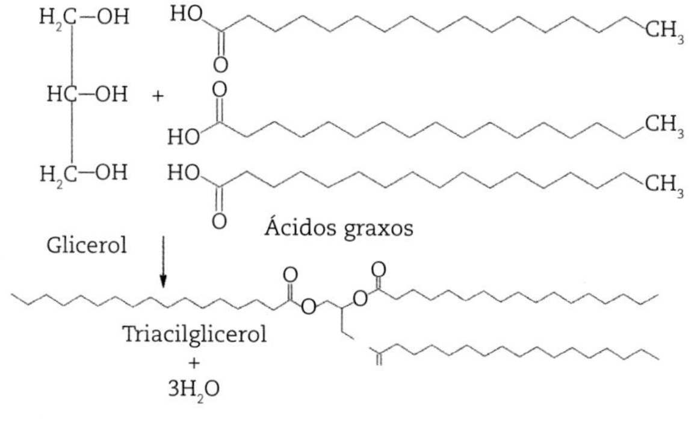

Fig. 11.4 Formação de triacilglicerol a partir de glicerol e ácidos graxos

A composição dos óleos de polpa e amêndoa da macaúba apresenta características bem diferenciadas. O óleo de polpa caracteriza-se pelo elevado grau de insaturação, enquanto o óleo de amêndoa é mais saturado (Tabs. 11.7 e 11.8). Em média, 76% da composição do óleo de polpa são de ácidos graxos insaturados, predominando sobre os monoinsaturados com valor ao torno de 64% (Tab. 11.7). Os ácidos graxos majoritários são o oleico (47% a 74%) e o palmítico (15% a 24%), seguidos de linoleico (1% a 18%) e palmitoleico (1% a 5%). Esse perfil de ácidos graxos se assemelha ao encontrado no azeite de oliva (Brasil, 2012), recomendado para o consumo humano devido justamente à alta disponibilidade de ácidos graxos monoinsaturados, além de compostos fenólicos presentes nessa fonte vegetal (Freeman et al., 2017). O óleo de polpa de macaúba necessita de mais investigação em relação aos seus efeitos na nutrição humana. Um estudo preliminar indicou não apresentar efeito nocivo à saúde humana quanto a potencial carcinogênico ou parâmetros séricos sanguíneos deletérios (Aoqui, 2012).

Além do aspecto positivo para a nutrição, ácidos graxos com elevado teor de monoinsaturados também favorecem maior resistência à degradação por oxidação. Esse requisito tem sido buscado pela indústria para favorecer produtos processados termicamente ou que estejam sujeitos a longos períodos de armazenamento. Normalmente, adicionam-se gorduras saturadas para conseguir tais efeitos. No entanto, o consumo de gorduras saturadas tem sido desencorajado (Freeman et al., 2017), abrindo espaço para óleos ricos em monoinsaturados, como o de polpa de macaúba. O óleo de polpa de macaúba apresenta elevada estabilidade térmica (Ciconini, 2012; Del Río et al., 2016), provavelmente ligada à alta concentração de ácidos graxos monoinsaturados e ao alto grau de ligações cruzadas, devido à elevada concentração em diglicerídeos observada nesse óleo (Del Río et al., 2016).

Ao contrário do óleo de polpa, o óleo de amêndoa da macaúba caracteriza-se pela alta proporção de ácidos graxos saturados, predominantemente os de cadeia média, que compreendem até 12 carbonos (Tab. 11.8). O ácido láurico é o principal (13% a 51%) e há o caprílico e o cáprico. Entre os saturados de cadeia

Tab. 11.7 Composição dos principais ácidos graxos de óleo de polpa de macaúba de diferentes regiões

Ácido graxo (%)	Láurico (C12:0)	Mirístico (14:0)	Palmítico (C16:0)	Palmitoleico (C16:1)	Esteárico (C18:0)	Oleico (C18:1 n-9)	Linoleico (C18:2 n-6)	Linolênico (C18:3 n-3)	Araquídico (C20:0)
Mato Grosso do Sul									
Campo Grande [1]	0,2	0,2	21,9	3,6	2,1	57,5	7,1	1,3	0,2
[2]	2,0	0,4	16,0	1,0	5,9	65,9	5,1	2,5	0,5
Corumbá[1]	0,3	0,2	14,8	1,3	4,2	72,6	1,0	1,0	0,2
Aquidauana[1]	0,1	0,0	22,0	2,9	2,8	56,6	8,3	1,2	0,2
São Gabriel do Oeste[1]	0,1	0,2	24,4	4,6	2,1	47,1	13,0	2,0	0,2
Dourados[3]	1,3	0,6	22,0	2,9	3,6	60,0	3,9	3,9	0,2
Maracaju[4]	0,2	0,3	17,7	2,4	3,2	70,3	2,8	0,9	0,2
São Paulo – São José do Rio Preto, Meridiano e José Bonifácio[5]	0,4	0,4	24,6	4,3	1,1	52,6	13,9	2,3	
Minas Gerais									
Montes Claros [6]			21,5			54,2	16,1		
[7]	0,6	0,3	18,8	3,2	2,1	53,5	16,0		
Esmeraldas e Jaboticatubas[8]			18,7	4,0	2,0	53,4	17,7	1,5	
Lavras[6]			17,9			60,1	11,9		
Alto Parnaíba[6]			11,1			70,0	13,9		
Mirabela[9]	0,2	0,6	23,4	5,2	4,2	54,8	10,3		0,2
Distrito Federal[6]			19,4			59,5	14,1		
Goiás – Formosa[6]			13,3			66,1	13,8		
Tocantins – Combinado[6]			19,1			60,6	13,6		
Pernambuco – Recife[10]			14,8			74,1	11,8		
Ácidos graxos saturados (média)						23,1			
Ácidos graxos monoinsaturados (média)						63,7			
Ácidos graxos poli-insaturados (média)						12,6			

Fonte: [1]Ciconini (2012), [2]Hiane, Ramos e Macedo (2005), [3]Nunes (2013), [4]Lescano et al. (2015), [5]Coimbra e Jorge (2012), [6]Da Conceição et al. (2015), [7]Silva et al. (2016), [8]CETEC (1983), [9]Del Río et al. (2016) e [10]Silva et al. (2015).

longa, estão o mirístico (9% a 13%), o palmítico (7% a 13%) e o esteárico (2% a 7%). Entre os insaturados, destaca-se o ácido oleico (18% a 40%). O teor de ácidos graxos poli-insaturados é bastante reduzido, não ultrapassando 4,5% do total.

Apesar do alto conteúdo de ácidos graxos saturados, a presença abundante de ácidos graxos de cadeia média se aproxima mais da composição do óleo de

Tab. 11.8 Composição dos principais ácidos graxos de óleo de amêndoa de macaúba de diferentes regiões

Ácido graxo (%)	Caprílico (C8:0)	Cáprico (C10:0)	Láurico (C12:0)	Mirístico (14:0)	Palmítico (C16:0)	Palmitoleico (C16:1)	Esteárico (C18:0)	Oleico (C18:1 n-9)	Linoleico (C18:2 n-6)	Linolênico (C18:3 n-3)	Araquídico (C20:0)
Mato Grosso do Sul											
Campo Grande[1]	6,0	1,8	13,0	9,5	12,6	2,3	6,6	40,2	5,9	1,9	0,3
Maracaju[2]	5,0	5,0	39,0	8,8	7,2	0,1	3,0	29,1	3,4	0,04	0,2
São Paulo											
São José do Rio Preto, Meridiano e José Bonifácio[3]	3,7	2,8	32,6	9,2	8,3		2,2	36,3	3,8		
Minas Gerais											
Mirabela[4]	1,0	3,9	32,0	12,1	11,1	0,3	6,6	27,7	2,9		0,3
Montes Claros[5]	5,3	3,7	41,9	10,2	9,4		3,3	21,3	3,4		
Venezuela											
La Aduana (Estado Portuguesa)[6]	5,8	3,7	45,0	12,8	7,8		3,1	18,7	3,1		
El Chaparro, Mac Gregor, Estado Anzoátegui[7]		5,0	50,9	13,1	7,6		3,0	17,9	2,5		
Pernambuco											
Recife[8]		5,0	45,4	12,6	9,5		4,3	23,1			
Ácidos graxos saturados (média)								59,3			
Ácidos graxos monoinsaturados (média)								27,7			
Ácidos graxos poli-insaturados (média)								4,5			

Fonte: [1]Hiane, Ramos e Macedo (2005), [2]Lescano et al. (2015), [3]Coimbra e Jorge (2012), [4]Del Río et al. (2016), [5]Silva et al. (2016)/extração com solvente, [6]Hernández et al. (2007), [7]Belén-Camacho et al. (2005) e [8]Silva et al. (2015).

coco (52% láurico, 9% caprílico, 10% cáprico) (Sheela et al., 2016) do que do óleo de palma (*palm oil*), que contém de 42% a 47% de ácido palmítico, de 37% a 41% de oleico e não ultrapassa 1% de láurico (Basiron, 2005). A ingestão de ácidos graxos de cadeia média tem sido relacionada a diversos efeitos benéficos ao metabolismo humano, como hipolipidêmico (Sheela et al., 2016), anti-inflamatório (Li et al., 2016), estimulador da saúde cerebral (Nonaka et al., 2016), entre outros. A principal fonte comercial atualmente é o óleo de coco. Assim, estudos devem ser realizados para verificar se esses efeitos também podem ser obtidos com o óleo de amêndoa de macaúba ou com suas frações.

O perfil saturado do óleo de amêndoa atende a uma enorme demanda de mercado de produtos que necessitam de ingredientes funcionais para conferir atributos sensoriais (maciez, crocância, sabor etc.) e com alta resistência à oxidação, por exemplo, como meio de fritura, além das aplicações em cosméticos e domissaniantes.

Para agregar valor à cadeia, tanto o óleo de polpa como o de amêndoa podem ser fracionados em condições de temperatura controlada e fornecer frações com distintas aplicações industriais. Esse é um processo usual no óleo de palma, que produz as frações estearina (altamente saturada) e oleína (altamente insaturada) (Basiron, 2005).

11.7 Parâmetros de identidade e qualidade dos óleos de polpa e amêndoa da macaúba

Os óleos de macaúba reúnem características muito desejáveis para o uso industrial, como alimento, biocombustível ou produto base para a indústria oleoquímica. No entanto, até o momento não foram estabelecidos para macaúba padrões de identidade e qualidade para os óleos de polpa e amêndoa, como existem para grãos, palma e oliva (Brasil, 2012; Anvisa, 2005). A comercialização em larga escala dos óleos necessitará que esses padrões sejam regulamentados. Como referência de qualidade, pode-se tomar os azeites de palma e oliva, ambos de polpa de frutos.

Dado que também não há padronização na forma de obtenção dos frutos e nem em seu processamento, indicadores de qualidade e identificação dos óleos de macaúba apresentam ampla variação (Tab. 11.9). É provável que a diversidade entre locais de coleta, estado de conservação do fruto na coleta, pré-tratamento de amostras (por exemplo, secagem a variadas condições) e formas de extração dos óleos (solventes ou mecânica) seja o principal fator para essa heterogeneidade de características. O estado de sanidade dos frutos no momento da coleta parece ser o fator mais determinante para o desenvolvimento da acidez no óleo de polpa. A acidez nos óleos surge pelo rompimento das ligações éster entre o glicerol e os ácidos graxos na presença de água, que são então liberados para o meio. A regulamentação para óleos brutos estabelece até 2% de acidez em ácido oleico (equivalente a 4 mg KOH/g) para óleos prensados a frio e não refinados e máximo de 5% para óleo de palma virgem (Anvisa, 2005).

No óleo de polpa de macaúba foram reportados valores de ácidos graxos livres próximos de 0% até quase 56%. No entanto, frutos colhidos no cacho e analisados imediatamente apresentaram valores de acidez mais baixos. Por exemplo, entre 40 plantas avaliadas com frutos colhidos no cacho e imediatamente analisados, a acidez não ultrapassou 0,7% (Ciconini, 2012). Em frutos colhidos diretamente do cacho, a secagem rápida com ar forçado (80 °C/7 h) resultou em baixa acidez, atingindo de 1,1% em ácido oleico no óleo de polpa (Nunes et al., 2015). A acidez tende a aumentar ao longo do armazenamento sob condições ambientes. Trabalhos de pós-colheita têm demonstrado que, em períodos de até 15 dias, a acidez fica dentro dos limites regulamentados no caso de frutos que são colhidos diretamente do cacho (Cardoso et al., 2016; Evaristo et al., 2016b; Tilahun, 2015). De maneira geral, como há menos água disponível, a amêndoa é mais estável ao desenvolvimento da acidez no óleo, não atingindo valores mais altos que 2%.

Além da acidez, outra reação importante na degradação dos óleos vegetais é a oxidação, que envolve reações em ácidos graxos insaturados e leva à chamada rancidez (Osawa; Gonçalves; Ragazzi, 2006). Portanto, quanto maior o número de insaturações na cadeia carbônica dos ácidos graxos, maior é a incidência dessa reação. Fatores externos, como temperatura, presença de oxigênio, metais e luz, concorrem para o favorecimento da oxidação. Há vários índices que medem o nível de oxidação em óleos vegetais. O índice de peróxidos é um dos mais comuns e indica os estágios iniciais da degradação oxidativa. Para óleos prensados a frio e não refinados, o limite máximo é de 15 meq/kg (Anvisa, 2005).

De maneira complementar, a absortividade molar medida a 232 nm (K232) indica a formação de compostos primários de degradação, também identificados no índice de peróxidos. Já a absortividade molar a 270 nm (K270) registra estágios mais avançados da degradação. As absortividades molares em óleos não degradados também são parâmetros de identidade dos óleos e servem para distinguir diferentes fontes vegetais. Ciconini (2012), estudando a diversidade de características em óleos de polpa de macaúba no Pantanal e Cerrado sul-matogrossenses, não encontrou a presença de peróxidos nas 40 plantas avaliadas e registrou variação entre 1,29 e 3,89 para K232 e 0,16 e 1,60 para K270. Esse largo intervalo denota a necessidade de ampla investigação para estabelecer uma faixa de variação adequada para o óleo de polpa de macaúba.

Industrialmente, o índice de iodo é bastante utilizado porque é uma medida do grau de insaturação dos óleos e remete às propriedades físicas e às possíveis aplicações de um dado óleo. O óleo de polpa, que contém em torno de 77% de ácidos graxos insaturados (Tab. 11.7), apresenta índice de iodo médio acima de 70 g I2/100 g. No óleo de amêndoa, o índice de iodo é mais baixo, em torno de 40 g I2/100 g, em função da predominância de ácidos graxos saturados, 59% do total (Tab. 11.8).

O índice de refração é uma propriedade física dos óleos e gorduras que aumenta com o comprimento da cadeia dos ácidos graxos e com o grau de insaturação (IAL, 2008) e também pode estar relacionado com a oxidação. A variabilidade observada para os óleos de macaúba (Tab. 11.9) está relacionada com as diferentes proporções de ácidos graxos reportadas, tanto no óleo de polpa quanto na amêndoa (Tabs. 11.7 e 11.8, respectivamente).

O índice de saponificação também está relacionado ao tamanho da cadeia carbônica dos ácidos graxos. A relação é inversa: quanto menor o peso molecular do ácido graxo, maior é o índice de saponificação (IAL, 2008; Moretto; Fett, 1998). O óleo de polpa contém mais ácidos graxos de cadeia longa do que o óleo de amêndoa, no qual há maior proporção de ácidos graxos de cadeia média (Tab. 11.7). Assim, o índice de saponificação do óleo de polpa é menor (~190 mg kOH/g) do que o de amêndoa (~209 mg kOH/g) (Tab. 11.8).

Matéria insaponificável em óleos vegetais indica a presença de outras substâncias que não sejam os triacilgliceróis e os ácidos graxos, como esteróis, tocoferóis, hidrocarbonetos, álcoois e produtos de degradação (IAL, 2008). No processo de refino, essas substâncias devem ser removidas para assegurar a manutenção da qualidade do produto final até o consumo. De modo geral, óleo de polpa contém maior quantidade de matéria insaponificável do que o óleo de amêndoa (Tab. 11.9).

Os fosfolipídios, que originam as gomas no processo de refino, perfazem 1,4% da composição do óleo de polpa (Tab. 11.9). Essa quantidade é inferior à do óleo de soja, que contém em torno de 3,7% (Hammond et al., 2005). As gomas originadas do processamento do óleo de soja são amplamente utilizadas, sobretudo com o isolamento das lecitinas, que são empregadas como agentes emulsificantes. Ainda não há informações sobre os fosfolipídios na amêndoa da macaúba. São necessários mais estudos para detalhar a composição em fosfolipídios para otimizar o refino e o aproveitamento desse coproduto.

Uma das características mais marcantes do óleo de polpa de macaúba é sua cor amarelo-alaranjada, conferida pelos pigmentos carotenoides. Teores de 103 µg a 568 µg carotenoides/g foram registrados no óleo de polpa. O óleo de palma bruto contém cerca de 500 µg/g a 700 µg/g de carotenoides (Benadé, 2003), sendo que 57% desse valor é β-caroteno e 35% é α-caroteno (Yap et al., 1991). O teor de carotenoides no óleo de polpa de macaúba pode alcançar valores próximos a esse patamar, com o diferencial que 80% dos carotenoides são constituídos pelo isômero β, que é convertido integralmente à vitamina A. Dessa forma, sugere-se que o óleo de polpa de macaúba bruto poderia ser uma excelente fonte para fortificação de alimentos visando a mitigação da deficiência de vitamina A, com os consequentes benefícios para a visão e a pele associados à atividade biológica dessa vitamina.

Há um mercado crescente por óleo de palma que mantenha a pigmentação original, devido ao maior valor nutricional e funcional dos componentes que imprimem essa cor, apesar da preferência ainda predominante do consumidor por óleos com coloração clara (Cassiday, 2017). A remoção dos pigmentos e substâncias que causam odor desagradável nos óleos vegetais se dá no processo de refino. Além de atender à demanda do mercado, o refino prolonga a vida de prateleira dos óleos, pois são retirados também compostos pró-oxidantes. No entanto, é possível realizar um refino parcial, mantendo os pigmentos e eliminando as demais substâncias indesejáveis (Nagendran et al., 2000). Nesse processo é obtido o chamado "óleo vermelho de palma". Esse pode ser um importante nicho de mercado também para o óleo de polpa de macaúba.

Os óleos brutos da macaúba contêm teores similares de tocoferóis, 21 mg/100 g e 23 mg/100 g na polpa e na amêndoa, respectivamente, sendo cerca de 65% na forma de α-tocoferol (Tab. 11.8). Todavia, há apenas uma referência indicando o teor de tocoferóis nos óleos de macaúba; portanto, comparações com outras fontes podem ser precipitadas. Apenas a título de ilustração, pode-se citar os conteúdos de 44 mg/100 g em óleo de palma e 97 mg/100 g em óleo de soja (Kamal-Eldin; Andersson, 1997); 0,32 mg/100 g em coco, 26 mg/100 g oliva virgem extra e 63 mg/100 g em girassol (Schwartz et al., 2008).

Os compostos fenólicos também foram identificados nos óleos de macaúba (Oliveira et al., 2017). Essas substâncias estão relacionadas à estabilidade oxidativa e a atividades biológicas de importância para a saúde humana, como já demonstrado para o óleo de oliva (Hohmann et al., 2015). Nos óleos de macaúba, essas alegações ainda estão por ser investigadas. Esteróis também foram identificados e quantificados tanto no óleo de polpa quanto no de amêndoa, sendo mais abundantes no óleo de polpa (Del Río et al., 2016) (Tab. 11.9).

A estabilidade oxidativa de óleos é definida como o tempo em horas (período de indução, PI) necessário para atingir o nível de rancidez detectável na presença de ar atmosférico a 110 °C (AOCS, 1997). O PI está estreitamente relacionado com a composição em ácidos graxos, pois, quanto mais saturado, maior será o PI. A resistência à oxidação também é afetada pela presença de substâncias antioxidantes, como carotenoides e tocoferóis (Nunes, 2013). Esse é um parâmetro de grande importância industrial, pois o que se deseja são óleos com alta estabilidade oxidativa para serem transformados em biocombustíveis, incorporados como insumos alimentares ou como meio de transferência de calor, entre outras aplicações.

O óleo de polpa apresenta boa estabilidade oxidativa quando não degradado (Tab. 11.9), atingindo 65 h para óleo com acidez inferior a 0,5% (Oliveira et al., 2017). Possivelmente, essa estabilidade oxidativa é conferida pelo alto teor de ácidos graxos monoinsaturados e pela presença de substâncias com atividade antioxidante, como os carotenoides e tocoferóis (Oliveira et al., 2017; Nunes et al., 2015; Chaiyasit et al., 2007). O óleo de amêndoa, rico em ácidos graxos saturados, mas ausente de carotenoides, parece ser menos estável do que o óleo de polpa (Oliveira et al., 2017). Del Río et al. (2016) também atribuem a composição dos glicerídeos com maior predominância de diglicerídeos no óleo de polpa como explicação para sua alta estabilidade térmica, em oposição à predominância de triglicerídeos no óleo de amêndoa. Os diglicerídeos permitem maior número de ligações ramificadas que conferem maior estabilidade. Esse dado, no entanto, precisa ser confirmado, pois a maior proporção de diacilgliceróis pode ser uma consequência da hidrólise do triacilglicerol, que leva ao aumento da acidez, e

Tab. 11.9 Parâmetros de identidade e qualidade e compostos minoritários de óleo bruto de polpa e amêndoa de macaúba

Parâmetros	Óleo de polpa	Óleo de amêndoa
Índice de acidez (% ácido oleico)	9,43[1]; 0,44[2]; 1,1[4]; 5,63[5]; 5,28[6]; 56,28[7]; 0,09 a 0,65[8]; 1,72 a 22,3[9]; 2,10[10]; 0,83[11]; 0,3 a 1,0[12]; 1,15[13]	0,45[1]; 0,03[2]; 0,65 e 0,35[3]; 0,94[5]; 2,14[10]; 0,21[11]; 0,2 a 0,7[12]
Índice de peróxido (meqO_2/kg)	0,56[1]; 4,6[4]; 5 a 12,4[9]; 4,9[10]; 2,1[11]; 8[12]	0,18[1]; 4,82[10]; 0,0[11]; 9,4[12]
Absortividade molar a 232 (K_{232})	2,04[4]; 1,29 a 3,89[8]	
Absortividade molar a 270 (K_{270})	0,56[4]; 0,16 a 1,60[8]	
Índice de iodo (g I_2/100 g)	80[2]; 37,5 a 83,6[8]; 74,9[10]; 75,4[11]; 84[12]; 75[15]	39[1]; 43 e 30[3]; 32,7[10]; 54,1[11]; 36[15]
Índice de refração 40 °C 20 °C	1,4556[1]; 1,45[2]; 1,4609[11] 1,466[4]	1,4483[1]; 1,45[2]; 1,4539[11]
Umidade (g/100 g)	0,1[4]; 0,1[6]; 0,5[15]	0,1 e 0,09[3]; 0,5[15]
Índice de saponificação (mg kOH/g)	181[1]; 191[4]; 197[10]; 192[12]	201[1]; 209 e 194[3]; 233[10]
Matéria insaponificável (g/100 g)	0,9[1]; 0,8[4]; 0,9[10]; 0,4[12]	0,1[1]; 0,5[10]; 0,4[12]
Fosfolipídios (g/100 g)	1,54[4]	
Carotenoides totais (µg/g)	378[4]; 103,4 a 567,6[8]; 334[13]; 490[15]	
Tocoferóis totais (mg/100 g)	21,3[1]	23,10[1]
α-tocoferol	14,4[1]	14,35[1]
Polifenóis totais (mg ácido gálico/100 g)	3,9[15]	0,70[15]
Flavonoides (µg/g)	14[13]	
Esteróis[5]	1,50	0,21
Campesterol	0,09	0,04
Estigmasterol	0,05	Tr
Sitosterol	0,24	0,11
Cicloartenol	1,12	0,06
Estabilidade oxidativa (h)	11,32[1]; 0,07[7]; 19[14]; 65[15]	30,39[1]; 43[15]
Viscosidade (mPas)	29,00[2]; 5,22[15]	27,9[2]; 12,1[15]
Densidade (g/cm³)	0,91[2]; 0,92[7]; 0,93[12]	0,91[2]; 0,92[12]

Fonte: [1]Coimbra e Jorge (2011a), [2]Lescano et al. (2015), [3]Machado et al. (2015), [4]Nunes et al. (2015), [5]Del Río et al. (2016), [6]Aguieiras et al. (2014), [7]Iha et al. (2014), [8]Ciconini (2012), [9]Tilahun (2015), [10]Ferrari e Azevedo-Filho (2012), [11]Hiane, Ramos e Macedo (2005), [12]CETEC (1983), [13]Trentini et al. (2016), [14]Nunes (2013) e [15]Oliveira et al. (2017).

não uma característica intrínseca do óleo de polpa de macaúba. No trabalho de Del Río et al. (2016), o óleo de polpa apresentava acidez de 5,6%. Comparativamente, o óleo de soja, que contém em torno de 68,5% a 97% de ácidos graxos insaturados, apresenta PI de 2,2 h a 4,5 h (Delfanian; Kenari; Sahari, 2015; Tan et al., 2002; MAPA, 2006). No óleo de coco, com 9% de ácidos graxos insaturados (Arunaksharan et al., 2016), o PI é de 11,3 h (Tan et al., 2002).

11.8 Composição das cascas e do endocarpo do fruto da macaúba

As composições do endocarpo e da casca do fruto da macaúba são apresentadas nas Tabs. 11.10 e 11.11, respectivamente. Esses coprodutos caracterizam-se pelo alto teor de fibras e lignina, com consequente poder calorífico elevado.

Tab. 11.10 Caracterização do endocarpo de macaúba

Localidade	Minas Gerais			Distrito Federal	
	Esmeraldas e Jaboticatubas[1]	Prudente de Morais[2]	Florestal[3]	Brasília[4]	Não informada[5]
Componente (% base seca)					
Umidade				9,3	
Proteínas	2,0				
Minerais totais	1,1	2,0		1,5	1,0
Lignina	34,0				36,6
Celulose				48,9	
Fibra bruta	42,5				
Digestibilidade (%)					
Materiais voláteis		76,37		66,7	
Carbono fixo		21,33		22,5	
Densidade a granel (kg/m³)		498		580	
Densidade aparente (g/cm³)			1,3		
Poder calorífico superior (kcal/kg)		5.011	5.152,7	5.807,8	
Densidade energética (GJ/m³)		10,45			
Análise elementar (%)					
Carbono				49,4	
Hidrogênio				6,27	
Oxigênio				42,15	

Fonte: [1]CETEC (1983), [2]Evaristo et al. (2016c), [3]Vilas Boas et al. (2010), [4]Lisboa (2016) e [5]Silva, Barrichelo e Brito (1986).

Tab. 11.11 Caracterização da casca de macaúba

Localidade	Minas Gerais						Ceará	Mato Grosso do Sul
	Esmeraldas e Jaboticatubas[1]	Norte de Minas Gerais[2]	Belo Horizonte[2]	Mirabela[3]	Viçosa[4]	Prudente de Morais[5]	Região do Cariri[2]	Não informada[6]
Componente (% base seca)								
Umidade		41,4	44,0	39,5	12		45,7	7,8
Lipídios	5 a 10	8,4	7,0		2,7		6,4	9,7
Proteínas					3,0			3,3
Minerais totais	2,8					5,7		5,0
FDN					66,3			67,8
FDA					42,3			47,0
Lignina	29,5			27,5	33,5			7,3
Celulose								38,4
Fibra bruta	55,8							45,1
Digestibilidade (%)								35,3
Materiais voláteis						78,2		
Carbono fixo						16,1		
Densidade a granel (kg/m³)						177		
Poder calorífico superior (kcal/kg)						4.989		
Densidade energética (GJ/m³)						3,64		

Fonte: [1]CETEC (1983), [2]Farias (2010), [3]Evaristo et al. (2016a), [4]Sobreira (2011), [5]Evaristo et al. (2016c) e [6]Revello (2014).

11.9 Processamento de frutos para farinha e polpa congelada

A macaúba é incorporada nos mais diversos usos culinários, seja como polpa, amêndoa ou tortas residuais da extração dos óleos. O uso da macaúba como alimento direto é bastante difundido entre algumas comunidades tradicionais, e ela possui importantes produtos regionais, sobretudo na região do Pantanal brasileiro, onde é conhecida como bocaiuva. Nessa região, são produzidas principalmente farinha e polpa com grande consumo regional (Fig. 11.5). A escala de produção é predominantemente artesanal.

Farinha e polpa podem substituir parcialmente outros ingredientes tradicionais, por exemplo a farinha de trigo para bolos e pães, ou serem adicionadas em iguarias como a tradicional tapioca nordestina. Em sorvetes e musses, constituem o ingrediente principal. As amêndoas apresentam propriedades similares ao coco, podendo substituí-lo em qualquer preparação (Fig. 11.6).

11 COMPOSIÇÃO DO FRUTO DA MACAÚBA, RENDIMENTOS INDUSTRIAIS E PROCESSAMENTOS

Fig. 11.5 Polpa e farinha de macauba (bocaiuva)

Fig. 11.6 Produtos alimentícios com macaúba: (A) bolo com farinha de macaúba; (B) musse com farinha de macaúba; (C) *cookie* com farinha desengordurada de amêndoa; (D) *milkshake* com polpa congelada de macaúba; (E) tapioca com farinha desengordurada de amêndoa; (F) tapioca com farinha de macaúba
Fonte: Vivian Chies e Simone Palma Favaro.

Farinhas desengorduradas tanto da polpa quanto da amêndoa também podem ser incorporadas em alimentos, contribuindo para o aporte de fibras e proteínas, respectivamente.

11.9.1 Processamento de frutos de macaúba para produção de polpa

Para produção de farinhas e polpas visando consumo humano, é necessário atentar para aspectos sensoriais (cor, sabor, textura, aroma) e de segurança alimentar, sobretudo a parte microbiológica do produto final. As boas práticas de fabricação (BPF) devem ser adotadas tanto para produtos artesanais quanto em nível industrial. Os frutos processados devem preferencialmente ser colhidos do cacho ou capturados por um sistema coletor após a queda, de maneira a não entrar em contato com o solo, que favorece a contaminação microbiana. O fluxograma para produção de farinhas e polpas está ilustrado na Fig. 11.7. Após a recepção e seleção dos frutos na planta industrial, deve-se realizar a etapa de sanitização, geralmente efetuada com solução clorada (200 ppm de cloro ativo/20 min), seguida de enxágue em água potável. A partir desse ponto, os frutos estarão prontos para serem processados para farinha ou polpa congelada.

A secagem deve ser aplicada para a obtenção da farinha. Os frutos podem ser secos inteiros ou pode-se fazer a despolpa do fruto úmido e secar somente a polpa. Em escala industrial, a escolha de uma via ou outra depende basicamente da disponibilidade de despolpadeira capaz de separar a casca da polpa em frutos úmidos. A presença de casca é indesejável tanto para farinha como para polpa, pois confere textura arenosa, e a secagem somente da polpa é mais rápida e consome menos energia. Existem no mercado várias despolpadeiras para frutos secos que separam a casca da polpa, porém para frutos úmidos há apenas um modelo (Santos, 2009) e sua eficiência depende da umidade do fruto e da aderência da casca à polpa. Há genótipos em que a casca está fortemente aderida à polpa úmida, casos nos quais ocorre embuchamento, ou resíduos da casca ficam na polpa. O desenvolvimento de equipamentos mais eficientes superará esse desafio momentâneo. As condições de secagem devem ser estabelecidas para obter farinha com atributos sensoriais característicos, preferencialmente de coloração amarelo-alaranjada intensa, sabor típico com ausência de sabor ranço e uniformidade de granulometria. A estabilidade da farinha ao longo do armazenamento será conferida pela umidade e atividade de água e pelo tipo de embalagem. Como a farinha contém alto teor de óleo, recomenda-se utilizar embalagens não permeáveis ao oxigênio e à passagem da luz para reduzir a deterioração por oxidação lipídica.

O processo para produção de polpas deve seguir as diretrizes do Ministério da Agricultura e Pecuária (Brasil, 2000), que definem polpa de fruta como "produto não fermentado, não concentrado, não diluído, obtido de frutos polposos, através de processo tecnológico adequado, com um teor mínimo de sólidos totais, proveniente da parte comestível do fruto". O teor mínimo de sólidos totais é para cada polpa de fruta específica. Portanto, deverão ser regulamentados os padrões de identidade e qualidade para a polpa de macaúba para que se possa comercializar esse produto em larga escala. Em plantas industriais, a polpa para congelamento depende necessariamente de uma despolpadeira capaz de fazer a separação das cascas. A adição ou não de água irá depender dos padrões de identidade e qualidade estabelecidos. O congelamento deve ser feito imediatamente após a despolpa e a temperatura pode variar em função dos

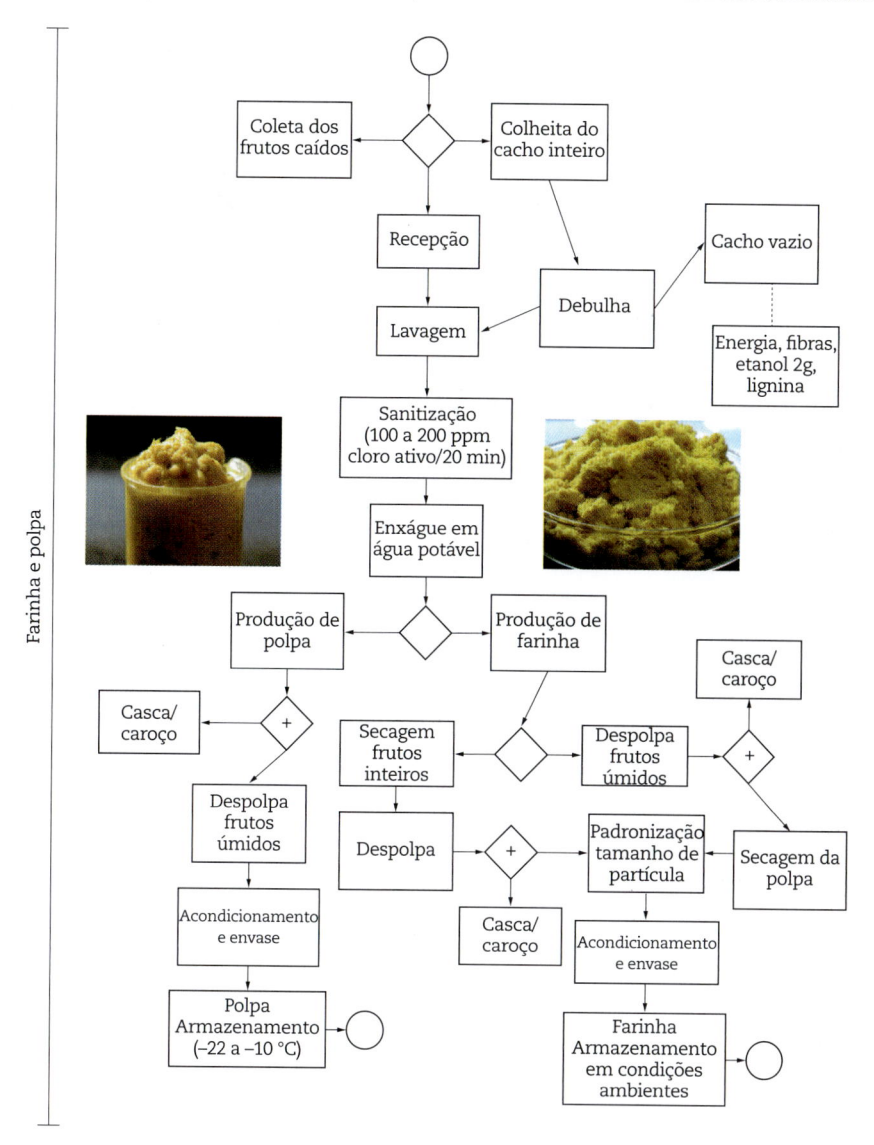

Fig. 11.7 Fluxograma de processamento de frutos de macaúba para produção de farinha e polpa congelada

equipamentos disponíveis. Quanto mais baixa a temperatura, maior será a vida de prateleira. Devem-se evitar variações de temperatura durante o armazenamento, o transporte e a comercialização.

11.10 Processamento de frutos para obtenção de óleos

Tradicionalmente, o óleo de polpa e o de amêndoa são extraídos do fruto seco da macaúba. A adesividade que a polpa fresca apresenta tem sido um obstáculo para o processamento de frutos úmidos, enquanto os frutos com baixa umidade são facilmente despolpados e prensados. Também a quebra e a separação do endocarpo são facilitadas com a amêndoa seca.

A maneira usualmente praticada para a obtenção de frutos é sua recolha do chão após a queda natural. Esses frutos sem nenhum tratamento são mantidos sob condições ambientes para reduzir a umidade (Fig. 11.8). A polpa seca e a amêndoa são prensadas separadamente em prensas do tipo *expeller*, resultando nos óleos e tortas. Esse procedimento gera produtos de baixa qualidade, óleos com elevada acidez e oxidados e tortas potencialmente contaminadas por micotoxinas, devido à multiplicação de bolores. A contaminação por micotoxinas pode ser um impeditivo para o uso das tortas na alimentação humana ou animal. O refino dos óleos, sobretudo o óleo de polpa, é inviabilizado nesse sistema, pois a acidez atinge níveis impeditivos que o tornam econômica e tecnologicamente inviável.

Para a cadeia de valor da macaúba se estabelecer de forma definitiva e competitiva, é imprescindível que o processamento industrial parta de frutos de boa qualidade e as operações industriais resultem em produtos com a máxima qualidade preservada. O estado atual de processamento da macaúba requer a adoção de boas práticas e o desenvolvimento de processos e equipamentos específicos.

Fig. 11.8 Armazenamento inadequado de frutos de macaúba

11.10.1 Processamento para extração de óleo de polpa – método tradicional

A colheita do cacho inteiro reduz o problema da contaminação microbiana. No entanto, para não haver perdas na quantidade de óleo acumulada no fruto, é preciso avançar na definição de critérios para estabelecer épocas de colheita. Uma vantagem adicional desse sistema é disponibilizar o cacho vazio na indústria como mais uma biomassa produzida pela macaúba. No caso da palma, toda a logística de colheita e processamento baseia-se na retirada do cacho inteiro, que é conduzido até a planta industrial. Outra possibilidade é instalar sistemas coletores para aparar e armazenar de forma temporária os frutos que se desprendem naturalmente da planta. Avaliações iniciais indicam que os frutos podem permanecer por até dez dias nesses sistemas sem comprometimento significativo da qualidade do óleo de polpa (Souza, 2013). A Fig. 11.9 apresenta os possíveis caminhos de processamento para a extração do óleo de polpa via seca, ou seja, a polpa deve estar com umidade bastante reduzida para a retirada do óleo.

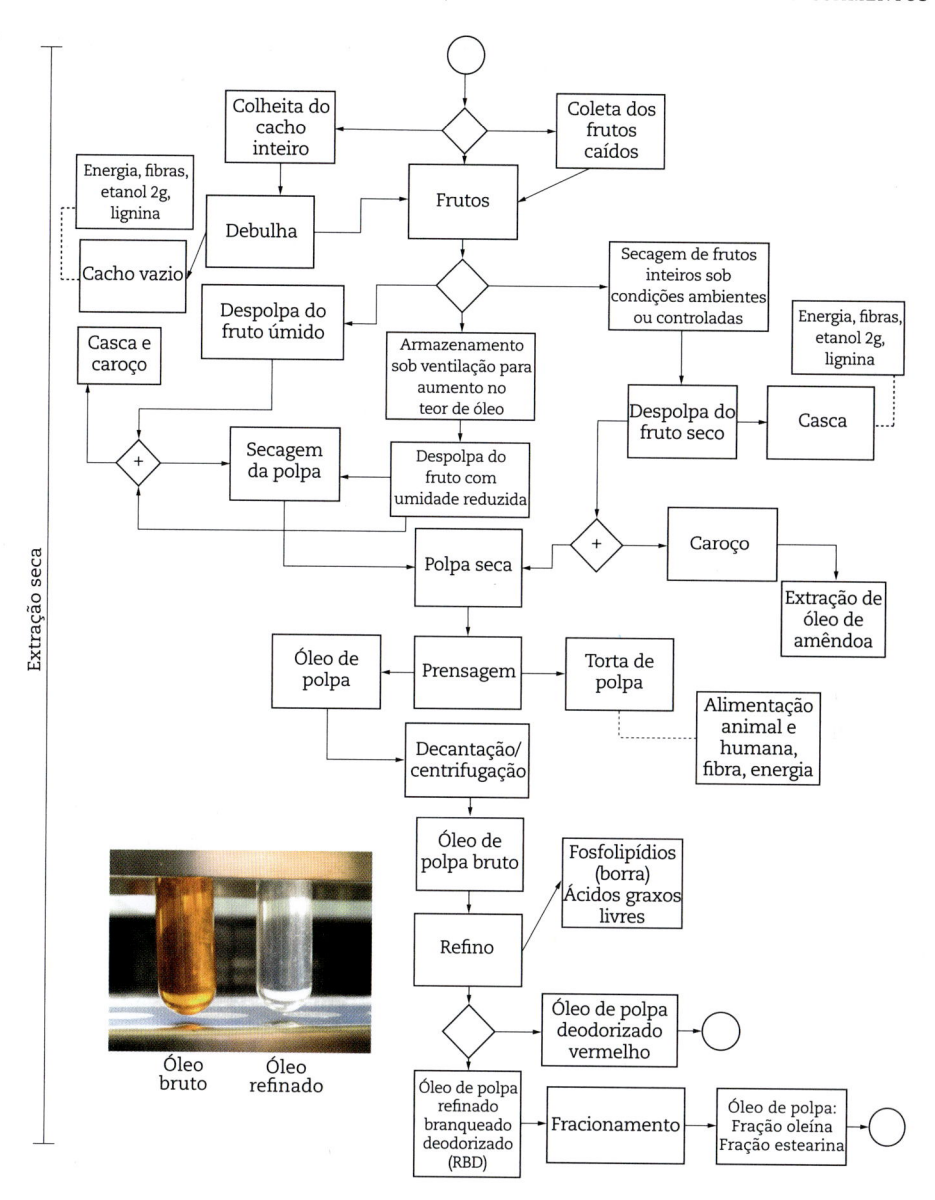

Fig. 11.9 Processamento de frutos de macaúba por via seca

Após a colheita dos frutos, sobretudo daqueles oriundos da retirada do cacho inteiro, há outra possibilidade de uma etapa de pré-processamento. O fruto da macaúba apresenta metabolismo climatérico e continua a aumentar o teor de óleo após a colheita/abscisão (Cardoso et al., 2016; Tilahun, 2015; Goulart, 2014; Souza, 2013). Esse aumento é bastante expressivo, podendo chegar em 30% sobre o conteúdo inicial. Dessa forma, manter o fruto em condições controladas por um determinado período poderia trazer um ganho quantitativo em óleo. O intervalo desse período de "residência" deve compatibilizar o aumento no teor de óleo e as mudanças em sua qualidade. Resultados de pesquisa têm apontado que um intervalo de 15 a 20 dias permitiria atingir esses dois objetivos.

A escolha de um ou outro sistema depende de estudos de logística e da definição de custos. A questão fundamental é fornecer frutos que tenham alta qualidade para iniciar o processamento, assegurando que serão produzidos óleos e coprodutos competitivos com outras fontes oleaginosas.

A secagem controlada pode ser feita secando-se os frutos inteiros ou diretamente a polpa já separada do fruto. A secagem da polpa depende, como no caso da produção de polpa congelada, da disponibilidade de equipamento eficiente na despolpa dos frutos úmidos. Para a extração de óleos, a casca poderia estar misturada à polpa, contudo, isso eliminaria a possibilidade do uso da casca como coproduto isolado.

A polpa seca é prensada em prensas do tipo "rosca sem-fim" (*expeller*) para a extração do óleo. O óleo assim retirado contém partículas sólidas e diversas impurezas que comprometem a aparência e a estabilidade dos óleos. A primeira etapa é a clarificação que pode ser feita por decantação ou, de maneira mais acelerada, por centrifugação. Após esse processo, tem-se o óleo bruto de polpa de macaúba. Nas cadeias oleaginosas tradicionais, os óleos brutos são tratados por diversas etapas denominadas em seu conjunto de refino, para retirada de compostos que comprometem a aparência e a estabilidade do óleo. Sequencialmente, essas etapas são: degomagem, neutralização, branqueamento e desodorização. A preferência da grande parte do mercado consumidor é por óleos não pigmentados. Assim, na etapa de branqueamento, os pigmentos naturais como carotenoides e clorofila são removidos. Partindo-se de frutos colhidos no cacho, secos imediatamente a 80 °C/9 h e refinados por processo químico em escala de bancada, foi possível obter óleo de polpa de macaúba dentro das especificações para óleo comestível (Nunes *et al.*, 2015) e, portanto, também para biodiesel. O óleo refinado deve atender a padrões de qualidade e identidade especificados para cada espécie.

A composição do óleo de polpa de macaúba, como acontece com o óleo de palma, permite uma separação em uma fração com alto conteúdo em ácidos graxos saturados (fração estearina) e outra elevada em ácidos graxos insaturados (fração oleína). A separação é feita resfriando-se o óleo até que se atinjam temperaturas que promovam a solidificação (cristalização) da fração mais saturada (O'Brien, 2004). A fração líquida, chamada de oleína, é separada por filtro-prensa. Dessa maneira, tem-se dois produtos com propriedades físico-químicas distintas a serem ofertados no mercado. Além desse procedimento físico para obter produtos com diferentes funcionalidades, os óleos podem passar por diversos outros processos para alterar suas características termodinâmicas e se adequar a demandas específicas. Entre as reações mais usuais estão a hidrogenação, a interesterificação e a hidrólise.

Como resultado da extração do óleo de polpa, tem-se casca e torta de polpa como coprodutos. Essas biomassas, por suas características químicas (Tabs. 11.11 e 11.6, respectivamente), encontram aplicações para alimentação humana e animal, para energia e outras, que podem ser desenvolvidas pela química de renováveis.

11.10.2 Processamento para extração de óleo de polpa – rota úmida

Considerando as dificuldades apresentadas pelo método tradicional utilizando pré-secagem dos frutos da macaúba, sugere-se a possibilidade de outra abordagem para a extração do óleo de polpa: por rota úmida (aquosa) (Fig. 11.10). Nesse sistema, a separação da fração oleosa se dá por meios mecânicos, sem a necessidade de redução prévia da umidade ou uso de solventes. Essa técnica é aplicada regularmente na indústria de azeite de oliva (Boskou, 2006; Clodoveo et al., 2014) e óleo de palma (Baryeh, 2001). Também tem sido investigada para grãos oleaginosos, devido ao apelo da sustentabilidade ambiental e econômica e da melhor qualidade dos óleos (Campbell et al., 2016; Ribeiro et al., 2016). A extração ocorre, sequencialmente, por meio dos processos mecânicos de cisalhamento das células, aglomeração dos glóbulos de óleo e separação das fases aquosa, sólida e lipídica (Fig. 11.10).

O rendimento de extração de óleo pode ser melhorado assistindo o processo com agentes físicos (aquecimento, micro-ondas, ultrassom e campo elétrico pulsado como pré-tratamento da biomassa) (Puértolas; Koubaa; Barba, 2016; Tiwari, 2015), biológicos (enzimas) (Long et al., 2011; Chen et al., 2016; Campbell et al., 2016) e, ainda, com compostos químicos que atuem na desagregação do tecido celular. A extração assistida por ultrassom tem-se mostrado um método promissor pelo baixo custo e pela eficiência de rendimento para diversas moléculas (Tiwari, 2015). Também enzimas hidrolíticas adicionadas antes da etapa de separação do óleo mostraram resultados promissores em escala piloto e comercial para extração do óleo de diferentes oleaginosas de interesse comercial (Rosenthal et al., 2001). As enzimas auxiliam na quebra da estrutura celular, facilitando a remoção do óleo contido no interior das células vegetais com consequente aumento na eficiência de extração. A extração aquosa de óleo de polpa de macaúba apresentou resultados promissores, com aumento da eficiência de extração de 62% para 83% ao aplicar pré-tratamento com extrato enzimático bruto de *Aspergillus niger*. O extrato bruto enzimático apresentou atividades das enzimas carboximetilcelulase, endoglucanase, exoglucanase, poligalacturonase, beta-glicosidase, xilanase e protease (Silva, 2009). Essa é uma área de fronteira do conhecimento e desenvolvimento tecnológico para macaúba. Na extração aquosa do óleo de polpa, os resíduos gerados serão distintos. Ao final do processo, além do óleo, serão separadas uma fração líquida aquosa e uma fração de sólidos. A composição e outras propriedades dessas biomassas ainda não foram estudadas, tampouco possíveis aplicações para mitigação dos impactos ambientais e valorização da cadeia.

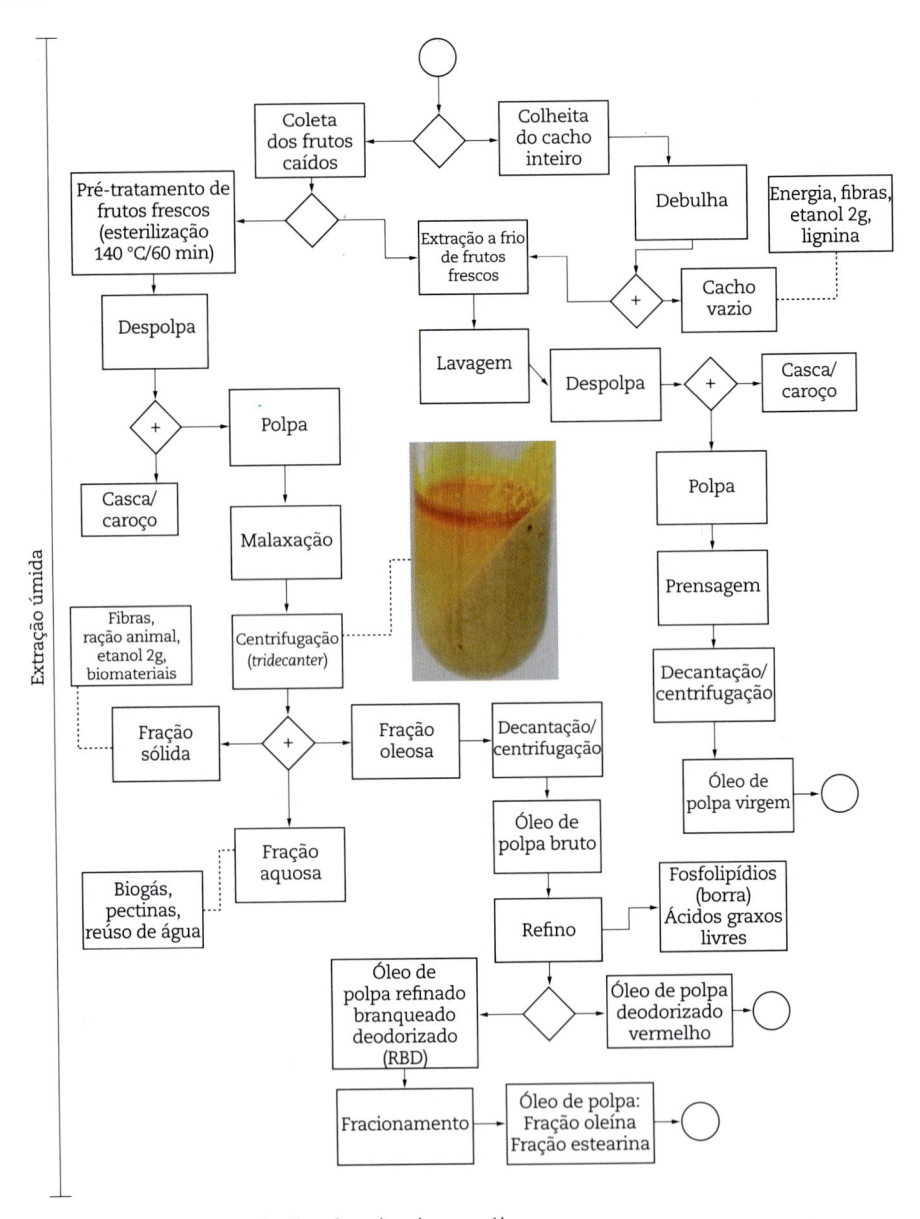

Fig. 11.10 Extração aquosa de óleo de polpa de macaúba

11.10.3 Processamento para extração do óleo de amêndoa

A amêndoa está fisicamente mais protegida pelo endocarpo e possui baixa umidade, de forma que a qualidade do óleo de amêndoa, mesmo em condições inapropriadas de armazenamento, é mais preservada. Os desafios tecnológicos principais recaem sobre o óleo de polpa.

O processamento da amêndoa inicia-se pela quebra do endocarpo para retirada da amêndoa (Fig. 11.11). No procedimento atual, utilizam-se moinhos do tipo martelo ou rolo corrugado para romper o endocarpo. É necessário que a amêndoa esteja com baixa umidade para não aderir ao endocarpo, o que promove

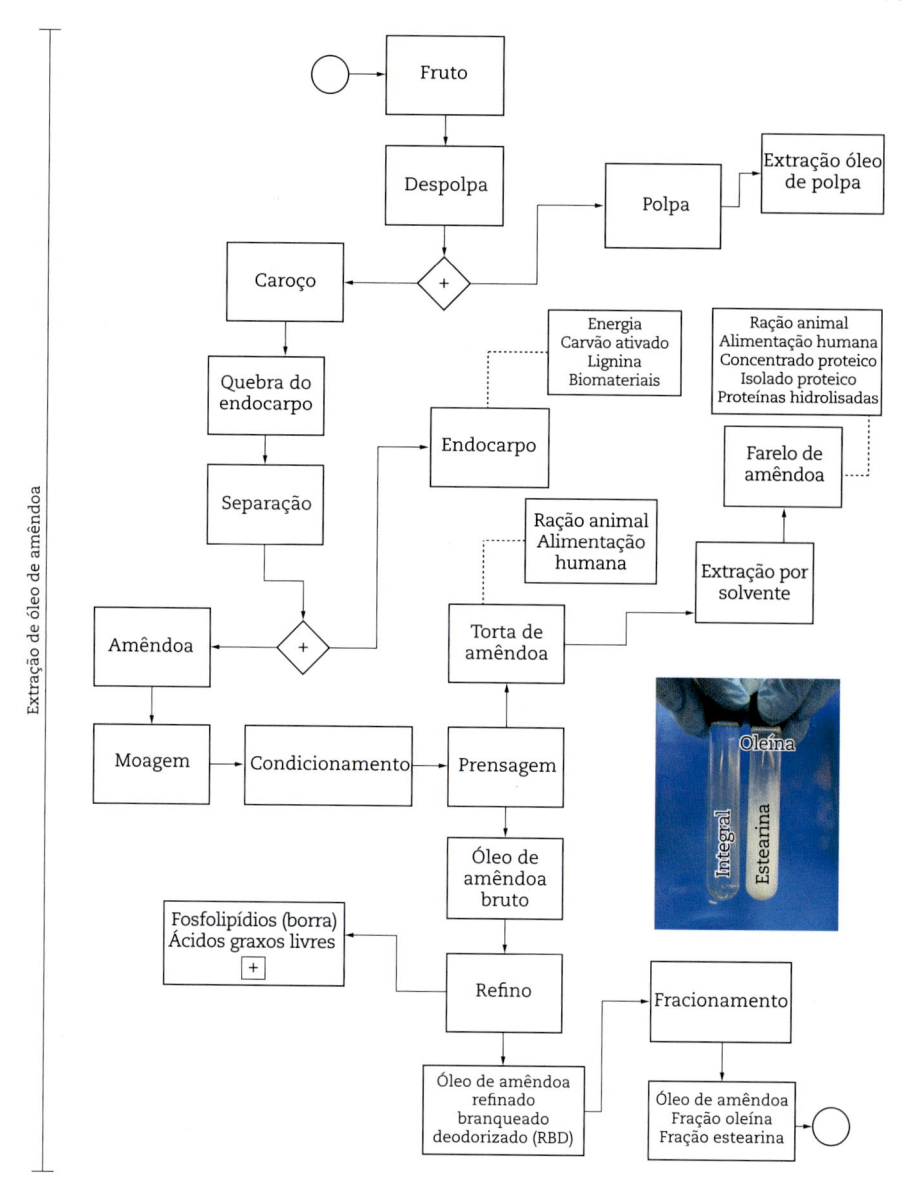

Fig. 11.11 Processamento da amêndoa de macaúba

excessiva ruptura da amêndoa e dificulta a separação e o armazenamento. O método tradicional para separar essas frações é por flotação em solução aquosa formada pela adição de sal ou argila. A densidade da água é alterada, fazendo com que a amêndoa vá para a superfície e o endocarpo decante. As amêndoas são então recolhidas, lavadas e secas. Essa é uma etapa-chave que necessita do desenvolvimento de um processo mecânico para evitar o uso de tais soluções e o gasto com água e energia para limpar e secar novamente a amêndoa.

Para melhorar a eficiência de extração do óleo, as amêndoas trituradas são condicionadas (aquecidas a 60 °C). A extração do óleo de amêndoa também é feita em prensas do tipo *expeller*. Devido ao alto conteúdo em óleo das amêndoas (Tab. 11.2), a extração mecânica acaba deixando muito óleo residual na torta. Para completar a retirada do óleo, pode-se fazer a extração por solvente. O resíduo dessa extração denomina-se farelo, cujo alto teor proteico o qualifica para concentrados e isolados proteicos e para outros produtos de alto valor agregado. O óleo de amêndoa também pode ser fracionado e gerar as frações estearina e oleína. Nesse caso, a maior proporção será de estearina, dada a composição mais saturada desse óleo (Tab. 11.8).

11.11 Rendimentos industriais

Além da variabilidade nas dimensões dos frutos, as macaubeiras apresentam também diferentes números de cachos e número de frutos por cacho. Ter um panorama da constituição das partes do fruto e de sua composição química é fundamental para estabelecer os rendimentos. Estimativas dos rendimentos agrícola e industrial de produtos e coprodutos devem considerar a massa de frutos esperados por planta, o número de plantas por área cultivada ou explorada via extrativismo, a composição físico-química e a eficiência dos processos de extração de óleo.

A Fig. 11.12 apresenta indicação de estimativas conservadoras para os rendimentos industriais dos principais produtos e coprodutos da extração de óleo de polpa e amêndoa via prensagem mecânica. Os cálculos foram feitos com base nos dados já apresentados nas tabelas de composição física e química deste capítulo, além de sugestões de número de plantas cultivadas por hectare. Os valores foram calculados a partir de frutos úmidos e expressos em base úmida, ou seja, considerando o fruto fresco integral que seria recebido na indústria. O valor de rendimento em massa dos frutos de 25.000 kg foi baseado em expectativas médias para um plantio com 400 plantas por hectare. Os rendimentos em óleo foram obtidos de dados da literatura em que constavam o teor de óleo e a umidade da polpa e amêndoa (Tab. 11.2), de forma a apresentar o balanço de massa a partir de frutos frescos. Essa informação é bastante importante pois, se o teor de óleo é dado apenas em base seca, não é possível estimar a real produção em massa numa dada área. Obviamente, há plantas já identificadas com potencial bastante superior a essas estimativas.

O desenvolvimento de materiais de alto rendimento, práticas agrícolas adequadas de cultivo e pós-colheita e de processos industriais específicos para macaúba irá definir os reais rendimentos. A cadeia produtiva da macaúba como sistema planejado e dentro do agronegócio está apenas iniciando, portanto, há muito espaço para melhorias em todos os níveis e excelentes oportunidades de superar essas estimativas iniciais.

11 Composição do fruto da macaúba, rendimentos industriais e processamentos

Fruto inteiro fresco
25.000 kg/ha

Casca
6.480 kg/ha

Endocarpo
6.750 kg/ha

Amêndoa
1.750 kg/ha

Polpa
10.500 kg/ha

Torta de amêndoa
1.015 a 1.345 kg/ha

Torta de polpa
7.500 a 9.900 kg/ha

Óleo de polpa*
600 a 3.000 kg/ha

Óleo de amêndoa*
400 a 750 kg/ha

Fig. 11.12 Rendimentos dos principais produtos e coprodutos da macaúba processado por extração mecânica dos óleos. (*) Valores mínimos e máximos calculados com base nos dados disponíveis de teor de óleo em base seca e úmida. Considerou-se 70% de rendimento em óleo por extração mecânica da polpa e/ou amêndoa

Fonte: Vivian Chies e Simone Palma Favaro.

Referências bibliográficas

AGUIEIRAS, E. C. G; CAVALCANTI-OLIVEIRA, E. D.; CASTRO, A. M.; LANGONE, M. A. P.; FREIRE, D. M. G. Biodiesel production from Acrocomia aculeata acid oil by (enzyme/enzyme) hydroesterification process: Use of vegetable lipase and fermented solid as low-cost biocatalysts. *Fuel*, v. 135, p. 315-321, 2014.

ANVISA – AGÊNCIA NACIONAL DE VIGILÂNCIA SANITÁRIA. *Resolução nº 270, de 22 de setembro*. Regulamento técnico para óleos vegetais, gorduras vegetais e cremes vegetais. Brasil: Anvisa, 2005. Disponível em: http://www/anvisa.gov.br. Acessado em 20 jun. 2015.

AOCS – AMERICAN OIL CHEMISTS SOCIETY. Official methods and recommended practices of the American Oil Chemists' Society. Oil Stability Index (OSI). Official Method Cd 12b-92, 1997.

AOQUI, M. Caracterização do óleo da polpa de macaúba (Acrocomia aculeata (Jacq.) Lodd. ex Mart.) e azeite de oliva (Olea europaea L.) virgem extra e seus efeitos sobre dislipidemia e outros parâmetros sanguíneos, tecido hepático e mutagênese em ratos wistar. 2012. 143 f. Dissertação (Mestrado) – Universidade Católica Dom Bosco, Campo Grande, 2012.

ARUNAKSHARAN, N.; RESHMA, K. M.; AYOOB, S. K.; RAMAVARMA, S. K.; SUSEELA, I. M.; MANALIL, J. J.; KUZHIVELIL, B. T.; RAGHAVAMENON, A. C. Virgin coconut oil maintains redox status and improves glycemic conditions in high fructose fed rats. *Journal of Food Science and Technology*, v. 53, p. 895-901, 2016.

BARCIA, M. T.; JACQUES, A. C.; PERTUZATTI, P. B.; ZAMBIAZI, R. C. Determination by HPLC of ascorbic acid and tocopherols in fruits. *Semina: Ciências Agrárias*, v. 31, p. 381-390, 2010.

BARYEH, E. A. Effects of palm oil processing parameters on yield. *Journal of Food Engineering*, v. 48, p. 1-6, 2001.

BASIRON, Y. Palm Oil. In: SHAHIDI, F. (ed.). *Bailey's Industrial oil and fat products.* New Jersey: John Wiley & Sons, 2005. p. 333-429.

BELÉN-CAMACHO, D. R.; LÓPEZ, I.; GARCÍA, D.; GONZÁLEZ, M.; MORENO-ÁLVAREZ, M. J.; MEDINA, C. Evaluación fisico-química de la semilla y del aceite de corozo (Acrocomia aculeata Jacq.). *Grasas y Aceites,* v. 4, p. 311-316, 2005.

BENADÉ, A. J. S. A place for palm fruit oil to eliminate vitamin A deficiency. *Asia Pacific Journal of Clinical Nutrition,* v. 12, p. 369-372, 2003.

BORA, O. S.; ROCHA, R. V. M. Macaiba palm: fatty and amino acids composition of fruits. Ciencia y Tecnologia. *Alimentaria,* v. 4, p. 158-162, 2004.

BOSKOU, D. *Olive Oil:* Chemistry and Technology. 2. ed. Champaign: AOCS, 2006.

BRASIL. Ministério da Agricultura, Pecuária e Abastecimento. Instrução Normativa nº 01, de 7 de janeiro de 2000. Regulamento da Lei nº 8.918, de 14 julho de 1994, aprovado pelo Decreto nº 2.314, de 4 de setembro de 1997, Regulamento Técnico Geral para fixação dos Padrões de Identidade e Qualidade para Polpa de Fruta. *Diário Oficial da União,* 10 jan. 2000.

BRASIL. Ministério da Agricultura, Pecuária e Abastecimento. Instrução Normativa nº 1, de 30 de janeiro de 2012. Regulamento técnico do azeite de oliva e do óleo de bagaço de oliva. *Diário Oficial da União,* 1 fev. 2012. Disponível em: http://www.azeiteonline.com.br/wp-content/uploads/2012/02/instru%c3%87%c3%83o-normativa-n%c2%ba-1-de-30-de-janeiro-de-2012_mapa.pdf. Acesso em: 25 maio 2015.

CAMPBELL, K. A.; VACA-MEDINA, G.; GLATZ, C. E.; PONTALIER, P. Y. Parameters affecting enzyme-assisted aqueous extraction of extruded sunflower meal. *Food Chemistry,* v. 208, p. 245-251, 2016.

CÂNDIDO, T. L.; SILVA, M. R.; AGOSTINI-COSTA, T. S. Bioactive compounds and antioxidant capacity of buriti (*Mauritia flexuosa* L.f.) from the Cerrado and Amazon biomes. *Food Chemistry,* v. 15, p. 313-319, 2015.

CARAMES, E. T. S.; ALAMAR, P. D.; POPPI, R. J.; PALLONE, J. A. L. Quality control of cashew apple and guava nectar by near infrared spectroscopy. *Journal of Food Composition and Analysis,* v. 56, p. 41-46, 2017.

CARDOSO, N. A.; FAVARO, S. P.; PIGHINELLI, A. L. M. T.; SIQUEIRA, R. S.; SAMPAIO, E. J.; RINALDI, M. D.; BRAGA, M. F.; CONCEIÇÃO, L. D. H. C. S.; JUNQUEIRA, N. T. V. Influência do tempo de armazenamento de frutos de macaúba (Acrocomia aculeata) no processamento e rendimento de óleo da polpa. In: 6º Congresso Brasileiro De Plantas Oleaginosas, Óleos, Gorduras e Biodiesel, Natal. Anais... UFLA, 2016. 239 p.

CASSIDAY, L. Red palm oil. *Inform,* v. 28, p. 6-11, 2017.

CETEC – CENTRO TECNOLÓGICO DE MINAS GERAIS. *Produção de combustíveis líquidos a partir de óleos vegetais:* estudo das oleaginosas nativas de Minas Gerais. Belo Horizonte: CETEC, 1983. 152 p.

CHAIYASIT, W.; ELIAS, R. J.; MCCLEMENT, D. J.; DECKER, E. A. Role of physical structures in bulk oils on lipid oxidation. *Food Science and Nutrition,* v. 47, p. 299-317, 2007.

CHEN, L.; LI, R.; REN, X.; LIU, T. Improved aqueous extraction of microalgal lipid by combined enzymatic and thermal lysis from wet biomass of Nannochloropsis oceanica. *Bioresource Technology,* v. 214, p. 138-143, 2016.

CICONINI, G. *Caracterização de frutos e óleo de polpa de macaúba dos biomas Cerrado e Pantanal do estado de Mato Grosso do Sul, Brasil.* 2012. 150 f. Dissertação (Mestrado) – Universidade Católica Dom Bosco, Campo Grande, 2012.

CICONINI, G.; FAVARO, S. P.; ROSCOE, R.; MIRANDA, C. H. B.; TAPETI, C. F.; MIYAHIRA, M. A. M.; BEARARI, L.; GALVANI, F.; BORSTATO, A. V.; COLNAGO, L. A.; NAKA, MH. H. Biometry and oil contents of Acrocomia aculeata fruits from the Cerrados and Pantanal biomes in Mato Grosso do Sul, Brazil. *Industrial Crops and Products,* v. 45, p. 208-2014, 2013.

CIOFFI, G.; PESCA, M. S.; CAPRARIIS, P.; BRACA, A.; SEVERINO, L. O.; TOMMASI, N. Phenolic compounds in olive oil and olive pomace from Cilento (Campania, Italy) and their antioxidant activity. *Food Chemistry*, v. 121, p. 105-111, 2010.

CLODOVEO, M. L.; HBAIEB, R. H.; KOTTI, F.; MUGNOZZA, G. S.; GARGOURI, M. Mechanical Strategies to Increase Nutritional and Sensory Quality of Virgin Olive Oil by Modulating the Endogenous Enzyme Activities. *Comprehensive Reviews in Food Science and Food Safety*, v. 13, p. 135-154, 2014.

COIMBRA, M. C.; JORGE, N. Characterization of the pulp and kernel oils from *Syagrus oleracea*, *Syagrus romanzoffiana*, and *Acrocomia aculeata*. *Journal of Food Science*, v. 76, p. 1156-1161, 2011a.

COIMBRA, M. C.; JORGE, N. Fatty acids and bioactive compounds of the pulps and kernels of Brazilian palm species, guariroba (*Syagrus oleracea*), jeriva (*Syagrus romanzoffiana*) and macaúba (*Acrocomia aculeata*). *Journal of the Science of Food and Agriculture*, v. 92, p. 679-684, 2012.

COIMBRA, M. C.; JORGE, N. Proximate composition of guariroba (*Syagrus oleracea*), jerivá (*Syagrus romanzoffiana*) and macaúba (*Acrocomia aculeata*) palm fruits. *Food Research International*, v. 44, p. 2139-2142, 2011b.

DA CONCEIÇÃO, L. D. H. C. S.; ANTONIASSI, R.; JUNQUEIRA, N. T. V.; BRAGA, M. F.; FARIA-MACHADO, A. F.; ROGÉRIO, J. B.; DUARTE, I. D.; BIZZO, H. R. Genetic diversity of macauba from natural populations of Brazil. *BMC Research Notes*, v. 8, p. 406-414, 2015.

DAMODARAN, S.; PARKIN, K. L.; FENNEMA, O. R. *Química de Alimentos*. 4. ed. Porto Alegre: Artmed, 2010. 900 p.

DELFANIAN, M.; KENARI, R. E.; SAHARI, M. A. Oxidative stability of refined soybean oil enriched with loquat fruit (*Eriobotrya japonica* Lindl.) Skin and pulp extracts. *Journal of food processing and preservation*, v. 40, p. 386-395, 2015.

DELGADO-ZAMARREÑO, M. M.; FERNÁNDEZ-PRIETO, C.; BUSTAMANTE-RANGEL, M.; PÉREZ-MARTÍN, L. Determination of tocopherols and sitosterols in seeds and nuts by QuEChERS-liquid chromatography. *Food Chemistry*, v. 192, p. 825-830, 2016.

DEL RÍO, J. C.; EVARISTO, A. B.; MARQUES, G.; MARTÍN-RAMOS, P.; MARTÍN-GIL, J.; GUTIÉRREZ, A. Chemical composition and thermal behavior of the pulp and kernel oils from macauba palm (*Acrocomia aculeata*) fruit. *Industrial Crops and Products*, v. 84, p. 294-304, 2016.

DENAGBE, W.; COVIS, R.; GUEGAN, J. P.; ROBINSON, J. C.; BEREAU, D.; BENVEGNU, T. Structure and emulsifying properties of unprecedent glucomannan oligo- and polysaccharides from Amazonia *Acrocomia aculeata* palm fruit. *Carbohydrate Polymers*, v. 324, 121510, 2024.

EVARISTO, A. B.; GROSSI, J. A. S.; CARNEIRO, A. D. O.; PIMENTEL, L. D.; MOTOIKE, S. Y.; KUKI, K. N. Actual and putative potentials of macauba palm as feedstock for solid biofuel production from residues. *Biomass & Bioenergy*, v. 85, p. 18-24, 2016a.

EVARISTO, A. B.; GROSSI, J. A. S.; PIMENTEL, L. D.; GOULART, S. M.; MARTINS, A. D.; SANTOS, V. L.; MOTOIKE, S. Y. Harvest and post-harvest conditions influencing macauba (*Acrocomia aculeata*) oil quality attributes. *Industrial Crops and Products*, v. 85, p. 63-73, 2016b.

EVARISTO, A. B.; MARTINO, D. C.; FERRAREZ, A. H.; DONATO, D. B.; CARNEIRO, A. C. O.; GROSSI, J. A. S. Potencial energético dos resíduos do fruto da macaúba e sua utilização na produção de carvão vegetal. *Ciência Florestal*, v. 26, p. 571-577, 2016c.

FAO/WHO. *Protein quality evaluation*. Rome, Italy: Food and Agricultural Organization of the United Nations, 1991.

FARIAS, T. M. *Biometria e processamento dos frutos da macaúba (Acrocomia sp) para a produção de óleos*. 2010. 108 f. Dissertação (Mestrado) – Universidade Federal de Minas Gerais, Belo Horizonte, 2010.

FAVARO, S. P.; MIRANDA, C. H. B. *Aproveitamento de Espécies Nativas e seus Coprodutos no Contexto de Biorrefinaria.* Embrapa Agroenergia, 2013. 38 p. (Documentos, 14).

FERRARI, R. A.; AZEVEDO-FILHO, J. Á. Macauba as promising substrate for crude oil and biodiesel production. *Journal of Agricultural Science and Technology*, v. 2, p. 1119-1126, 2012.

FREEMAN, A. M.; MORRIS, B.; BARNARD, N.; CALDWELL, B. E.; ESSELSTYN, C. B.; ROS, E.; AGATSTON, A.; DEVRIES, S.; O'KEEFE, J.; MILLER, M.; ORNISH, D.; WILLIAMS, K.; KRIS-ETHERTON, P. Trending Cardiovascular Nutrition Controversies. *Journal of the American College of Cardiology*, v. 69, p. 1172-1118, 2017.

GALLI, F.; AZZI, A.; BIRRINGER, M.; COOK-MILLS, J. M.; EGGERSDORFER, M.; FRANK, J.; CRUCIANIG, G.; LORKOWSKIH, S.; ÖZERJ, N. K. Vitamin E: Emerging aspects and new directions. *Free Radical Biology and Medicine*, v. 102, p. 16-36, 2017.

GALVANI, F.; SANTOS, J. F. Estudo do efeito da temperatura de secagem sobre alguns parâmetros nutricionais da polpa e da farinha de bocaiuva. In: 5° Simpósio sobre Recursos Naturais e Socioeconômicos do Pantanal, Corumbá. Anais... Embrapa Pantanal, 2010. CD-ROM.

GARCIA-REBOLLAR, P.; CAMARA, L.; LAZARO, R. P.; DAPOZA, C.; PÉREZ-MALDONADO, R.; MATEOS, G. G. Influence of the origin of the beans on the chemical composition and nutritive value of commercial soybean meals. *Animal Feed Science and Technology*, v. 221, p. 245-261, 2016.

GAVA, A. J.; SILVA, C. A. B.; FRIAS, J. R. G. *Tecnologia de alimentos: princípios e aplicações.* São Paulo: Nobel, 2008. 512 p.

GOULART, S. M. *Amadurecimento pós-colheita de frutos de macaúba e qualidade do óleo para a produção de biodiesel.* 2014. 84 f. Dissertação (Mestrado) – Universidade Federal de Viçosa, Viçosa, 2014.

GURR, M. I.; HARWOOD, J. L.; FRAYN, K. N. *Lipid Biochemistry.* 5. ed. Malden: Blackwell Science, 2002. 315 p.

HAMMOND, E. G.; JOHNSON, L. A.; SU, C.; WANG, T.; WHITE, P. J. Soybean oil. In: SHAHIDI, F. (ed.). *Bailey's Industrial oil and fat products.* New Jersey: John Wiley & Sons, 2005. p. 577-650.

HERNÁNDEZ, C.; MIERES, A.; NIÑO, Z.; PÉREZ, S. Efecto de la refinación física sobre el aceite de la almendra del corozo. *Información Tecnológica*, v. 18, p. 59-68, 2007.

HIANE, P. A.; BALDASSO, P. A.; MARANGONI, S.; MACEDO, M. L. R. Chemical and nutritional evaluation of kernels of bocaiuva, Acrocomia aculeata (Jacacq.) Lodd. *Ciência e Tecnologia de Alimentos*, v. 26, p. 683-689, 2006a.

HIANE, P. A.; MACEDO, M. L.; SILVA, G. M.; BRAGA NETO, J. Á. Avaliação nutricional da proteína de amêndoas de bocaiúva, Acrocomia aculeata (jacq.) Lodd., em ratos wistar em crescimento. *Boletim do Centro de Pesquisa e Processamento de Alimentos*, v. 24, 191-206, 2006b.

HIANE, P. A.; PENTEADO, M. V. C.; BADOLATO, E. Teores de ácidos graxos e composição centesimal do fruto e da farinha da bocaiúva (Acrocomia mokayáyba Barb. Rodr.). *Alimentos e Nutrição*, v. 2, p. 21-26, 1990.

HIANE, P. A.; RAMOS, M. I. L.; MACEDO, M. I. R. Bocaiúva, Acrocomia aculeata (Jacq.) Lodd. Pulp and kernel oils: characterization and fatty acid composition. *Brazilian Journal of Food and Technology*, v. 8, p. 256-259, 2005.

HIANE, P. A.; RAMOS, M. I. L.; RAMOS FILHO, M. M.; BARROCAS, G. E. G. Teores de minerais de alguns frutos do Estado de Mato Grosso do Sul. *Boletim do Centro de Pesquisa e Processamento de Alimentos*, v. 10, p. 135-150, 1992a.

HIANE, P. A.; RAMOS, M. I. L.; RAMOS FILHO, M. M.; PEREIRA, J. G. Composição centesimal e perfil de ácidos graxos de alguns frutos nativos do Estado de Mato Grosso do Sul. *Boletim do Centro de Pesquisa e Processamento de Alimentos*, v. 10, p. 35-42, 1992b.

HOHMANN, C. D.; CRAMER, H.; MICHALSEN, A.; KESSLER, C.; STECKHAN, N.; CHOI, K.; DOBOS, G. Effects of high phenolic olive oil on cardiovascular risk factors: A systematic review and meta-analysis. *Phytomedicine*, v. 22, p. 631-640, 2015.

IAL – INSTITUTO ADOLFO LUTZ. *Normas Analíticas do Instituto Adolfo Lutz. Métodos químicos e físicos para análise de alimentos.* 4. ed. São Paulo: Instituto Adolfo Lutz, 2008. 1020 p.

IHA, O. K.; ALVES, F. C. S. C.; SUAREZ, P. A. Z.; OLIVEIRA, M. B. F.; MENEGHETTI, S. M. P.; SANTOS, B. P. T.; SOLETTI, J. I. Physicochemical propertiesof Syagrus coronata and Acrocomia aculeata oils for biofuel production. *Industrial Crops and Products*, v. 62, p. 318-322, 2014.

JONSSON, A. L.; BÄCKHED, F. Role of gut microbiota in atherosclerosis. *Nature Reviews Cardiology*, v. 14, p. 79-87, 2017.

KAMAL-ELDIN, A.; ANDERSSON, R. A Multivariate Study of the Correlation Between Tocopherol. *JAOCS*, v. 74, p. 375-380, 1997.

KINSELLA, J. E. Functional properties in foods: A survey. *CRC Critical Review on Food Science and Nutrition*, v. 7, p. 219-230, 1976.

KOPPER, A. C. *Bebida simbiótica elaborada com farinha de bocaiuva (Acrocomia aculeata) e Lactobacillus acidophillus incorporadas ao extrato hidrossolúvel de soja.* 2009. 79 f. Dissertação (Mestrado) – Universidade Federal Do Paraná, Curitiba, 2009.

KOPPER, A. C.; SARAVIA, A. P. K.; RIBANI, R. H.; LORENZI, G. M. A. C. Utilização tecnológica da farinha de bocaiuva na elaboração de biscoitos tipo cookie. *Alimentos e Nutrição*, v. 20, p. 463-469, 2009.

LAIRON, D.; ARNAULT, N.; BERTRAIS, S.; PLANELLS, R.; CLERO, E.; HERCBERG, S. Dietary fiber intake and risk factors for cardiovascular disease in French adults. *American Journal of Clinical Nutrition*, v. 82, p. 1185-1194, 2005.

LESCANO, C. H.; OLIVEIRA, I. P.; SILVA, L. R.; BALDIVIA, D. S.; SANJINEZ ARGANDOÑA, E. J.; ARRUDA, E. J.; MORAES, I. C. F.; LIMA, F. F. Nutrients content, characterization and oil extraction from Acrocomia aculeata (Jacq.) Lodd. Fruits *African Journal of Food Science*, v. 9, p. 113-119, 2015.

LI, L. M.; WANG, B. G.; YU, P.; WEN, X. F.; GONG, D. M.; ZENG, Z. L. Medium and long chain fatty acids differentially modulate apoptosis and release of inflammatory cytokines in human liver cells. *Journal of Food Science*, v. 81, p. 1546-1552, 2016.

LISBOA, F. C. *Carbonização e gaseificação de resíduos da macaúba, tucumã e cupuaçu para geração de eletricidade.* 2016. 130 f. Tese (Doutorado) – Universidade de Brasília, Brasília, 2016.

LONG, J. J.; FU, Y. J.; ZU, Y. G.; LI, J.; WANG, W.; GU, C. B.; LUO, M. Ultrasound-assisted extraction of flaxseed oil using immobilized enzymes. *Bioresource Technology*, v. 102, p. 9991-9996, 2011.

MACHADO, W.; GUIMARÃES, M. F.; LIRA, F. F.; SANTOS, J. V. F.; TAKAHASHI, L. S. A.; LEAL, A. C.; COELHO, G. T. C. P. Evaluation of two fruit ecotypes (totai and sclerocarpa) of macaúba (Acrocomia aculeata). *Industrial Crops and Products*, v. 63, p. 287-293, 2015.

MAPA – MINISTÉRIO DA AGRICULTURA E PECUÁRIA. Instrução normativa nº 49, de 22 de dezembro de 2006. *Diário Oficial da União*, Seção 1, 2006.

MARTINS, V. C.; BRAGA, E. C. O.; MAZZA, K. E. L.; ROCHA, J. F.; CUNHA, C. P.; PACHECO, S.; NASCIMENTO, L. S. M.; SANTIAGO, M. C. P. A.; BORGUINI, R. G.; GODOY, R. L. O. Caracterização química da polpa do fruto jerivá (Syagrus romanzoffiana Cham.). *Revista Virtual de Química*, v. 7, p. 2422-2437, 2015.

MIRMIRAN, P.; BAHADORAN, Z.; MOGHADAM, S. K.; VAKILI, A. Z.; AZIZI, F. A. Prospective study of different types of dietary fiber and risk of cardiovascular disease: Tehran lipid and glucose study. *Nutrients*, v. 8, p. 686, 2016.

MONSEN, E. R. Dietary reference intakes for the antioxidant nutrients: vitamin C, vitamin E, selenium, and carotenoids. *Journal of the American Dietetic Association*, v. 100, p. 637-640, 2000.

MORETTO, E.; FETT, R. *Tecnologia de óleos e gorduras vegetais na indústria de alimentos*. São Paulo: Varela, 1998. 150 p.

NAGENDRAN, B.; UNNITHAN, U. R.; CHOO, Y. M.; SUNDRAM, K. Characteristics of red palm oil, a carotene and vitamin E rich refined oil for food uses. *Food Nutrition Bulletin*, v. 21, p. 189-194, 2000.

NONAKA, Y.; TAKAGI, T.; INAI, M.; NISHIMURA, S.; URASHIMA, S.; HONDA, K.; AOYAMA, T.; TERADA, S. Lauric acid stimulates ketone body production in the KT-5 astrocyte cell line. *Journal of Oleo Science*, v. 65, p. 3-699, 2016.

NUNES, A. A.; FAVARO, S. P.; GALVANI, F.; MIRANDA, C. H. B. Good practices of harvest and processing provide high quality macauba pulp oil. *European Journal of Lipid Science and Technology*, v. 117, 2036-2043, 2015.

NUNES, A. A.; FAVARO, S. P.; MIRANDA, C. H. B.; NEVES, V. A. Preparation and characterization of baru (*Dipteryx alata* Vog) nut protein isolate and comparison of its physico-chemical properties with commercial animal and plant protein isolates. *Journal of the Science of Food and Agriculture*, v. 97, p. 151-157, 2017.

NUNES, A. A. *Óleo da polpa de macaúba (Acrocomia aculeata (Jacq) Lood. ex Mart.) com alta qualidade: processo de refino e termoestabilidade*. 2013. 149 f. Dissertação (Mestrado) – Universidade Católica Dom Bosco, Campo Grande, 2013.

O'BRIEN, R. D. *Fats and Oils: Formulating and processing for applications*. 2. ed. Boca Raton, CRC Press, 2004. 616 p.

OGUNWOLU, S. O.; HENSHAW, F. O.; MOCK, H. P.; SANTROS, A.; AWONORIN, S. O. Functional properties of protein concentrates and isolates produced from cashew (Anacardium occidentale L.) nut. *Food Chemistry*, v. 115, p. 852-858, 2009.

OLIVEIRA, D. M.; COSTA, J. P.; CLEMENTE, E.; COSTA, J. M. C. Characterization of grugru palm pulp for food applications. *Journal of Food Science and Engineering*, v. 3, p. 107-112, 2013.

OLIVEIRA, I. P.; CORREA, W. A.; NEVES, P. V.; SILVA, P. V. B.; LESCANO, C. H.; MICHELS, F. S.; PASSOS, W. E.; MUZZI, R. M.; OLIVEIRA, S. M.; CAIRES, A. R. Optical Analysis of the Oils Obtained from *Acrocomia aculeata* (Jacq.) Lodd: Mapping Absorption-Emission Profiles in an Induced Oxidation Process. *Photonics*, v. 4, 2017.

OSAWA, C. C.; GONÇALVES, L. A. G.; RAGAZZI, S. Titulação potenciométrica aplicada na determinação de ácidos graxos livres de óleos e gorduras comestíveis. *Química Nova*, v. 29, p. 593-599, 2006.

PESTANA-BAUER, V. R.; GOULARTE-DUTRA, F. L.; ZAMBIAZI, R. Caracterização do fruto da oliveira (variedade carolea) cultivada na região sul do Brasil. *Alimentos e Nutrição*, v. 22, p. 79-87, 2011.

PUÉRTOLAS, E.; KOUBAA, M.; BARBA, F. J. An overview of the impact of electrotechnologies for the recovery of oil and high-value compounds from vegetable oil industry: Energy and economic cost implications. *Food Research International*, v. 80, p. 19-26, 2016.

RAMOS, M. I. L.; RAMOS, M. M.; HIANE, P. A.; BRAGA NETO, J. A.; SIQUEIRA, E. M. D. Nutritional quality of the pulp of bocaiuva *Acrocomia aculeata* (Jacq.) Lodd. *Ciencia e Tecnologia De Alimentos*, v. 28, p. 90-4, 2008.

REVELLO, C. Z. P. *Avaliação do valor nutricional de resíduos do processamento da macaúba (Acrocomia aculeata) e de seus produtos de bioconversão*. 2014. 81 f. Dissertação (Mestrado) – Universidade Federal da Grande Dourados, Dourados, 2014.

RIBEIRO, S. A. O.; NICACIO, A. E.; ZANQUI, A. B.; BIONDO, P. B. F.; ABREU-FILHO, B. A.; VISENTAINER, J. V.; GOMES, S. T. M.; MATSUSHITA, M. Application of enzymes in sunflower oil extraction: antioxidant capacity and lipophilic bioactive composition. *Journal of the Brazilian Chemical Society*, v. 27, p. 834-840, 2016.

RODRIGUES, M. C.; DARNET, S.; SILVA, L. H. M. Fatty acid profiles and tocopherol contents of buriti (*Mauritia flexuosa*), patawa (*Oenocarpus bataua*), tucuma (*Astro-*

caryum vulgare), mari (Poraqueiba paraensis) and inaja (Maximiliana maripa) fruits. Journal of Brazilian Chemistry Society, v. 21, p. 2000-2004, 2010.

RODRIGUEZ-AMAYA, D. B.; KIMURA, M. Harvest plus handbook for carotenoid analysis. Washington, DC, International Food Policy Research Institute; Cali, International Center for Tropical Agriculture (Technical Monograph 2), 2004.

RODRÍGUEZ, R.; JIMÉNEZ, A.; FERNÁNDEZ-BOLAÑOS, J.; GUILLÉN, R.; HEREDIA, A. A dietary fiber from vegetable products as source of functional ingredients. Trends in Food Science and Technology, v. 17, p. 3-15, 2006.

ROSA, C. I. L. F.; CLEMENTE, E.; OLIVEIRA, D. M.; TODISCO, K. M.; COSTA, J. M. C. Effects of 1-MCP on the post-harvest quality of the orange cv. Pera stored under refrigeration. Revista da Ciência Agronômica, v. 47, p. 624-632, 2016.

ROSENTHAL, A.; PYLE, D. L.; NIRANJAN, K.; GILMOUR, S.; TRINCA, L. Combined effect of operational variables and enzyme activity on aqueous enzymatic extraction of oil and protein from soybean. Enzyme and Microbial Technology, v. 28, p. 499-509, 2001.

SANJINEZ-ARGANDOÑA, E. J.; CHUBA, C. A. M. Caracterização biométrica, física e química de frutos da palmeira bocaiuva Acrocomia aculeata (Jacq) Lodd. Revista Brasileira de Fruticultura, v. 33, p. 1023-1028, 2011.

SANTOS, M. S. Máquina para descascar e despolpar coco. BR. N PI0800593-1 A2, 25 jan. 2008, 08 set. 2009.

SCHAAFSMA, G. Health claims, options for dietary fiber. In: VANDER KAMP, J. W.; ASP, N. G.; MILLER JONES, J.; SCHAAFSMA, G. (ed.). Dietary fiber: Bioactive carbohydrates for food and feed. Wageningen: Academic Publishers, 2004. p. 27-38.

SCHWARTZ, H.; OLLILAINEN, V.; PIIRONEN, V.; LAMPI, A. M. Tocopherol, tocotrienol and plant sterol contents of vegetable oils and industrial fats. Journal of Food Composition and Analysis, v. 21, p. 152-161, 2008.

SHEELA, D. L.; NAZEEM, P. A.; NARAYANANKUTTY, A.; MANALI, J. J.; RAGHAVAMENON, A. C. In silico and wet lab studies reveal the cholesterol lowering efficacy of lauric acid, a medium chain fat of coconut oil. Plant Foods and Human Nutrition, v. 71, p. 410-415, 2016.

SILVA, I. C. C. Uso de processos combinados para aumento do rendimento da extração e da qualidade do óleo de macaúba. 2009. 99 f. Dissertação (Mestrado) – Universidade Federal do Rio de Janeiro, Rio de Janeiro, 2009.

SILVA, J. D. C.; BARRICHELO, L. E. G.; BRITO, J. O. Endocarpos de babaçu e de macaúba comparados à madeira de Eucalyptus grandis para a produção de carvão vegetal. IPEF, v. 34, p. 31-34, 1986.

SILVA, L. N.; FORTES, I. C. P.; SOUSA, F. P.; PASA, V. M. D. Biokerosene and green diesel from macauba oils via catalytic deoxygenation over Pd/C. Fuel, v. 164, p. 329-338, 2016.

SILVA, R. B.; SILVA-JÚNIOR, E. V.; RODRIGUES, L. C.; ANDRADE, L. H. C.; SILVA, S. I.; HARAND, W.; OLIVEIRA, A. F. M. A comparative study of nutritional composition and potential use of some underutilized tropical fruits of Arecaceae. Anais da Academia Brasileira de Ciências, v. 87, p. 1701-1709, 2015.

SOBREIRA, H. F. Resíduos do coco da macaúba em substituição parcial ao milho e farelo de soja em rações para vacas mestiças lactantes. 2011. 38 p. Dissertação (Mestrado) – Universidade Federal de Viçosa, Viçosa, 2011.

SOUZA, C. F. T. Desenvolvimento, Maturação e Sistemas de Colheita de frutos da macaúba (Acrocomia aculeata). 2013. 90 f. Dissertação (Mestrado) – Universidade Católica Dom Bosco, Campo Grande, 2013.

SOUZA, M. A.; DETMANN, E.; FRANCO, M. O.; BATISTA, E. D.; ROCHA, G. C.; VALADARES FILHO, S. C.; SALIBA, E. O. S. Estudo colaborativo para avaliação dos teores de proteína bruta em alimentos utilizando o método de Kjeldhal. Revista Brasileira de Saúde e Produção Animal, v. 17, p. 696-709, 2016.

STUETZ, W.; SCHLÖRMANN, W.; GLEI, M. B-vitamins, carotenoids and a-/c-tocopherol in raw and roasted nuts. *Food Chemistry*, v. 221, p. 222-227, 2017.

TAN, C. P.; CHE MAN, Y. B.; SELAMAT, J.; YUSOFF, M. S. A. Comparative studies of oxidative stability of edible oils by differential scanning calorimetry and oxidative stability index methods. *Food Chemistry*, v. 76, p. 385-389, 2002.

TILAHUN, W. W. *Postharvest treatments of macaúba palm (Acrocomia aculeata) fruit: storage period, gamma radiation and drying temperature*. 2015. 110 f. Tese (Doutorado) – Universidade Federal de Viçosa, Viçosa, 2015.

TIWARI, B. K. Ultrasound: A clean, green extraction technology. *Trends in Analytical Chemistry*, v. 71, p. 100-109, 2015.

TOLEDO E SILVA, S. H.; SILVA, L. B.; BADER-MITTERMAIER, S.; EISNER, P. *Macauba (Acrocomia aculeata) pulp cell wall polysaccharides*: Fractionation and evaluation of functional and rheological properties. Fraunhofer Institute, 2022.

TRENTINI, C. P.; OLIVEIRA, D. M.; ZANETTE, C. M.; SILVA, C. Low-pressure solvent extraction of oil from macauba (*Acrocomia aculeata*) pulp: characterization of oil and defatted meal. *Ciência Rural*, v. 46, p. 725-731, 2016.

TRONI, A. R.; GOMES, P. C.; MELLO, H. H. C.; ALBINO, L. F. T.; ROCHA, T. C. Composição química e energética de alimentos para frangos de corte. *Revista Ciência Agronômica*, v. 47, p. 755-760, 2016.

UNICAMP – UNIVERSIDADE ESTADUAL DE CAMPINAS. TACO: Tabela brasileira de composição de alimentos. 4. ed. Campinas: NEPA Unicamp, 2011. 161 p.

VEREDIANO, F. C. *Aproveitamento da torta residual da extração do óleo da polpa da Macaúba para fins alimentícios*. 2012. 114 f. Dissertação (Mestrado) – Universidade Federal de Minas Gerais, Belo Horizonte, 2012.

VILAS BOAS, M. A.; CARNEIRO, A. C. O.; VITAL, B. R.; CARVALHO, A. M. M. L.; MARTINS, M. A. Efeito da temperatura de carbonização e dos resíduos de macaúba na produção de carvão vegetal. *Scientia Forestalis*, v. 38, p. 481-490, 2010.

YAP, S. C.; CHOO, Y. M.; OOI, C. K.; ONG, A. S. H.; GOH, S. H. Quantitative analysis of carotenes in the oil from different palm species. *Elaeis*, v. 3, p. 309-18, 1991.